人民交通出版社“十一五”
高职高专土建类专业规划教材

建筑制图

主　编　王　强　吕淑珍
副主编　毛燕红　张小平　夏文杰
主　审　赵　研　刘栋栋

人民交通出版社
China Communications Press

内 容 提 要

本书是在总结多年高等职业教育经验的基础上，依据“必须”、“够用”的原则，确定了专业理论知识；以能力培养为主线，加强了实践性教学环节，融入足够的实训内容。

本书依据建筑行业各专业现行制图标准编写而成，着重介绍了制图的基本知识与技能、正投影原理、轴测投影、建筑施工图、结构施工图、设备施工图的图示内容及识读方法。同时，为适应不同培养方向的需要，对部分内容进行了适当的加深和拓宽，增加了标高投影、路桥工程施工图等市政工程图的内容，并加大了各种施工图的识读训练。文字精练，言简意明，图文并重；同时出版的《建筑制图习题集》，以供学生练习使用。

本书可作为高职高专、各类成人高校建筑工程技术、工程监理专业的基础教材，也可供“建筑设计专业”、“工程造价专业”、“建筑企业管理专业”等相近专业的学生使用，同时，还可作为职工培训和广大自学者及工程技术人员的参考书。

图书在版编目(CIP)数据

建筑制图/王强等主编. —北京：人民交通出版社，2007.9

ISBN 978-7-114-06293-3

Ⅰ. 建… Ⅱ. 王… Ⅲ. 建筑制图 Ⅳ. TU204

中国版本图书馆 CIP 数据核字(2006)第 144915 号

书　　名：建筑制图
著 作 者：王　强　吕淑珍
责任编辑：陈志敏　邵　江
出版发行：人民交通出版社
地　　址：(100011)北京市朝阳区安定门外外馆斜街 3 号
网　　址：http://www.ccpress.com.cn
销售电话：(010)59757973
总 经 销：人民交通出版社发行部
经　　销：各地新华书店
印　　刷：北京市密东印刷有限公司
开　　本：720×960　1/16
印　　张：25.25
字　　数：465 千
版　　次：2007 年 9 月　第 1 版
印　　次：2017 年 8 月　第 8 次印刷
书　　号：ISBN 978-7-114-06293-3
定　　价：35.00 元

高职高专土建类专业规划教材编审委员会

高职高专土建类专业规划教材出版说明

近年来我国职业教育蓬勃发展，教育教学改革不断深化，国家对职业教育的重视达到前所未有的高度。为了贯彻落实《国务院关于大力发展职业教育的决定》的精神，提高我国土建领域的职业教育水平，培养出适应新时期职业需要的高素质人才，人民交通出版社深入调研，周密组织，在全国高职高专教育土建类专业教学指导委员会的热情鼓励和悉心指导下，发起并组织了全国四十余所院校一大批骨干教师，编写出版本系列教材。

本套教材以《高等职业教育土建类专业教育标准和培养方案》为纲，结合专业建设、课程建设和教育教学改革成果，在广泛调查和研讨的基础上进行规划和展开编写工作，重点突出企业参与和实践能力、职业技能的培养，推进教材立体化开发，鼓励教材创新，教材组委会、编审委员会、编写与审稿人员全力以赴，为打造特色鲜明的优质教材做出了不懈努力，希望以此能够推动高职土建类专业的教材建设。

本系列教材先期推出建筑工程技术、工程监理和工程造价三个土建类专业共计四十余种主辅教材，随后在2～3年内全面推出土建大类中7类方向的全部专业教材，最终出版一套体系完整、特色鲜明的优秀高职高专土建类专业教材。

本系列教材适用于高职高专院校、成人高校及二级职业技术学院、继续教育学院和民办高校的土建类各专业使用，也可作为相关从业人员的培训教材。

人民交通出版社

2007年1月

前言

QIANYAN

本教材针对目前土建类专业高职高专学生的基础知识、职业特点和工作需要而编写，主要特色有以下几点：

1.注重知识、能力和素质三者之间的关系

本教材在编写工程中，从培养应用型人才这一总目标出发，以培养职业能力为主线，科学处理好知识、能力和素质三者之间的关系，认真体现基础知识、基础理论，加强基本技能和职业能力的培养。

2.基础理论坚持“以够用为度，适用为主”的原则

本教材主要包括“画法几何”和“工程（专业）制图”两部分内容，画法几何是工程制图的理论基础，但它比较抽象，编写这部分内容时，删除了部分“学生学不明白、毕业后用不到”的知识点，如点、线、面的空间关系，投影变换等部分内容。大大降低了理论深度，同时加强了建筑形体表达方法中部分内容。

3. 以职业能力培养为主线，积极构建“双证书”融合的课程体系

高等职业教育要积极推行“双证书”制度，在学生获得毕业证书的同时获取相关的职业资格证书，这是高等职业教育的改革方向。考虑到教材的使用面，并突出职业能力的培养，引入有关职业资格证书的考核内容，本教材编写过程中，充实了设备施工图的部分内容，增加路桥工程图的内容。同时为了强化职业能力的训练，还编写了与本教材配套的实训习题集——《建筑制图习题集》。

4.案例教学、工程实例详细而精练

高职高专教育其核心是职业能力的培养，在《建筑制图》本课程中，则主要体现在房屋建筑工程施工图的绘制和识读上，一套完整的比较复杂的住宅建筑施工图和公共建筑施工图，有助于学生系统地学习识读施工图的方法和技能。因而专业图部分以工程实例为主线，来展示房屋建筑工程图的特点，内容包括：建筑施工图、结构施工图、装饰施工图、设备施工图。教材中详细地介绍了各类施工图的形成、图示内容、图示方法、有关规定和识读技巧，强化学生读图、识图能力的提高。

本教材采用了国家新颁布的《技术制图》标准有关规定及各专业现行制图标准，包括：《房屋建筑制图统一标准》(GB/T 50001—2010)，《总图制图标准》(GB/T 50103—2010)，《建筑制图标准》(GB/T 50104—2010)，《建筑结构制图标准》(GB/T 50105—2010)，《建筑给水排水制图标准》(GB/T 50106—2010)，《暖通空调制图标准》(GB/T 50114—2010)。参阅了国家推广的"混凝土结构施工图平面整体表示方法制图规则和构造详图"内容，包括"国家建筑标准图集16G101-1、16G101-2、16G101-3"中的新知识、新成果和新技术。

参加编写的有北京工业职业技术学院王强(前言、绪论、第十一章)，浙江广厦建设职业技术学院吕淑珍(第三章、第五章、第六章)，济南工程职业技术院夏文杰(第八章、第九章)，山西建筑职业技术学院张小平(第十章)，毛燕红(第一章、第二章)，浙江广厦建设职业技术学院金梅珍(第七章)，九州职业技术学院刘鹏飞(第十四章)，北京工业职业技术学院张贵国(第四章、第十二章、第十三章)。全书由王强、吕淑珍担任主编，毛燕红、张小平担任副主编。

本教材编写过程中，广泛参阅了有关工程制图方面的专著、教材、学术论文(见书后的"参考文献")，从而得到许多启迪和帮助，并在书中吸取了有关成果。在此谨向文献的作者致谢！

本书编写过程中，得到了作者所在单位的大力支持，北京工业职业技术学院的华孟楠、张波老师，为本书的按期完成做了大量的工作。黑龙江建筑职业技术学院赵研教授和北京建筑工程学院的刘栋栋教授对书稿进行了认真审查，在此一并致谢！

由于编者水平有限，书中一定存在不少缺点错误，敬请诸位专家、学者以及广大同仁批评指正。

编者

序 论

XULUN

一、本课程的性质和任务

图形与语言、文字一样，是人们认识自然、表达情感和交流思想的基本工具。

工程图样是用来表达设计意图，交流技术思想的重要工具，也是用来指导生产、施工、管理等技术工作的重要技术文件。在建筑工程中，无论是外形巍峨壮丽、内部装修精美的智能大厦，还是造型简单的普通房屋，都是先进行设计，绘制图样，然后按图施工。设计师借助于图纸表达自己的设计意图，施工人员依据图纸将设计师的设计思想变为现实，可见，工程图样是"工程界的技术语言"。随着世界经济一体化的深入，国际间的交流日益频繁。学术交流、技术交流、国际合作、项目引进、劳务输出等国际交流，工程图作为"工程师的国际语言"更是不可缺少。

建筑工程图是用来表示建筑物的形状、大小、材料、作法、结构构造方式以及技术要求等，是建筑施工的依据。《建筑制图》是培养学生绘制和阅读建筑工程图样基本能力的技术基础课，其主要任务就是帮助学生学习制图原理和方法，教会学生绘制建筑工程图的基本技能，使学生具备绘制和阅读建筑工程图的基本能力，为后续课程的学习和职业能力的培养打下必要的基础。

二、本课程的内容与要求

本教材的主要内容包括：制图基本知识与技能、正投影法基本原理和投影图、建筑工程图以及路桥工程图等四部分内容。由于工程图样是"工程界的技术语言"，所以制图和读图就必须依据共同的原理和方法，遵守统一的规则，这就是国家颁布的《房屋建筑制图统一标准》(GB/T 50001—2010)等标准，它们贯穿于教材的始末。

1. 通过对"制图的基本知识与技能"的学习，应熟悉并遵守国家标准规定的制图基本规范，正确使用绘图工具和仪器，掌握绘图的基本方法与技巧。

2. 通过对"正投影法基本原理和投影图"的学习，必须掌握用正投影法表达空间形体的基本理论和方法，具备绘制与识读投影图的能力。这部分内容是绘制与识读有关专业图的基础，也是本课程的学习重点。

3.“建筑工程图”包括建筑施工图、结构施工图和设备施工图，这部分内容是本教材的主要内容，通过学习，应掌握建筑工程图样的图示方法和有关规定；初步具备绘制与识读建筑工程图的基本技能。

4.“路桥工程图”主要介绍了公路、桥梁、涵洞工程图的图示方法和图示内容，着重培养学生对路桥工程施工图的识读能力。

三、本课程的学习方法

从科学体系来讲，本教材主要包括“画法几何”和“工程制图”两部分内容，两者既互相联系又各有特点。画法几何比较抽象，系统性和理论性较强，是工程制图的理论基础；工程制图比较具体、形象，实践性较强，是投影理论的具体应用。

本课程在学习方式上具有的一个显著特点就是：实践性。也就是要亲自动手去做、去练，在练习中掌握制图标准和规范，在练习中培养自己的空间想象能力，空间分析问题和解决问题的能力。对初学者来说，在接触该课程时，往往会感到陌生、不得要领、比较抽象，空间概念难以建立，在此就本课程的特点及学习方法提出几点意见，供同学们学习时参考。

1.首先在心里上要战胜自己，树立学好这门课的勇气，同时对专业的热爱和对知识的渴求，是你学习的动力。

2.要下功夫培养空间想象能力，即从二维的平面图形想象出三维形体的形状，这是本书的重点和难点之一。可借助于教学课件、立体模型、直观图等，加强图物对照的感性认识，直至可以完全依靠自己的空间想象能力，看懂图形。

3.认真完成课后作业和课堂训练，画图的过程即是图解思考的过程。从实物模型到二维图形，再从二维图形到实物模型，反复练习，加快空间想象能力的培养和提高。

4.认真负责、一丝不苟。认真、细致是工程技术人员必备的基本素质，工程图样是施工的依据，往往由于一条线的疏忽或一个数字的差错，给工程造成严重的浪费，施工返工，有时留下安全隐患，造成无法弥补的损失。因此，对初学者来说，就要严格遵守国家制图标准，培养认真负责、一丝不苟的工作作风，加强基本功训练，为今后的工程实践奠定良好的基础。

目 录

MULU

第一章 制图的基本知识与技能

【本章能力目标、知识目标与学习要求】

本章内容主要是制图员、施工员、项目管理员、预算员、资料员、工程监理员等岗位人员必须掌握的关键知识点之一。作为制图员，履行好岗位职责就必须了解制图工具的性能，掌握它们的正确使用和维护保养方法，保证提高绘图质量、加快绘图速度，同时必须熟悉并严格遵守建筑工程制图有关国家标准和有关规定，保证工程图纸的统一性，便于现场施工时的识读、审核、管理和存档。其他岗位人员必须熟悉建筑工程制图国家标准和有关规定，能够快速、准确无误的识读建筑工程图纸，保证工程质量和加快施工的进度。在制图员和预算员岗位培训和考核大纲中都对建筑工程制图国家标准作了相应的要求。本章的重点内容是建筑制图国家标准，如图纸的幅面和格式、图线和尺寸标注等，难点是平面图形的作图。通过本章的学习能够熟悉制图工具的基本知识和使用方法，掌握有关建筑工程专业的制图标准和基本规定，熟悉常用的几何作图方法和制图的方法与步骤，能够运用制图工具、遵照制图标准和基本规定抄绘简单的建筑工程图纸。工程图纸的绘制和阅读是非常严谨的工作，学习时从一开始就要严格遵守国家标准的有关规定正确绘图，养成正确使用制图工具和仪器的习惯，培养自己认真负责的工作态度和严谨细致的工作作风。

第一节 常用绘图工具及其使用

绘图工具的正确使用和维护对于准确、快速绘图有着重要的作用，下面简要地介绍一些常用的绘图工具及其使用方法。

一 图板、丁字尺、三角板

图板一般由胶合板制成，用于固定图纸，作为绘图的垫板，要求板面平整、板边平直，在图板上固定图纸时，要用胶带纸贴在图纸四角上，并使图纸下方留有放丁字尺的位置，如图 1-1 所示。

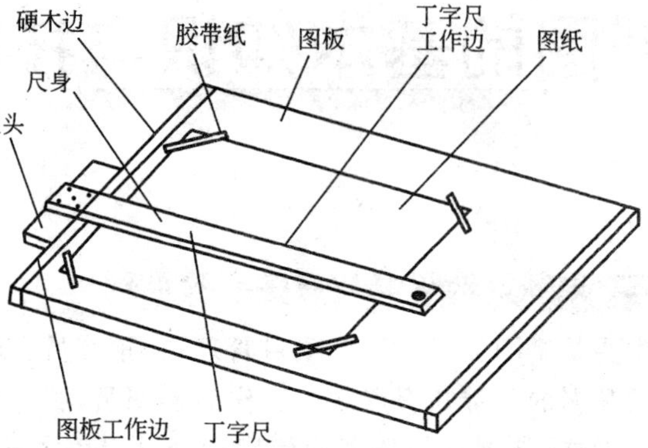

图 1-1　图板与丁字尺

丁字尺由相互垂直的尺头和尺身两部分组成，主要是用来配合图板画水平线，再与三角板配合画垂直线或 $n\times15°$斜线。使用时，要使尺头紧靠图板的左边工作边，上下移动到需要画线的位置，自左向右画水平线。应该注意，尺头不可以靠图板的其他边缘工作。丁字尺不用时应挂起来，以免尺身翘起变形。

三角板一般一副有两块，一块为等腰直角三角形，另一块为两斜角分别为30°、60°的直角三角形。三角板与丁字尺配合使用，可画出垂直线。画垂直线时须自下向上画。三角板必须紧靠丁字尺尺身，利用两种角度的三角板组合，可画出 $n\times15°$斜线（图 1-2）。两个三角板配合使用，按照自左向右的方向可画出各种角度的平行线（图 1-3）。

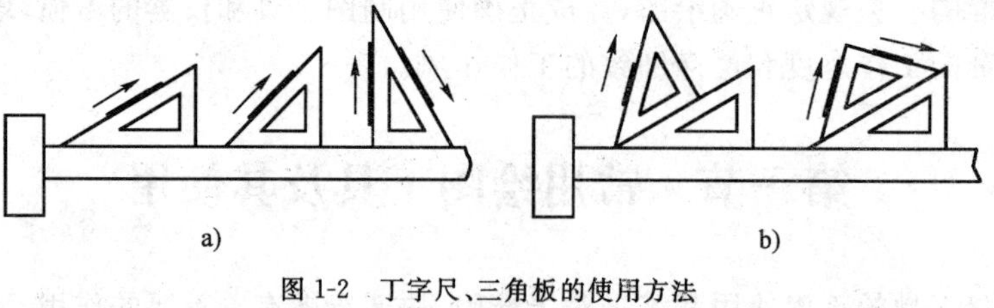

图 1-2　丁字尺、三角板的使用方法

a)三角板与丁字尺配合作 30°、45°、60°斜线及垂线；b) 两块三角板与丁字尺配合作 15°、75°斜线

图 1-3 两块三角板作平行直线

二 圆规和分规

圆规是画圆、圆弧的主要工具，常见的是三用圆规，定圆心的一条腿的钢针端都是圆锥形，应选用有抬肩的一端放在圆心处，并按需要调节长度；另一条腿的端部可以按照需要装上有铅芯的插腿、有墨笔笔头的插腿或有钢针的插腿，分别用来绘制铅线圆、墨线圆或当分规使用。在画圆或圆弧前，应将定圆心的钢针的抬肩调整到与铅芯的端部齐平，铅芯应伸出芯套 6～8mm，如图 1-4a）所示。在一般情况下画圆或圆弧时，应使圆规按照顺时针方向旋转，并稍向画图方向倾斜，如图 1-4b）所示。在画较大的圆或圆弧时，应使圆规的两条腿都垂直于纸面，如图 1-4c）所示。

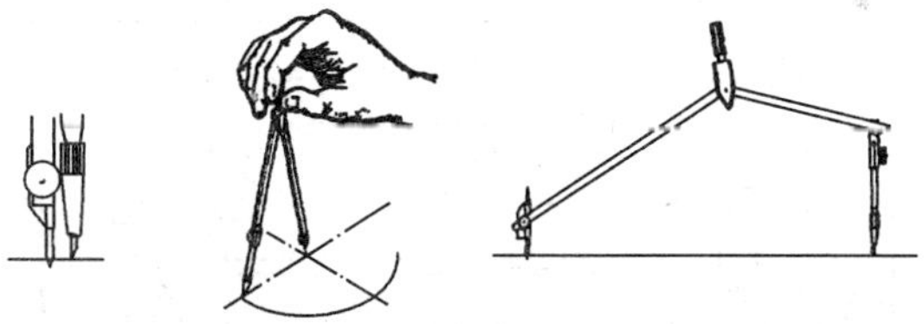

图 1-4 圆规的使用方法

分规的形状与圆规相似，但两条腿都装有钢针，用来量取线段长度，也可用来等分线段和圆弧，如图 1-5 所示。

三 比例尺和擦图片

常见的比例尺如图 1-6 所示。

比例尺的使用方法：首先，在尺上找到需要的比例，然后看清尺上每单位长度所表示的相应长度，就可以根据所需要的长度，用比例尺找出相应的长度作

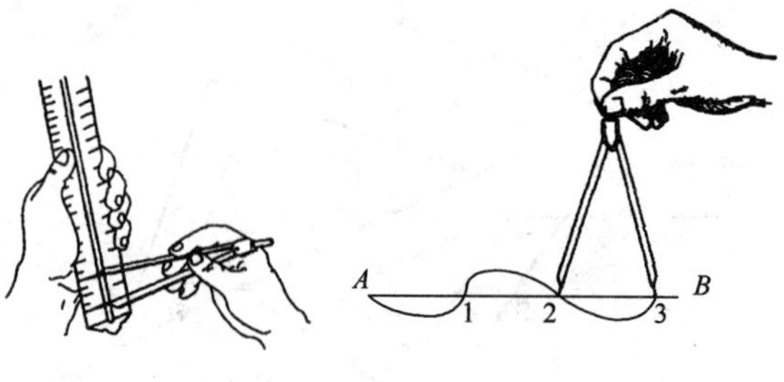

a)　　　　　　　　b)

图 1-5　分规的使用方法

a)用分规量取线段；b)用分规等分线段

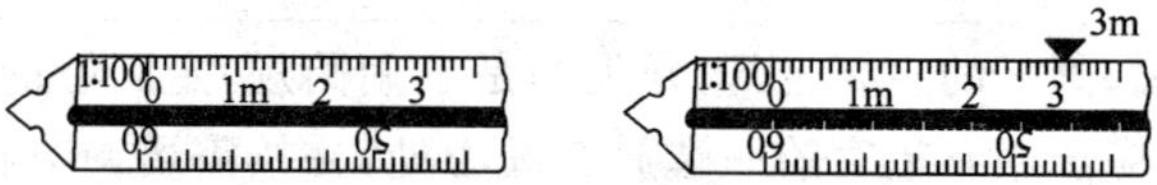

图 1-6　比例尺

图。例如：要以 1∶100 的比例画 3 000mm 的线段，只要从比例尺 1∶100 的刻度找到单位长度 3m，就可利用这段长度作图了。

擦图片又称擦线板，是擦去绘图过程中不需要稿线的制图辅助工具。擦图片由塑料或不锈钢制成的薄片，由不锈钢制成的擦图片柔软性好，使用相对方便，常见的擦图片如图 1-7 所示。

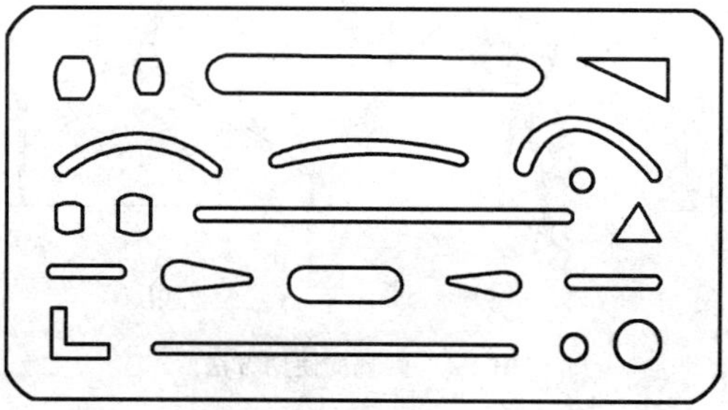

图 1-7　擦图片

擦图片的使用方法是：擦线条时，应用擦图片上适当的缺口对准需擦除的部分，并将有用的图线盖住，用橡皮擦去位于缺口的图线。使用擦图片时应当注意：用擦图片擦去多余的图线时，应尽量用最少的次数将其擦净，以免将图纸表面擦毛，影响制图质量。

四 曲线板和建筑模板

曲线板是用来绘制曲率半径不同的非圆曲线的工具(图 1-8)。作图时,为保证线条流畅、准确,应先按相应的作图方法定出需要画的曲线上足够数量的点,然后再用曲线板连接相关点即可。

图 1-8 曲线板

具体的方法和步骤是:

(1)按相应的作图法作出曲线上一些点,如图 1-9a)所示。

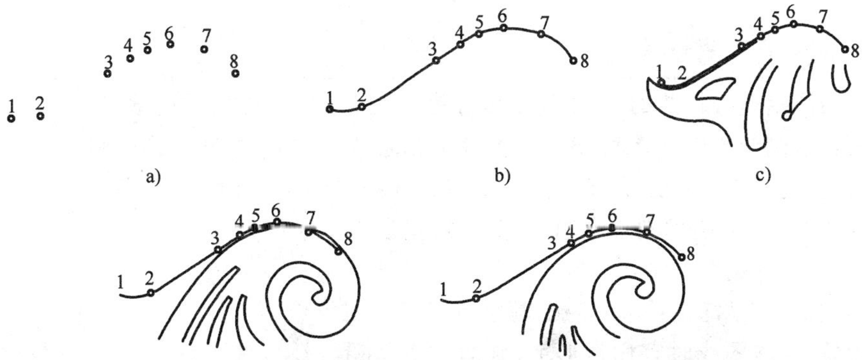

图 1-9 曲线板作图过程

(2)用铅笔徒手把各点依次连成曲线,如图 1-9b)所示。

(3)在曲线板找出与曲线相吻合的曲线段,从曲线起点开始,至少要通过曲线点上 3～4 个点,并沿曲线板描绘这一段密合的曲线,如图 1-9c)所示。

(4)按同样的方法找出下一段,相邻曲线段之间应留一小段的共同段作为过渡,即应有一小段与已画曲线段重合,以保证最后画成的曲线圆润、流畅,如图 1-9d)所示,如此分段描绘,直到描完最后一段,如图 1-9e)所示。

建筑模板在建筑工程制图中起着辅助作图、提高工作效率的作用。建筑模板有标高、不同大小的字体框、圆、椭圆、箭头等，建筑模板的种类较多，作图时可以根据不同的需要选择相应合适的模板，常用的建筑模板如图 1-10 所示。用模板作直线时，笔可稍向运笔方向倾斜，作圆或椭圆时，笔应尽量与纸面垂直，且紧贴模板，用模板画墨线时，应避免墨水渗到模板下面污损图纸。

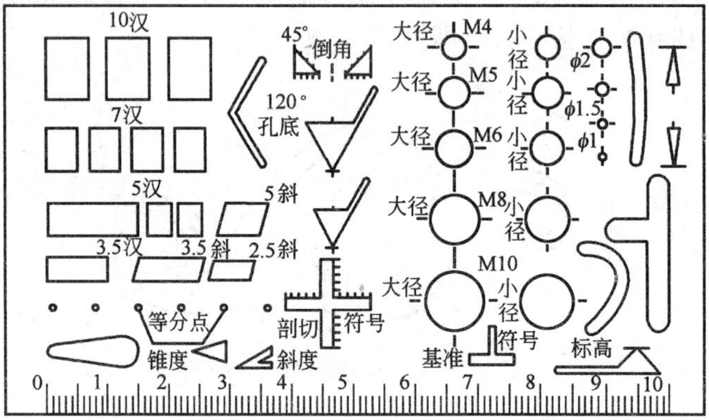

图 1-10　建筑模板

五 铅笔与绘图笔

绘图铅笔按铅芯的软、硬程度可分为 B 型和 H 型两类。“B”表示软，“H”表示硬，“HB”介于两者之间，B 的号数越大则越软，H 的号数越大则越硬。画工程图时，应使用较硬的铅笔打底稿，如 3H、2H 等，用 HB 铅笔写字，用 B 或 2B 铅笔加深图线，画圆的铅芯应比画直线的铅芯软一号，才可保证图线浓淡一致。铅笔通常削成锥形或锲形，笔芯露出约 6～8 ㎜，写字或打底稿用锥形笔，加深图线时宜用锲形笔，画图时应使铅笔垂直纸面，向运动方向倾斜，且用力要得当。

常见的绘图笔有墨线笔和绘图笔两种。

墨线笔也称直线笔、鸭嘴笔，是上墨、描图的仪器。使用前，旋转调整螺钉，使两叶片间距约为线型的宽度，用蘸水钢笔将墨水注入两叶片间(注意不能将直线笔直接插入墨水瓶蘸墨水)，笔内墨水的高度以 5mm 左右为宜。正式描图前，应进行反复调整线型宽度、擦拭叶片外面沾有的墨水等工作。笔位应如图 1-11 所示，为了防止运笔时拖

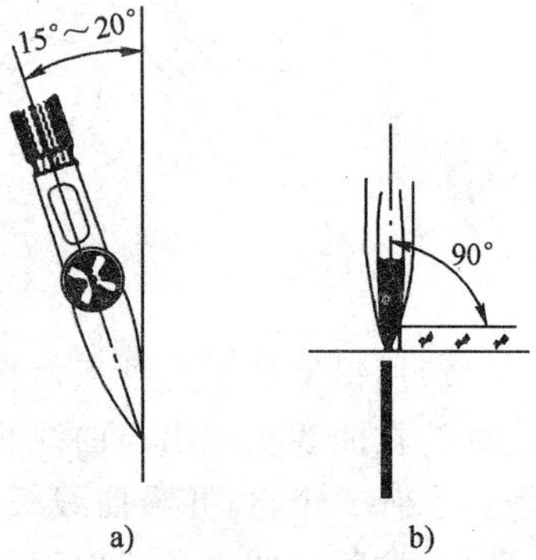

图 1-11　鸭嘴笔的使用

a)墨线笔向画线的前进方向稍微倾斜；

b)墨线笔位于尺边并垂直于纸面

渗墨水，应将笔杆置于铅垂面内，墨线笔位于尺边并垂直于纸面，两叶片同时接触纸面，如图 1-11b)所示。笔杆并向画线的前进方向稍微倾斜约 15°～20°，如图 1-11a)所示。

墨线笔用完后，应将墨汁洗净擦干，并将调节螺钉拧松，避免出现笔叶变形的现象，并保持叶片的弹性。

绘图笔即绘图墨水笔，常称针管笔，是专门用于绘制墨线图线的工具，可画出精确且具有相同宽度的线条。常见的绘图笔如图 1-12 所示，绘图笔的针管管径的大小决定所绘线条的宽窄。绘图笔的针管管径有从 0.1～1.2mm 的各种不同规格，在设计制图中至少应备有细、中、粗三种不同粗细的绘图笔。

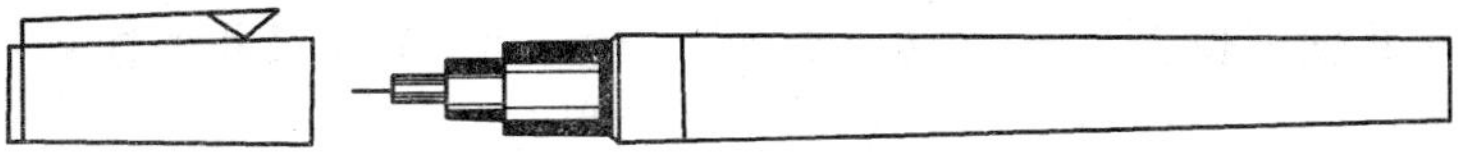

图 1-12　绘图笔

使用绘图笔时应注意：

(1)绘制线条时，绘图笔笔身应尽量保持与纸面垂直，以保证画出粗细均匀一致的线条。

(2)绘图笔作图顺序应依照先上后下、先左后右、先曲后直、先细后粗的原则，运笔速度及用力应均匀、平稳。

(3)用较粗的绘图笔作图时，落笔及收笔均不应有停顿。

(4)绘图笔除用来作直线段外，还可以借助圆规的附件，与圆规连接起来作圆或圆弧。

(5)平时宜正确使用和保养绘图笔，以保证绘图笔有良好的工作状态及较长的使用寿命。绘图墨水笔必须使用碳素墨水或专用绘图墨水，以保证使用时墨水流畅，用后要用清水及时把针管冲洗干净，以防堵塞。绘图笔在不使用时应随时套上笔帽，以免针尖墨水干结，并应定时清洗绘图笔，以保持用笔流畅。

第二节　制图的基本标准

为了使房屋建筑制图规格基本统一，图面清晰简明，同时提高制图效率，保证图面质量，并符合设计、施工、存档的要求，适应国家工程建设的需要，根据原建设部(建标[2007]125 号)文件要求，批准并颁布了《房屋建筑制图统一标准》(GB/T 50001—2010)、《总图制图标准》(GB/T 50103—2010)、《建筑制图标准》(GB/T 50104—2010)、《建筑结构制图标准》(GB/T 50105—2010)、《建筑给水排水制图标准》(GB/T 50106—2010)和《暖通空调制图标准》(GB/T 50114—2010)。自2011年3月1日起施行,原国标同时废止。

制图国家标准(简称国标)是一项所有工程人员在设计、施工、管理中必须严格执行的国家条例。我们从学习制图的第一天起,就应该严格地遵守国标中的每一项规定,养成一切遵守国家条例的良好习惯。

一 图纸幅面和格式

图纸的幅面是指图纸尺寸规格的大小,图框是指图纸上绘图范围的界限。图纸幅面和图框尺寸应符合表1-1的规定。在实际绘图过程中,如果图纸的幅面不够,可将图纸长边加长,短边不应加长,长边加长后的尺寸可查阅《房屋建筑制图统一标准》(GB/T 50001—2010)的有关规定。

幅面及图框尺寸 表1-1

幅面代号	A0	A1	A2	A3	A4
$b \times l$(mm×mm)	841×1 189	594×841	420×594	297×420	210×297
c(mm)	10			5	
a(mm)	25				

图纸以短边作为垂直边为横式,以短边作为水平边为立式,图纸的格式如图1-13所示。一般A0-A3图纸宜横式使用。一个工程设计中,每个专业所使用的图纸,一般不宜多于两种幅面(不含目录及表格所采用的A4幅面)。

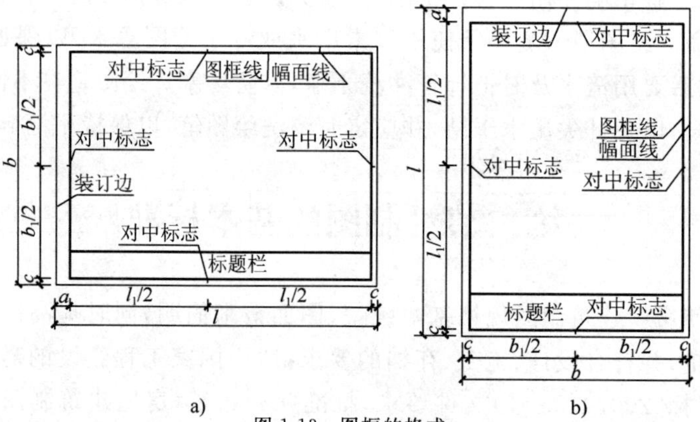

图1-13 图框的格式

a)横式;b)立式

《房屋建筑制图统一标准》(GB/T 50001—2010)对图纸标题栏和会签栏的尺寸、格式和内容都有规定。标题栏是本张图纸的图标，包括设计单位、工程名称、图名、签字区、图号等。会签栏是指工程建设图纸上由会签人员填写的有关专业、姓名、日期等的一个表格，不需要会签的图纸没有会签栏。对于学生学习阶段的制图作业，建议采用如图 1-14 所示的标题栏，不设会签栏。

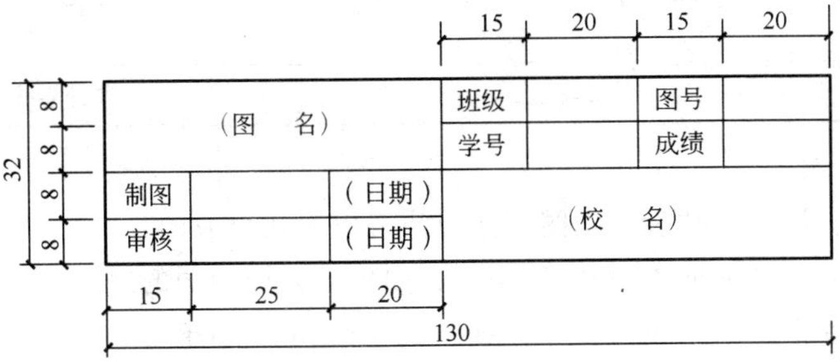

图 1-14　学生作业标题栏格式

二 图线

1. 线型与线宽

任何工程图样都是采用不同的线型与线宽的图线绘制而成的。建筑工程制图中的常用图线的线型、线宽、用途见表 1-2。

图　线　　表 1-2

名　称		线　型	线　宽	用　途
实线	粗		b	主要可见轮廓线
	中粗		$0.7b$	可见轮廓线
	中		$0.5b$	可见轮廓线、尺寸线、变更云线
	细		$0.25b$	图例填充线、家具线
虚线	粗		b	见各有关专业制图标准
	中粗		$0.7b$	不可见轮廓线
	中		$0.5b$	不可见轮廓线、图例线
	细		$0.25b$	图例填充线、家具线
单点长画线	粗		b	见各有关专业制图标准
	中		$0.5b$	见各有关专业制图标准
	细		$0.25b$	中心线、对称线、轴线等

续上表

名称		线型	线宽	用途
双点长画线	粗		b	见各有关专业制图标准
	中		$0.5b$	见各有关专业制图标准
	细		$0.25b$	假想轮廓线、成型前原始轮廓线
折断线			$0.25b$	断开界线
波浪线			$0.25b$	断开界线

2. 图线画法

在确定线形和线宽后，画图时还应注意以下几个方面：

(1)在同一张图纸内，相同比例的各图样应采用相同的线宽组。

(2)相互平行的图线，其净间隙或线中间隙不宜小于0.2mm。

(3)虚线、单点长画线或双点长画线的线段长度和间隔宜各自相等。

(4)单点长画线或双点长画线，当在较小图形中绘制有困难时，可用实线代替。

(5)单点长画线或双点长画线的两端不应是点，点画线与点画线或点画线与其他图线交接时，应是线段交接。

(6)虚线与虚线交接或虚线与其他图线交接时，应是线段交接。虚线为实线的延长线时，不得与实线连接。它们的正确画法和错误画法如表1-3所示。

(7)图线不得与文字、数字或符号重叠、混淆，不可避免时，应首先保证文字等的清晰。

部分图线正误画法示例　　表1-3

图线	正确画法	错误画法	说明
虚线与单点长画线	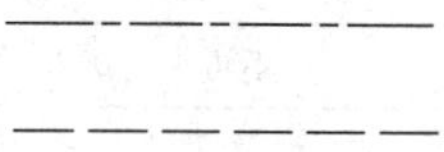	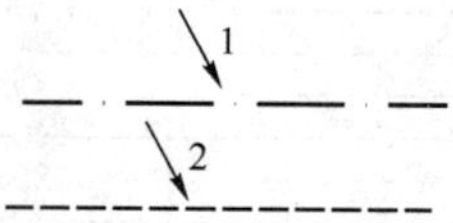	1. 单点长画线和双点长画线的线段长，通常画15～20mm，空隙和点分别约1mm长度，而中间的短线不应画为点。 2. 虚线的长度通常应为4～6mm，间隙1mm，不应画得太短太密

续上表

图线	正确画法	错误画法	说明
圆的中心线	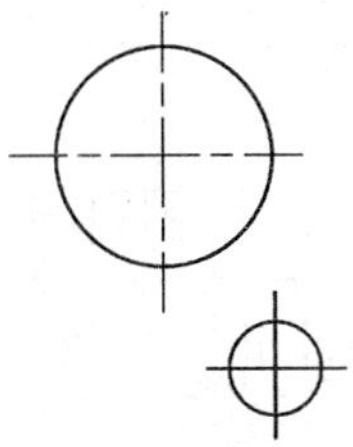	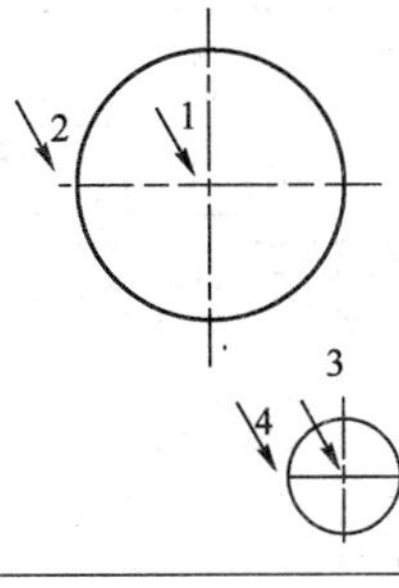	1. 两点画线相交或点画线与其他图线相交应在线段处相交。 2. 点画线的起始和中止应必须是线段，而不是点。 3. 点画线应出头 2～3mm。 4. 点画线很短时可用细实线代替
图线的交接线	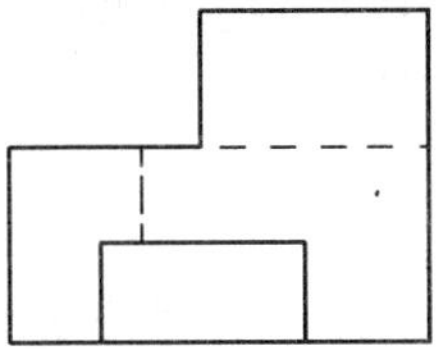	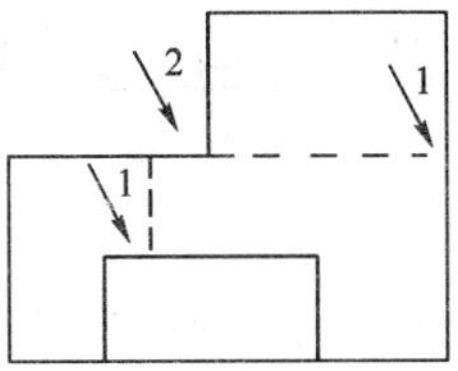	1. 两虚线或虚线与实线相交时，应是线段相交。 2. 虚线是实线的延长线时，应留有空隙
折断线与波浪线	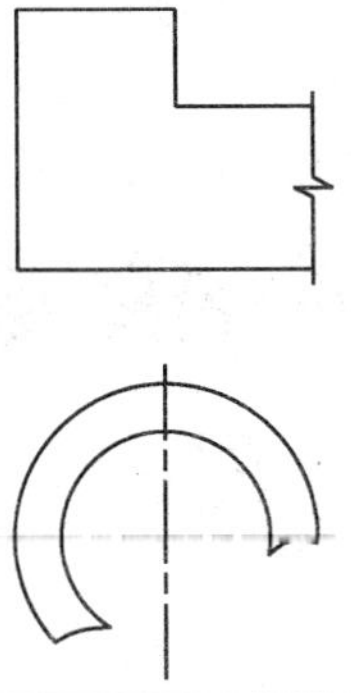	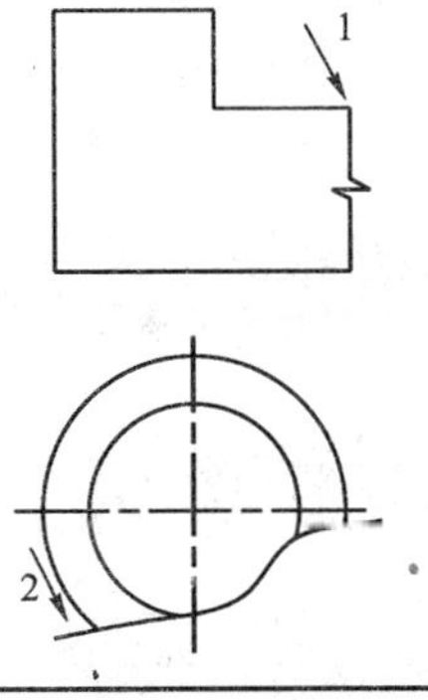	1. 折断线两端应分别超出轮廓线。 2. 波浪线画到轮廓线为止，不应超出图形轮廓线

三 字体

图纸上所需要的文字、数字或符号等，均应笔画清晰、字体端正，标点符号应清楚正确。文字的高度，应从如下系列中选用：3.5mm、5mm、7mm、10mm、14mm、20mm，如需书写更大字，其高度应按$\sqrt{2}$的比例增长，并取 mm 的整数，字距为字高的 1/4。

1. 汉字

图样和说明中的汉字采用国家公布的简化汉字，应写成长仿宋体，高度和宽度大约为 1∶0.7。

长仿宋体的书写要领是:横平竖直、起落分明、填满字格,结构匀称。长仿宋字体示例如图 1-15 所示。

结	构	工	业	与	民	用	建	筑	平	面	图	钢
筋	混	凝	土	截	面	梁	板	节	点	设	备	房
屋	比	例	尺	寸	材	料	水	泥	砂	浆	楼	梯
门	窗	墙	体	楼	板	面	层	东	西	南	北	中
一	二	三	四	五	六	七	八	九	十	年	月	日
基	础	房	间	施	工	说	明	标	号	尺	制	图

图 1-15　长仿宋体示例

2. 字母和数字

拉丁字母、阿拉伯数字、罗马数字可写成斜体或直体,写为斜体时,其斜度为 75°,小写字母的高度应为大写字母的 7/10,拉丁字母、阿拉伯数字与罗马数字的字高,应不少于 2.5mm。具体书写规则可查阅《房屋建筑制图统一标准》(GB/T 50001—2010)的有关规定。数字和字母的书写示例如图 1-16 所示。

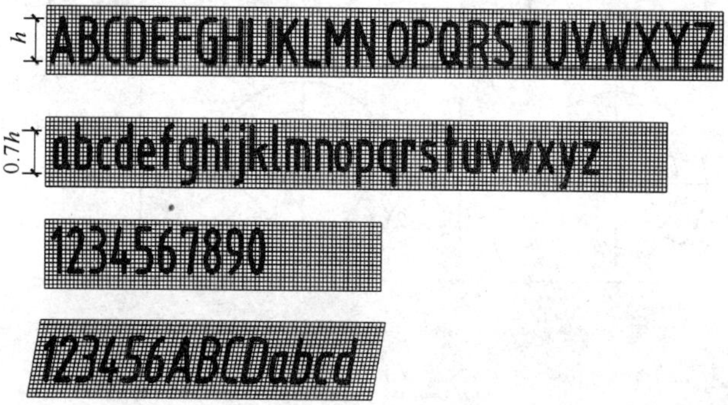

图 1-16　数字与字母书写示例

四 比例

建筑工程制图中,建筑物往往用小比例绘制在图纸上,而对于某些细部构造又需要用较大的比例绘制在图纸上,图样的比例是图形与实物相对应的线形尺寸之比。绘图所用的比例,应根据图样的用途与被绘制对象的复杂程度,从表中选用并优先选用表中的常用比例。一般情况下,一个图样应选用一种比例,根据专业制图需要，也可选用两种比例。工程中常用比例及可用比例如表 1-4 所示。

绘图用的比例 表 1-4

常用比例	1∶1、1∶2、1∶5、1∶10、1∶20、1∶30、1∶50、1∶100、1∶150、1∶200、1∶500、1∶1 000、1∶2 000
可用比例	1∶3、1∶4、1∶6、1∶15、1∶25、1∶40、1∶60、1∶80、1∶250、1∶300、1∶400、1∶600、1∶5 000、1∶10 000、1∶20 000、1∶50 000、1∶100 000、1∶200 000

比例宜写在图名的右侧，与字的基准线应取平，比例的字高应比图名的字高小一号或二号，如图 1-17 所示。

图 1-17 比例的注写方式

五 尺寸标注

1. 尺寸的组成及其标注的基本规定

如图 1-18 所示，图样上的尺寸包括尺寸界线、尺寸线、尺寸起止符号和尺寸数字。

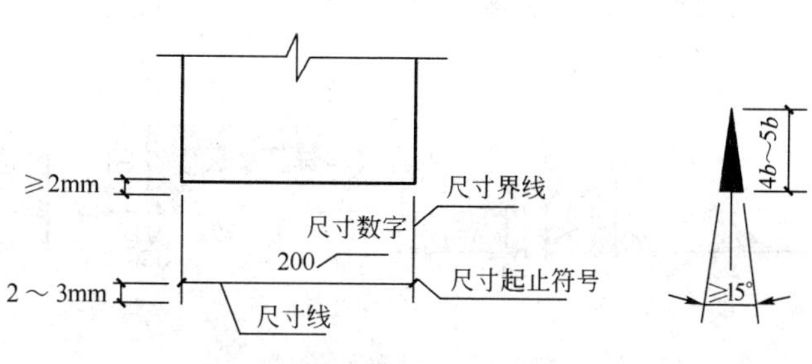

图 1-18 尺寸组成及基本规定

①尺寸界线

尺寸界线应用细实线绘制，一般应与被注长度垂直，其一端应离开图样轮廓不小于 2mm，另一端宜超出尺寸线 2～3mm。图样轮廓可用作尺寸界线。

②尺寸线

尺寸线应用细实线绘制，一般应与被注长度平行，图样本身的任何图线不得用作尺寸线。

③尺寸起止符号

一般用中粗斜短线绘制，其倾斜方向应与尺寸界线成顺时针45°角，长度宜为2～3mm。半径、直径、角度与弧长的起止符号宜用箭头表示。

④尺寸数字

国标规定图样上标注的尺寸一律用阿拉伯数字标注图样的实际尺寸，它与绘图所用比例无关，应以尺寸数字为准，不得从图上直接量取。图样上所标注的尺寸，除标高及总平面图以米(m)为单位外，其余一律以毫米(mm)为单位，图上尺寸数字都不再注写单位。

尺寸数字一般应依据其方向注写在靠近尺寸线的上方中部。水平方向的尺寸，尺寸数字要写在尺寸线的上面，字头朝上；竖直方向的尺寸，尺寸数字要写在尺寸线的左侧，字头朝左；倾斜方向的尺寸，尺寸数字的方向应按图1-19a)的规定注写，尺寸数字在图中所示30°影线范围内时可按1-19b)的形式注写。

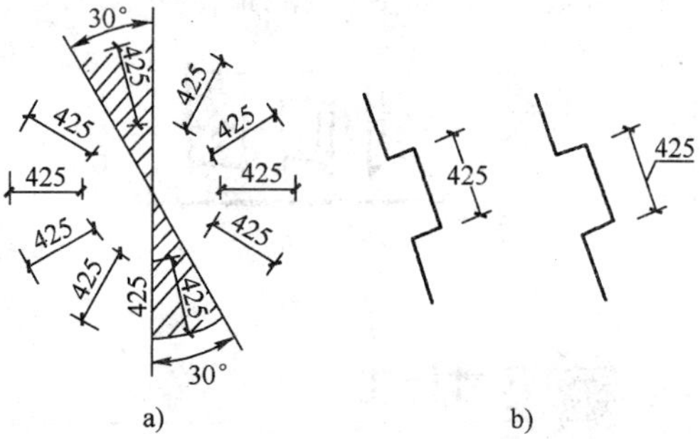

图1-19　尺寸数字的注写方向

如果没有足够的注写位置，最外边的尺寸数字可注写在尺寸界线的外侧，中间相邻的尺寸数字可注写在尺寸界线的外侧，也可错开注写。

为保证图线上的尺寸数字清晰，任何图线不得穿过尺寸数字，不可避免时，应将图线断开，如图1-20所示。

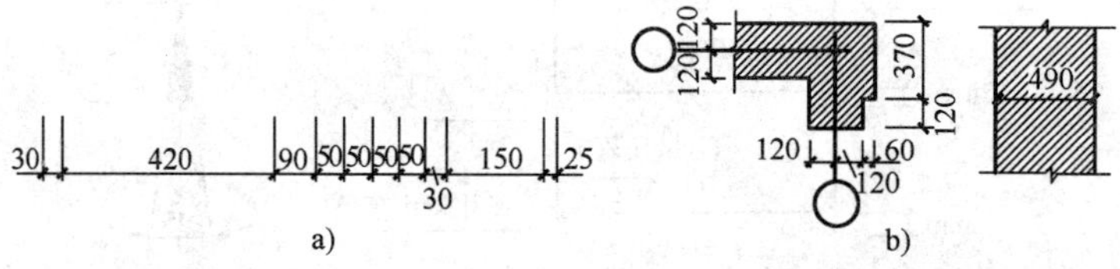

图1-20　尺寸数字的注写

尺寸的排列与布置：

(1)尺寸宜标注在图样轮廓线以外，不宜与图线、文字及符号等相交。

(2)互相平行的尺寸线，应从被注写的图样轮廓线由近向远，整齐排列，较小尺寸应离轮廓线较近，较大尺寸应离轮廓线较远。

(3)图样轮廓线以外的尺寸线，距图样最外轮廓之间的距离，不宜小于

10mm。平行排列的尺寸线的间距，宜为 7～10mm，并应保持一致。

(4)总尺寸的尺寸界线应靠近所指的部位，中间的分尺寸的尺寸界线可稍短，但其长度应相等。

尺寸的排列与布置示例如图 1-21 所示。

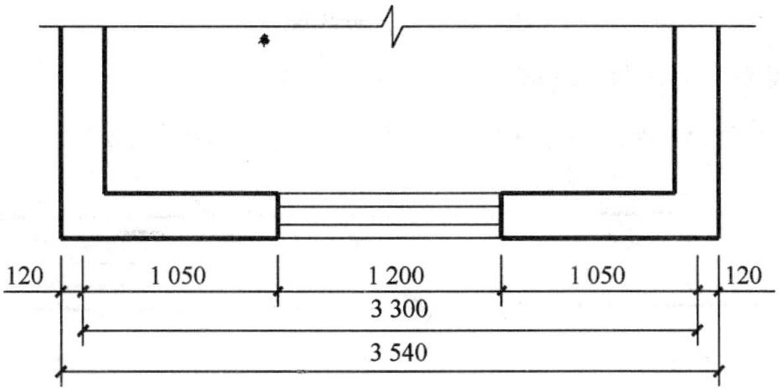

图 1-21　尺寸的排列与布置

第三节　平面图形的画法

绘制平面图形时，首先要对平面图形进行尺寸分析和线段分析，找出尺寸基准和圆弧连接的线段，拟定作图顺序，然后选定比例，画底稿。画底稿时先画平面图形的对称线、中心线或基线，再顺次画出已知线段、中间线段和连接线段。

一 几何作图

绘制平面图形时，常常用到平面几何中的几何作图方法，下面对一些常用的几何作图作简要的介绍。

1. 等分

(1)等分已知线段

一般等分已知线段可以采用辅助线法。三等分已知线段 AB 的作图方法如图 1-22 所示。

作图步骤如下：

①过 A 点作任意直线 AK，并取点 $A1'=1'2'=2'3'$，如图 1-22b)所示。

②连接 $3'B$，分别过 $2'$、$1'$点作 $3'B$ 的平行线，与 AB 交得点 2、1，即为所求，如图 1-22c)所示。

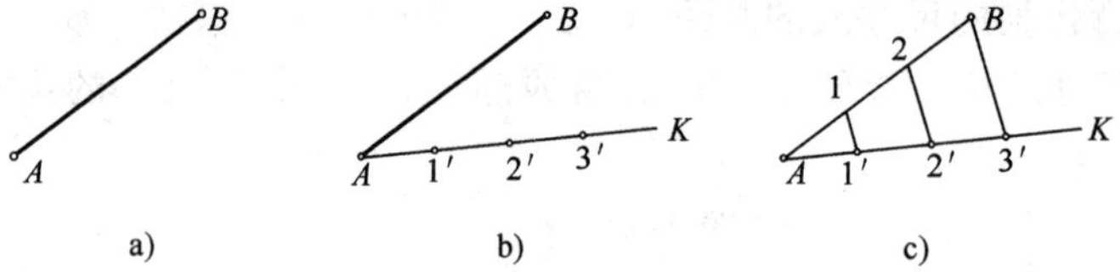

图 1-22　三等分线段 AB

(2)等分两平行线间的距离

四等分两平行线 M、N 间的距离的作图方法如图 1-23 所示。

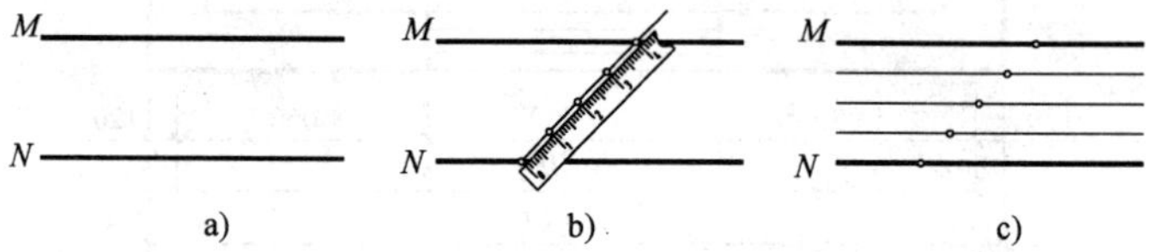

图 1-23　四等分两平行线 M、N 间距离

作图步骤如下：

①将直尺 0 点置于 N 上，摆动尺身使刻度 4 落在 M 上，截得 1、2、3 三个等分点，如图 1-23b)所示。

②过各等分点作 M 的平行线，即为所求，如图 1-23c)所示。

(3)二等分角

二等分角 AOB 的作图方法，如图 1-24 所示。

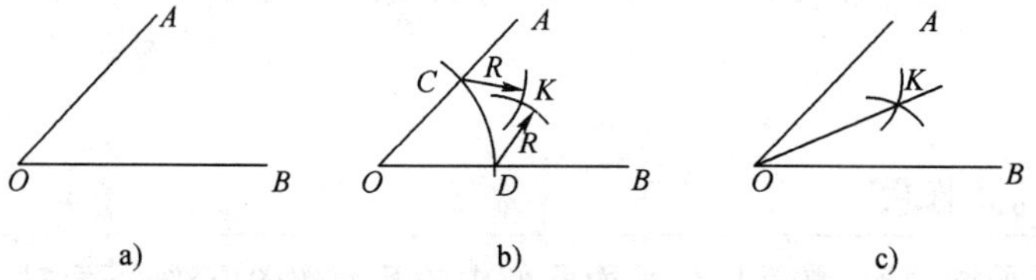

图 1-24　角的二等分

作图步骤如下：

①以 O 为圆心，任意长度为半径画弧分别交 OA、OB 于 C、D，分别以 C、D 为圆心，以任意长度 R 为半径画弧，得交点 K，如图 1-24b)所示。

②连接 OK 即为所求，如图 1-24c)所示。

2. 作正多边形

正多边形可用分规试分法等分外接圆的四周后作出，也可用三角板配合丁字尺按几何作图等分外接圆的圆周后作出。下面介绍正方形、正六边形和任意多边形的几何作图法。

(1)作正方形

用外接圆法作正方形的作图过程，如图 1-25 所示。

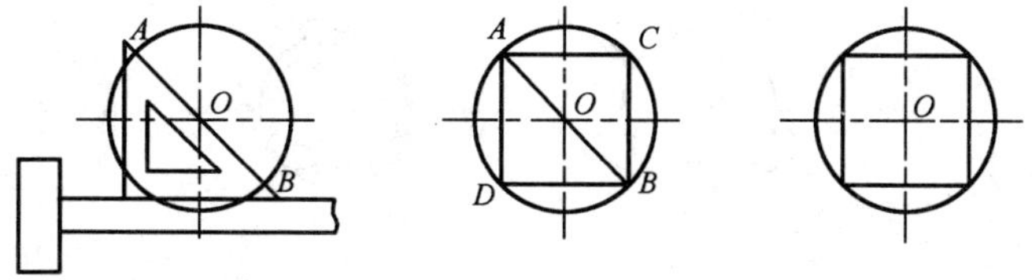

a)　　b)　　c)

图 1-25　作正方形

作图步骤如下：

①将 45°三角板的直角边紧靠丁字尺的工作边，过圆心沿斜边作直径交圆周于 A、B 两点，如图 1-25a)所示。

②分别过 A、B 用丁字尺画水平线与圆周相交于 C、D，连接 CB、DA，如图 1-25b)所示。

③擦去辅助线，加深正方形，即为所求，如图 1-25c)所示。

(2)作正六边形

用外接圆法作正六边形的作图过程，如图 1-26 所示。

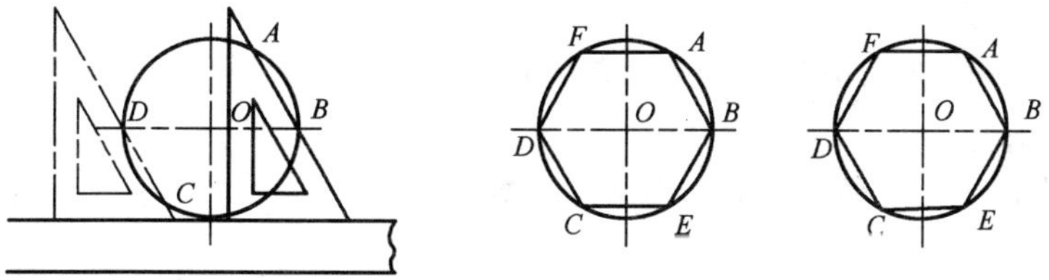

a)　　b)　　c)

图 1-26　作正六边形

作图步骤如下：

①将 30°的三角板的短边紧靠丁字尺工作边，沿斜边过 B 点作直线交圆周于 A 点，过 D 点作斜直线交圆周于 C 点，如图 1-26a)所示。

②分别过 A 点作水平直线交圆周于 F 点，过 C 点作水平直线交圆周于点 E，连接 DF，BE，如图 1-26b)所示。

③擦去辅助线，加深正六边形，即为所求，如图 1-26c)所示。

此外，正六边形也可以用它的外接圆的半径等分外接圆圆周后，连接各等分点即可作出。

(3)任意边数的正多边形

以作正五边形为例，其作图步骤如下：

①把直径 AB 五等分，得等分点 1、2、3、4，如图 1-27a)所示。

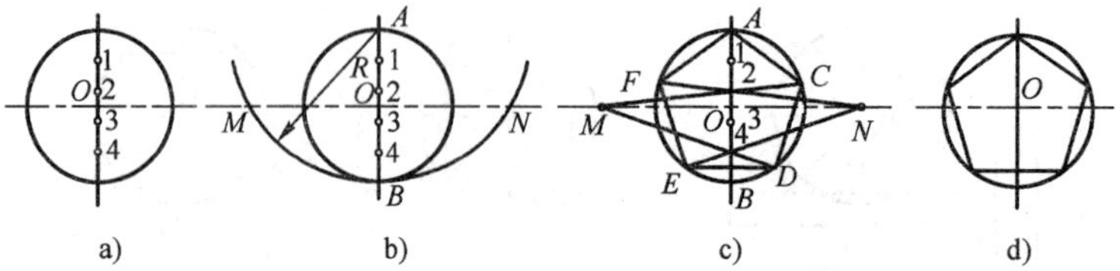

图 1-27 作正五边形

②以点 A 为圆心，AB 长为半径作圆弧，交水平直径的延长线于 M、N 两点，如图 1-27b)所示。

③从 M、N 两点分别向各偶数点(2、4)连线并延长相交于圆周上得 A、B、C、D、E 点，依次连接 A、B、C、D、E 各点，如图 1-27c)所示。

④擦去辅助线，加深正五边形，即为所求，如图 1-27d)所示。

3. 椭圆

下面介绍已知长轴和短轴作椭圆的几种方法。

(1)同心圆法画椭圆

如图 1-28 所示，已知椭圆长轴 AB、短轴 CD、中心点 O，求作椭圆。

作图步骤如下：

①以 O 为圆心，分别以 OA 和 OC 为半径，作出两个同心圆。

②过中心 O 作等分圆周的辐射线(图中作了 12 条线)。

③过辐射线与大圆的交点向内画竖直线，过辐射线与小圆的交点向外画水平线，则竖直线与水平线的相应交点即为椭圆上的点。

④用曲线板将上述各点依次光滑地连接起来，即得所画的椭圆。

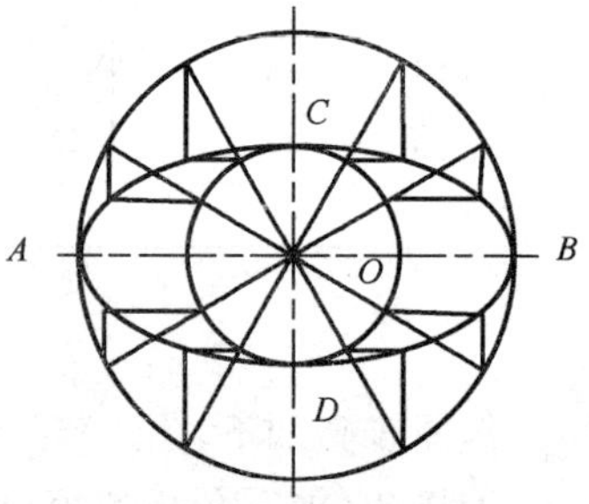

图 1-28 同心圆法画椭圆

同心圆法作椭圆用于求作比较精确的图形。

(2)四心圆法画椭圆

如图 1-29 所示，已知椭圆长轴 AB、短轴 CD、中心 O，求作椭圆。

作图步骤如下：

①连接 AC，在 AC 上截取点 E，使 $CE=OA-OC$，如图 1-29a)所示。

②作线段 AE 的中垂线并与短轴相交于点 O_1，与长轴交于点 O_2，如图

1-29b)所示。

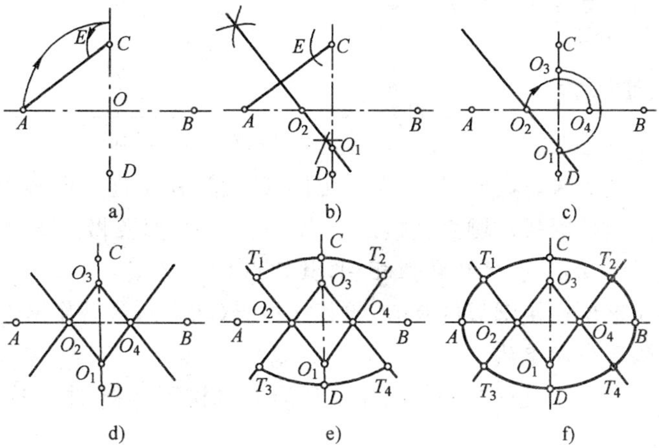

图 1-29　四心圆法画椭圆

③在 CD、AB 上找到 O_1、O_2 的对称点 O_3、O_4，则 O_1、O_2、O_3、O_4 即为四段圆弧的四个圆心，如图 1-29c)所示。

④将四个圆心点两两相连，得出四条连心线，如图 1-29d)所示。

⑤以 O_1、O_3 为圆心，$O_1C=O_3D$ 为半径，分别画圆弧 T_1T_2 和 T_3T_4，两段圆弧的四个端点分别落在四条连心线上，如图 1-29e)所示。

⑥以 O_2、O_4 为圆心，$O_2A=O_4B$ 为半径，分别画圆弧 T_1T_3 和 T_2T_4，完成所作的椭圆，如图 1-29f)所示。

四心圆法作椭圆是个近似作法，它由四段圆弧组成，T_1、T_2、T_3、T_4 为四段圆弧的连接点，也是四段圆弧相切(内切)的切点。

(3)八点法画椭圆

如图 1-30 所示，已知椭圆的长轴 AB、短轴 CD，求作椭圆。

作图步骤如下：

①过长短轴的端点 A、B、C、D 作椭圆外切矩形 1234，连接对角线。

②以 1C 为斜边，作 45°等腰直角三角形 1KC。

③以 C 为圆心，CK 为半径作弧，交 14 于 M、N；过 M、N 引短边的平行线，与对角线相交得 5、6、7、8 四点。

④用曲线板顺序连接点 A、5、C、8、B、7、D、6、A，

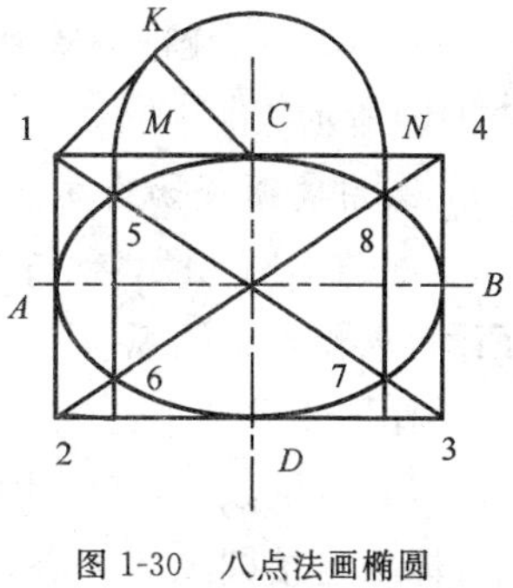

图 1-30　八点法画椭圆

即得所求的椭圆。

八点法画椭圆常用于绘制精度不高的图样。

二 圆弧连接

绘制平面图形时，经常需要用圆弧将两条直线、一圆弧与一直线或两个圆弧之间光滑地连接起来，这种连接作图称为圆弧连接，用来连接已知直线或已知圆弧的圆弧称为连接圆弧。圆弧连接的要求就是光滑，而要做到光滑连接就必须使连接圆弧与已知直线、已知圆弧相切，其切点称为连接点。为了能准确连接，作图时必须先求出连接圆弧的圆心，再找连接点（切点），最后作出连接圆弧。

1. 用圆弧连接两直线

如图 1-31a）所示，已知两直线，用半径为 R 的圆弧连接，求作连接圆弧。

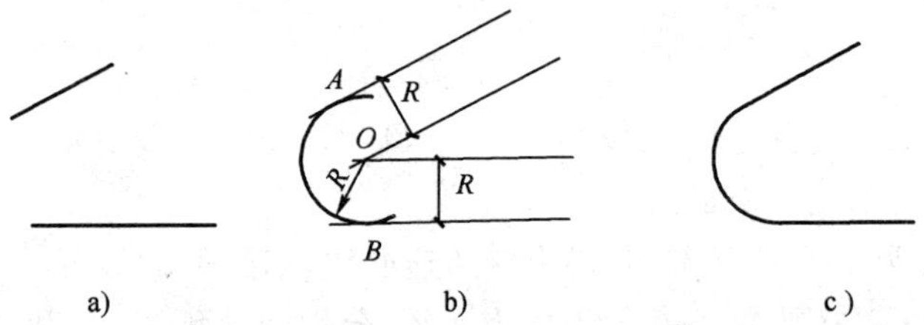

图 1-31　圆弧连接两直线

作图步骤如下：

（1）分别过两已知直线作与该直线距离等于 R 的平行线，如图 1-31b）所示。

（2）找到两平行线的交点 O 即为连接圆弧的圆心，如图 1-31b）所示。

（3）自点 O 分别向两直线作垂线，得垂足 A、B，即为连接圆弧的连接点（切点），如图 1-31b）所示。

（4）以 O 为圆心、R 为半径作圆弧 AB，清理图面，加深图线，完成作图，如图 1-31c）所示。

2. 用圆弧外切连接两圆

如图 1-32 所示，已知半径分别为 $R1$、$R2$ 的圆，用半径为 R 的圆弧外切连接两圆，求作连接圆弧。

作图步骤如下：

（1）分别以 $O1$、$O2$ 为圆心、以 $R1+R$、$R2+R$ 为半径画弧，两圆弧相交于 O 点，即为连接圆弧的圆心，如图 1-32b）所示。

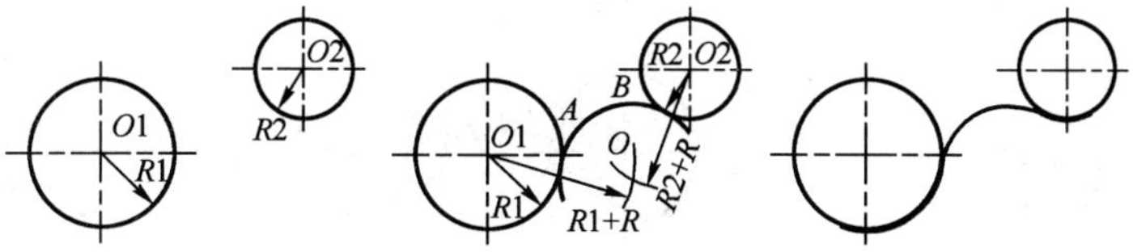

图 1-32　圆弧与两圆外切连接

(2)分别连接 $O1$ 和 O、$O2$ 和 O，获得与圆 $O1$ 的交点 A，与圆 $O2$ 的交点 B，A、B 即为连接点，如图 1-32b)所示。

(3)以 O 为圆心、R 为半径作圆弧 AB，清理图面，加深图线，完成作图，如图 1-32c)所示。

3. 圆弧内切连接两圆

如图 1-33 所示，已知连接圆弧半径为 R，被连接的两个圆弧的圆心分别为 $O1$、$O2$，半径为 $R1$、$R2$，求作连接圆弧。

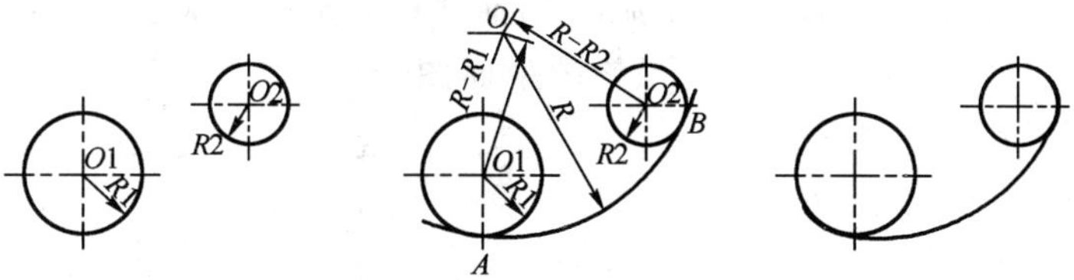

图 1-33　圆弧与两圆内切连接

作图步骤如下：

(1)分别以 $O1$、$O2$ 为圆心、以 $R-R1$、$R-R2$ 为半径画弧，两圆弧相交于 O 点，即为连接圆弧的圆心，如图 1-33b)所示。

(2)分别连接 $O1$ 和 O、$O2$ 和 O，获得与圆 $O1$ 的交点 A，与圆 $O2$ 的交点 B，A、B 即为连接点，如图 1-33b)所示。

(3)以 O 为圆心、R 为半径作圆弧 AB，清理图面，加深图线，完成作图，如图 1-33c)所示。

4. 圆弧与直线相切、与圆弧外切

如图 1-34a)所示，已知连接圆弧的半径为 R，被连接的圆弧圆心为 $O1$ 、半径为 $R1$，以及直线 L，求作连接圆弧(要求与已知圆弧外切)。

作图步骤如下：

(1)作已知直线的平行线，使其间距为 R，再以 $O1$ 为圆心、$R+R1$ 为半径作圆弧，该圆弧与所作平行线的交点 O 即为连接圆弧的圆心，如图 1-34b)所示。

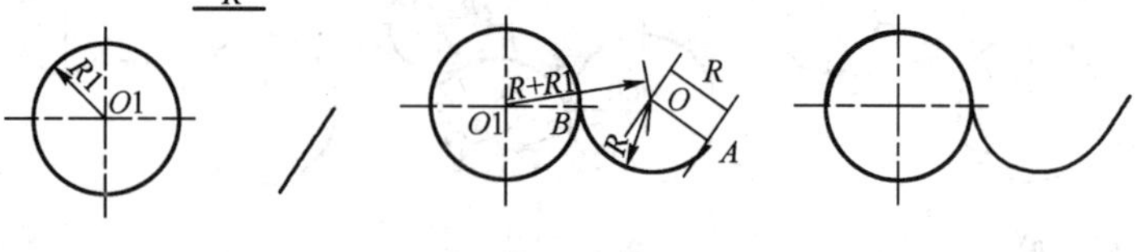

图 1-34 圆弧与直线相切、与圆弧外切连接

(2)由点 O 作直线的垂线得垂足 A,连接 O、O1,与圆 O1 交于点 B,A、B 即为连接圆弧的连接点,如图 1-34b)所示。

(3)以 O 为圆心、R 为半径作圆弧 AB,清理图面,加深图线,完成作图,如图 1-32c)所示。

三 平面图形的分析与画法

平面图形是由若干段线段所围成的,而线段的形状与大小是根据给定的尺寸确定的。现以图 1-35 所示的吊钩的平面图形为例,说明尺寸与线段的关系。

1.平面图形的尺寸分析

(1)尺寸基准

尺寸基准是标注尺寸的起点。平面图形的长度方向和高度方向都要确定一个尺寸基准。尺寸基准常常选用图形的对称线、底边、侧边、图中圆周或圆弧的中心线等。在图 1-35 所示的平面图形中,竖直中心线是左右方向的尺寸基准,顶边是高度方向的尺寸基准。

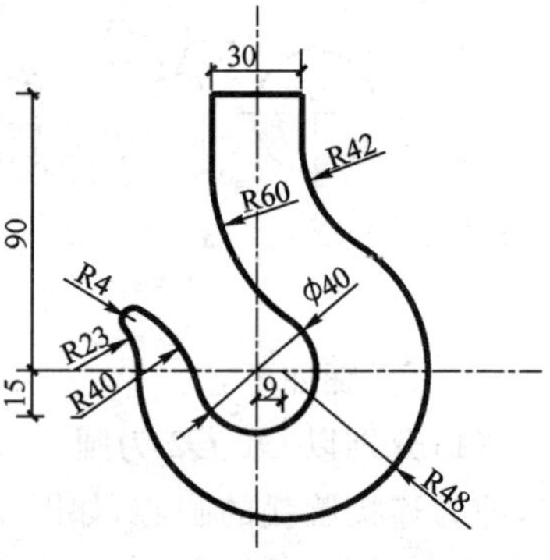

图 1-35 平面图形线段分析

(2)定形尺寸和定位尺寸

定形尺寸是确定平面图形各组成部分大小的尺寸,如图 1-35 中的 R60、R23 等;定位尺寸是确定平面图形各组成部分相对位置的尺寸,该图中有的定位尺寸从图中可以很清楚的看出来,如图中直径为 40 的圆心在中心线上,竖向位置距顶部 90;有的定位尺寸须进行简单计算后求出,如半径为 23 的圆,水平位置距中心线偏移 48+23−9=62。从尺寸基准出发,通过各定位尺寸,可确定图形中各组成部分的相对位置,通过各定形尺寸,可确定图形中各组成部分的大小。

(3)尺寸标注的基本要求

平面图形的尺寸标注要做到正确、完整、清晰。

尺寸标注应符合国家标准的规定；标注的尺寸应完整，没有遗漏的尺寸；标注的尺寸要清晰、明显，并标注在便于看图的地方。

2.平面图形的线段分析

在绘制有连接作图的平面图形时，需要根据尺寸的条件进行线段分析。平面图形的圆弧连接处的线段，根据尺寸是否完整可分为三类：

(1)已知线段

根据给出的尺寸可以直接画出的线段称为已知线段。即这个线段的定形尺寸和定位尺寸都完整。如图 1-35 中，ϕ40、R48 的两个圆弧是已知线段(也称为已知弧)。

(2)中间线段

有定形尺寸，缺少一个定位尺寸，需要依靠两端相切或相接的条件才能画出的线段称为中间线段。如图 1-35 中 R40、R23 的圆弧是中间线段(也称为中间弧)。

(3)连接线段

图 1-35 中圆弧 R4、R60、R42 的圆心，其两个方向定位尺寸均未给出，而需要用与两侧相邻线段的连接条件来确定其位置，这种只有定形尺寸而没有定位尺寸的线段称为连接线段(也称为连接弧)。

3.平面图形的画法

平面图形的作图步骤为：

(1)首先对平面图形进行尺寸分析和线段分析，找出尺寸基准和圆弧连接的线段，拟定作图顺序。

(2)选定比例，画底稿。先画平面图形的对称线、中心线或基线，再顺次画出已知线段、中间线段和连接线段。

(3)画尺寸线和尺寸界线，并校核修正底稿，清理图面。

(4)按规定线型加深或上墨，写尺寸数字，再次校核修正。

抄绘图 1-35 所示平面图形的绘图步骤，如图 1-36 所示。

作图步骤如下：

(1)作一直线和已知圆弧 ϕ40 和 R48，如图 1-36a)所示。

(2)作中间线段 R23、连接线段 R60、R42，如图 1-36b)所示。

(3)作中间线段 R40，如图 1-36c)所示。

(4)作 R23 和 R40 的连接圆弧 R4，如图 1-36d)所示。

(5)清理图面，加深图线，即为所求，如图 1-36e)所示。

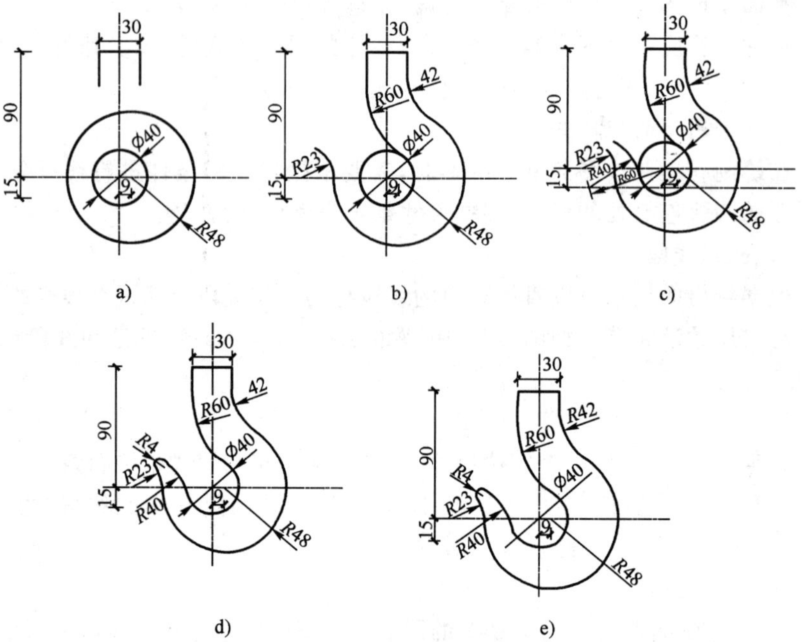

图 1-36　平面图形作图步骤

第四节　绘图的一般方法和步骤

一 用绘图工具和仪器绘图

为了保证绘图的质量，提高绘图的速度，除正确使用绘图仪器、工具，熟练掌握几何作图方法和严格遵守国家制图标准外，还应注意下述的绘图步骤和方法。

1. 准备工作

(1)收集阅读有关的文件资料，对所绘图样的内容及要求进行了解，在学习过程中，对作业的内容、目的、要求，要了解清楚，在绘图之前做到心中有数。

(2)准备好必要的制图仪器、工具和用品。

(3)将图纸用胶带纸固定在图板上，位置要适当，一般将图纸粘贴在图板的左下方，图纸左边至图板边缘 3～5cm，图纸下边至图板边缘的距离略大于丁字尺的宽度。

2. 画底稿

(1)按制图标准的要求，先把图框线及标题栏的位置画好。

(2)根据图样的数量、大小及复杂程度选择比例，安排图位，定好图形的中心线。

(3)画图形的主要轮廓线，再由大到小，由整体到局部，直至画出所有轮廓线。

(4)画尺寸界线、尺寸线以及其他符号等。

(5)最后进行仔细的检查，擦去多余的底稿线。

3.加深

(1)用铅笔加深图样

当直线与曲线相连时，先画曲线后画直线。加深后的同类图线，其粗细和深浅要保持一致。加深同类线型时，要按照水平线从上到下，垂直线从左到右的顺序一次完成。各类线型的加深顺序是：中心线、粗实线、虚线、细实线。最后加深图框线、标题栏及表格，并填写其内容及说明。

(2)用绘图笔描绘图样

为了满足生产上的需要，常常要用墨线把图样描绘在硫酸纸上，作为底图，再用来复制成蓝图。

描图的步骤与铅笔加深基本相同。但描墨线图，线条画完后要等一定的时间，墨才会干透。因此，要注意画图步骤，否则容易弄脏图面。

4.注意事项

(1)画底稿的铅笔用 H 至 3H，线条要轻而细。

(2)加深粗实线的铅笔用 HB 或 B，加深细实线的铅笔用 H 或 2H。写字的铅笔用 H 或 HB。加深圆弧时所用的铅芯，应比加深同类型直线所用的铅忠软一号。

(3)加深或描绘粗实线时，要以底稿线为中心线，以保证图形的准确性。

(4)修图时，如果是用绘图墨水绘制的，应等墨线干透后，用刀片刮去需要修整的部分。

二 用铅笔绘制草图

不用仪器，徒手作出的图称为草图。草图是技术人员交谈、记录、构思、创作的工具。技术人员必须熟练掌握徒手作图的技巧。

草图的“草”字只是指徒手作图而言，并没有潦草的含义。草图上的线条也要粗细分明、基本平直、方向正确、长短大致符合比例、线型符合国家标准。画草图的铅笔要软些，例如 B 或 2B，画水平线、竖直线和斜线的姿势和方法，如图

1-37 所示。

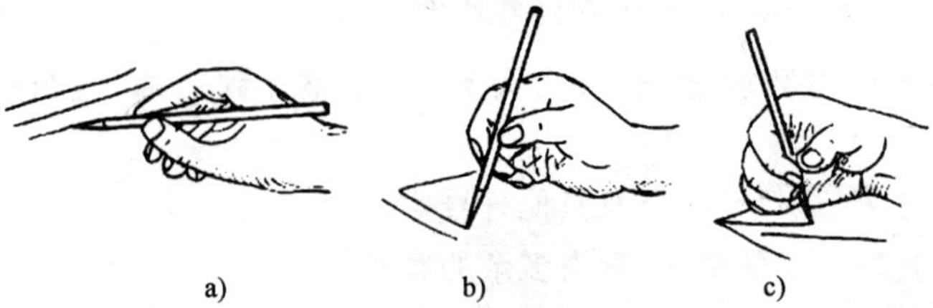

图 1-37 徒手画直线

画草图要手眼并用，作垂直线、等分线段或圆弧、截取相等的线段等，都是靠眼睛估计决定的。徒手画角度的方法与步骤如图 1-38 所示，徒手画圆的方法与步骤如图 1-39 所示。

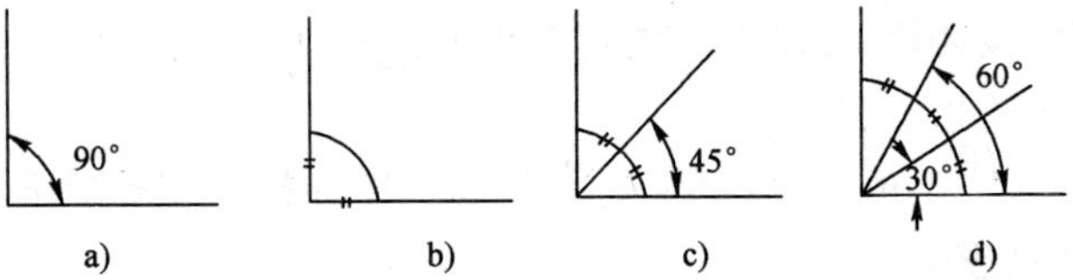

图 1-38 徒手画 90°、45°、30°、60°角

a)徒手画直角；b)在直角处作圆弧；c)二等分圆弧作 45°角；d)三等分圆弧作 30°和 60°角

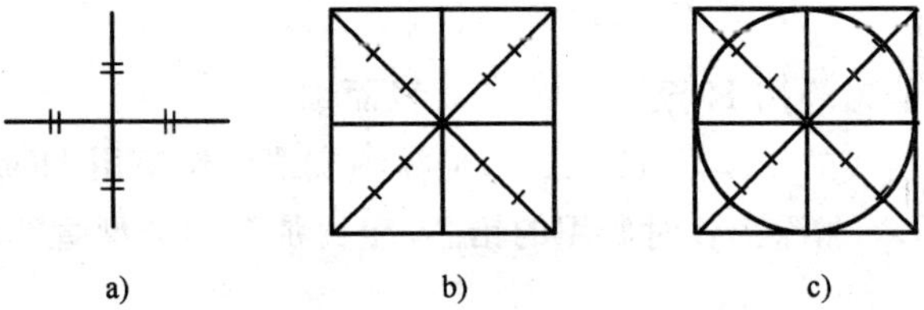

图 1-39 徒手画圆

a)过圆心作垂直等分的两直径；b)画外切正方形及对角线，并三等分每一侧对角线；c)用圆弧连接最外等分点(偏外一点)和两直径的端点

徒手画平面图时，不要急于画细部，先要考虑大局，即要注意图形的长与高的比例，以及图形的整体与细部的比例是否正确。草图最好画在方格纸上。图形各部分之间的比例可借助方格数的比例来解决。

本章小结

国家制图标准是一项所有工程在设计、施工、管理中必须严格执行的法令。学习本章时要注意理解国家标准中的各种规定，熟悉制图工具的正确使用方法，掌握常用的几何作图和平面图形的作图方法。然后利用制图工具做习题集上的图线和字体练习，并抄绘图样，达到提高绘图质量，加快绘图速度，掌握制图国家标准和有关规定的目的。

思考题

1. 常用的制图仪器和工具有哪些？试述它们的组成、用途和使用、保管方法。

2. 图纸幅面的代号有哪几种？其尺寸分别有何规定？各不同幅面代号的图纸的边长之间有何规律？

3. 线型规格有哪些？各有什么用途？

4. 图样的尺寸由哪几部分组成？标注尺寸时应注意什么？

5. 在作圆弧连接时，为何必须准确作出连接圆弧的圆心和切点？在各种不同场合下，如何分别用平面几何的作图方法准确地作出连接圆弧的圆心和切点？

6. 标注平面图形的尺寸应达到哪些要求？

7. 什么是平面图形的尺寸基准、定形尺寸和定位尺寸？

8. 在平面图形的圆弧连接处的线段可分为哪三类？它们是根据什么区分的？在作图时应按什么顺序画这三类线段？

第二章 投影的基本知识

【本章能力目标、知识目标与学习要求】

通过本章的学习，学生应了解投影概念和分类；掌握平行投影的基本性质；掌握三面投影的形成及投影特性。

利用课件、模型、自己制作三投影面板或利用教室墙面地面等理解三面正投影图的形成，搞清三个投影图间的联系与投影规律。

第一节 投影的基本概念与分类

一 投影的形成

物体在阳光的照射下，会在墙面或地面投下影子，这就是投影现象。投影法是将这一现象加以科学抽象而产生的。在工程上，人们把上述自然规律加以抽象，就形成了投影，并把物体的影子称为投影；投影所在的面，称为投影面；形成投影的直线，称为投影线；这种应用投射线，在投影面上得到投影的方法，称为投影法。

二 投影的分类

常用的投影可分为：中心投影和平行投影。

1. 中心投影

如图 2-1 所示，设 S 为投射中心，通过三角形上各点的投射线与投影面的交点称为点在平面上的投影。这种投射线都是从投射中心发出的投影，称为中心投影。中心投影常用来绘制建筑物或产品的立体图。

2. 平行投影

如果投射中心 S 在无限远处，所有的投射线将相互平行，这种投影法称为平行投影。平行投影又可分为正投影和斜投影。投射线垂直于投影面的投影称为正投影，如图 2-2a)所示，投射线倾斜于投影面的投影称为斜投影，如图 2-2b)所示 。

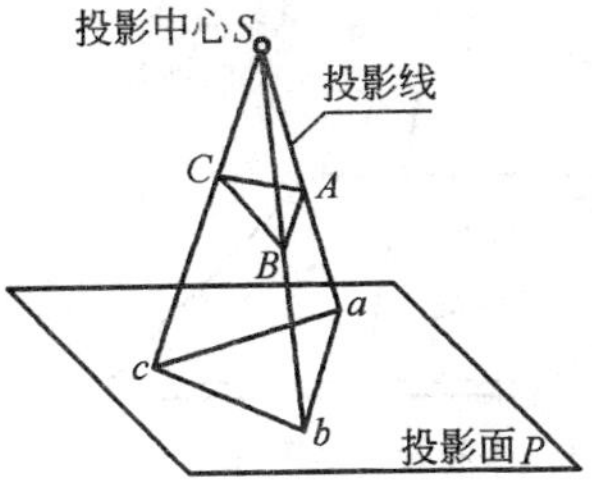

图 2-1　中心投影

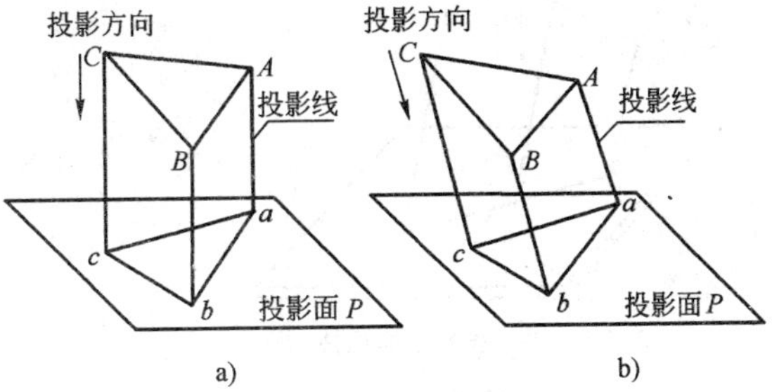

图 2-2　平行投影

a)正投影；b)斜投影

第二节　平行投影的特性

一 平行投影的特性

1. 类似性

在一般情况下：点的投影仍为点，直线的投影仍为直线，平面图形的投影仍为原图形的类似形，如图 2-3 所示，这种性质就是平行投影的类似性。

2. 从属性

点在一条直线上，点的投影必然在这条直线的同面投影上，如图 2-4 所示。

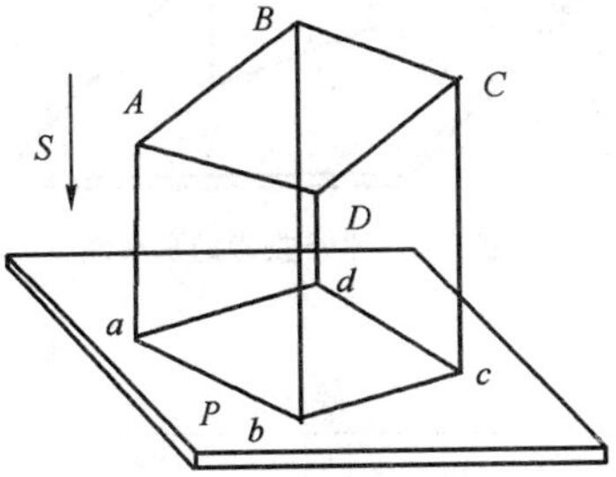

图 2-3　平行投影的类似性

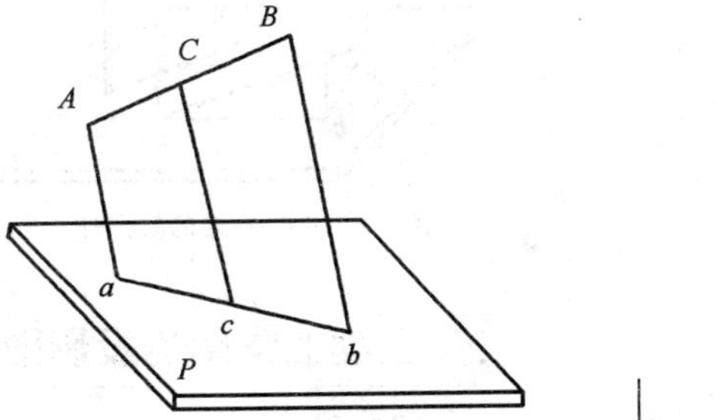

图 2-4　平行投影的从属性

3. 定比性

直线 AB 上一点 C 分 AB 为两段 AC、CB，则有 $AC:CB=ac:cb$，如图 2-5 所示。

4. 平行性

空间两直线 AB、CD 互相平行，则两直线在同一投影面的投影 ab、cd 也彼此平行，如图 2-6 所示。

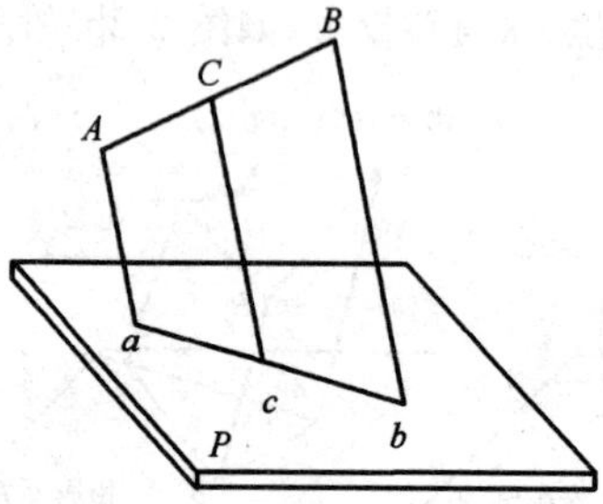

图 2-5 平行投影的简比性

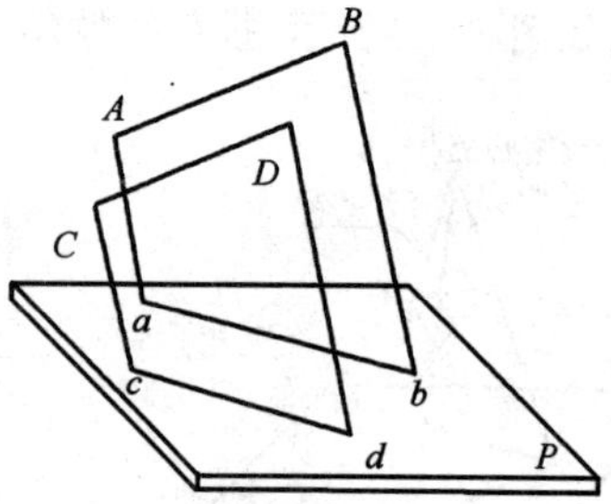

图 2-6 平行投影的平行性

5. 实形性(或显实性)

当直线或平面平行于投影面时，它们的投影反映实长或实形。如图 2-7 所示，直线 DE 平行于 P 面，其投影 de 反映 DE 的真实长度，即 $de=DE$。平面 ABC 平行于 P 面，其投影反映实形，即 $\triangle abc \cong \triangle ABC$。这一性质称为平行投影的实形性(即显实性)。

6. 积聚性

直线与投影面垂直时，直线在该投影面上的投影积聚为一点；平面与投影面垂直时，平面在该投影面上的投影积聚为一条直线，如图 2-8 所示。

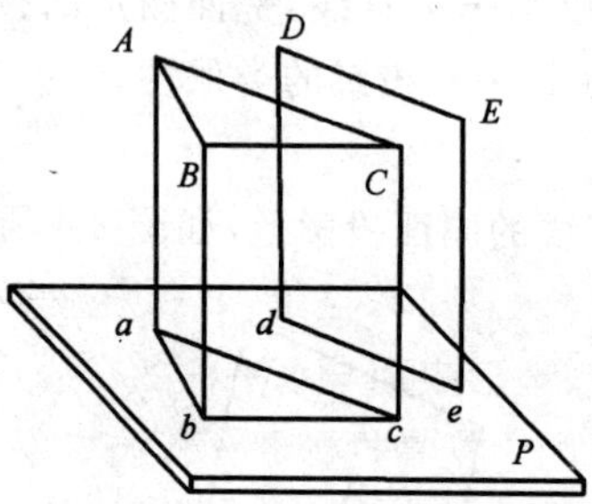

图 2-7 平行投影的实形性

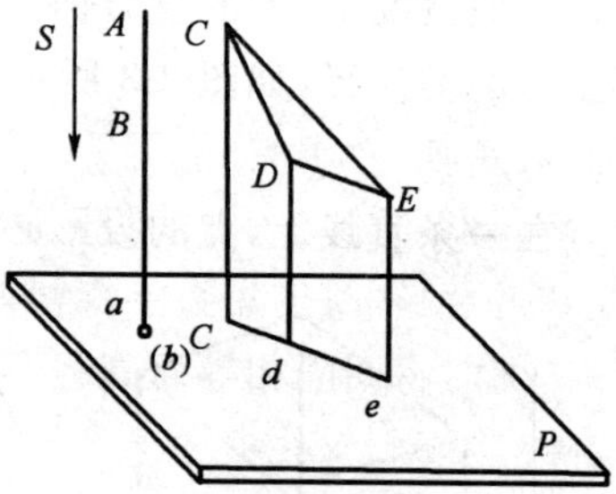

图 2-8 平行投影的积聚性

二 工程上常用的投影图

1. 多面正投影图

空间几何体在两个或两个以上互相垂直的投影面上进行正投影，然后将这些带有几何体投影图的投影面展开在一个平面上，从而得到几何体的多面正投影图，由这些投影图便能完全确定该几何体的空间位置和形状。如图 2-9 所示为室外台阶的三面正投影图。

正投影图的优点是作图比较简单，作图时常将几何体的主要平面放成与相应的投影面平行的位置，这样画出的投影图能真实地反映这些平面的实形，所以多面正投影图有很好的度量性。多面正投影图是土建工程中最主要的图样，本书也主要讲述多面正投影图。

2. 轴测投影图

轴测投影图是物体在一个投影面上的平行投影，简称轴测图。将物体安置于投影面体系中合适的位置，选择适当的投射方向，即可得到这种富有立体感的轴测投影图，如图 2-10 所示。轴测投影图立体感强，容易看懂，但度量性差，作图较麻烦，并且对复杂形体也难以表达清楚，因而工程中常用作辅助图样。

3. 透视投影图

透视投影图是物体在一个投影面上的中心投影，简称为透视图。透视投影图形象逼真，如照片一样，但它度量性差，不能反映物体的真实大小，作图较繁，如图 2-11 所示。在建筑设计中常用透视投影图来表现所设计的建筑物建成后的效果。

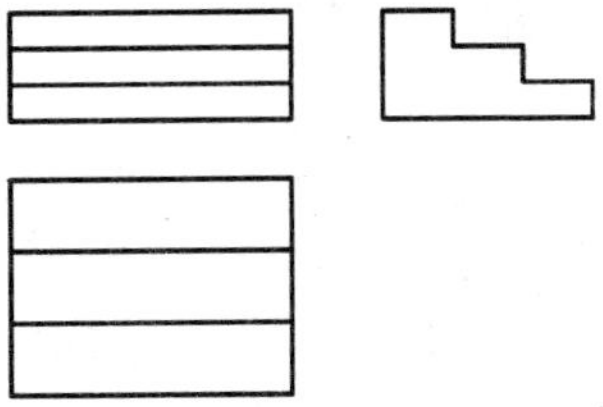

图 2-9　室外台阶的三面投影图

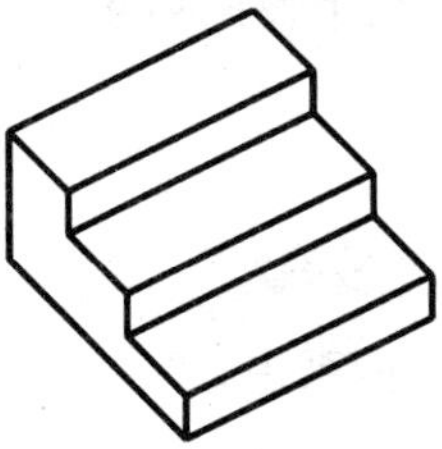

图 2-10　轴测投影图

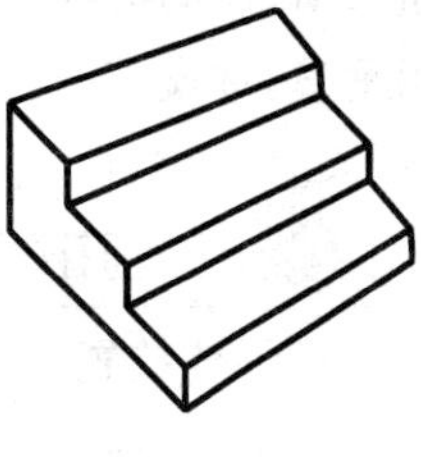

图 2-11　透视投影图

4. 标高投影图

标高投影图是一种带有数字标记的单面正投影图。它用正投影反映物体的长度和宽度，其高度用数字标注，如图 2-12 所示。这种图常用来表达地面的形状。作图时将间隔相等而高程不同的等高线(地形表面与水平面的交线)投影到水平的投影面上，并标注出各等高线的高程，即为标高投影图。标高投影图在土木工程中被广泛应用。

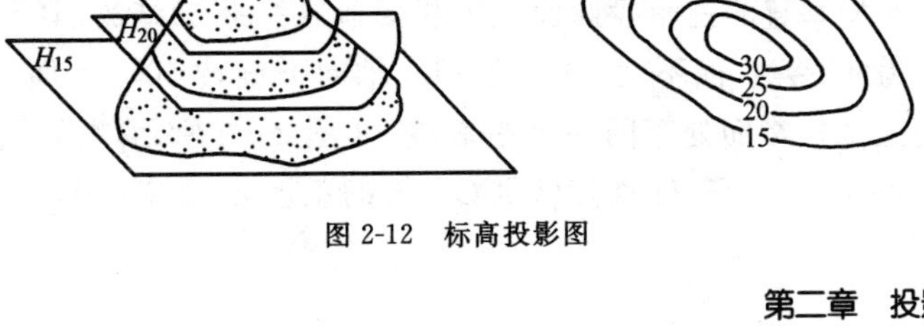

图 2-12　标高投影图

第三节　三面正投影图

一　三面正投影体系的建立

为了使正投影图能唯一确定较复杂形体的形状，我们设立了三个互相垂直的平面作为投影面，组成一个三面投影体系。水平投影面用 H 标记，简称水平面或 H 面；正立投影面用 V 标记，简称正立面或 V 面；侧立投影面用 W 标记，简称侧面或 W 面，如图 2-13 所示。两投影面的交线称为投影轴，H 面与 V 面的交线为 OX 轴，H 面与 W 面的交线为 OY 轴，V 面与 W 面的交线为 OZ 轴，三个投影轴互相垂直，并交汇于原点 O。

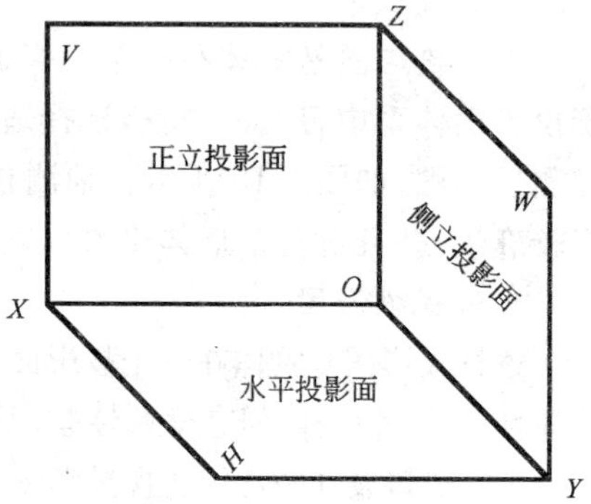

图 2-13　三面投影体系

二　三面正投影图的形成

将形体放置于三面投影体系中，并注意安放位置适宜，即把形体的主要表面与三个投影面对应平行，然后用三组分别垂直于三个投影面的平行投影线进行投影，即可得到三个方向的正投影图，如图 2-14 所示。从上向下投影，在 H 面上得到水平投影图，简称水平投影或 H 投影；从前向后投影，在 V 面得到正面投影图，简称正面投影或 V 投影；从左向右投影，在 W 面上得到侧面投影图，简称侧面投影或 W 投影。

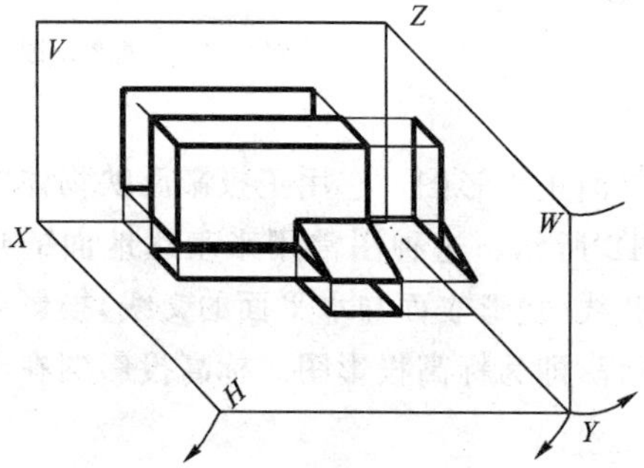

图 2-14　投影面的形成和展开

为了把互相垂直的三个投影面上的投影画在一张二维的图纸上，我们必须将其展开。为此，令 V 面不动，H 面沿 OX 轴向下旋转 90°，W 面沿 OZ 轴向后旋转 90°，使三个投影面处于同一个平面内，如图 2-14 所示。需要注意的是，这时 Y 轴分为两条，一条随 H 面旋转到 OZ 轴的正下方，用 Y_H 表示；一条随 W 面

旋转到 OX 轴的正右方，用 Y_W 表示，如图 2-15 所示。

实际绘图时，在投影图外不必画出投影面的边框，也不注写 H、V、W 字样，也不必画出投影轴，如图 2-16 所示，这就是形体的三面正投影图，简称三面投影。

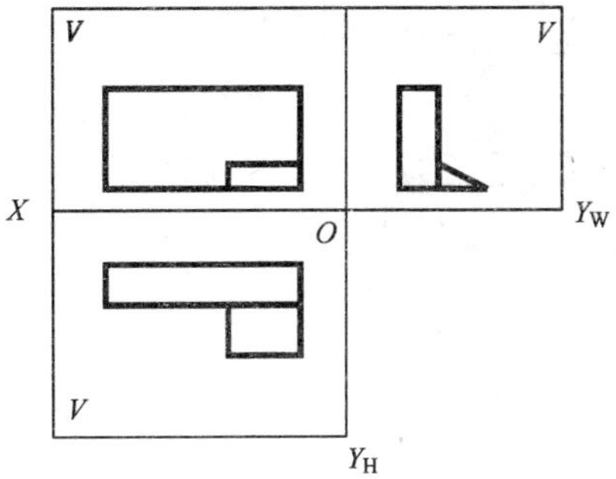

图 2-15　投影面的展开

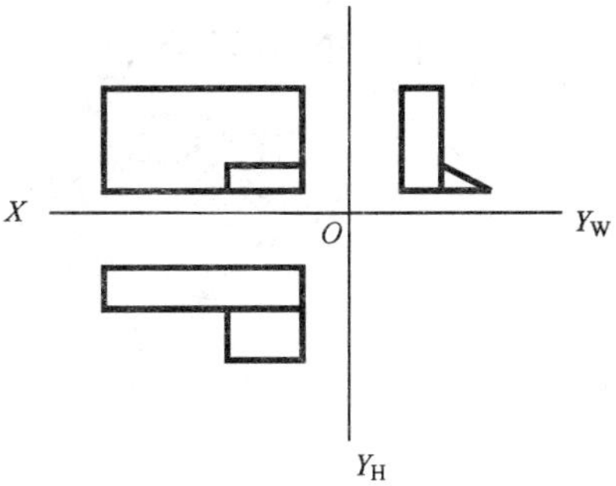

图 2-16　形体的三面投影

三　三面正投影图的投影特性

1. 三面投影图的三等关系

在三面投影体系中，形体的 X 轴方向尺寸称为长度，Y 轴方向尺寸称为宽度，Z 轴方向尺寸称为高度，如图 2-17 所示。在形体的三面投影中，水平投影图和正面投影图在 X 轴方向都反映物体的长度，它们的位置左右应对正，即"长对正"。正面投影图和侧面投影图在 Z 轴方向都反映物体的高度，它们的位置上下应对齐，即"高平齐"；水平投影图和侧面投影图在 Y 轴方向都反映物体的宽度，这两个宽度一定相等，即"宽相等"。

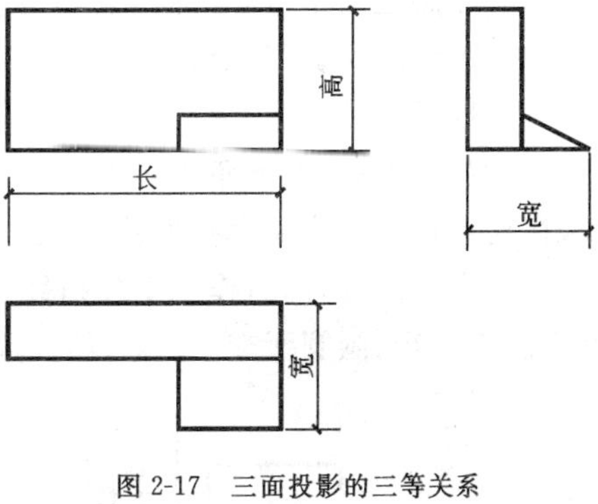

图 2-17　三面投影的三等关系

"长对正、高平齐、宽相等"称为"三等关系"，它是形体的三面投影图之间最基本的投影关系，是画图和读图的基础。

2. 三面投影图的方位关系

形体在三面投影体系中的位置确定后，相对于观察者，它在空间就有上、下、左、右、前、后六个方位即三对关系，如图 2-18a) 所示。这三对方位关系也反映在形体的三面投影图中，每个投影图都可反映出其中两对方位。V 面投影反映形体的上下、左右关系，H 面投影反映形体的前后、左右关系，W 面投影反映形体的前后、上下关系，如图 2-18b)所示。

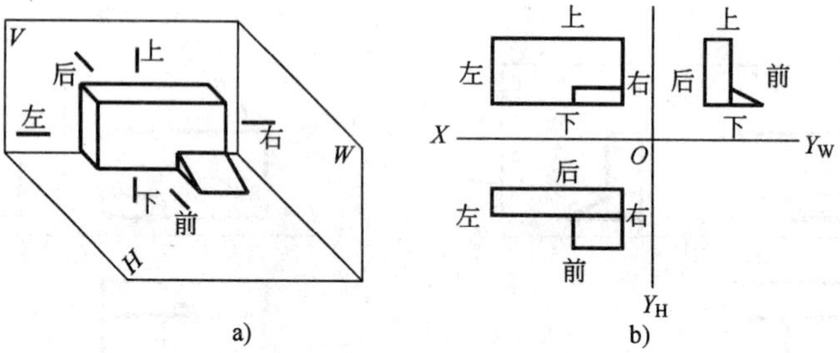

图 2-18　三面投影图的方位关系

四 三面正投影图的作图方法

1. 绘图步骤

(1)绘出“十”字相交的坐标轴。

(2)按照正投影图的绘图方法，绘出三个投影图中的任何一个投影图(如正立投影图)。

(3)按照三面正投影图的“三等”关系，绘出另两个投影图。

注意:绘图时要“长对正、高平齐、宽相等”，将水平投影图的宽转绘到侧投影图中，有以下两种方法：

①在坐标轴的右下角绘角平分线，水平投影图向右作水平投射线交角平分线，在交点处向上作铅垂投射线，如图 2-19a)所示。

②水平投影图向右作水平投射线交 Y_H 轴，以坐标圆点为圆心，分别以圆心到交点为半径，画圆弧交 Y_W 轴，然后向上作铅垂投射线，如图 2-19b)所示。

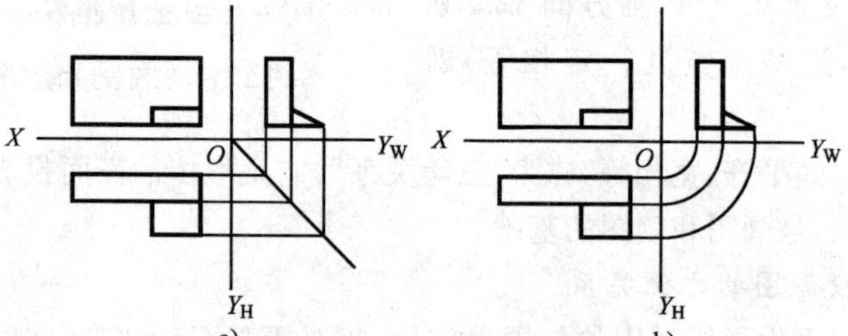

图 2-19　宽相等的作图方法

2. 作图符号

空间形体的点、线、面均是用大写字母表示，如点：A、B、C、D……线：AB、CD……面：P、Q、R……在三面正投影图中，其空间的点分别按下列要求表示：

(1)在水平投影图中，分别用小写字母表示点、线、面，如点：a、b、c、d……线：ab、cd、bd……面：p、q……

(2)在正立投影图中，分别用小写字母的右上角加一撇表示点、线、面，如点：a'、b'、c'、d'……线：$a'b'$、$c'd'$……面：p'、q'……

(3)在侧面投影图中，分别用小写字母的右上角加两撇表示点、线、面，如点：a''、b''、c''、d''……线：$a''b''$、$c''d''$……面：p''、q''……

绘制形体的投影图时，应将形体上的棱线和轮廓线都画出来，并且按投影方向，可见的线用实线表示，不可见的线用虚线表示，当虚线和实线重合时只画出实线。

本章小结

建筑工程中所使用的图样很多，不同用途的图样，其表达方法是不同的，有些图样要求能准确表达建筑物真实形状和大小，有些则要求表达建筑物建成后的效果。不同用途的工程图样，都是用投影法绘制而成，因而投影原理和投影方法是绘制建筑工程图样的基础。本章着重介绍了投影的形成与分类、平行投影的基本性质和正投影法基本原理。

思考题

1. 投影法有几类？平行投影有哪些特性？什么是正投影？
2. 工程上常用的投影图有哪些？
3. 三投影面体系中投影面、投影轴、投影图的名称各是什么？
4. 三个正投影图之间有怎样的投影关系？

第三章 点、线、面的投影

【本章能力目标、知识目标与学习要求】

掌握点、线、面的三面正投影的投影规律和投影特性，点的投影与空间坐标的关系，两点的空间位置，直线的实长和对投影面的倾角，两直线的相对位置，平面内的点、线的投影。

初学者可以借助手中的作图工具（橡皮、铅笔和三角板等）摆出点、直线、平面的空间位置，也可以利用模型或周围建筑物等分析点、直线、平面的空间位置，借此建立几何元素空间位置与其投影的联系和对应关系，掌握二维投影与三维空间相互转换的规律，这是学好本章的关键，是培养空间想像能力的基础，也是学好本课程的重要基础。

第一节 点 的 投 影

一 点的投影的形成

如图 3-1a）所示，在三面投影体系中，空间点 A 分别向三个投影面 H、V、W 作正投影，也就是由空间点 A 分别向三个投影面 H、V、W 作投射线，投射线与 H、V、W 面的交点分别为 a、a'、a''。a 点称为空间点 A 在 H 面上的正投影，即水平投影；a'点称为空间点 A 在 V 面上的正投影，即正面投影；a''点称为空间点 A 在 W 面上的正投影，即侧面投影。通过点 A 的每两条投射线，都分别构成一个投影面平行面，它们与投影轴交于点 a_x、a_y、a_z，连接 A、a、a'、a''、a_x、a_y、a_z、O 八个点构成一个长方体。将三个投影面展开后，即形成三面投影图，如图 3-1b）

所示。省略投影面外框后就是空间点 A 的三面正投影图，如图 3-1c)所示。

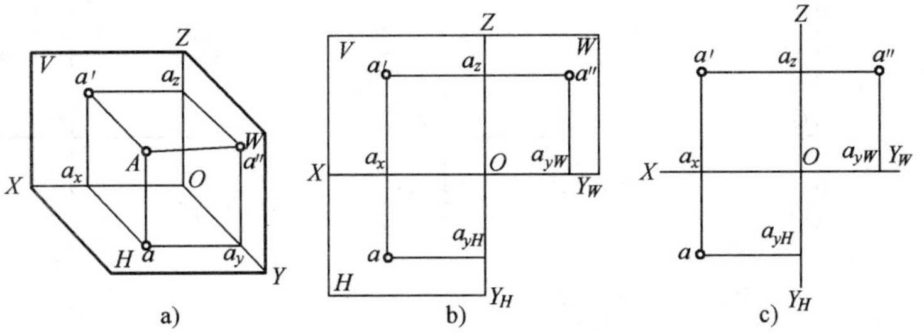

图 3-1　点的三面投影的形成

二 点的三面投影及其规律

从点的投影图中可以得出点的投影规律：

(1)正面投影和水平投影的连线垂直于 OX 轴，即 $aa' \perp OX$。

(2)正面投影和侧面投影的连线垂直于 OZ 轴，即 $a'a'' \perp OZ$。

(3)水平投影到 OX 轴的距离等于侧面投影到 OZ 轴的距离。即 $aa_x = a''a_z$。

利用点的投影规律，已知点的两面投影可以求点的第三面投影。

【例 3-1】 如图 3-2a)所示，已知点 A 的两面投影 a、a'，求其第三面投影 a''。

【解】 作图步骤如下：

(1)过 a' 引 OZ 轴的垂线 $a'a_z$，所求 a'' 必在这条延长线上，如图 3-2b)所示。

(2)在 $a'a_z$ 的延长线上截取 $a_za'' = aa_x$，a'' 即为所求(图 3-2c))。或以原点 O 为圆心，以 aa_x 为半径画圆弧，交 OY_W 轴于一点，再由此点向上引垂线，交 $a'a_z$ 的延长线于点 a'' 既为所求，如图 3-2d)所示；也可以过原点 O 作 45°辅助线，过 a 作 $aa_{yH} \perp OY_H$ 并延长交辅助线于一点，过此点作 OY_W 轴的垂线交 $a'a_z$ 的延长线于一点，此点即为 a''，如图 3-2e)所示。

由此可见已知 H 面、V 面投影求 W 面投影时，可用三种方法：截取坐标法、辅助圆弧法、45°辅助线法。同理，也可依据 V 面和 W 面投影求 H 面投影。

对于已知 H 面和 W 面投影求 V 面投影的问题，显然更为简单，作图过程由学生体会，此处不再举例。

三 点的投影与坐标的关系

在三面投影体系中，点的位置可由它到三个投影面的距离确定，也可用它的三个坐标确定。如图 3-3 所示，如果把三面投影体系看作空间直角坐标系，则三面投影体系中的空间点及其投影的位置可以用坐标来确定，即点 A 的空间位置

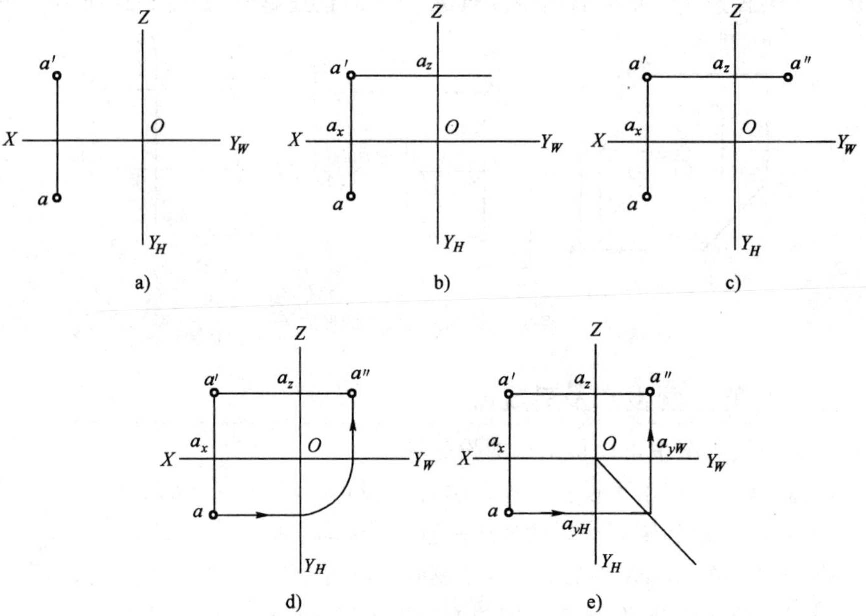

图 3-2　已知点的两面投影求第三面投影

a)、b)、c)截取坐标法；d)辅助圆弧法；e)45°辅助线法

是 $A(x、y、z)$。$x=Oa_x$，x 坐标可表示空间点 A 距 W 面的距离；$y=Oa_y$，y 坐标可表示空间点 A 距 V 面的距离；$z=Oa_z$，z 坐标可表示空间点 A 距 H 面的距离。

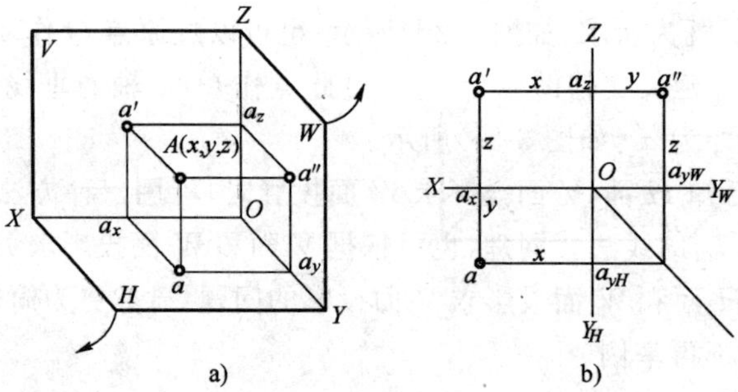

图 3-3　点的坐标

【例 3-2】 已知点 A 的坐标 $x=14$，$y=10$，$z=20$，即 $A(14、10、20)$，求作点 A 的三面投影图。

【解】 作法如图 3-4 所示。

(1)在投影轴 OX、$OY_H(OY_W)$、OZ 上，分别从原点 O 截取 14、10、20，得点 a_x、a_{yH} (a_{yW})、a_z。

(2)过 a_x、$a_{yH}(a_{yW})$、a_z 点，分别作投影轴 OX、$OY_H(OY_W)$、OZ 的垂线，得 A 点的三面投影 a、a'、a''。

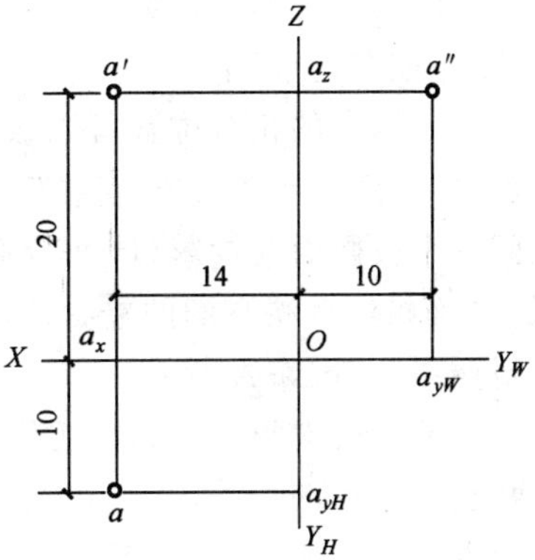

图 3-4　根据坐标求点的投影

【例 3-3】 已知点 A 离 H 面的距离为 20mm；离 V 面的距离为 10mm；离 W 面的距离为 14mm，求作点 A 的三面投影图。

【解】 A 离 H 面的距离为 20，表示 $z=20$。离 V 面的距离为 10，表示 $y=10$。离 W 面的距离为 14，表示 $x=14$。即表示 A(14、10、20)，因此可转化为已知点的坐标求投影的问题，作图方法同上例 3-2。

四 空间点的相对位置及重影点

由空间点的投影判别两点的空间相对位置，首先应该了解空间点有左、右、前、后、上、下六个方位，如图 3-5a)所示，这六个方位在投影图上也能反映出来，如图 3-5b)所示。

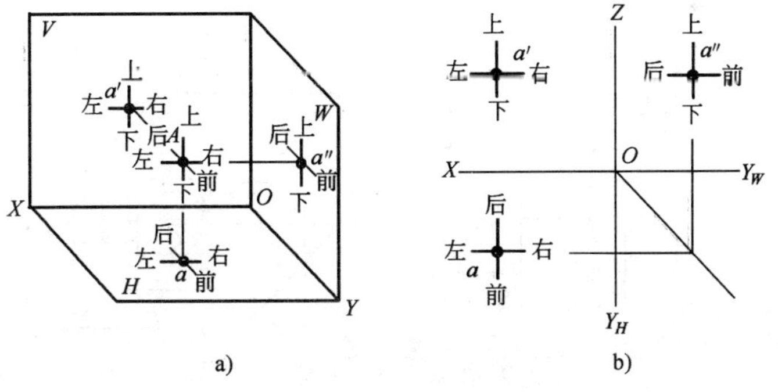

图 3-5　点的空间位置

从图中可以看出：

H 面的投影，能反映左、右(点至 W 面距离 x)和前、后(点至 V 面距离 y)的位置情况。V 面的投影，能反映左、右(点至 W 面距离 x)和上、下(点至 H 面距离 z)的位置情况。W 面的投影，能反映前、后(点至 W 面距离 y)和上、下(点至 H 面距离 z)的位置情况。

空间两点的相对位置，是以其中一个点为基准，来判断另一个点在该点的前或后、左或右、上或下。

空间两点的相对位置可以根据其坐标关系来确定：X 坐标大者在左，小者在右；Y 坐标大者在前，小者在后；Z 坐标大者在上，小者在下。也可以根据它们在同一个投影面的投影（同面投影）来确定：V 面投影反映它们的上下、左右关系，H 面投影反映它们的左右、前后关系，W 面投影反映它们的上下、前后关系，即对照图 3-5b)来判断。

若要知道空间两点的确切位置，则可利用两点的坐标差来确定。若已知 A、B 两点的坐标，就可知道点 A 在点 B 左方 x_A-x_B 处（负数为反方向），点 A 在点 B 前方 y_A-y_B 处（负数为反方向），点 A 在点 B 上方 z_A-z_B 处（负数为反方向）。反之如果已知两点的相对位置，以及其中一点的投影，也可以作出另一点的投影。

【例 3-4】 试判断图 3-6a)中 A、B 两点的相对位置。

【解】 如图 3-6a)所示，已知 A、B 两点的三面投影。$x_A > x_B$ 表示点 A 在点 B 之左，$y_A > y_B$ 表示点 A 在点 B 之前，$z_A > z_B$ 表示点 A 在点 B 之上，即点 A 在点 B 的左、前、上方。也可以根据方位即对照图 3-5b)，判断空间两点的相对位置。根据投影图的 V 面投影，可见点 A 在 B 点的左方，点 A 在点 B 的上方。再根据 H 面投影可见点 A 在点 B 前方。即点 A 在点 B 的左、上、前方。图 3-6b)为 A、B 两点的空间位置情况。

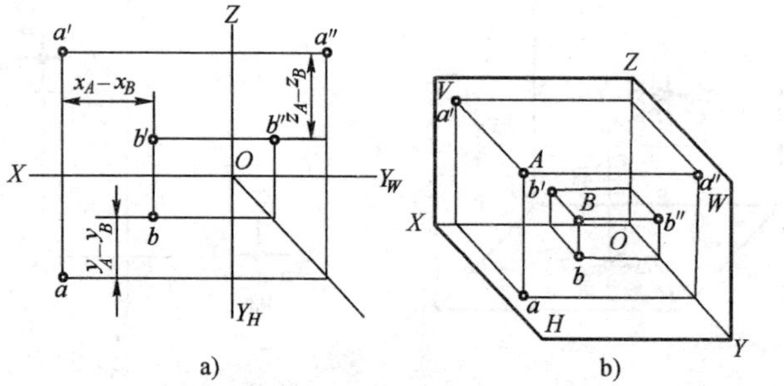

图 3-6 根据两点的投影判断其相对位置

若两个点处于垂直于某一投影面的同一条投射线上（即有两个坐标值相同）时，两个点在这个投影面上的投影相互重合，空间的两点称为该投影面的重影点。如图 3-7 所示 A、B 两点在 H 面上的投影重合（称重影）。在 H 面上重影时，上方的点遮住下方的点；在 V 面上重影时，前方的点遮住后方的点；在 W 面上重影时，左方的点遮住右方的点。为了区别重影点的可见性，将不可见点的投影用字母加括号表示，如重影点 $a(b)$，如图3-7所示。

表 3-1 为各种投影面上重影点的直观图和投影图对照情况。在表 3-1 中，当点 A 位于点 B 的正上方时，即它们在同一条垂直于 H 面的投影线上，其 H 面投影 a 和 b 重合，A、B 两点是 H 面的重影点。由于点 A 在上，点 B 在下，向 H 面投影时，投射线先遇到点 A，后遇到点 B，所以点 A 的投影 a 可见，点 B 的投影 b 不可见，其 H 面投影标记为 $a(b)$。点 A 和点 B 为 H 面的重影点时，它们的 x、y 坐标相同，z 坐标不同。

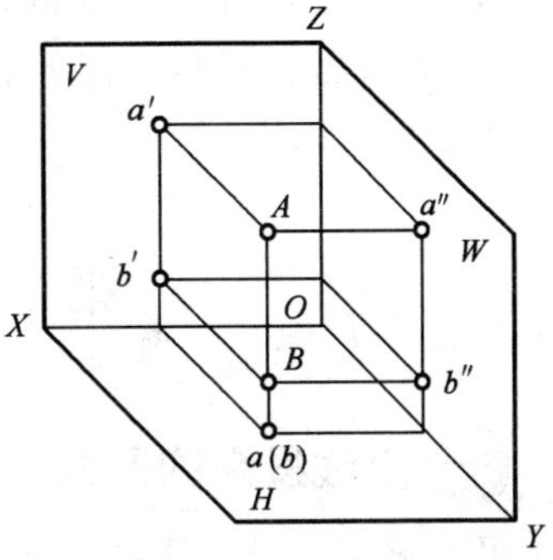

图 3-7　重影点的投影

投影面上的重影点　　表 3-1

名称	H 面的重影点	V 面的重影点	W 面的重影点
直观图	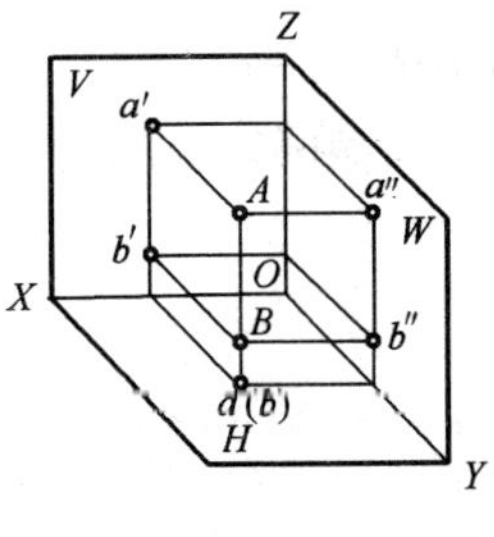	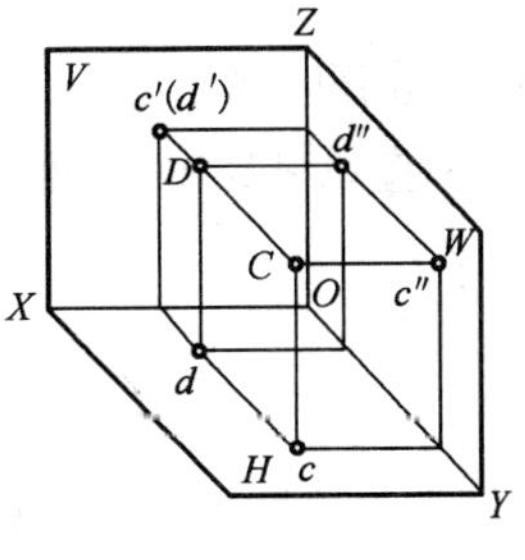	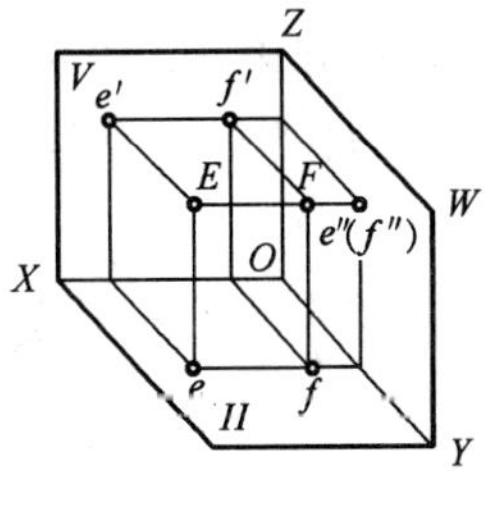
投影图	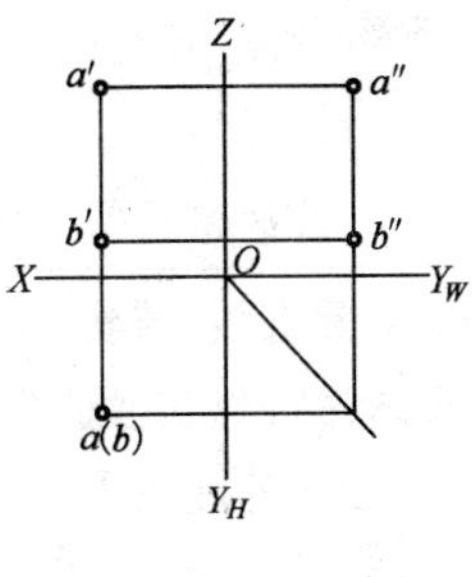	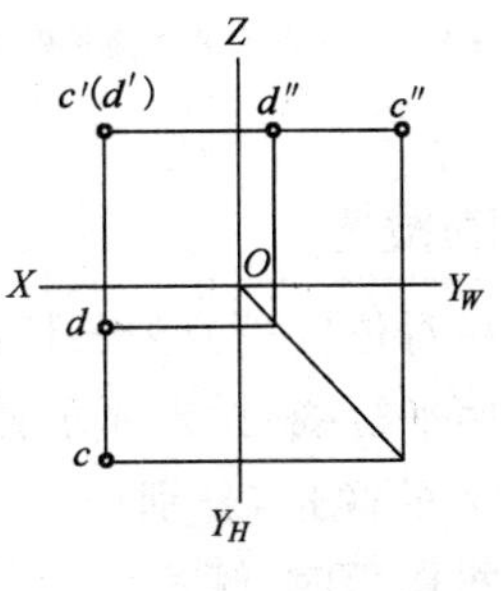	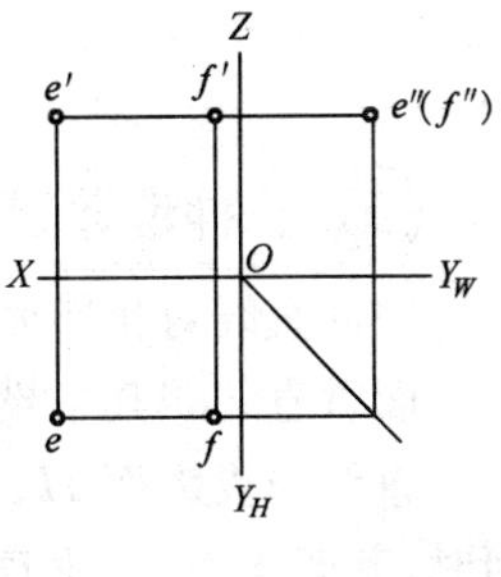

同理，当点 C 位于点 D 的正前方时，它们是相对于 V 面的重影点，其 V 投影为 $c'(d')$；当点 E 位于点 F 的正左方时，它们是相对于 W 面的重影点，其 W 投影为 $e''(f'')$。

第二节　直线的投影

一　直线投影的形成

两点确定一条直线，所以作直线的三面投影图应该首先作出直线上的两个点（一般取直线的两个端点）在三个投影面上的投影，然后分别连接两点的同面投影即可。

已知直线的任意两个投影时，可利用点的三面投影规律，分别求出两端点的第三投影，并连接所求两点，就可求出此直线的第三投影。

【例 3-5】 如图 3-8a）所示，已知直线 AB 的 H 面投影 ab 和 V 面投影 $a'b'$，求直线 AB 的 W 面投影 $a''b''$。

【解】

（1）利用点的三面投影规律分别作出点 A 和点 B 的 W 面投影 a''和 b''。

（2）连接 a''和 b''，$a''b''$即为直线 AB 的 W 面投影，如图 3-8b）所示。

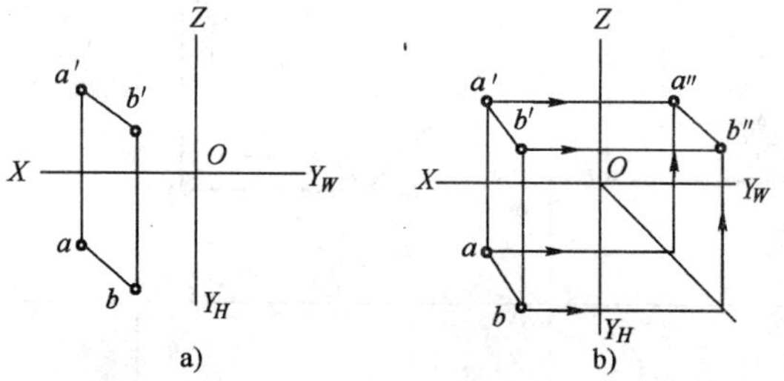

图 3-8　已知直线的两面投影求第三投影

二　各种位置直线的投影

空间直线对投影面的相对位置可分为三种：一般位置直线、投影面平行线和投影面垂直线。其中投影面平行线、投影面垂直线又称为特殊位置直线。

直线与投影面 H、V、W 的倾角，分别用 α、β、γ 标注。当直线平行于某投影面时，其倾角为 0°；垂直于投影面时，倾角为 90°。

1. 一般位置直线的投影

一般位置直线是指倾斜于三个投影面的直线。

图 3-9a)为一般位置直线直观图，直线 AB 对三个投影面都倾斜，即直线 AB 与投影面 H、V、W 的三个倾角 α、β、γ 不可能为 0°或 90°，所以它的三个投影 ab、$a'b'$、$a''b''$ 都倾斜于投影轴，直线 AB 的 H 面投影 $ab<AB$、V 面投影 $a'b'<AB$、W 面投影 $a''b''<AB$。又因直线 AB 不平行于任一投影面，所以三个投影都不能反映直线对任一投影面的倾角。如图 3-9b)所示为一般位置直线的三面正投影图。

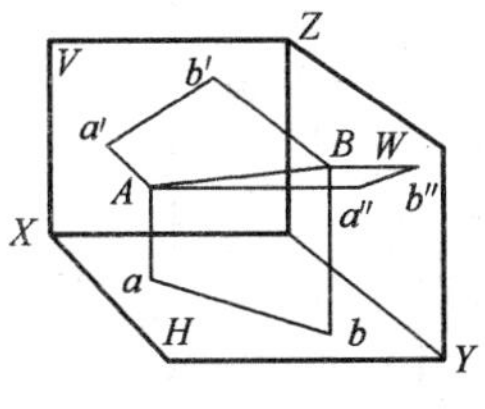

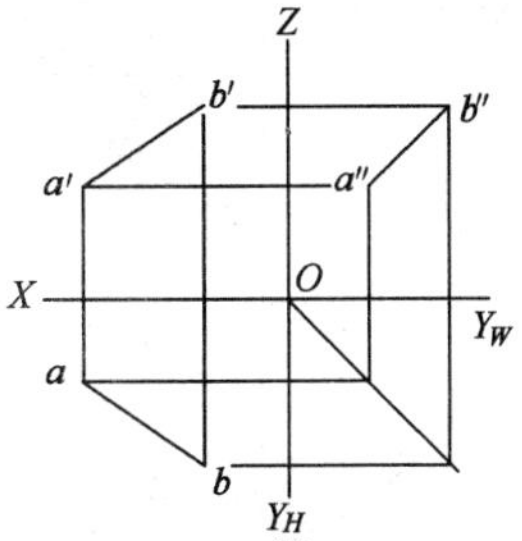

图 3-9 一般位置直线的投影

由此可知，一般位置直线的投影特性是：它在三个投影面上的投影都为倾斜于投影轴的缩短线段，且不能直接反映直线与投影面的真实倾角。

2. 投影面平行线

投影面平行线是指仅平行于一个投影面，而倾斜于另外两个投影面的直线。即投影面 H、V、W 的倾角 α、β、γ 中必有一个为 0°。

投影面平行线可分为以下三种：

(1)水平线：平行于水平投影面 H 面，倾斜于正立投影面 V 面和侧立投影面 W 面的直线。

(2)正平线：平行于正立投影面 V 面，倾斜于水平投影面 H 面和侧立投影面 W 面的直线。

(3)侧平线：平行于侧立投影面 W 面，倾斜于水平投影面 H 面和正立投影面 V 面的直线。

三种投影面平行线的投影图和投影特性如表 3-2 所示。

由表 3-2 可归纳出投影面平行线的投影特性：

(1)直线在它所平行的投影面上的投影倾斜于投影轴，且反映直线的实长，此投影与投影轴的夹角反映直线对其他两投影面的真实倾角。

(2)另外两个投影面上的投影平行于相应的投影轴，且长度缩短。

投影面平行线的投影特性 表 3-2

名称	轴测图	投影图	投影特性
水平线	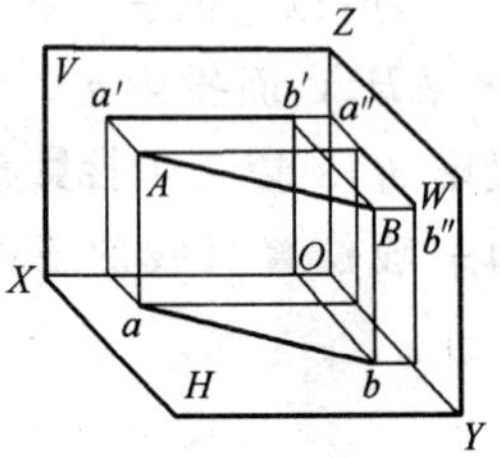	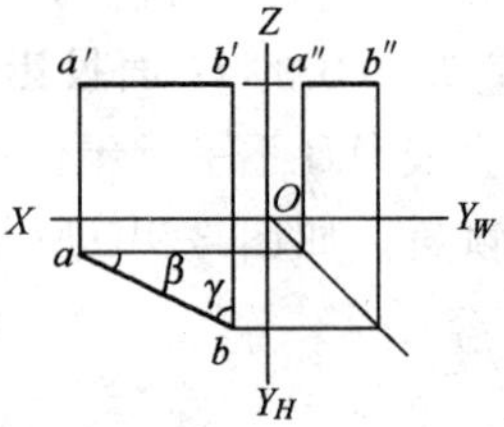	1. ab 反映实长和 β、γ 角。 2. $a'b'$ // OX、$a''b''$ // OY_W，且长度缩短
正平线	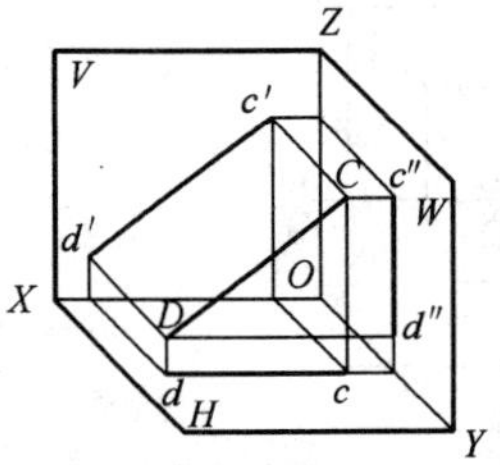	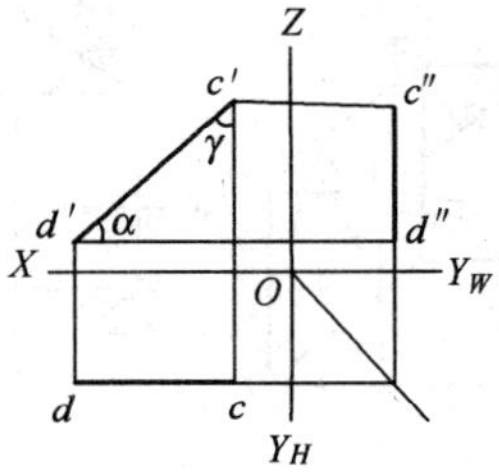	1. $c'd'$ 反映实长和 α、γ 角。 2. cd // OX、$c''d''$ // OZ，且长度缩短
侧平线	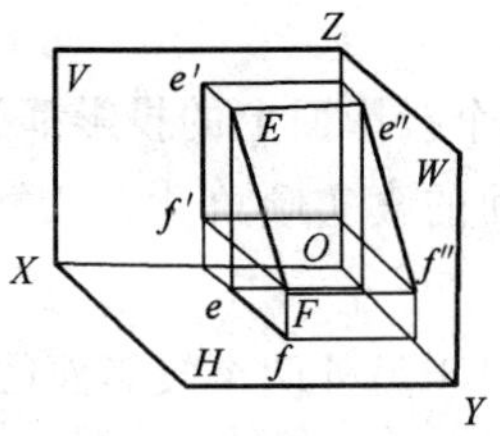	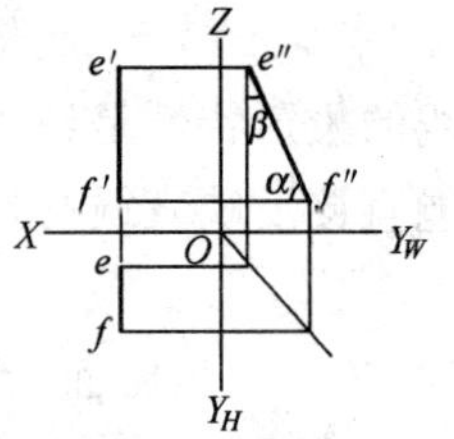	1. $e''f''$ 反映实长和 α、β 角。 2. ef // OY_H、$e'f'$ // OZ，且长度缩短

3. 投影面垂直线

投影面垂直线是指垂直于一个投影面，同时平行于另外两个投影面的直线。即与投影面 H、V、W 的倾角 α、β、γ 中必有一个为 90°。

投影面垂直线可分为以下三种：

(1)铅垂线：垂直于水平投影面 H 面，平行于正立投影面 V 面和侧立投影面 W 面的直线。

(2)正垂线：垂直于正立投影面 V 面，平行于水平投影面 H 面和侧立投影面 W 面的直线。

(3)侧垂线：垂直于侧立投影面 W 面，平行于水平投影面 H 面和正立投影面 V 面的直线。

三种投影面垂直线的投影图和投影特性如表 3-3 所示。

投影面垂直线的投影特性　　表 3-3

名称	轴测图	投影图	投影特性
正垂线	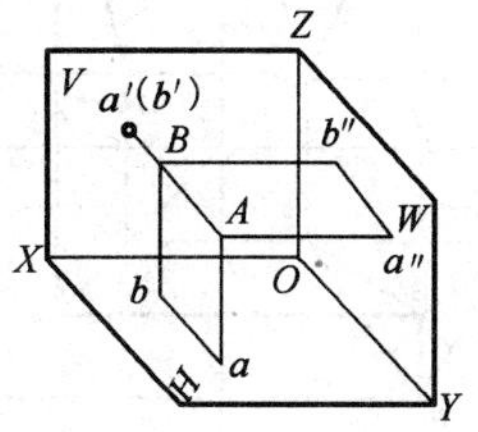	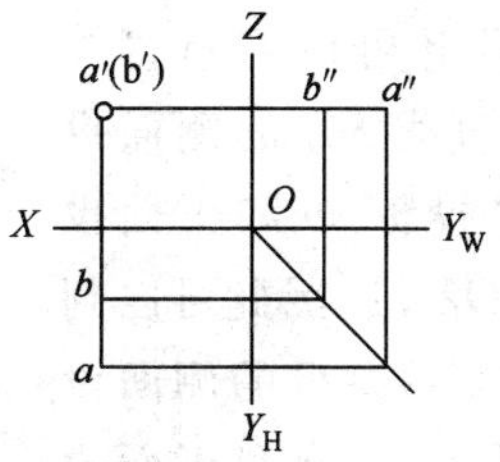	1. $a'(b')$积聚为一点。 2. $ab // OY_H$、$a''b'' // OY_W$，且反映实长
铅垂线	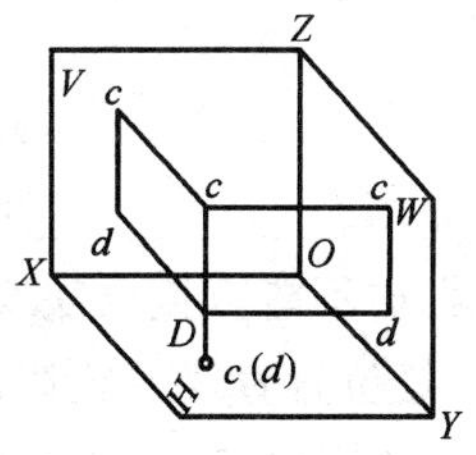	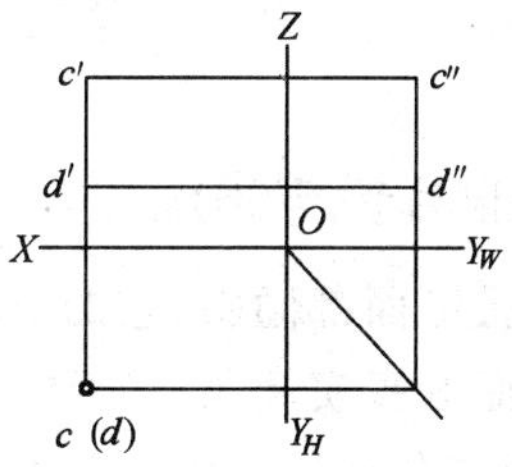	1. $c(d)$积聚为一点 2. $c'd' // OZ$、$c''d'' // OZ$，且反映实长
侧垂线	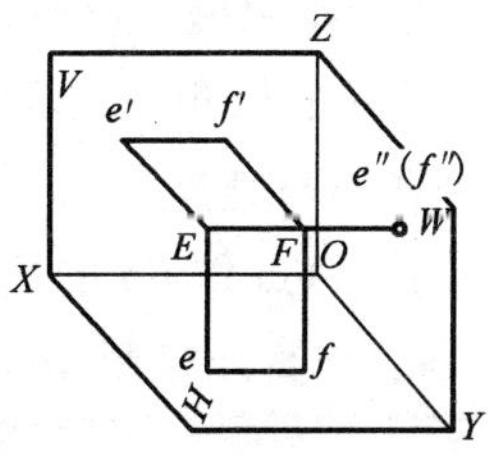	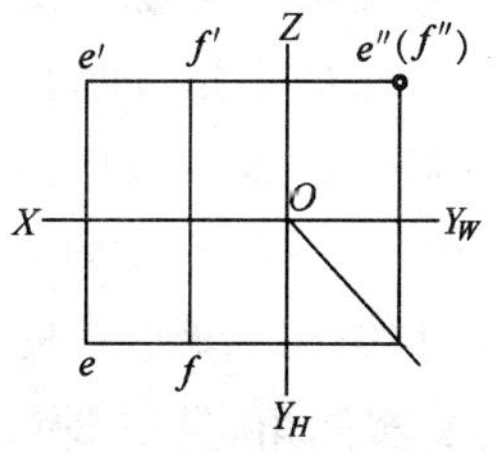	1. $e''(f'')$积聚为一点。 2. $ef // OX$、$e'f' // OX$，且反映实长

由表 3-3 可归纳出投影面垂直线的投影特性：

(1)直线在它所垂直的投影面上的投影积聚为一点。

(2)在另外两个投影面上的投影垂直于相应的投影轴(或平行于同一投影轴)，且反映实长。

直线空间位置的识读就是根据各种位置直线的投影特性来判断的。如果直线的投影积聚为一个点，该直线就是投影面垂直线；如果直线只有一个投影倾斜于投影轴，该直线一定是投影面平行线；如果直线的两个投影都倾斜于投影轴，该直线就是一般位置直线。

【例 3-6】 试判断图 3-10 中直线 SA、SB、AC 的空间位置。

【解】 由于直线 SA 的三面投影 sa、$s'a'$、$s''a''$ 均与投影轴倾斜，因此可以判断直线 SA 为一般位置直线；由于直线 SB 的侧面投影 $s''b''$ 与投影轴倾斜、水平投影 sb 和正面投影 $s'b'$ 分别平行于 OY_H 和 OZ 轴，因此可以判断直线 SB 为侧平线；由于直线 AC 的侧面投影积聚为一点 $a''(c'')$、水平投影 ac 和正面投影 $a'c'$ 分别垂直于 OY_H 轴和 OZ 轴，因此可以判断直线 AC 为侧垂线。

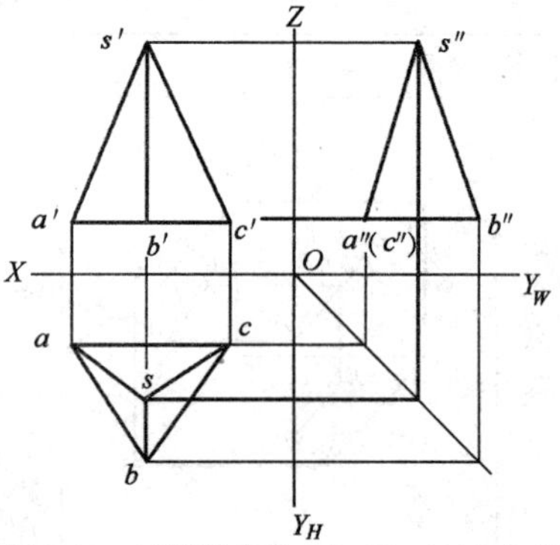

图 3-10 试判断直线 SA、SB、AC 的空间位置

三 一般位置直线的真长与倾角

一般位置直线对三个投影面都倾斜，它的三个投影均不能直接反映实长，也不能直接反映直线与投影面的真实倾角。若要根据一般位置直线的投影求出其实长与倾角，可以采用直角三角形法来求得。作图原理如图 3-11a)所示的轴测图，在 $ABba$ 平面内，过 B 作 $Ba_0 /\!/ ba$，得直角三角形 ABa_0，它的一条直角边 $Ba_0 = ab$；另一直角边 a_0A 是直线两个端点 A、B 到 H 面的距离差 $Z_A - Z_B$，斜边就是直线 AB，斜边与直角边 Ba_0 的夹角，即为 AB 与 H 面的倾角 α。因此只要作出直角三角形 ABa_0 的全等图形，就可以作出 AB 的真长与倾角 α。

作图过程：以直线的 H 面投影 ab 为直角边，过 a(或 b)点作 ab 的垂线，取长度 $aa_2 = Z_A - Z_B$，连接 ba_2，斜边 ba_2 就是真长，斜边 ba_2 与直线投影 ab 的夹角 α，就是直线与这个投影面的真实倾角，见图 3-11b)。

同理，可以求作 AB 的真长及其与 V 面的倾角 β，见图 3-11c)。也可以求作 AB 的实长及其与 W 面的倾角 γ。

由此总结出用直角三角形法求直线的实长和倾角的作图过程：以直线的某一投影为一直角边，直线的两个端点与这个投影面的距离差为另一直角边，所作出的直角三角形的斜边，即为实长，斜边与直线投影的夹角，即为直线与这个投影面的真实倾角。

【例 3-7】 见图 3-12，已知直线 AB 的 V 面投影 $a'b'$ 和 W 面投影 $a''b''$，求直线 AB 的实长及空间直线与 W 面的倾角 γ。

【解】 以 $a''b''$ 为直角边，作 $a''A \perp a''b''$，并截取 $a''A = b'B$，即截取 a'、b' 两投

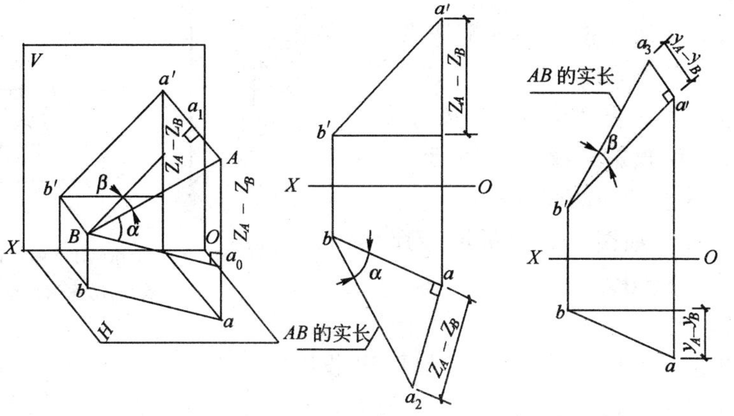

a)　　　　b)　　　　c)

图 3-11　用直角三角形法求一般位置直线的实长与倾角

a)作图原理；b)求实长和 α 角；c)求实长和 β 角

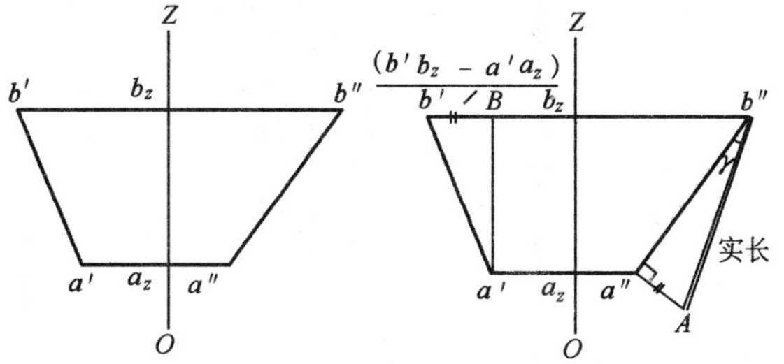

图 3-12　求直线的实长及倾角 γ

影点离 OZ 轴的距离之差 $b'b_z - a'a_z$，然后连接 $b''A$，则 $b''A$ 即为空间直线 AB 的实长，$a''b''$ 与 $b''A$ 间的夹角即为空间直线 AB 相对于 W 面的倾角 γ。

若还要求 β 角，则在 V 面投影上用同样方法求作直角三角形即可。

四 直线上的点

直线上点的几何特性可表述如下：

(1)直线上点的投影，必在直线的同面投影上。

(2)点的投影分割直线段投影的长度比，等于点分割直线段的长度比。

根据此特性可以求作直线上点的投影或判断空间点是否在直线上。

【例 3-8】 如图 3-13 所示，已知直线 AB，求作 AB 上的点 C，使 $AC:CB=2:3$。

【解】

(1)自 a 作任一射线，从 a 顺次量 5 个单位，得点 1、2、3、4、5。

(2)连 5 和 b，作 $2c//5b$，与 ab 交于 c。

(3)由 c 引投影连线，交 $a'b'$ 于 c'。c 与 c' 即为所求的点 C 的两面投影。

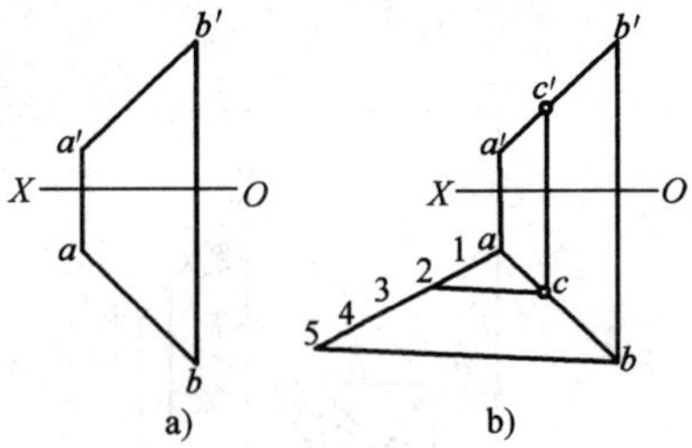

图 3-13 求作 AB 上的点 C

a)已知条件;b)作图过程

【例 3-9】 如图 3-14a)所示，判断点 K 是否在直线 MN 上?

【解】 方法一：

(1)补充轴线 OZ、OY_H、OY_W，加画 W 投影面。

(2)分别作出直线 MN 的 W 面投影，和点 K 的 W 面投影(如图 3-14b)所示)。

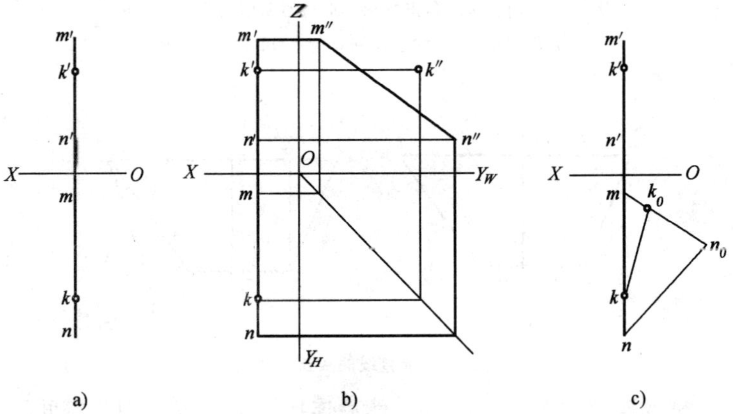

图 3-14 判断点 K 是否在直线上

a)已知条件;b)方法一;c)方法二

(3)由于 k'' 不在 $m''n''$ 上，所以可判断点 K 不在 MN 上。

方法二：

(1)过 m 作任一射线，在其上量取 $mk_o=m'k'$、$k_on_o=k'n'$。

(2)连线 kk_o 和 nn_o。

(3)由于 kk_o 和 nn_o 不平行，即 $m'k':k'n'\neq mk:kn$，所以点 K 不在直线 MN 上。

实际上，从已知条件就可以明显看出 $m'k':k'n'\neq mk:kn$，从而可以判断出 K 不在直线 MN 上。

【例 3-10】 如图 3-15a)所示，已知直线 CD 的两面投影，在 CD 上取距点 C

为已知值的点 E。

【解】 作 $d_0d \perp cd$，并取 d_0d 为 c' 与 d' 距 OX 轴的距离之差，连接 cd_0，cd_0 为 CD 的实长，在 cd_0 上找 e_0 点，使 ce_0 的长为 CE 的已知实长，作 $e_0e // d_0d$，交 cd 于 e，过 e 作 V 面投影线，得 V 面投影 e'，e、e' 即为直线上点 E 的两面投影。

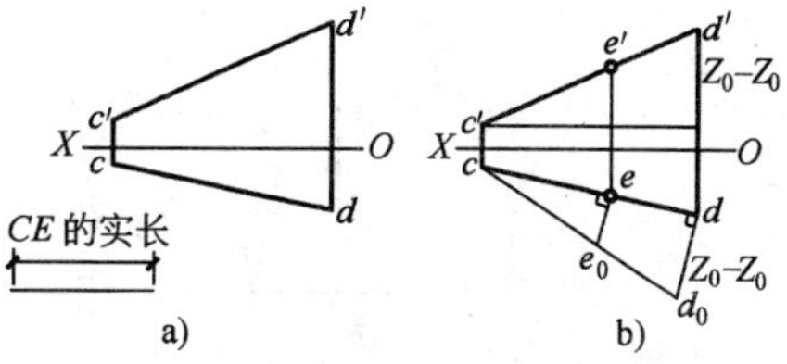

图 3-15　在直线上取已知长度的点

a)已知条件；b)作图过程

五 两直线的相对位置

两直线的相对位置有三种：平行、相交、交叉。平行和相交属于共面直线，即位于同一平面上；交叉属于异面直线，即两直线不在同一平面上。它们的投影特性如表 3-4 所示。

两直线的相对位置　　表 3-4

相对位置	平　行	相　交	交　叉
投影图	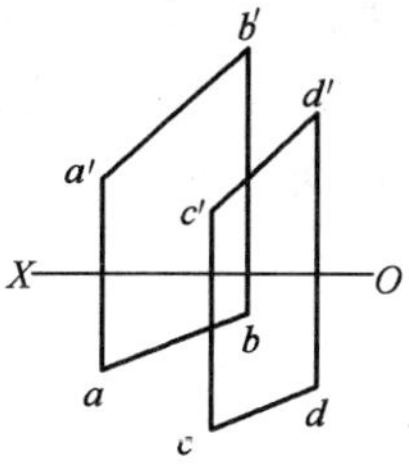	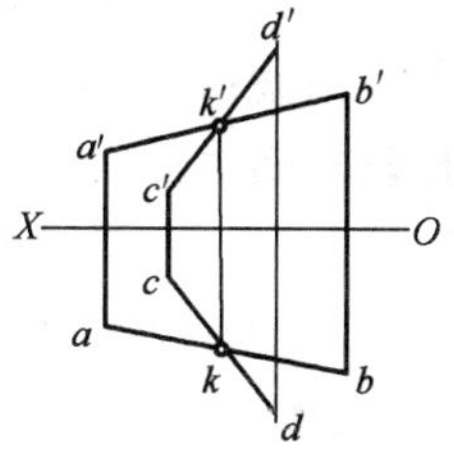	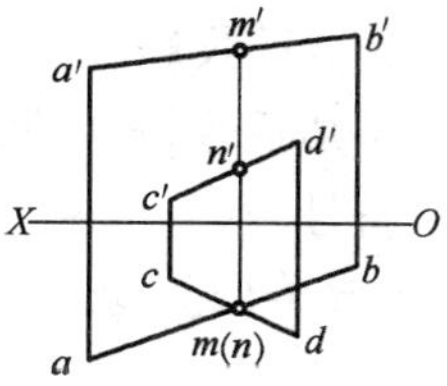
投影特性	同面投影相互平行	同面投影都相交，交点符合一点的投影特性，同面投影的交点，就是两直线的交点的投影	两直线的投影，既不符合平行两直线的投影特性，也不符合相交两直线的投影特性。同面投影的交点，是两直线上各一点形成的对这个投影面的重影点的重合投影

在 V、H 两投影面体系中判断两直线的相对位置时，如有侧平线，则还需加画 W 面投影或用其他投影特性协助判断。

【例 3-11】 如图 3-16a)所示，判断 AB 与 CD 的相对位置。

【解】 由于 AB 与 CD 为侧平线，则还需加画 W 面投影。分别补画 AB 与 CD 的 W 面投影，如图 3-16b)所示，由于 $a''b''$ 与 $c''d''$ 不平行，所以可判断 AB 与 CD 不平行。

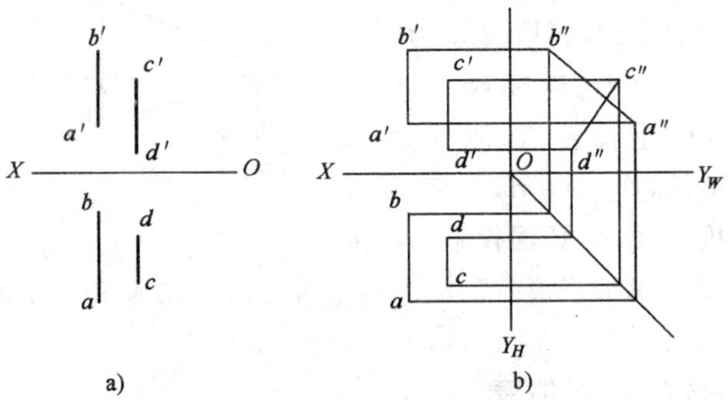

图 3-16 判断 AB 与 CD 的相对位置

由于两直线的 H 面与 V 面投影都相互平行，两直线也不可能相交，因此两直线的相对位置是相互交叉。

当两直线处于交叉位置时，需判别可见性，即判断它们的重影点的重合投影的可见性。两交叉直线的重影点投影可见性判别方法为：从两交叉线同面投影的交点，向相邻投影引垂直于投影轴的投影连线，分别与这两交叉线的相邻投影各交得一个点，标注出交点的投影符号。按左遮右、前遮后、上遮下的规定，确定在重影点的投影重合处，是哪一条直线上的点的投影可见。根据可见点的投影符号不加括号，不可见点的投影加括号的规定，标注出这两个重影点在投影重合处的符号。

【例 3-12】 如图 3-17a)所示，判断 AB 与 CD 的相对位置。

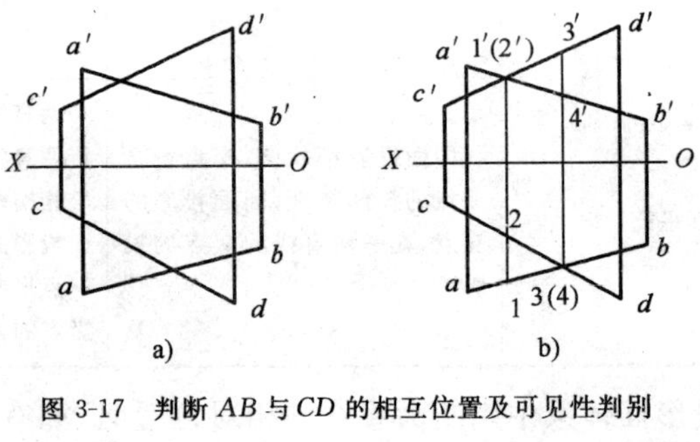

图 3-17 判断 AB 与 CD 的相互位置及可见性判别

【解】 两直线的同面投影都相交，过 H、V 面投影交点分别作 OX 的垂直线，直线 AB、CD 两同面投影的交点，不在同一垂直于投影轴的投影连线上，因此可判断 AB 与 CD 不相交。

由于同面投影都相交，同时可判断 AB 与 CD 也不平行，因此 AB 与 CD 的相对位置是相互交叉。

可见性判别：如图 3-17b)所示，交叉两直线同面投影的交点，是两直线上各一点形成的对这个投影面的重影点的重合投影。V 面投影上的交点是直线 AB 上点 I 与直线 CD 上点 II 的重影点，点 I 在点 II 的前方，因此 I、II 的 V 面投影 $2'$点为不可见，标注为 $1'(2')$；H 面投影上的交点是直线 CD 上点 III 与直线 AB 上点 VI 的重影点，又由于点 III 在点 IV 的上方，因此 III、IV 的 H 面投影 4 点为不可见，标注为 3(4)，如图 3-17b)所示。

第三节　平面的投影

一　平面的表示方法

1. 几何元素表示法

由几何学可知，不在同一直线上的三点可确定一个平面。从这个公理出发，平面的空间位置可以用下列几种方法确定：①不在同一直线上的三点；②一直线和直线外的一点；③相交两直线；④平行两直线；⑤平面图形。如图 3-18 所示，这几种确定平面的方法是可以相互转化的。

平面一般是由若干轮廓线围成的，而轮廓线可以由其上的若干点来确定，所以求作平面的投影实质上是求点和线的投影。

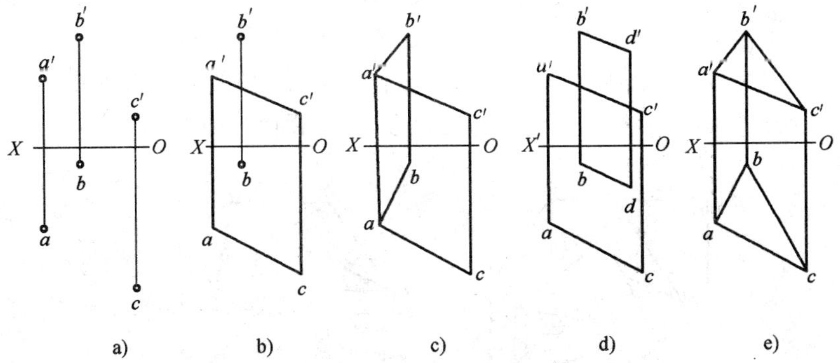

图 3-18　几何元素表示平面

a)不在同一直线上的三点；b)直线和线外一点；c)相交两直线；d)平行两直线；e)平面图形

2. 迹线表示法

平面与投影面的交线称为迹线。空间平面 P 与 H、V、W 三个投影面相交，交线 P_H、P_V、P_W，分别称为水平迹线、正面迹线、侧面迹线。

空间平面可用其三条迹线表示,如图 3-19 所示。

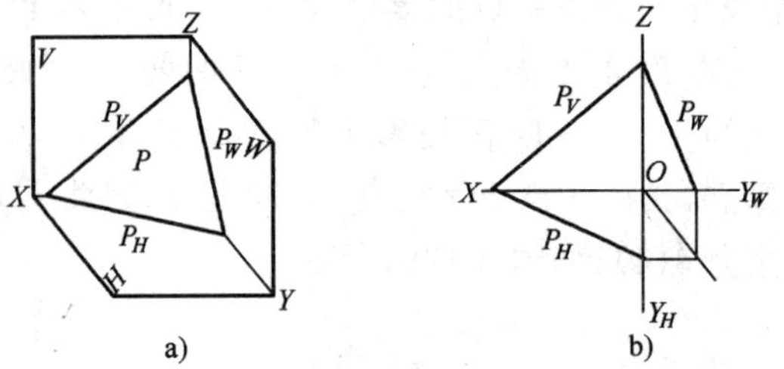

图 3-19 迹线表示法

a)轴测图;b)投影图

二 各种位置平面的投影

平面按其与投影面的相对位置分为三类:不垂直于任一投影面的平面,即同时倾斜于三个投影面的平面称为一般位置平面;只垂直于一个投影面,同时倾斜于另两个投影面的平面称为投影面垂直面;平行与某一投影面的平面(必然同时垂直于另两个投影面)称为投影面平行面。

平面与投影面 H、V、W 面的倾角分别用 α、β、γ 表示,当平面平行于投影面时,倾角为 0°;垂直于投影面时,倾角为 90°。

1. 一般位置平面

一般位置平面与三个投影面均倾斜,平面内不存在垂直于投影面的直线,三面投影都无积聚性。由于平面与投影面都不平行,投影都不能反映平面的真实大小。如图 3-20 所示,平面 ΔABC 是一般位置平面,平面的三面投影都比平面 ΔABC 的真形小(面积缩小),但仍为三角形(形状相仿的图形即类似形)。

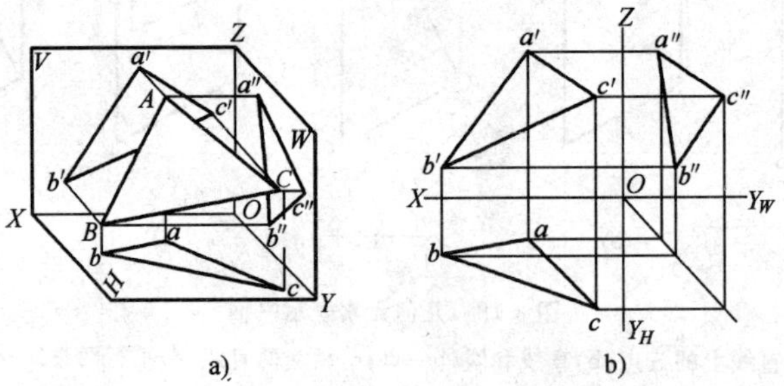

图 3-20 一般位置平面

a)轴测图;b)投影图

因此一般位置平面图形的投影特性为：三个投影都为面积缩小的类似形。

2. 投影面垂直面

投影面垂直面按其平面所垂直的投影面不同，可分为：铅垂面、正垂面、侧垂面。

铅垂面：垂直于水平投影面（H）面、倾斜于正立投影面（V）面和侧立投影面（W）面的平面。

正垂面：垂直于正立投影面（V）面、倾斜于水平投影面（H）面和侧立投影面（W）面的平面。

侧垂面：垂直于侧立投影面（W）面、倾斜于水平投影面（H）面和正立投影面（V）面的平面。

投影面垂直面的直观图、投影图、投影特性见表 3-5。

投影面垂直面的投影特性 表 3-5

名称	轴测图	投影图	投影特性
铅垂面	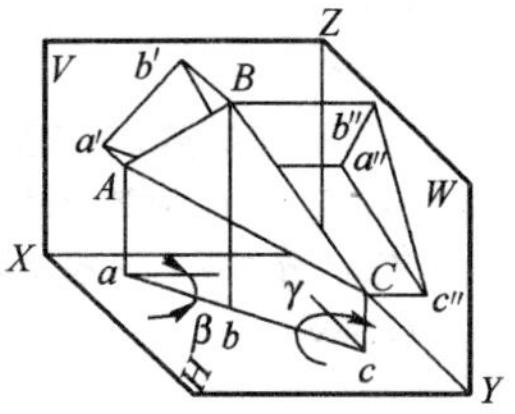	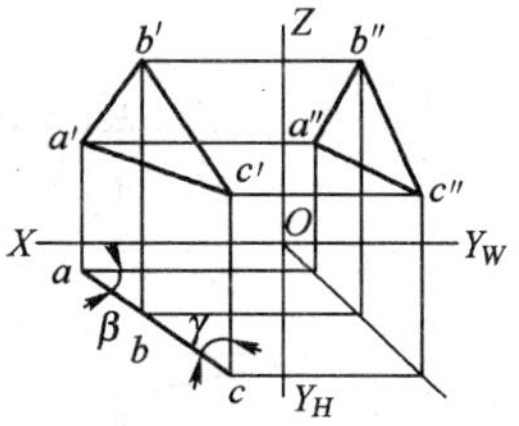	1. H 面投影积聚为一条直线，并反映与 V 面 W 面的倾角 β、γ。 2. 其他两面投影为面积缩小的类似形
正垂面	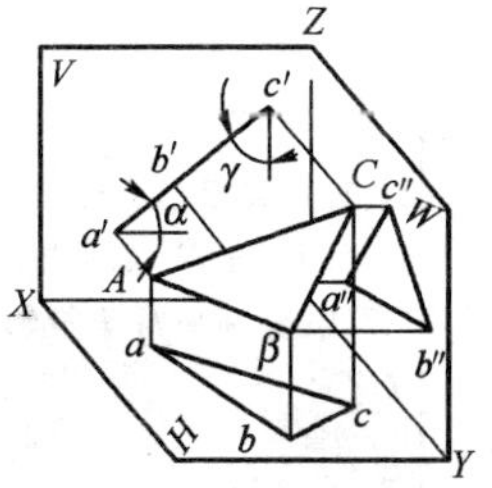	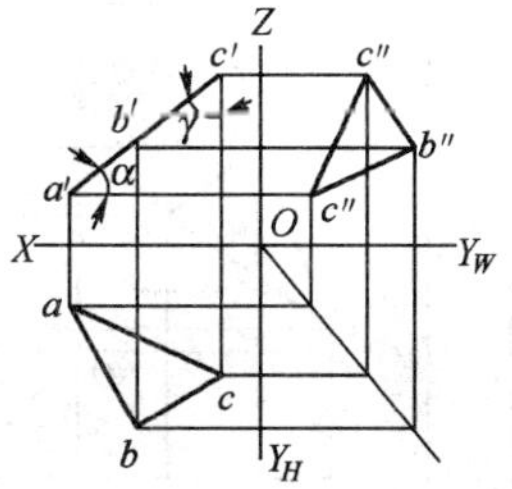	1. V 面投影积聚为一条直线，并反映与 H 面 W 面的倾角 α、γ。 2. 其他两面投影为面积缩小的类似形
侧垂面	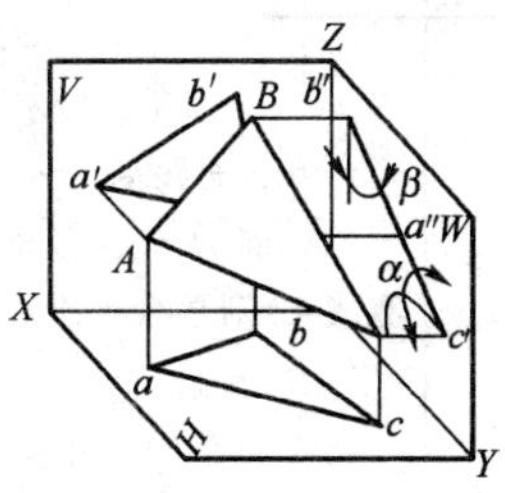	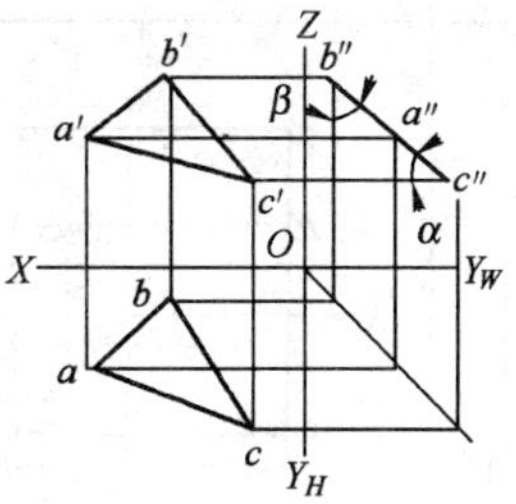	1. W 面投影积聚为一条直线，并反映与 H 面 V 面的倾角 α、β。 2. 其他两面投影为面积缩小的类似形

投影面垂直面的投影特性可归纳为：

(1)在平面所垂直的投影面上，投影积聚为一条直线。该直线与相邻投影轴的夹角反映该平面对另两个投影面的倾角。

(2)在另外两个投影面上的投影均为面积缩小的类似形。

3. 投影面平行面

投影面平行面可分为：水平面、正平面、侧平面。

水平面：平行于水平投影面(H 面)的平面(垂直于 V、W 面)。

正平面：平行于正立投影面(V 面)的平面(垂直于 H、W 面)。

侧平面：平行于侧立投影面(W 面)的平面(垂直于 H、V 面)。

投影面平行面的直观图、投影图、投影特性见表 3-6。

投影面平行面的投影特性 表 3-6

<table>
<tr><th>名称</th><th>轴 测 图</th><th>投 影 图</th><th>投 影 特 性</th></tr>
<tr><td>水平面</td><td>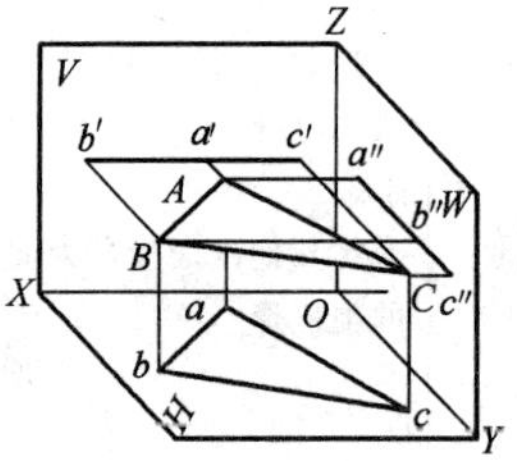</td><td>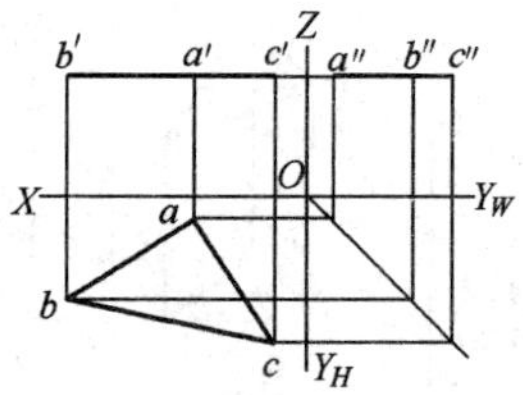</td><td>1. H 面投影反映实形。
2. V 面 W 面的投影积聚成直线，分别平行于投影轴 OX、OY_W</td></tr>
<tr><td>正平面</td><td>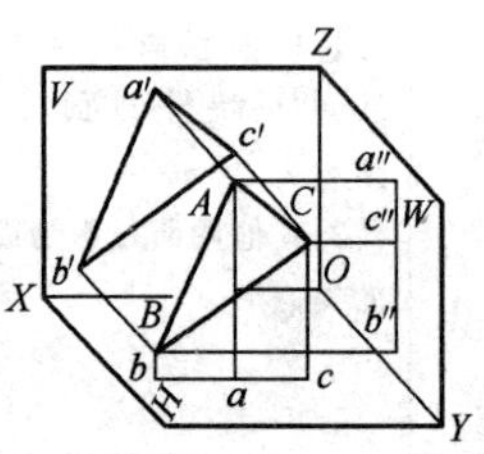</td><td>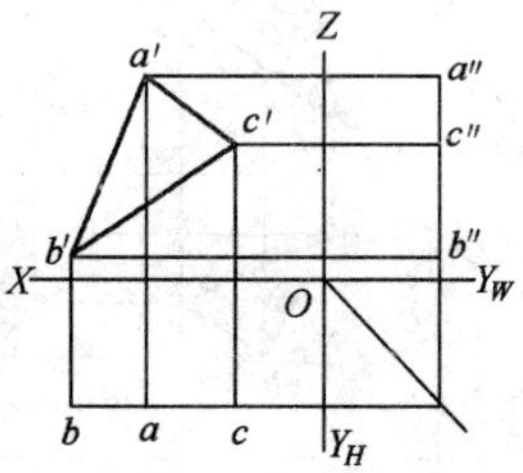</td><td>1. V 面投影反映实形。
2. H 面 W 面的投影积聚成直线，分别平行于投影轴 OX、OZ</td></tr>
<tr><td>侧平面</td><td>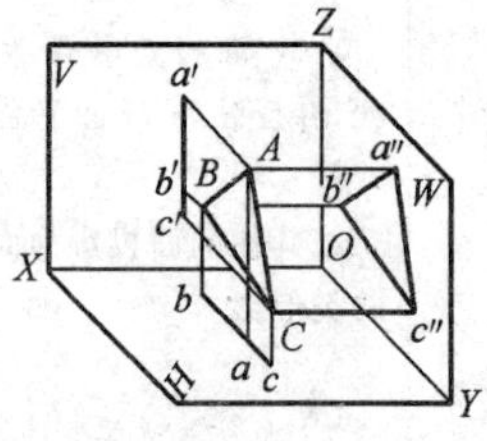</td><td>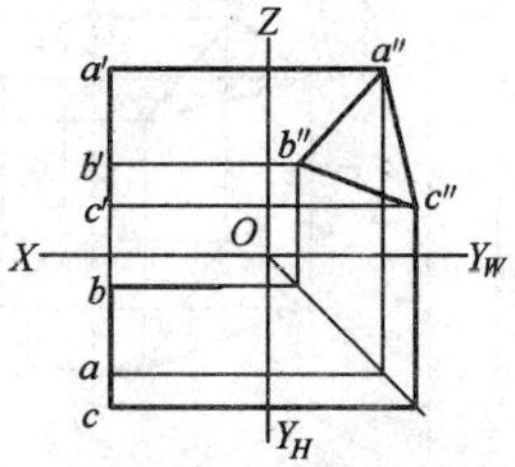</td><td>1. W 面投影反映实形。
2. V 面 H 面的投影积聚成直线，分别平行于投影轴 OZ、OY_H</td></tr>
</table>

投影面平行面的投影特性可归纳为：

(1)在平面所平行的投影面上的投影反映平面图形的实形。

(2)在其他两个投影面上的投影积聚为直线，且平行于相应的投影轴。

三 平面上的点、直线和图形

1. 特殊位置平面上的点、直线和图形

从上面已讲述的特殊位置平面的投影特性可知：特殊位置平面上的点、直线和图形，在该平面有积聚性的投影所在的投影面上的投影，必定积聚在该平面的有积聚性的投影上。

【例 3-13】 如图 3-21 所示，平面 ΔABC 为水平面，已知它的 H 面投影和 A 点的 V 面投影，求作三角形的 V 面投影和 W 面投影，并求作三角形的外接圆圆心 D 的三面投影。

【解】 根据水平面的投影特性，ΔABC 的 V、W 面投影分别平行于 OX 轴、OY_W 轴，过 a' 作 OX 轴、OY_W 轴平行线，并过 abc 分别作 V 面、W 面的投射线，求得平面 ΔABC 的 V 面投影 $a'b'c'$，W 面的投影 $a''b''c''$。在 H 面投影 abc 上求得外接圆圆心的 H 面投影 d，然后根据平面上的点都积聚在具有积聚性投影上的特点，过 d 点向 V 面、W 面引投射线，与正面投影 $a'b'c'$ 相交于 d'（外接圆圆心的 V 面投影）、与侧面投影 $a''b''c''$ 相交于 d''（外接圆圆心的 W 面投影）。如图 3-21b)所示。

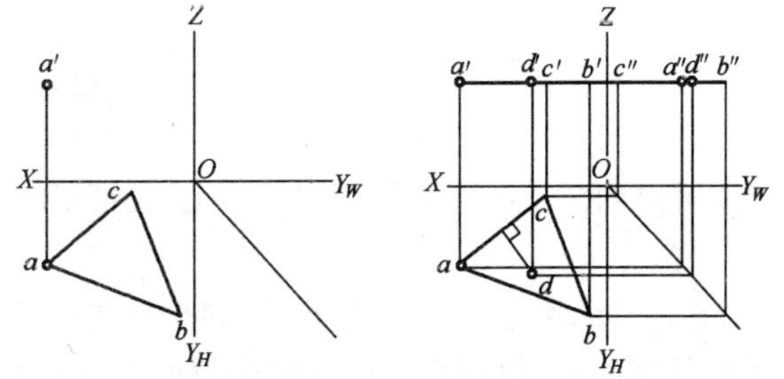

图 3-21 水平 ΔABC 的 V 面和 W 面投影和外接圆圆心 D 的三面投影

a)已知条件；b)作图过程

【例 3-14】 如图 3-22a)所示，已知□$ABCD$ 为铅垂面，并知它的 V 面投影□$a'b'c'd'$ 以及位于这个矩形平面上的 ΔEFG 的 V 面投影 $\Delta e'f'g'$，AB 边的 W 面的投影 $a''b''$，□$ABCD$ 的 V 面倾角 $\beta=30°$，CD 在 AB 边的右前方，求作□AB-

CD 和 △EFG 的 H 面投影和 W 面投影。

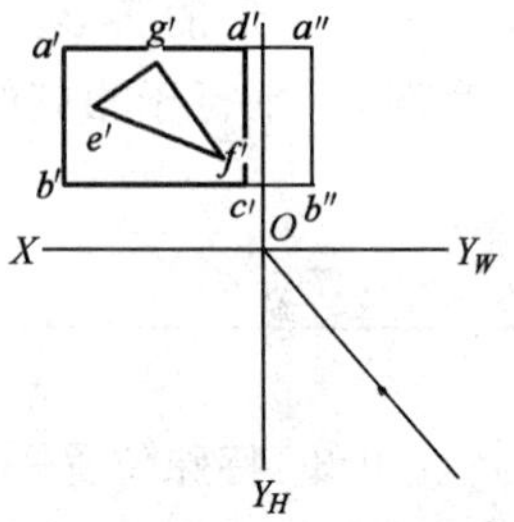

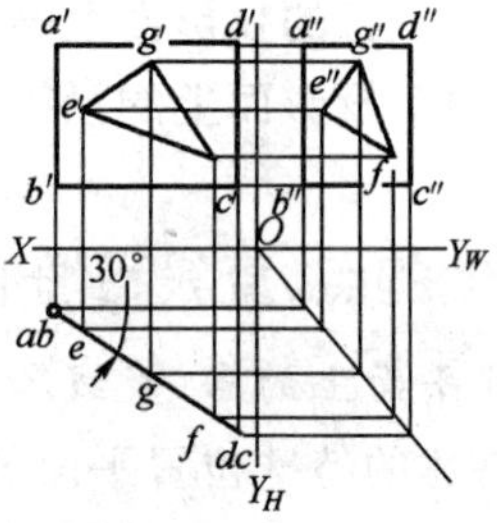

图 3-22 作□ABCD 和 △EFG 的 H 面投影和 W 面投影

a)已知条件;b)作图过程

【解】 根据点的投影规律,作出 A、B 的 H 面投影 a、b,利用铅垂面的投影特性,□ABCD的 H 面投影积聚成倾斜于 OX 轴的直线,又由于 CD 在 AB 边的右前方,此直线应朝右前方与 OX 轴的夹角成 $\beta=30°$,求出□ABCD 的 H 面投影 abcd 并连成一条直线。再作 W 面投射线,求出□ABCD 的 W 面投影 $a''b''c''d''$并连成四边形。

由于 △EFG 在□ABCD 平面上,△EFG 的 H 面投影应在□ABCD 的 H 面投影 abcd 的积聚线上,过 $e'f'g'$向 H 面作投射线,求得 efg,最后向 W 面作投射线,求得 $e''f''g''$并连成三角形。

2. 一般位置平面上的点、直线和图形

点和直线在平面上的几何条件:

平面上的点,必在该平面的直线上。平面上的直线必通过平面上的两点;或通过平面上的一点,且平行于平面上的另一直线。

根据这个条件,可以判断点和直线是否在平面上,也可以求作平面上的点和直线的投影。

【例 3-15】 如图 3-23a)所示,已知▱ABCD 和点 K 的两面投影,▱ABCD 内直线 MN 的 H 面投影 mn,试检验点 K 是否在▱ABCD 平面上,并作出直线 MN 的 V 面投影 $m'n'$。

【解】 连接 $a'k'$并延长交 $b'c'$于 e',过 e'作 H 面的投射线,交 bc 于 e,连接 ae。由于 k 不在 ae 上,因此点 K 不在平面上的直线 AE 上,可检验点 K 不在▱ABCD 平面上。同理也可先作 ake 直线,再作 $a'e'$,然后判断 k'是否在 $a'e'$上,也可检验点 K 不在▱ABCD 平面上。

延长 mn 分别交 ad、bc 于 s、f,过 s、f 点作 V 面投射线,在 $a'd'$上求得 s'、在

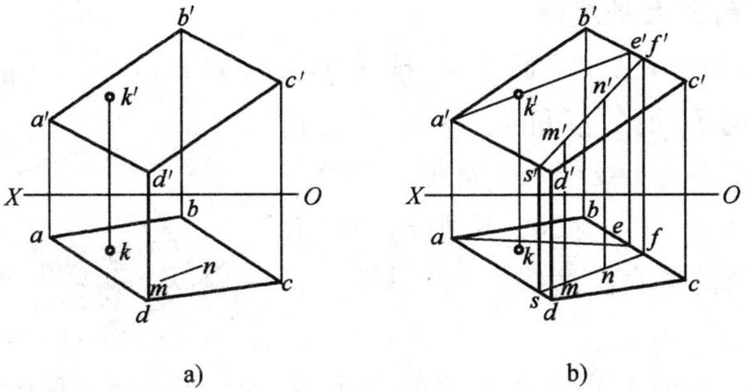

图 3-23 检验 K 点是否在□$ABCD$ 上，并做出□$ABCD$ 上直线 MN 的 V 面投影

a)已知条件；b)作图过程

$b'c'$上求得 f'，连接 $s'f'$。自 mn 作投射线，在 $s'f'$ 上求得 $m'n'$。$m'n'$即为直线 MN 的 V 面投影。作图过程如图 3-23b)所示。

【例 3-16】 如图 3-24a)所示，已知 ΔABC 的两面投影和 ΔABC 平面上点 D 的 V 面投影 d'，求作点 D 的 H 面投影 d。

【解】 连接 $c'd'$并延长交 $a'b'$于 e'，自 e'作 H 面投射线，交 ab 于 e，连接 ce，自 d'作 H 面投射线，交 ce 于 d。点 d 即为 ΔABC 平面上点 D 的 H 面投影。

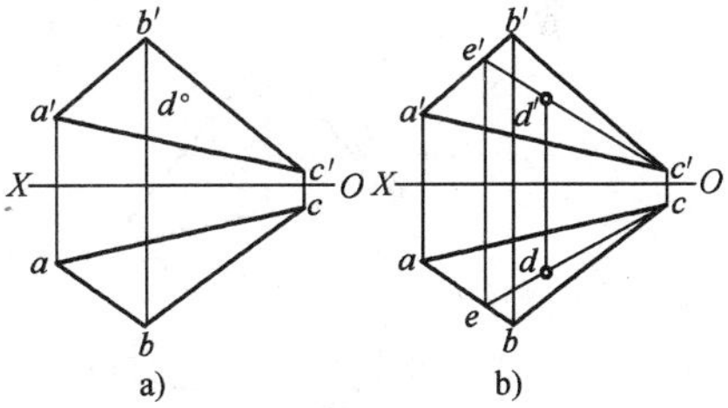

图 3-24 作 ΔABC 平面上点 D 的 H 面投影

a)已知条件；b)作图过程

注意：本例过 d'作辅助线 $c'e'$。其实过 d'有无数条辅助线可选择。一般选择与已知的点连接，如与 a'、b'、e'点连接。

3. 平面上的投影面平行线

平面上的投影面平行线不仅应满足直线在平面上的几何条件，它的投影又应符合投影面平行线的投影特性。

【例 3-17】 如图 3-25a)所示，已知 ΔABC 的两面投影，在 ΔABC 平面上作一条距 V 面距离为 13mm 的正平线 DE。

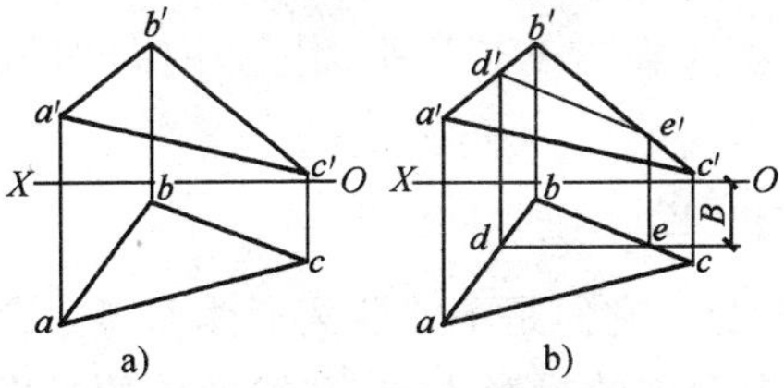

图 3-25 在 ΔABC 平面上作正平线 DE

a)已知条件；b)作图过程

【解】 在 H 面投影上作一条距离 OX 轴为 13mm 的平行线，分别交 ab、bc 于 d、e。自 d、e 分别作 V 面的投射线，与 $a'b'$、$b'c'$分别交得 d'、e'。连接 $d'e'$，则 de、$d'e'$即为所求正平线 DE 的两面投影。

4. 平面上的最大斜度线

如图 3-26 所示，已知平面 P 与 H 面的交线为 P_H，$AB /\!/ P_H$，平面上的直线 $AC \perp P_H$，AC 与 H 面的倾角 α。平面 P 上直线 AD 与 P_H 不垂直，AD 与 H 面所成的倾角 α_1。比较两角大小为：$\alpha_1 < \alpha$。可推出 AC 为平面 P 对 H 面的最大斜度线。α 就是平面 P 与 H 面的倾角。

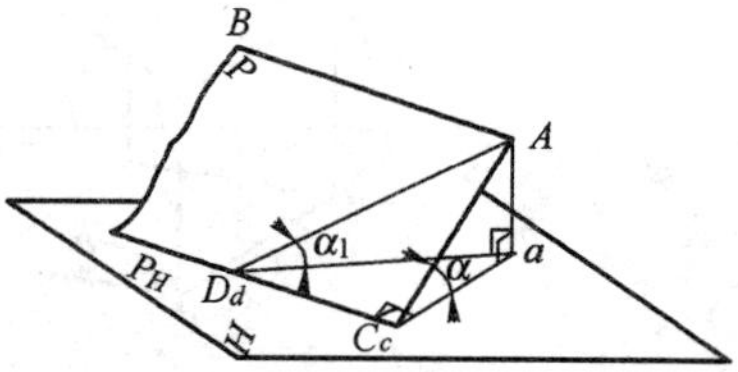

图 3-26　平面上对 H 面的最大斜度线及其意义

由此得出：平面上垂直于该平面的某一投影面平行线的直线，是平面上对这个投影面的最大斜度线，它与这个投影面的倾角，也就是平面与这个投影面的倾角。

【例 3-18】 如图 3-27a)所示，已知 ΔABC 的两面投影，求作 ΔABC 与 H 面的倾角 α。

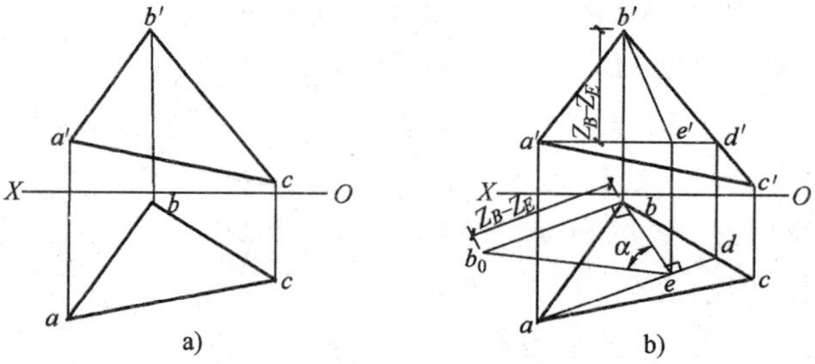

图 3-27　作 ΔABC 与 H 面的倾角 α

a)已知条件；b)作图过程

【解】 (1)在平面 ΔABC 上作一条水平线 AD。即在 V 面投影图上作 $a'd' /\!/ OX$，过 d' 作投射线，交 bc 于 d，连接 ad。

(2)在平面上作 H 面的最大斜度线 BE：作 $be \perp ad$，过 e 点作投射线，交 $a'd'$ 于 e'，连接 $b'e'$。

(3)求最大斜度线的 H 面倾角 α。用直角三角形法求出直线 BE 的 α。所求得的 α 角就是平面 ΔABC 与 H 面的倾角。

本章小结

点、线、面是构成各种形体的基本几何元素，它们是不能脱离形体而孤立存在的，研究点、线、面的投影规律，有助于认识形体的投影本质，掌握形体的投影规律。

思考题

1. 点、线、面的投影规律各是什么？
2. 根据投影关系，已知两个投影图，如何作出第三个投影图？
3. 点的坐标大小与点在投影图中的位置有什么关系？
4. 空间点距各投影面的距离分别由哪个坐标值来体现？
5. 三个投影各反映物体的哪几个方向的情况？
6. 空间点是否在已知直线上的判断依据是什么？
7. 直线是否在已知平面上的判断依据是什么？
8. 如何判断两直线、两平面的相对位置关系？

第四章 立体的投影

【本章能力目标、知识目标与学习要求】

通过本章的学习，掌握平面立体和曲面立体三面正投影的基本知识及其画法，能够学会绘制基本几何形体及其简单的组合体的三视图；利用基本几何形体表面点、线的求法一线上定点法、积聚性法和辅助线法，绘制平面立体和曲面立体表面上点、线的投影图；了解平面立体之间、平面立体与曲面立体以及曲面立体之间相贯的特性，能绘制平面立体之间、平面立体和曲面立体以及曲面立体之间的相贯线；对曲面立体表面交线的特殊情况应有所了解；掌握同坡屋面投影图的绘制方法。进一步培养学生的空间想象能力，为以后专业图的学习打下良好的基础。

了解空间曲线的形成和投影特性，掌握圆柱螺旋线的形成、投影和展开方法；了解柱面与锥面、柱状面、锥状面、双曲抛物面的概念及应用举例，掌握平螺旋面的形成原理及实际应用的绘图方法。

基本几何形体是构成组合体的基本单元。基本体的投影作图是从点、线、面的投影作图到组合体的投影作图的过渡，是培养空间想像能力的一个关键。学习中要充分利用模型、挂图、动画等，多看多练多分析，分析并记住典型截交线的形状，可以提高作图的正确性；多观察模型和周围各种立体相交的实例，丰富感性认识，加深对相贯体作图方法的理解。"三等"关系是体的投影作图的十分重要的规律，必须牢牢掌握与充分利用。

第一节　平面立体的投影

工程上的建筑物、构筑物及其构配件，都是形形色色的各种立体形状，但是无论形状复杂程度如何，都可以看成是由一些简单的几何形体组成的，这些最简单的具有一定规则的几何体称为基本几何体。把建筑物及其构配件的形体称为建筑形体。

基本几何体的大小、形状是由其表面限定的，按其表面性质的不同可分为平面立体和曲面立体。我们把表面全部为平面围成的几何体称为平面立体(简称平面体)，例如长方体、棱柱和棱台等。表面全部为曲面或曲面与平面围成的几何体称为曲面立体(简称曲面体)，例如圆柱、圆锥、球体和环体等，如图 4-1 所示。

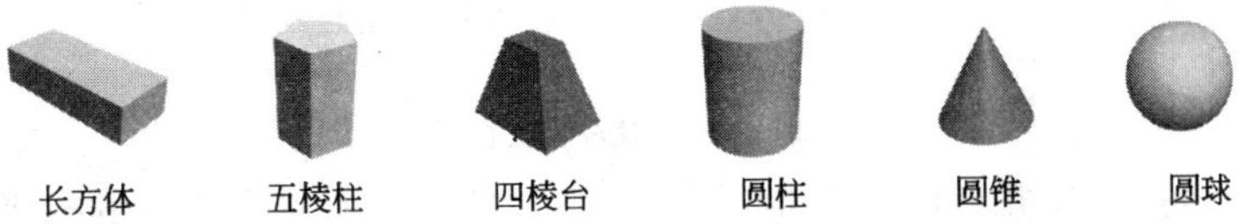

图 4-1　基本几何体

一 平面立体的投影

由于平面立体表面是由平面所围成的几何体，所以平面立体的投影就是围成它的表面的所有平面图形的投影。在平面立体表面上作点和线，也就是在它的表面平面上作点和线。常见的平面立体有棱柱和棱锥。

1. 棱柱

棱柱分为直棱柱(侧棱与底面垂直)和斜棱柱(侧棱与底面倾斜)。底面为正多边形的直棱柱，称为正棱柱。长方体和立方体是棱柱的特殊形体。下面以正六棱柱为例讨论作其三面投影图的作图方法。

(1)形体特征分析

正六棱柱包括 8 个外表面。其中上、下两表面分别称为上、下底面，它们为全等的正六边形且互相平行；6 个矩形外表面称为侧面或棱面，它们全等且与底面垂直；6 条棱线相互平行、长度相等且与上、下底面垂直。

(2)投影分析

如图 4-2 所示，可以看出，其三面投影分别为：

①水平投影为一正六边形，它是上、下底面的投影，且反映实形；六边形的各边为 6 个侧面的积聚投影；6 个角点是 6 条侧棱的积聚投影。

②正面投影是并列的 3 个矩形线框，中间的矩形线框是棱柱前后侧面的投影，反映实形；左右的线框是其余 4 个侧面的投影，为类似形；线框上下 2 条水平线是上下底面的积聚投影；4 条竖直线是侧棱的投影，反映实长。

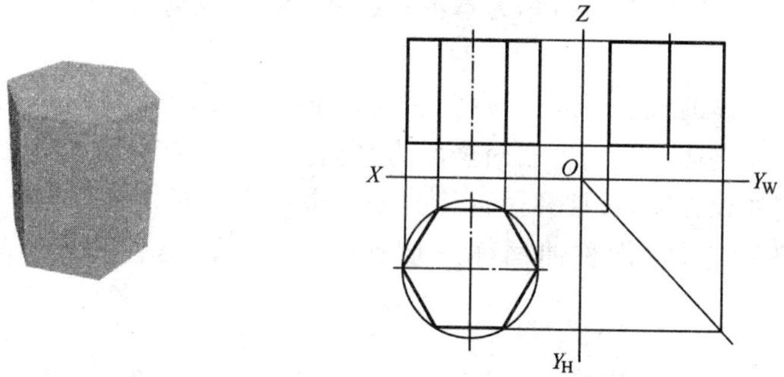

图 4-2　六棱柱及其投影

③侧面投影是并列的 2 个矩形线框，它是棱柱左右 4 个侧面的投影，为类似形；两侧竖直线是棱柱前后侧面的积聚投影；中间的竖直线是最左边棱线与最右边棱线的重合投影；上、下水平线则为底面的积聚投影。

(3)视图特征

通过上述分析，可以总结出棱柱体的视图特征为：

①反映底面实形，为多边形。

②另两视图均为矩形(或矩形的组合图形)。

由此可得出以下结论：基本几何体中柱体的投影特征可归纳为四个字“矩矩为柱”。这句话的含义是：只要是柱体，则必有两个投影的外线框是矩形；反之，若某一物体两个投影的外线框都是矩形，则该物体一定是柱体。而第三个投影可用来判别是何种柱体。

2. 棱锥

棱锥的底面为多边形，棱线交于一点，侧棱面均为三角形。底面为正多边形，各侧面为等腰三角形的棱锥称正棱锥，其锥顶在过底面中心的垂线上。现以正三棱锥为例，讨论作其三面投影图的方法。

(1)形体特征分析

正三棱锥又称四面体，如图 4-3 所示的正三棱锥及其投影图。其底面为正三角形，三个棱面为三个全等的等腰三角形。

(2)投影分析

由图 4-3 可以看出，其三面投影分别为：

①水平投影中的正三角形 abc 是底面的投影，反映实形；s 是锥顶的投影，位于$\triangle abc$ 的中心，它与 3 个角点的连线 sa、sb、sc 是分别 3 条侧棱的投影；$\triangle sab$、$\triangle sbc$ 和$\triangle sac$ 分别是 3 个侧面的投影。

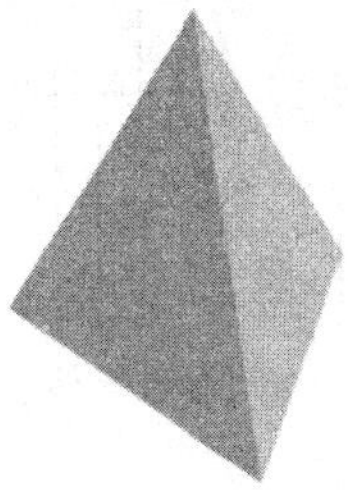
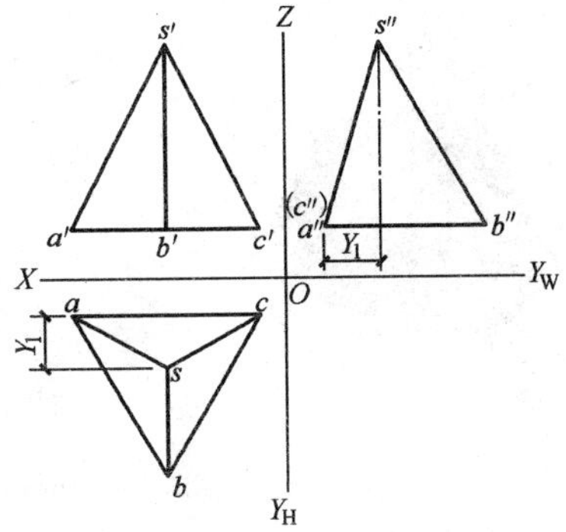

图 4-3　正三棱锥及其投影

②正面投影的$\triangle s'a'b'$、$\triangle s'b'c'$、$\triangle s'a'c'$，是三棱锥 3 个侧面的投影。底面的正面投影积聚为一条水平线，侧棱的正面投影分别为直线 $s'a'$，$s'b'$，$s'c'$。

③侧面投影是一个非等腰三角形，$s''a''$为三棱锥后侧面的积聚投影，$s''b''$为三棱锥前侧棱的投影，底面积聚为一条水平线。

(3)视图特征

棱锥体的投影特征是：

①反映底面实形，为多边形，内含反映侧表面的几个三角形。

②另两个视图为并列的三角形或三角形的组合图形。

由此可得出以下结论：基本几何体中锥体的投影特征可归纳为四个字："三三为锥"，即若物体有两面投影的外线框均为三角形，则该物体一定是锥体；反之，凡是锥体，则必有两面投影的外线框为三角形。同样，第三个投影可用来判别是何种锥体。

3.棱台

棱台可看成是由棱锥用平行于锥底面的平面截去锥顶而形成的几何体，上、下底面为各对应边相互平行的相似多边形，侧面为梯形。如图 4-4 所示，通过四棱台的正投影图，可作出其水平投影和侧面投影。

(1)分析

①上、下两底面与 H 面平行，其水平投影反映实形；其正面、侧面投影积聚为一直线。

②前、后两棱面与 W 面垂直，其侧面投影积聚为直线；而与 H、V 面倾斜，投影为类似形。

③左、右两棱面与 V 面垂直，其正面投影积聚为直线；与 H、V 面倾斜，投影为类似形。

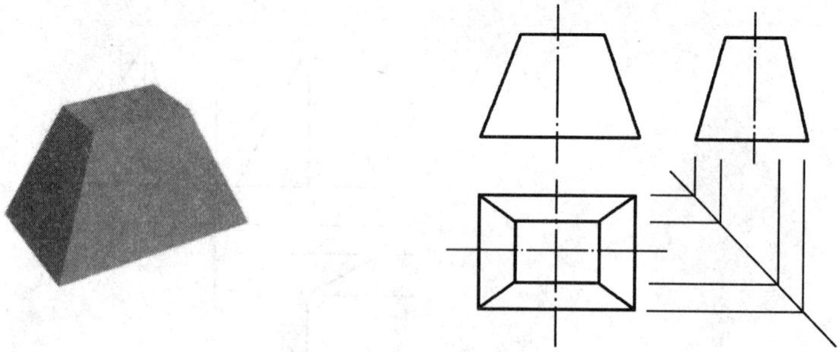

图 4-4　四棱台及其投影

④四根斜棱线都是一般位置直线，其投影都不反映实长。

(2)作图

①先作出正立面投影，向下"长对正"引铅垂线，向右"高平齐"引水平线。

②按物体宽度作出水平投影，并向右"宽相等"引水平线至 45°线。

③加深图形线。

棱台的视图特征是：水平投影是反映底面实形的两个相似多边形和反映侧面的几个梯形，另外两视图为梯形或梯形的组合图形。因此也有"梯梯为台"之说。

二 平面立体上点和直线的投影

点和直线在立体表面的位置不同，求其投影的方法也不同。因此在求其投影之前应先认真看图，明确点和直线的具体位置，并分析点所在平面或直线的空间位置，然后确定合适的求解方法，最后再对求出的点的投影进行标记。若是求直线，只需确定两端点的投影，然后将所求点的同面投影连接成线，并判定可见性，即为该直线的投影；若为曲线，则除确定两端点外，尚需确定适量的中间点及可见与不可见分界点的投影，判定可见性，再行连线。常见的求解方法有以下几种：

1. 从属性法

当点位于立体表面的某条棱线或边线上时，可利用线上点的"从属性"直接在线的投影上定点，这种方法即为线上定点法，亦可称为从属性法。

【例 4-1】 如图 4-5 所示，M、N 分别是立体表面上的两个点。已知 M 点的正面投影 m'、底边 bc 上 N 点的水平投影 n，试求点 M、N 的另外两面投影。

【解】 (1)读图及分析

由基本体的投影特征"三三为锥"可知，如图 4-5a)所示的是一正三棱锥，点 M 和 N 分别是其棱线 Sa 和底边 bc 上的点。本例中正三棱锥的棱线 Sa 是一条一般位置直线，其上的 M 点的水平和侧面投影可直接利用从属性求出。而底边

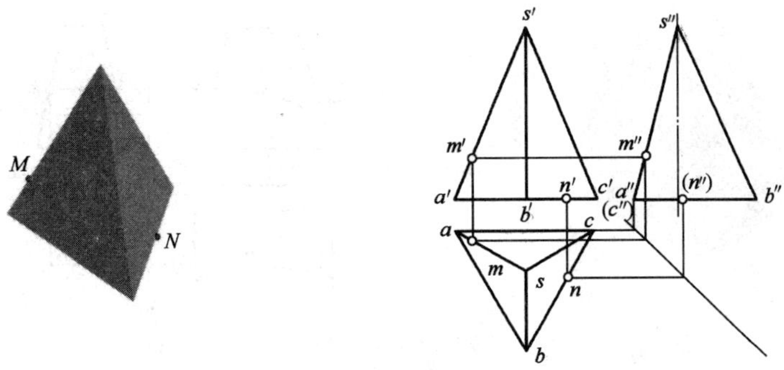

a)　　　　　　　　b)

图 4-5　三棱锥表面上特殊点的投影

a)正三棱锥；b)作图方法

bc 是水平线，必须先求出 N 点的正面投影，然后再求出它的侧面投影。

(2)作图

如图 4-5b)所示。

①过 m' 作铅垂线与棱线 SA 的水平投影 Sa 相交于 m 点，过 m' 作水平线与棱线 SA 的侧面投影 $S''a''$ 相交于 m''，m、m'' 即为棱线 Sa 上点 M 的水平与侧面投影。

②过 n 作铅垂线与底边 bc 的正面投影 $S'a'$ 相交于 n' 点，过 n 点作水平线与 45°斜线相交，过此交点作铅垂线与底边 bc 的侧面投影 $b''c''$ 相交于 n''，n' 和 n'' 即为底边 bc 上点 N 的正面与侧面投影。

2. 积聚性法

当点位于平面立体表面的特殊位置平面上时，且点所在的立体表面对某投影面具有积聚性时，那么点的投影必定在该表面对这个投影面的积聚投影上，可利用该平面的积聚性，直接求得点的另外两个投影，这种方法称为积聚性法。

【例 4-2】 如图 4-6a)所示，已知立体表面上直线 MK 的正面投影 $m'k'$，试作直线 MK 的水平投影 mk 和侧面投影 $m''k''$。

【解】 (1)读图及分析

由基本几何体的投影特征"梯梯为台"可知，图 4-6a)所示的是一四棱台。图中直线 MK 的投影 $m'k'$ 是可见的，因此可判定该直线在台体前面的棱面上。因 M 点在棱线上，可利用从属性求解，而 K 点所在的表面是一侧垂面，其侧面投影具有积聚性，因此求解时应先利用所在表面的积聚性求出 K 点的侧面投影 k''，然后再求其他投影。

(2)作图

如图 4-6b)所示。

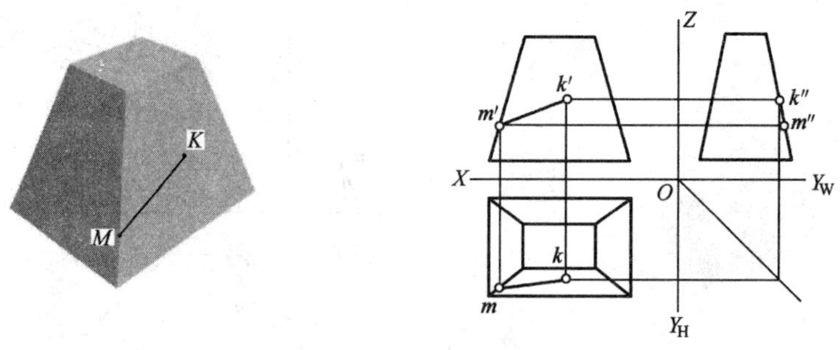

a)　　b)

图 4-6　四棱台表面上直线的投影

a)四棱台;b)作图方法

①利用从属性法,过 m' 作水平直线和铅垂直线分别与四棱台侧棱的另两面投影交于 m'' 和 m。

②利用积聚性法,过 k' 作水平直线与四棱台侧面的侧面投影相交于 k'',再由点的投影规律,求出 K 点的水平投影 k。

③连接 mk、$m'k'$、$m''k''$ 即为直线 MK 的投影。

3. 辅助线法

当点位于立体表面的一般位置平面上时,因所在平面无积聚性,不能直接求得点的投影,而必须先在一般位置平面上做辅助线(辅助线可以是一般位置直线或特殊位置直线),求出辅助线的投影,然后再在其上定点,这种方法称为辅助线法。

如图 4-7a)所示,在三棱锥的 SAB 棱面上给出了点 M 的正面投影 m',又在 SBC 棱面上给出了点 N 的水平投影 n。为了作出 M 点的水平投影 m 和 N 点的正面投影 n',可以运用前面讲过的在平面上定点的方法,即首先在平面上画一条辅助线,然后再在此辅助线上定点。

其求解过程为:首先在图中过 M 点作一条平行于底边的辅助线,与侧棱 SA 交于 1 点,而过 N 点作一条通过锥顶的辅助线,与底线交于 2 点。再利用定点法,可分别求得 M 的水平投影 m 和 N 点的正面投影 n',所求的投影 m 是可见的,投影 n' 是不可见的。如图 4-7b)所示。

【例 4-3】 如图 4-8 所示,已知三棱锥的三面投影及其表面上的线段 EF 的水平投影 ef,求出线段的其他投影。

【解】 (1)投影分析

从已知投影可知,线段 EF 的水平投影 ef 为可见,所以 EF 必在左棱面 $\triangle SAB$ 上,$\triangle SAB$ 为一般位置平面,故可以过 EF 作一辅助直线,根据从属关系求出 E、F 点的投影。

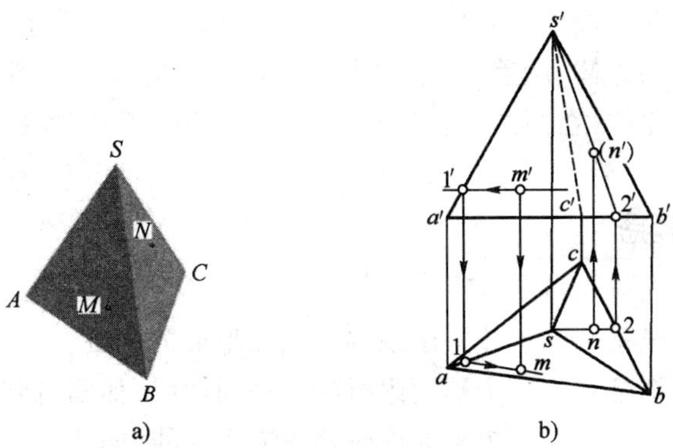

图 4-7　三棱锥表面上一般点的投影

a)三棱锥；b)作图方法

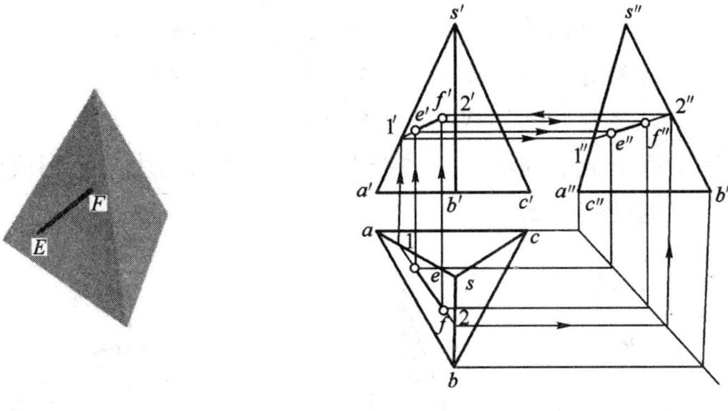

图 4-8　三棱锥表面直线的投影

(2)投影作图

①在水平投影图上，过 ef 作一辅助直线交于侧棱 1、2 两点。

②求 $1'2'$、$1''2''$从水平投影 1 向上作铅直线，与 $s'a'$交于 $1'$；从 2 点向右作水平线至 45°线，转向上得出 $2''$，再向左得出 $2'$，连接 $1'2'$、$1''2''$，两投影均为可见。

③求 $e'f'$、$e''f''$从水平投影 ef 向上作铅直线，与直线 $1'2'$相交得出 $e'f'$，再向右作水平线，与直线 $1''2''$相交得出 $e''f''$，两投影均为可见。

第二节　曲面立体的投影

由曲面包围或者由曲面和平面包围而成的立体称为曲面立体。常见的曲面立体是回转体；直线或曲线绕轴线旋转形成的曲面称为回转面；回转体是由回转面或回转面与平面所围成的立体。圆柱、圆锥、球和环是工程上常见的回转体。

建筑工程中的壳体、屋盖、隧道的拱顶以及常见的设备管道等等，它们的几何形状都是曲面立体，在制图、施工和加工中应熟悉它们的特性。

一 基本概念

1. 曲线

曲线可以看成是一个点按一定规律运动而形成的轨迹。

曲线上各点都是在同一个平面内时称为平面曲线(如圆、椭圆、双曲线、抛物线等)；曲线上各点不在同一个平面内时称为空间曲线(如圆柱螺旋线等)。

2. 曲面

曲面可以看成是由直线或曲线在空间按一定规律运动而形成。

由直线运动而形成的曲面称为直线曲面。如圆柱曲面是一条直线围绕一条轴线始终保持平行和等距旋转而成(图 4-9a))。圆锥面是一条直线与轴线交于一点始终保持一定夹角旋转而成的(图 4-9b))。

由曲线运动而形成的曲面称为曲线曲面。如球面是由一个圆或圆弧线以直径为轴旋转而成的(图 4-9c))。

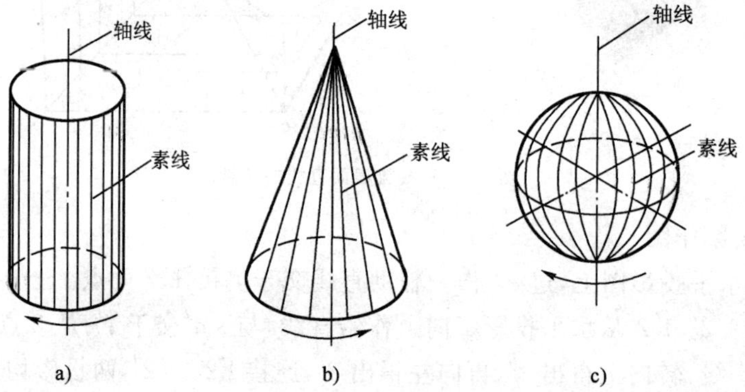

图 4-9 曲面及其素线

3. 素线与轮廓线

形成曲面的母线，它们在曲面上的任意位置称为素线。如圆柱体的素线都是互相平行的直线；圆锥体的素线是汇集于锥顶 S 点的倾斜线；圆球体的素线是通过球体上下顶点的半圆弧线。

我们把确定曲面范围的外形线称为轮廓线(或转向轮廓线)，轮廓线也是可见与不可见的分界线。轮廓线的确定与投影体系及物体的摆放位置有关，当回转体的旋转轴在投影体系中摆放位置合理时，轮廓线与素线重合，这种素线称为轮廓素线。在三面投影体系中，常用的四条轮廓素线分别为：形体最前边素线、最后边素线、最左边素线和最右边素线。

4. 纬圆

由回转体的形成可知，母线上任意一点的运动轨迹为圆，且圆垂直轴线，此圆即为纬圆。

二 曲面立体的投影

下面着重介绍常见曲面立体圆柱、圆锥和圆球的投影。

1. 圆柱体

圆柱体由圆柱面和两个底面所围成。圆柱可看作是由一个矩形平面绕着它的一条边回转一周而成。

(1)投影分析

若其轴线垂直于 H 面，圆柱体的投影如图 4-10 所示。

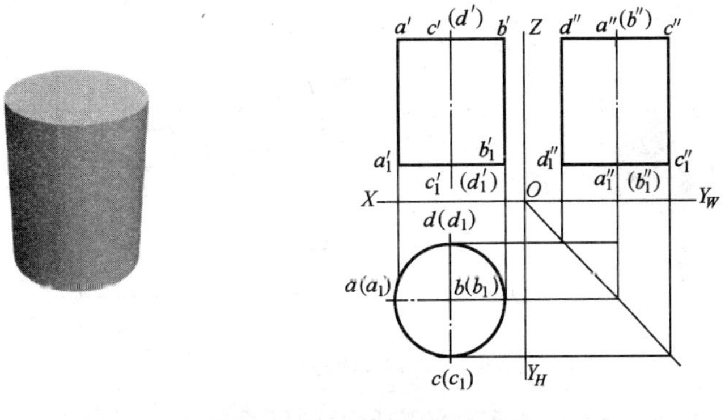

图 4-10 圆柱体及其投影

①水平投影为一圆，反映上下底面的实形，圆周则为圆柱侧面的积聚投影。

②正面投影为一矩形，上下两条水平线为上下底面的积聚投影，左右两条竖直线为圆柱最左、最右两条素线（轮廓素线）的投影，也是圆柱面的前半部分与后半部分的分界线。

③侧面投影为一矩形，上下两条水平线为上下底面的积聚投影，竖直的两条线为圆柱最前、最后两条素线（轮廓素线）的投影，也是圆柱面的左半部分与右半部分的分界线。

(2)视图特征

①反映底面实形的视图为圆。

②另两视图均为矩形。

由圆柱的投影图可以看出，圆柱投影也符合柱体的投影特征——“矩矩为柱”。

(3)作图步骤

①用单点长画线作圆柱体三面投影图的轴线和中心线。

②按照圆柱体的直径作反映底面实形的水平投影圆。

③由“长对正”和高度作正面投影矩形。

④由“高平齐、宽相等”作侧面投影矩形。

2. 圆锥体

圆锥体由圆锥面和底面所围成。圆锥可看作是由一个直角三角形平面绕着它的一条直角边回转一周而成。

(1)投影分析

若圆锥体的轴线垂直于 H 面，其投影图如图 4-11 所示。

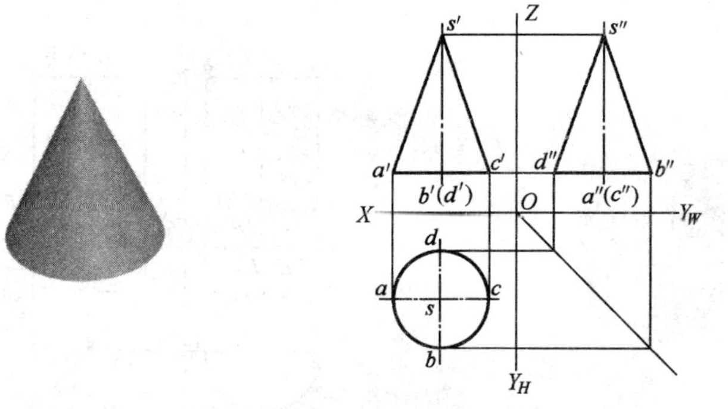

图 4-11　圆锥体及其投影

①水平投影为一圆，反映底面的实形及圆锥面的水平投影。

②正面、侧面投影均为一等腰三角形，底下一条水平线为底面的积聚投影，另两条边线分别为圆锥最左、最右及最前、最后两条轮廓素线的投影，也是圆锥面对 V 面与 W 面投影时可见部分与不可见部分的分界线。

(2)视图特征

①反映底面实形的视图为圆。

②另两视图均为等腰三角形，即为“三三为锥”。

(3)作图步骤

①用单点长画线画出圆锥体三面投影的轴线、中心线。

②画出底面圆的三面投影。底面为水平面，水平投影为反映实形的圆，其他

两投影积聚为直线段，长度等于底圆直径。

③依据圆锥的高度画出锥顶 S 的三面正投影。

④画轮廓线的三面正投影，即连接等腰三角形的腰。

读者可以自行分析圆台的投影。

3. 圆球

圆球由球面围成。圆球可看成是由一个圆面绕其任一直径回转而成。

(1)投影分析

球体的三面投影图均为与球的直径大小相等的圆，故又称为“圆圆为球”。V、H 和 W 面投影的三个圆分别是球体的前、上、左 3 个半球面的投影，后、下、右 3 个半球面的投影分别与之重合；3 个圆周代表了球体上分别平行于正面、水平面和侧面的 3 条素线圆的投影。

由图 4-12 还可看出：圆球面上直径最大的平行于水平面和侧面的圆 A 与圆 C，其正面投影分别积聚在过球心的水平与铅垂中心线上。

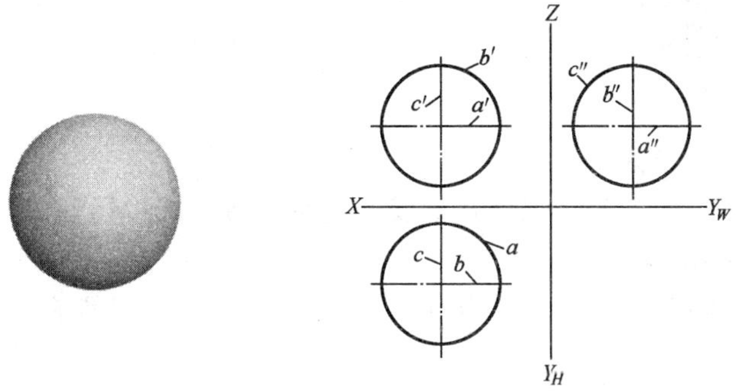

图 4-12　圆球体及其投影

(2)视图特征

三个视图均为大小相等的圆。

注意：不完整球体的三视图，其外形轮廓都有半径相等的圆弧。

(3)作图步骤

①用单点长画线画出圆球体各投影的中心线。

②以球的直径为直径画三个等大的圆。

三 曲面立体表面上点和线的投影

与在平面立体上点、线的投影原理一样，综合利用定点法、积聚法和辅助线法，可以对曲面立体表面上点和线的投影作图。

1. 圆柱面上的点和线

(1)圆柱面上点的投影

圆柱面上的点必定在圆柱面的一条素线或一个纬圆上。当圆柱面具有积聚投影时,圆柱面上点的投影必在同面积聚投影上。

【例 4-4】 如图 4-13 所示,已知圆柱面上点 M、N 的正面投影,求另两面投影。

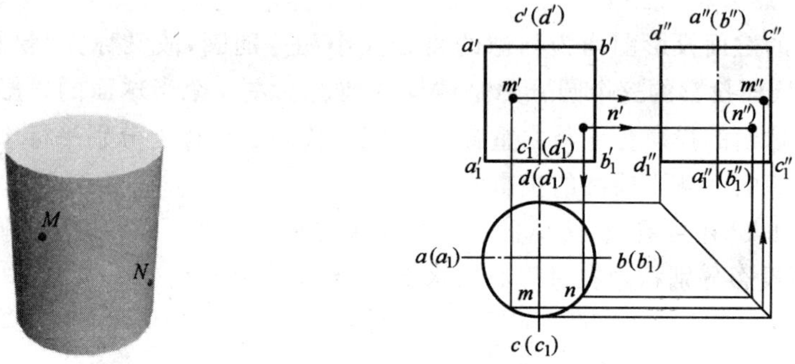

图 4-13 圆柱体表面上点的投影

【解】 (1)投影分析

M 点的正面投影可见,又在点划线的左面,由此判断 M 点在左、前半圆柱面上,侧面投影可见。

N 点的正面投影可见,又在点划线的右面,由此判断 N 点在前、右半圆柱面上,侧面投影不可见。

(2)作图

①求点 m、m''。过 m' 作素线的正立投影(可以只作出一部分),即过 m' 向下引铅垂线交于圆周前半部 m,此点就是所求的 m 点;再根据投影规则作出 m'',m'' 点为可见点。

②求点 n、n''。做法与 M 点相同,其侧面投影不可见。

(2)圆柱面上线的投影

【例 4-5】 如图 4-14 所示,已知圆柱面上的 AB 线段的正面投影 $a'b'$,求其另两面投影。

【解】 (1)投影分析

①圆柱的轴线垂直于侧面,其侧面投影积聚为圆,正面投影、水平投影为矩形。

②线段 AB 是圆柱面上的一段曲线。求曲线投影的方法是画出曲线上诸如

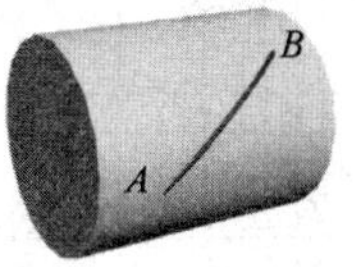

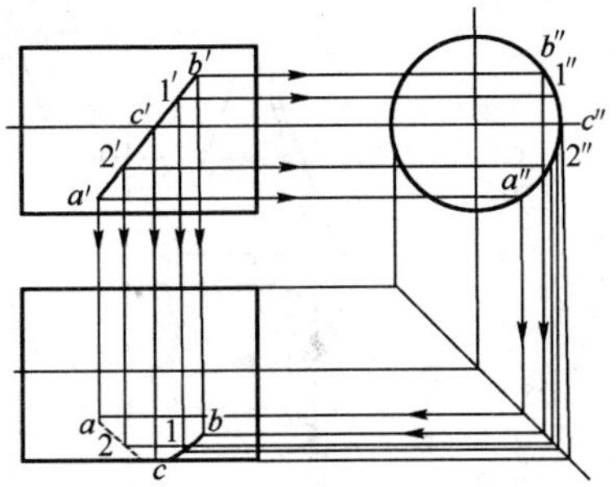

图 4-14　圆柱体表面上线的投影

端点、分界点等特殊位置点及适当数量的一般位置点，并把它们光滑连接即可。

(2)作图

①求出端点 A 和 B 的投影。利用积聚性，求得侧面投影 a''、b''，再根据投影关系求出 a、b。

②求曲线在轮廓线上的点 C 的投影。点 C 在水平投影转向轮廓线(轮廓素线)上，根据转向轮廓线的投影位置，可求出点 C 的侧面投影 c''和水平投影 c。

③求适当数量的中间点。在 $a'b'$ 上取点 $1'$、$2'$，然后求其侧面的投影 $1''$、$2''$，再根据投影关系求出水平投影 1、2。

④判别可见性并连线。C 点为曲线段 AB 水平投影可见与不可见的分界点，曲线的水平投影 $a2c$ 为不可见，画成虚线，$c1b$ 为可见，画成实线。

2. 圆锥面上的点和线

(1)圆锥面上点的投影

圆锥体的投影没有积聚性，在其表面上取点的方法有两种：

方法一：素线法。圆锥面是由许多素线组成的。圆锥面上任一点必定在经过该点的素线上，因此只要求出过该点素线的投影，即可求出该点的投影。

【例 4-6】　如图 4-15a)所示，已知圆锥面上一点 A 的正面投影 a'，求 a、a''。

【解】　(1)投影分析

①A 点在圆锥面上，一定在圆锥的一条素线上，故过 A 点与锥顶 S 相连，并延长交底面圆周于 I 点，SI 即为圆锥面上的一条素线，求出此素线的各面投影。

②根据点线的从属关系，求出点 A 的各面投影。

(2)作图　如图 4-15b)所示

①过 a' 作素线 $S1$ 的正立投影 $s'1'$。

②求 $s1$。由 $1'$向下作铅垂线，交水平投影圆于 1 点，连接 $s1$ 即为素线 SI 的水平投影。

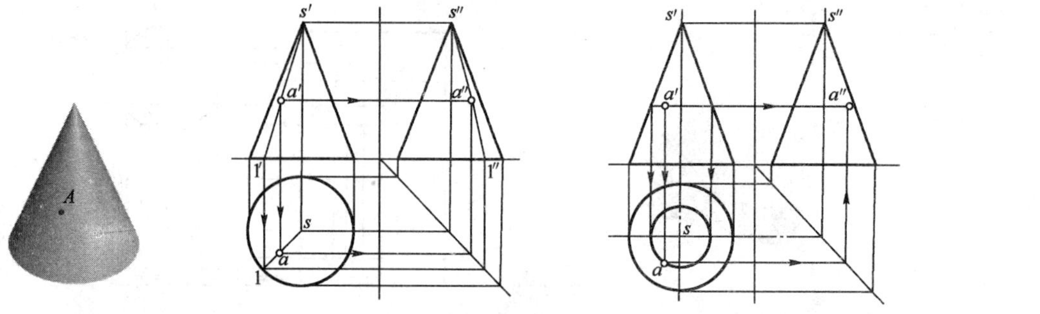

a)　　b)　　c)

图 4-15　圆锥体表面上点的投影

③根据投影关系，由 a'求出 a，由 a'及 a 求出 a''。

或先求出 SI 的侧面投影，根据从属关系求出 A 点的侧面投影 a''，再求水平投影 a。

方法二：纬圆法。由回转面的形成可知，母线上任意一点的运动轨迹为圆，该圆垂直于旋转轴线，这样的圆称之为纬圆。圆锥面上任一点必然在与其高度相同的纬圆上，因此只要求出过该点的纬圆的投影，即可求出该点的投影。

【例 4-7】　如上例所示，也可以通过纬圆法求圆锥面上点的投影。

【解】　(1)分析

过 A 点作一纬圆，该圆的水平投影为圆，正面投影、侧面投影均为直线，A 点的投影一定在该圆的投影上。

(2)作图　如图 4-15c)所示

①过 a'作纬圆的正面投影，此投影为一水平直线，交于轮廓素线于 $1'$、$2'$。

②以线段 $1'2'$为直径，画出纬圆的水平投影。

③根据投影关系，由 a'求出 a，由 a 及 a'求出 a''。

④判别可见性，两投影均可见。

由上述两种作图法可以看出，当 A 点的任意投影为已知时，均可用素线法或纬圆法求出它的其余两面投影。

(2)圆锥表面上线的投影

【例 4-8】　如图 4-16 所示，已知圆锥表面上的线段 AB 的正面投影，求其另两面投影。

【解】　(1)投影分析

作圆锥面上线段的投影的方法：求出线段上的端点、轮廓线上的点、分界点

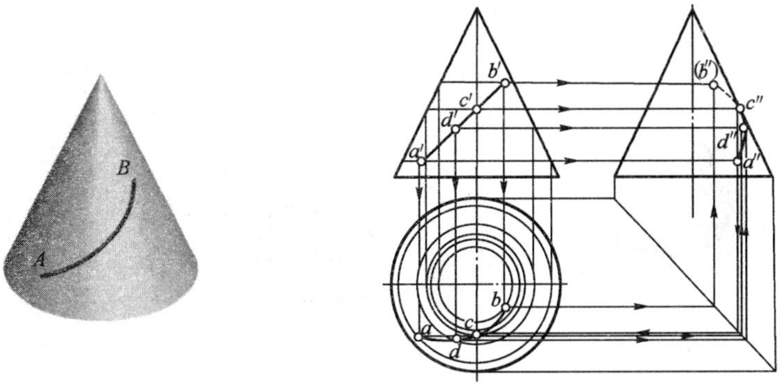

图 4-16　圆锥体表面上线的投影

等特殊位置的点及适当数量的一般点，并依次连接各点的同面投影。

(2)投影作图

①求线段端点 A、B 的投影。利用过 A、B 平行于 H 面的辅助纬圆，分别求得 a、a''、b、b''。

②利用从属法，求侧面转向轮廓线上点 C 的投影 c''、c。

③在线段的正面投影上选取适当的点求其投影。如图中 D 点的各投影。

④判别可见性。由正面投影可知，线 BC 位于圆锥前右半部分的锥面上，其侧面投影不可见，画成虚线，线 AC 位于前左半锥面上，侧面投影可见，画成实线，水平投影均可见。

3. 圆球体表面上的点和线

(1)圆球体表面上的点

由于圆球体的特殊性，过球面上一点可以作属于球体的无数个纬圆，为作图方便，常沿投影面的平行面作相应投影面的纬圆，这样过球面上任一点可以得到 H、V 和 W 三个方向的纬圆。因此只要求出过该点的某一纬圆投影，即可求出该点的投影。

【例 4-9】 如图 4-17 所示，已知球面上的一点 A 的正面投影 a'，求 a 及 a''。

【解】 (1)投影分析

由 a'得知 A 点在前左上半球上，可以利用水平纬圆解题。

(2)作图

①过 a'作纬圆的正面投影，为一水平直线，交轮廓线于 $1'$、$2'$。

②以线段 $1'2'$为直径，求出纬圆的水平投影。

③根据投影关系，由 a'求出 a，由 a'及 a 求出 a''。

④判别可见性。两投影均可见。

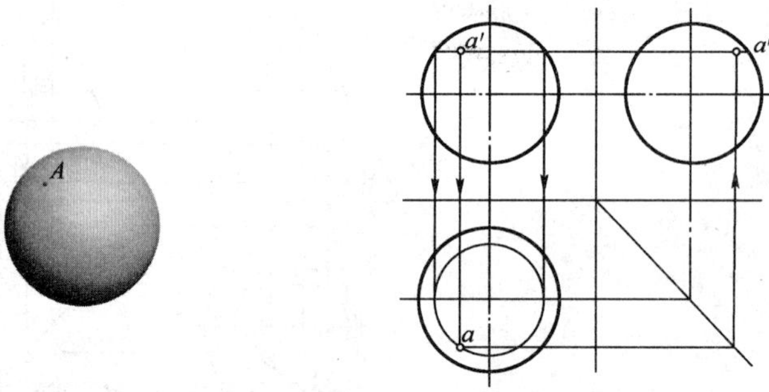

图 4-17　圆球体表面上点的投影

(2)圆球体上的线

【例 4-10】 如图 4-18 所示，已知属于球体表面上的线段 EF 的正面投影，求其另两面投影。

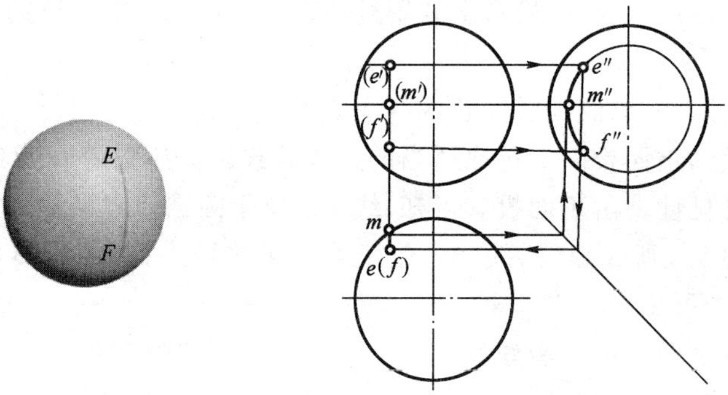

图 4-18　圆球体表面上线段的投影

【解】 (1)投影分析

由已知条件线段 $e'f'$ 为一虚线段，说明 EF 是位于球体左后方的球面上，且平行于侧面的一段圆弧。

(2)作图：

①求 e''、f'' 利用纬圆法，在侧面投影图上，作过 E、F 两点的纬圆，求出 e''、f''。

②利用投影关系，求出 E、F 两点的水平投影 e、f。

③利用从属法，求出线段 E、F 与水平投影轮廓线的交点 M 的三面投影 m'、m、m''。

④用弧线连接点 e''、m''、f''，得到线段 E、F 的侧面投影。

⑤连接点 e、m 和 m、f，得到线段 E、F 的正面投影。

⑥判断可见性，线段 E、F 在圆球体的左侧，其侧面投影可见，故为实线；正

面投影中，em 可见，为实线，mf 不可见，为虚线。

可见，求曲面上点的投影的方法主要有素线法和纬圆法两种，在采用这两种方法时应着重弄清以下概念：

(1)某一点在曲面上，则它一定在该曲面的素线或纬圆上。

(2)求一点投影时，要先求出它所在的素线或纬圆的投影。

(3)为了熟练地掌握在各种曲面上作素线或纬圆的投影，必须了解各种曲面的形成规律和特性。

第三节　平面与立体相交的投影

在组合体和建筑形体表面上，经常出现一些交线。这些交线有些是由平面与立体相交而产生的，有些则是由两立体相交而形成的，本节主要学习平面与平面立体或曲面立体相交形成的投影。立体被平面切割或截切所形成的形体称为截切体；切割立体的平面称为截平面；截平面与立体表面的交线叫截交线；截交线所围成的截面图形称为截断面或断面。截平面可能不止一个，多个截平面切割立体时截平面之间可能有交线，也可能形成切口或挖切出槽口、空洞。

一　平面与平面立体相交

平面立体的表面都是平面，截平面与它们的交线都是直线，所以整个立体被切割所得到的截交线将是封闭的平面多边形。多边形的各边是截平面与被截表面(棱面、底面)的交线，多边形的各顶点是截平面与被截棱线或底边的交点。

绘制截切体投影图的一般方法和作图步骤如下：

(1)几何抽象——把形体抽象成基本立体被平面切割或挖切所形成的，画出切割前的原始形状的投影。

(2)分析截交线的形状——分析有多少表面或棱线、底边参与相交，判明截交线是三角形、矩形、还是其他的多边形等。

(3)分析截交线的投影特性——根据截平面的空间状态分析截交线的投影特性，如实形性、积聚性、类似性等。

(4)分别求出截平面与各参与相交的表面的交线，或求出截平面与各参与相交的棱线、底边的交点，并连成多边形。

(5)对图进行修饰——丢弃被截掉的棱线，补全、接上原图中未定的图线，并判断可见性，加深描黑。

1. 棱柱上的截交线

【例 4-11】 如图 4-19 所示，求作四棱柱被正垂面截断后的投影，并作出截面实形。

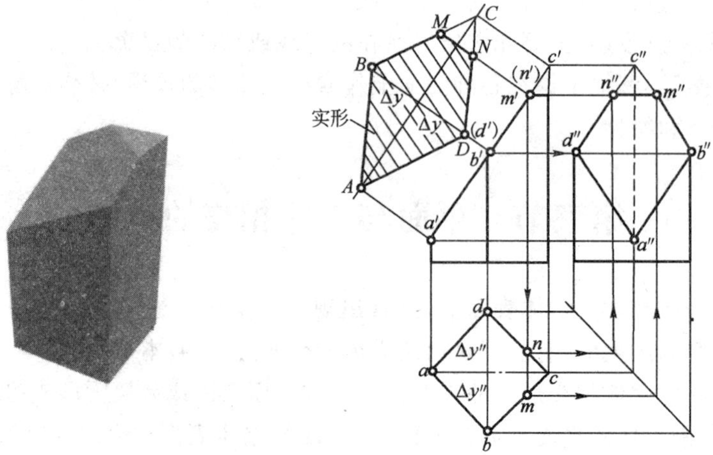

图 4-19　截四棱柱及其投影

【解】 (1)投影分析

截平面与四棱柱的四个侧棱面均相交，且与顶面也相交，故截交线为五边形 $ABMND$。

(2)投影作图

①由于截平面为正垂面，故截交线的 V 面投影 $a'b'm'n'd'$ 已知；截平面与顶面的交线为正垂线 MN，可直接作出 mn，于是截交线的 H 面投影 $abmnd$ 可以确定。

②运用交点法，A、B、D 点均在棱线上，M、N 在顶面边线上，依据“高平齐”投影关系，作出截交线的 W 面投影 $a''b''m''n''d''$。

③四棱柱截去左上角，截交线的 H 和 W 投影均可见。截去的部分，棱线不再画出，但有侧棱线未被截去的一段，在 W 投影中应画为虚线。

(3)求作截断面的实形

用换面法作截断面的实形。作图时可不必画出投影轴，而在适当位置画出与截平面的积聚投影相平行的单点长画线 AC 作为图形的对称线(基准线)，然后利用各点的坐标差 Δy 来确定各点的位置，从而作出截断面 $ABMND$ 的实形。

2. 棱锥上的截交线

【例 4-12】 求作正垂面 P 截割三棱锥 S-ABC 所得的截交线，如图 4-20 所示。

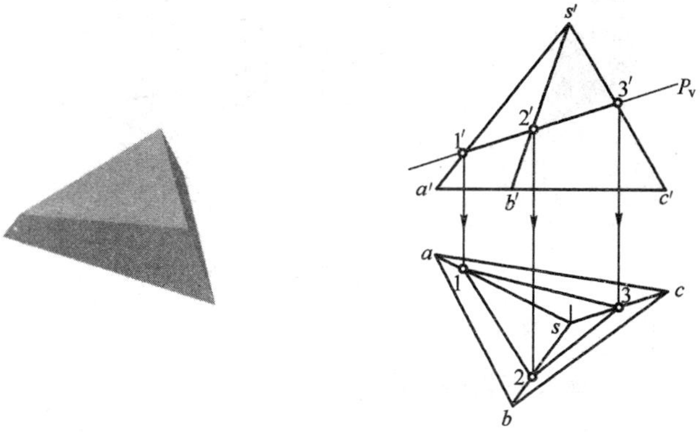

图 4-20　截三棱锥及其投影

【解】 (1)投影分析

①截平面 P 与三棱锥的三个棱面都相交，截交线是一个三角形。

②截平面 P 是一个正垂面，其正面投影具有积聚性。

③截交线的正面投影与截平面的正面投影重合，即截交线的正面投影为一条直线，只需求出水平投影。

(2)投影作图

①因为截平面 P_V 具有积聚性，所以 P_V 与 $s'a'$、$s'b'$ 和 $s'c'$ 的交点 $1'$、$2'$ 和 $3'$ 即为空间点 I、II 和 III 的正面投影。

②利用从属关系，向下引铅垂线与正投影图棱线相交，求出相应的点 1、2 和 3。连接点 1、2、3。

③△123 为截交线的水平投影。线段 $1'2'3'$ 为截交线的正面投影。各投影均可见。

【例 4-13】 如图 4-21 所示，求作铅垂面 Q 截割三棱锥 S-ABC 所得的截交线。

【解】 (1)投影分析

①截平面 Q 与三棱锥的三个棱面、一个底面都相交，截交线是一个四边形。

②截平面 Q 是一个铅垂面，其水平投影具有积聚性。

③截交线的水平投影与截平面的水平投影重合，即截交线的水平投影为一线段，只需求出正面投影。

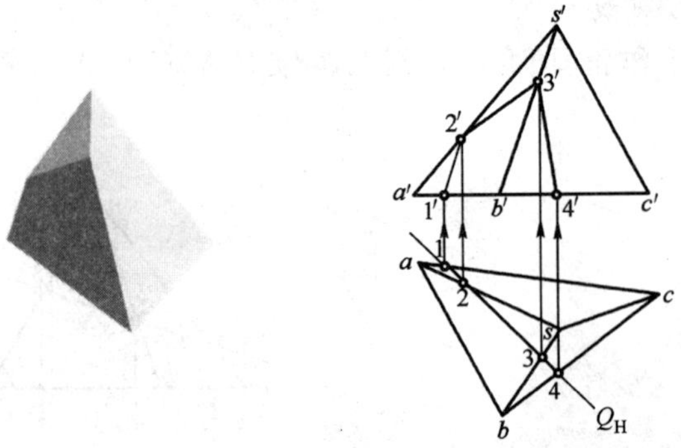

图 4-21　垂截三棱锥及其投影

(2)投影作图

①因为截平面 Q 具有积聚性，所以 Q 与 ac、sa、sb、和 bc 的交点 1、2、3 和 4 即为空间点 I、II、III 和 IV 的水平投影。

②利用从属关系，将点 1、2、3、4 向上引铅垂线与正投影棱线相交，求出相应的点 1′、2′、3′和 4′，连接 1′2′3′4′。

③四边形 1′2′3′4′为截交线的正面投影，线段 1′2′不可见，画成虚线，线段 1234 则为截交线的水平投影。

以上两题都是利用截平面投影的积聚性求作投影图的。

3. 带缺口的平面立体的投影

绘制带缺口的立体的投影图，在工程制图中经常出现，这种制图实质上是求两个或两个以上平面截交立体的问题。

【例 4-14】 如图 4-22 所示，已知三棱锥及其上缺口的 V 面投影，求 H 面和 W 面投影。

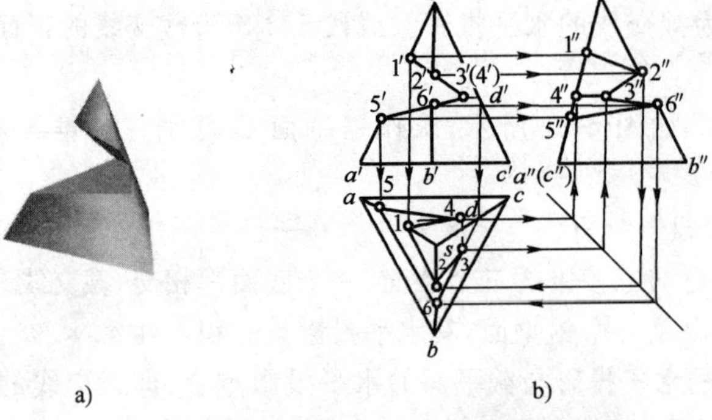

a)　　　　　　　　　　b)

图 4-22　带切口三棱锥及其投影

【解】 (1)投影分析

①从给出的V面投影可知，三棱锥的缺口是由两正垂面P和R截割三棱锥而形成的。只要分别求出两平面与三棱锥的截交线以及两平面之间的交线即可。

②这些交线端点的正面投影为已知，只需补出其他投影。

③I、II、VI、V 点为棱线上的点，可按从属关系求出。

④III、IV 点是棱面上的点，可借助辅助平面求出。

(2)投影作图

①求棱线SA上 I、V 两点的水平投影和侧面投影。由$1'$、$5'$向下作铅垂线、向右作水平线分别与棱线SA的水平和侧面投影相交，作出点 1、5 和$1''$、$5''$，如图 4-22b)所示。

②同理可以求棱线SB上 II、VI 两点的水平投影 2、6 和侧面投影$2''$、$6''$。

③求 III、IV 两点的水平投影和侧面投影。过$3'$、$4'$点作与$b'c'$平行的直线交棱线$s'c'$于点d'，过d'向下作出d，过d作bc、ac的平行线，再由$3'(4')$向下引铅垂线，与过d点所作ac、bc的平行线有两个交点，即为 3、4 点，由$3'$、$4'$点及 3、4 点定出$3''$、$4''$点。

④连接各点。将在同一棱面又在同一截平面上的相邻点的同面投影相连。

⑤判别可见性。只有 34 交线不可见，画成虚线。

二 平面与曲面立体相交

曲面立体被平面切割时，其截交线一般为平面曲线，特殊情况下是直线。作图的基本方法是求出曲面体表面上若干条素线与截平面的交点，然后光滑连接而成。截交线上的一些能确定其形状和范围的点，如最高点、最低点，最左点、最右点，最前点、最后点，以及可见与不可见的分界点等，均为特殊点。作图时，通常先作出截交线上的特殊点，再按需要作出一些中间点，最后依次连接各点，并注意投影的可见性。

求曲面立体截交线的问题实质上是在曲面上定点的问题，基本方法有素线法、纬圆法和辅助平面法。当截平面为投影面垂直面时，可以利用投影的积聚性来求点，当截平面为一般位置平面时，需要过所选择的素线或纬圆作辅助平面来求点。

1. 圆柱上的截交线

平面与圆柱面相交，根据截平面与圆柱轴线相对位置量的不同，所得的截交线有三种情况，如表 4-1 所示：

圆柱面的截交线 表 4-1

截平面位置	截平面垂直于圆柱轴线	截平面倾斜于圆柱轴线	截平面平行于圆柱轴线
截交线空间形状	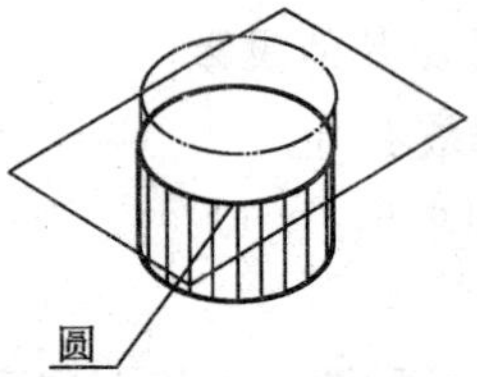	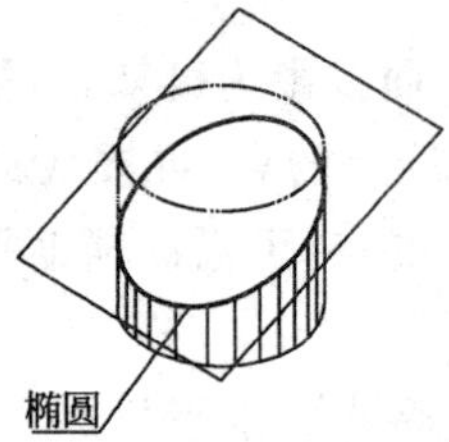	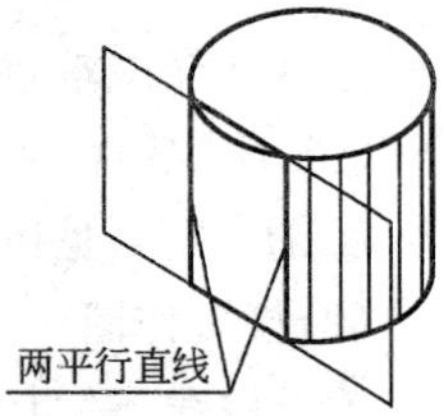
投影图	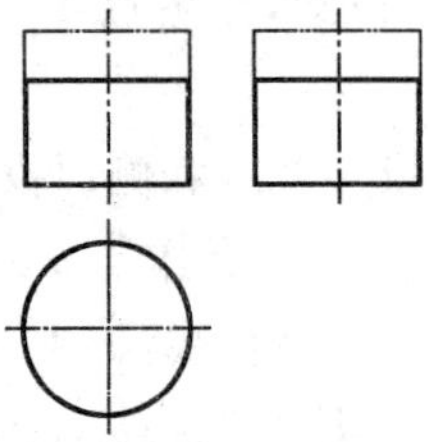	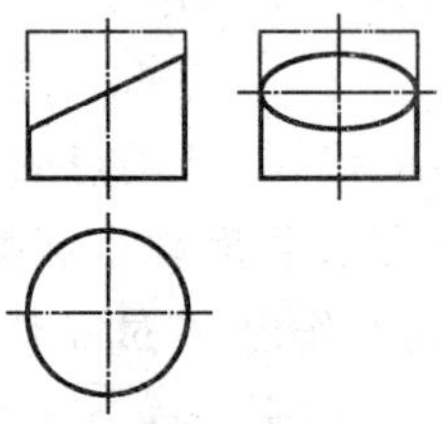	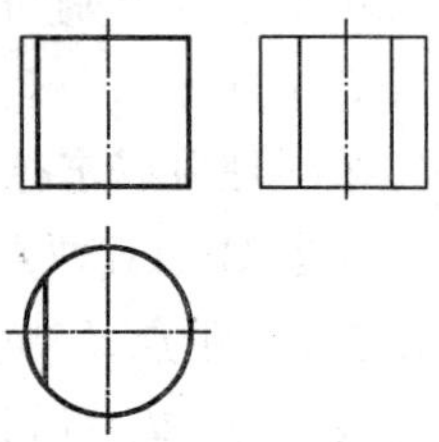

(1)当截平面垂直于圆柱的轴线时，截交线为一个圆。

(2)当截平面倾斜于圆柱的轴线时，截交线为椭圆，此椭圆的短轴平行于圆柱的底圆平面，它的长度等于圆柱的直径；椭圆长轴与短轴的交点（椭圆中心），将在圆柱的轴线上，长轴的长度随截平面相对轴线的倾角不同而变化。

(3)当截平面经过圆柱的轴线或平行于轴线时，截交线为矩形。

【例 4-15】 如图 4-23 所示，求正垂面与圆柱的截交线。

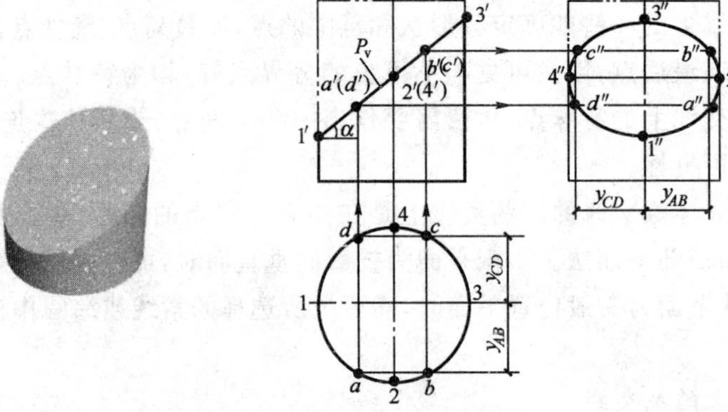

图 4-23 斜截圆柱体及其投影

【解】（1）投影分析

①圆柱轴线垂直于 H 面，其水平投影积聚为圆。

②截平面 P 为正垂面，与圆柱轴线斜交，交线为椭圆。椭圆的长轴平行于 V 面，短轴垂直于 V 面。椭圆的正面投影成为一条直线，与 P_v 重合。椭圆的水平投影，落在圆柱面的同面投影上而成为一个圆，故只需作图求出截交线的 W 面投影。

（2）投影作图

①求特殊点　这些点包括轮廓线上的点、特殊素线上的点、极限点以及椭圆长短轴的端点。最左点 1（也是最低点）、最右点 3（也是最高点），最前点 2 和最后点 4，它们分别是轮廓线上的点，又是椭圆长短轴的端点，可以利用投影关系，直接求出其水平投影和侧面投影。

②求一般点　为了作图准确，在截交线上特殊点之间选取一些一般位置点。图中选取了 A、B、C、D 四个点，由水平投影 a、b、c、d 和正面投影 a'、b'、c'、d'，求出侧面投影 a''、b''、c''、d''。

③连点　将所求各点的侧面投影顺次光滑连接，即为椭圆形截交线的 W 面投影。

④判别可见性　由图中可知截交线的侧面投影均为可见。

从上面例题看出，圆柱的截交线椭圆在平行于圆柱轴线但不垂直于截平面的投影面上的投影一般仍是椭圆。椭圆长、短轴在该投影面上的投影，仍为椭圆投影的长短轴。当截平面与圆柱轴线的夹角 α 小于 45°时，椭圆长轴的投影，变为椭圆投影的短轴。当 $\alpha = 45°$ 时，椭圆的投影成为一个与圆柱底圆相等的圆。

2. 圆锥上的截交线

当平面与圆锥截交时，根据截平面与圆锥轴线相对位置的不同，可产生五种不同形状的截交线，如表 4-2 所示。

（1）当截平面垂直于圆锥的轴线时，截交线必为一个圆。

（2）当截平面倾斜于圆锥的轴线，并与所有素线相交时，截交线必为一个椭圆。

（3）当截平面倾斜于圆锥的轴线，但与一条轮廓素线平行时，截交线必为抛物线。

（4）当截平面平形于圆锥的轴线，或者倾斜于圆锥的轴线但与两条轮廓素线平行时，截交线必为双曲线。

圆锥面的截交线 表 4-2

截平面位置	截交线空间形状	投影图
通过锥顶	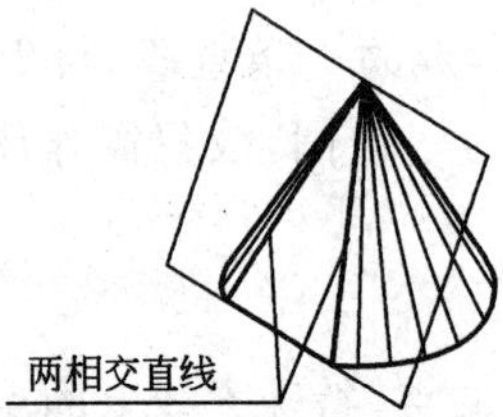	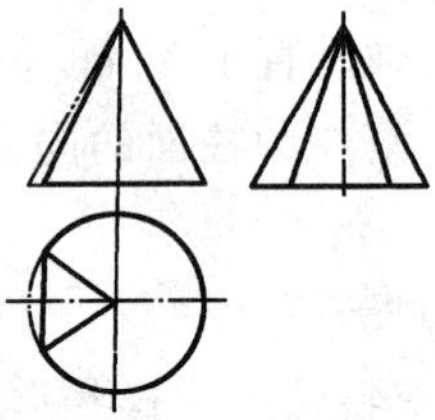
垂直于轴线	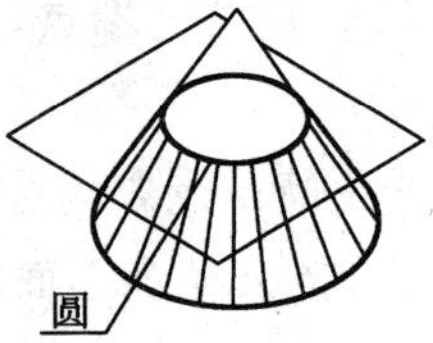	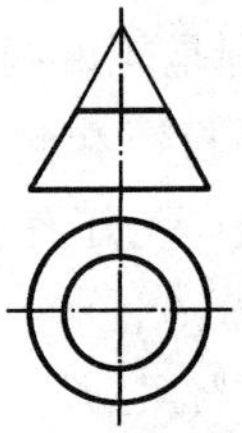
倾斜于轴线且与所有素线相交	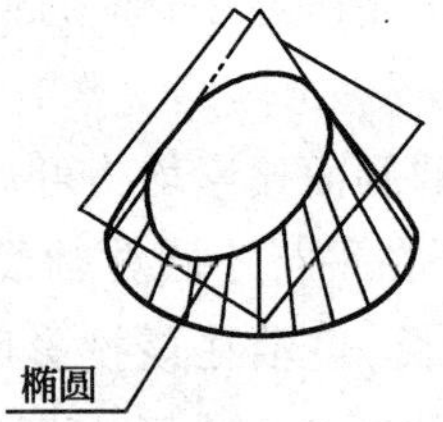	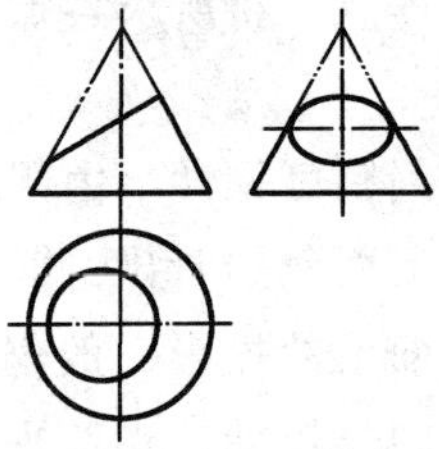
倾斜于轴线且与一条素线平行	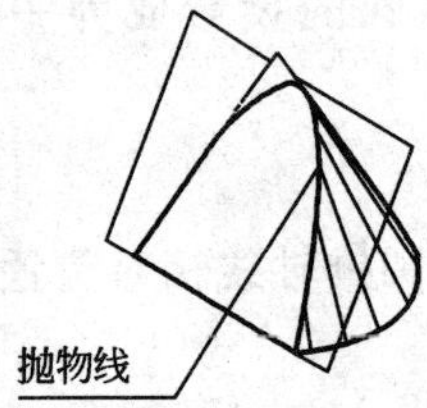	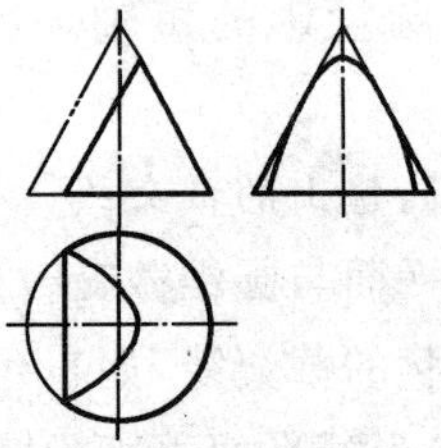
与两条素线平行	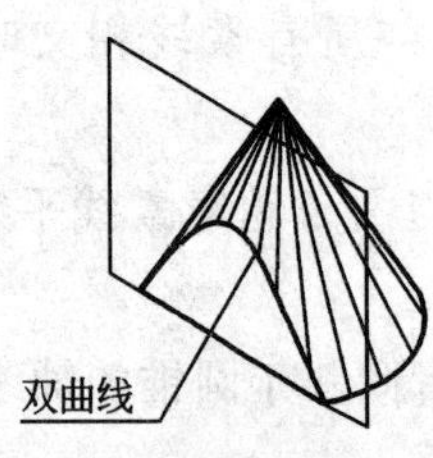	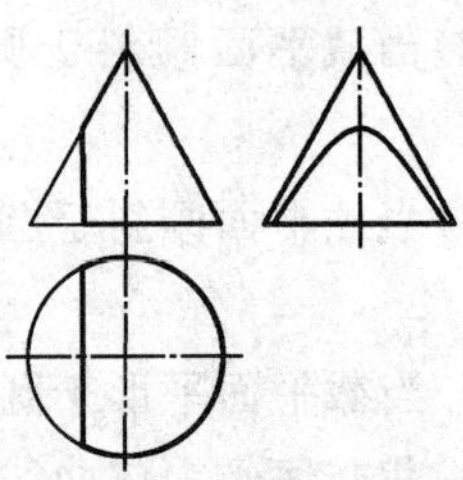

(5)当截平面通过圆锥的轴线或锥顶时，截交线必为三角形。

平面截割圆锥所得的截交线圆、椭圆、抛物线和双曲线，统称为圆锥曲线。当截平面倾斜于投影面时，椭圆、抛物线、双曲线的投影，一般仍为椭圆、抛物线和双曲线，但有变形。圆的投影为椭圆，椭圆的投影亦可能成为圆。

【例 4-16】 如图 4-24 所示，已知圆锥的三面投影和正垂面 P 的投影，求截交线的投影及实形。

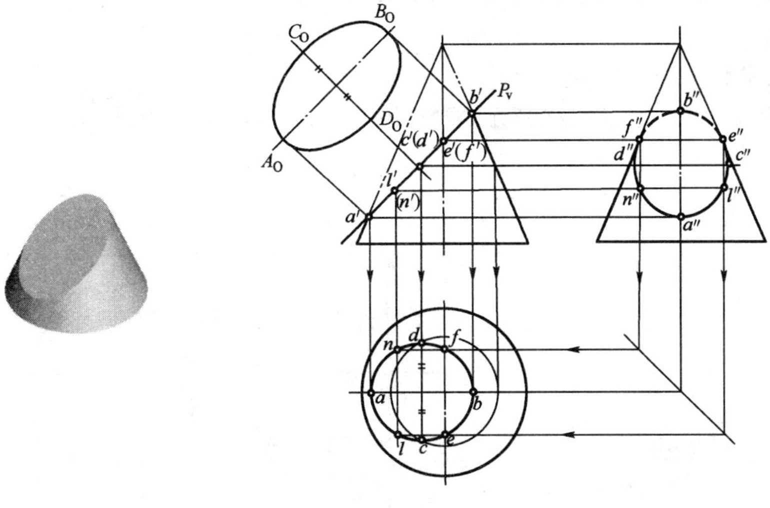

图 4-24 斜截圆锥及其投影

【解】 (1)投影分析

①因截平面 P 是正垂面，P 面与圆锥的轴线倾斜并与所有素线相交，故截交线为椭圆。

②P_V 面与圆锥最左最右素线的交点，即为椭圆长轴的端点 A、B，并平行于 V 面，椭圆短轴 C、D 垂直于 V 面，且平分 AB。

③截交线的 V 面投影重合在 P_V 上，H 面投影、W 面投影仍为椭圆。椭圆的长、短轴投影仍为椭圆投影的长、短轴。

(2)作图

①求长轴端点　在 V 面上，P_V 与圆锥的投影轮廓线的交点，即为长轴端点 A、B 的 V 面投影 a'、b'；A、B 的 H 面投影 a、b 在水平中心线上，ab 就是投影椭圆的长轴。

②求短轴端点　椭圆短轴 CD 的投影 $c'(d')$ 必积聚在 $a'b'$ 的中点；过 $c'(d')$，定出纬圆直径，在水平投影图作纬圆，求出水平投影 c、d，之后求出 c''、d''。

③求最前、最后素线与 P 面的交点 E、F　在 P_V 与圆锥正面投影的轴线交点处得 e'、(f')，向右得到椭圆侧面投影可见与不可见的分界点 e''、f''，向下向左得到 e、f。

④求一般点 L、N　先在 V 面定出点 $l'(n')$，再用纬圆法求 l、n，并进一步求出 l''、n''。

⑤连接各点并判别可见性　在 H 面投影中依次连接 $a\text{-}n\text{-}d\text{-}f\text{-}b\text{-}e\text{-}c\text{-}l\text{-}a$ 各点，即得椭圆的 H 面投影；同理得出椭圆的 W 面投影，其中 f''、b''、e''三点用虚线连接。

⑥求截面的实形(略)。

【例 4-17】　如图 4-25 所示，求作侧平面 Q 与圆锥的截交线。

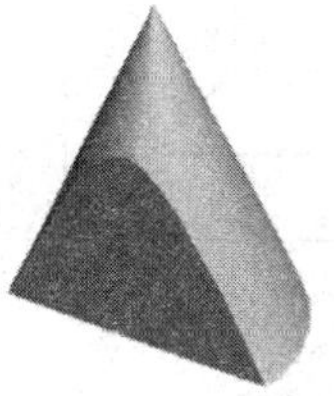

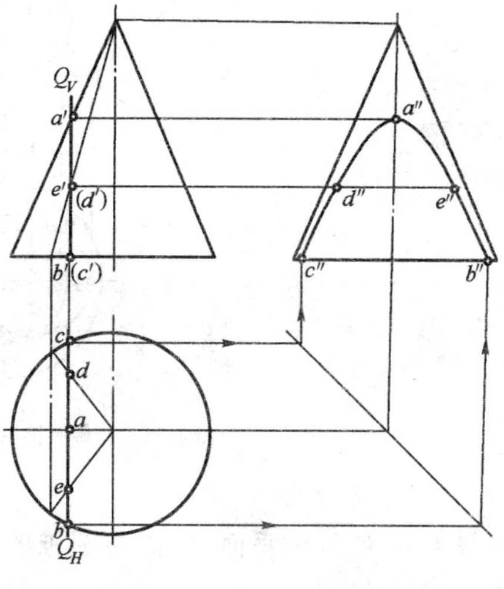

图 4-25　垂截圆锥体及其投影

【解】　(1)投影分析

①因截平面 Q 与圆锥轴线平行，故截交线是一叶双曲线。

②截交线的正面投影和水平投影都是因积聚性重合于 Q 的同面投影。

③截交线的侧面投影反映实形。

(2)投影作图

①在平面 Q_V 与圆锥正面投影左边轮廓线的交点处，得到截交线最高点 A 的投影 a'，进一步得到 a、a''。

②在平面 Q_V 与圆锥底面正面投影的交点处，得到截交线最低点 B 和 C 的投影 b'、(c')，进一步得到 b、c、b''、c''。

③用素线法求出一般点 D、E 的各投影。

④顺次连接 b''-e''-a''-d''-c''。

⑤各面投影均可见,侧面投影反映实形。

3.球上的截交线

球体上的截面不论其角度如何,所得截交线的形状都是圆。截平面距球心的距离决定截交圆的大小,经过球心的截交圆是最大的截交圆。

当截平面与水平投影面平行时,其水平投影是圆,反映实形,其正面投影和侧面投影都积聚为一条水平直线,如图 4-26 所示;当截平面与 V 面(或 W 面)平行时,则截交线在相应投影面上的投影是圆,其他两投影是直线;如果截平面倾斜于投影面,则在该投影面上的投影为椭圆。

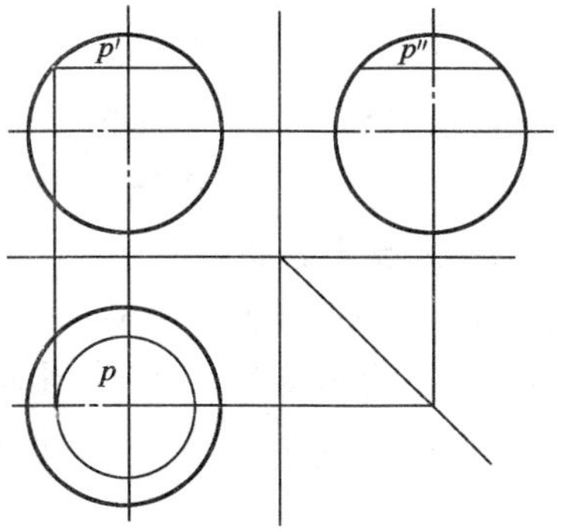

图 4-26　截圆球体及其投影

4.带缺口的曲面立体的投影

【例 4-18】 如图 4-27 所示,给出圆柱切割体的正面投影和水平投影,补画出侧面投影。

【解】 (1)投影分析

①根据截平面的数量、截平面与轴线的相对位置,确定截交线的形状。

切割后的圆柱可以看作被两个平面所截的结果。一是与轴线倾斜的正垂面,其截交线为椭圆的一部分;二是侧平面,其截交线为两条素线。

②根据截平面与投影面的相对位置,确定截交线的投影。

截平面是正垂面,截交线的正面投影积聚为直线,W 面投影为椭圆,H 面投影为圆;截平面是侧平面,截交线的侧面投影为两条素线,正面投影重合为一条直线,H 面投影积聚成两点。

(2)投影作图

①求特殊点　根据截平面和圆柱体的积聚性,截交线的正面投影、水平投影

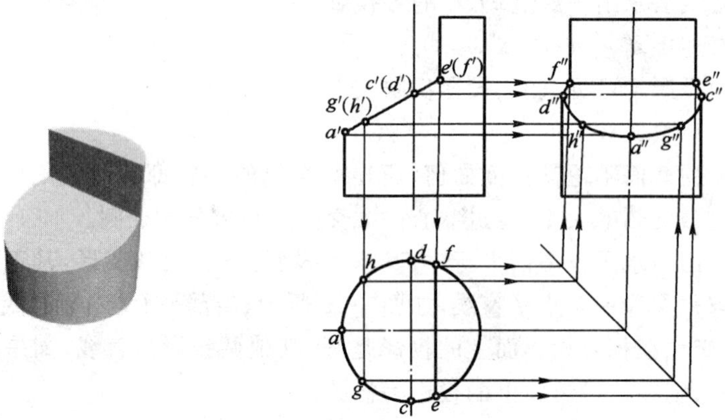

图 4-27　带切口圆柱体及其投影

为已知，只需求出截交线的侧面投影。其中 A 是椭圆短轴的一个端点，C、D 是椭圆长轴的两个端点，它们在各轮廓线上，E、F 是素线和椭圆的连接点，利用水平投影求出侧面投影。

②求一般点　G、H 是一般点，用素线法求出其水平投影，进一步求出侧面投影。判别可见性并连点。所有投影均可见。

【例 4-19】　如图 4-28 所示，求切割后圆锥的投影。

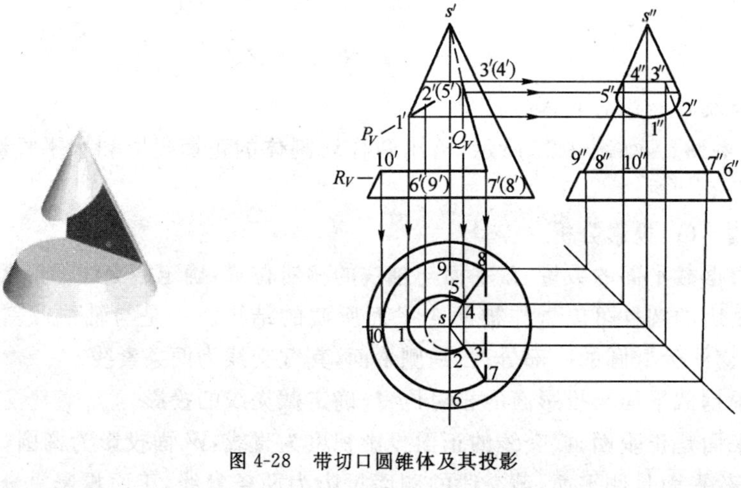

图 4-28　带切口圆锥体及其投影

【解】　(1)投影分析

①根据截平面的数量、截平面与轴线的相对位置，确定截交线的形状。

切割后的圆锥可以看作被 P、R、Q 三个平面所截的结果。P 平面与轴线倾斜，其截交线为椭圆一部分；Q 平面过锥顶，其截交线为两条素线；R 平面垂直轴线，其截交线为圆弧。

②根据截平面与投影面的相对位置，确定截交线的投影。

P_V 面为正垂面，截交线的正面投影为直线，其他两个投影为椭圆；Q_V 面为正垂面，截交线正面投影重合为一条直线，其他两个投影为三角形；R_V 面为水平面，截交线水平投影为实形圆弧，其他两个投影积聚为直线。

(2)投影作图

①求特殊点　根据 $1'$、$10'$求出其水平投影 1、10 及侧面投影 $1''$、$10''$。根据 $2'(5')$、$6'(9')$求出其侧面投影和水平投影。

②求一般点　$3'(4')$、$7'(8')$为交线的正面投影，利用纬圆法求出其水平投影和侧面投影。

③连点并判别可见性　水平投影 3、4 和 7、8 不可见，侧面投影 $3''$、$4''$不可见，另外侧面投影 $3''7''$和 $4''8''$上段被遮挡，以上几部分画成虚线。

【例 4-20】　如图 4-29 所示，已知半球体被切割后的正面投影，画出其水平投影及侧面投影。

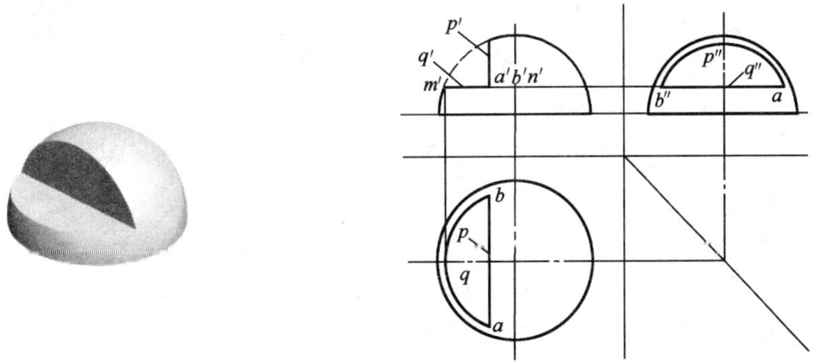

图 4-29　带切口半圆球及其投影

【解】　(1)投影分析

①根据截平面的数量、截平面与轴线的相对位置，确定截交线的形状。

从立体图和正面投影可以看出半球体上切去一部分的缺口是由平面 P、Q 组成的，平面 P 为侧平面，平面 Q 为水平面，截交线都是圆的一部分。

②根据截平面与投影面的相对位置，确定截交线的投影。

断面的投影 p''、q 反映实形，p、q''积聚为直线。

(2)投影作图

①先作切面 P 和 Q 的水平投影。已知 Q 的水平投影为圆的一部分，需要找

出这个圆的半径。从正立投影可以看出 $m'n'$ 即为 Q 面圆弧的半径。在水平投影中，以 $m'n'$ 为半径画圆弧。再将 P' 垂直延长在水平投影上，垂线与圆弧交于 a、b 两点，ab 即为面 P 的水平投影 p，ab 直线与圆弧所围成的弓形即为 Q 的水平投影 q。

②用同样的方法可画出投影 p''、q''。

三 同坡屋面交线

对于建筑物来讲，坡屋面是常见的一种屋面形式，一般有单坡屋面、双坡屋面和四坡屋面等，最常见的是屋檐等高的同坡屋面，即屋檐高度相等、各屋面与水平面倾角相等的屋面。同坡屋面交线的画法，其实质是求两平面交线的问题。

同坡屋面上各种交线的名称如图 4-30 所示。

同坡屋面交线及投影特性：

(1)同坡屋面的屋檐平行时，其屋面必相交成水平的屋脊(或平脊)。屋脊的 H 面投影，必平行于檐口线的 H 面投影，且与两檐口线等距。

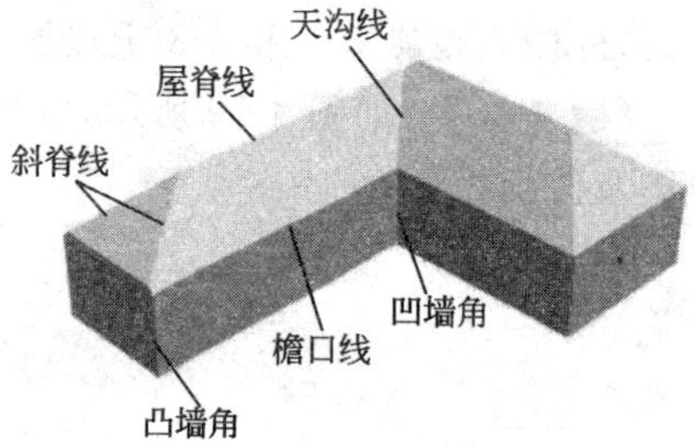

图 4-30 同坡屋面

(2)檐口线相交的相邻两个坡屋面，必相交于倾斜的斜脊或天沟。它们的 H 面投影为两檐口线 H 面投影夹角的平分线。斜脊位于凸墙角上，天沟位于凹墙角上，如图 4-30 所示。

(3)在屋面上如果有两斜脊、两天沟或一斜脊一天沟相交于一点，则必有第三条屋脊通过该点。或一个斜脊与平脊相交，必有第三个斜脊(或天沟)通过该交点。这个点就是三个相邻屋面的共有点，如图 4-31 所示。

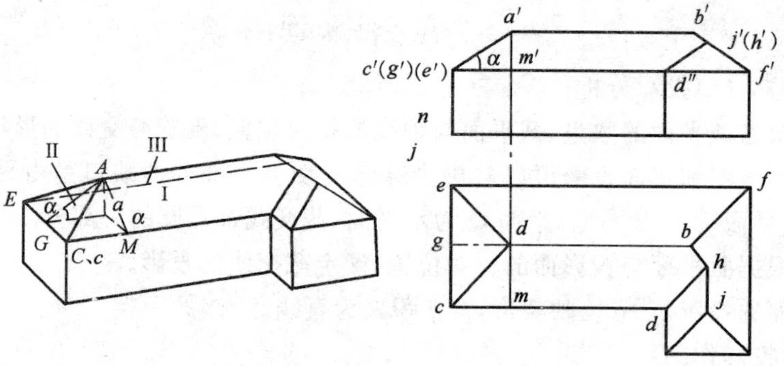

图 4-31 四坡屋面

(4)当建筑物外形不是矩形时，屋面要按一个建筑整体来处理，避免出现水平天沟，以利于屋面排水，如图 4-32 所示。

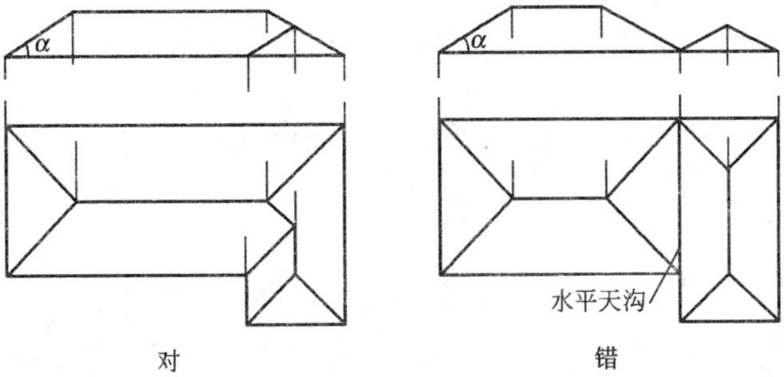

图 4-32 非矩形屋面

【例 4-21】 如图 4-33 所示，已知屋檐的水平投影及同坡屋面的坡度为 30°，画出其三面投影。

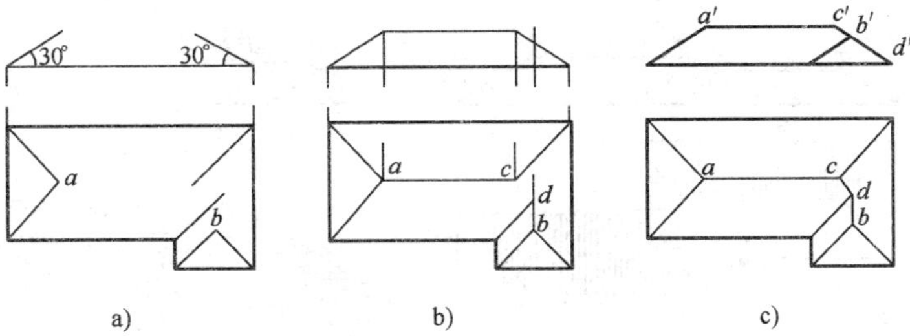

图 4-33 同坡屋面的投影

【解】 作图步骤如下：

(1)先按投影规律画出屋顶的水平投影。由于屋檐的水平夹角都是 90°，故经每一屋角作 45°分角线，交于 a、b 两点，如图 4-33a)所示，过 a、b 两点作屋檐平行线的两平脊，与两斜脊分别交于点 c 和点 d，如图 4-33b)所示，连接点 c、d，如图 4-33c)所示。

(2)画 V 面投影。由檐口开始，画 30°线，如图 4-33a)所示，再由各点水平投影向上作铅垂线，得到交点 a'、c'、b'、d'，如图 4-33b)所示，连接各点得到 V 面投影，如图 4-33c)所示。

(3)由 H 面、V 面投影求 W 面投影(略)。

【例 4-22】 如图 4-34 所示，已知屋面倾角 α 和房屋的平面图形，如图 4-34a)所示，求屋面的交线。

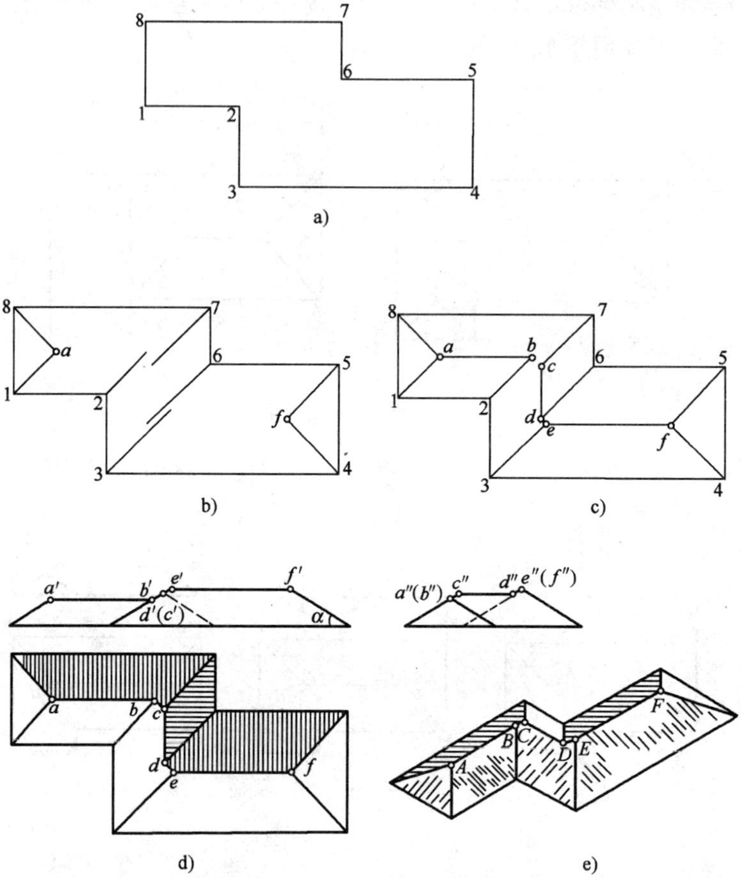

图 4-34　屋面交线的画法

【解】 作图步骤如下：

(1)在屋面平面图上经每一屋角作 45°线。在凸墙角上做的是斜脊，在凹墙角上做的是天沟，其中两对斜脊分别相交于点 a 和点 f，如图 4-34b)所示。

(2)作每一对檐口线(前后和左右)的中线，即屋脊线。过点 a 作屋脊线与墙角 2 的天沟线相交于点 b，过点 f 作屋脊线与墙角 3 的斜脊线相交于点 e；过 b 点作天沟线 $b2$ 的垂线 bc，交斜脊线 $7c$ 于 c 点；过 e 点作斜脊线 $3e$ 的垂线 ed，交天沟线 $d6$ 于 d 点。连接 c、d 即为左右檐口(23 和 67)的屋脊线。

(3)折线 $abcdef$ 即为所求屋脊线的 H 面投影。$a1$、$a8$、$c7$、$e3$、$f4$、$f5$ 为斜脊线，$b2$、$d6$ 为天沟线。

(4)根据屋面倾角和投影规律，作出屋面的 V 面及 W 面投影。

第四节　两立体相贯的投影

一 基本概念

建筑形体多是由两个或两个以上的基本形体相交组成的，两相交的立体称为相贯体，它们的表面交线称为相贯线。相贯线是两形体表面的共有线。相贯线上的点即为两形体表面的共有点，同时也是两形体表面的分界点。

立体相交可分为三种情况：平面立体与平面立体相交，如图 4-35a)所示；平面立体与曲面立体相交，如图 4-35b)所示；曲面立体与曲面立体相交，如图 4-35c)所示。

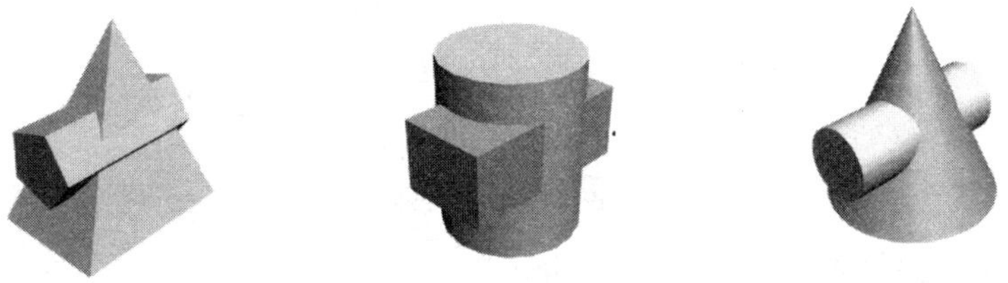

a)　　b)　　c)

图 4-35　立体相交

二 直线与立体相交

直线与立体表面相交，其交点称为贯穿点。贯穿点一般情况是一进一出成对出现的。求贯穿点实际上是求直线与立体表面的交点问题。

求贯穿点的常用方法有两种：

(1)利用积聚性求贯穿点。

(2)利用辅助平面求贯穿点。即当直线与立体表面的投影没有积聚性时，用辅助平面求贯穿点。

作辅助平面求贯穿点的步骤如下：

(1)过直线作适当的辅助平面。

(2)求出辅助平面与平面立体的截交线。

(3)求出截交线与已知直线的交点，即为所求的贯穿点。

辅助平面的选择原则：应使所作的辅助平面与立体的交线简单易画(直线或圆)，为了简化作图，通常选择投影面的垂直面作为辅助面。

1. 直线与平面立体相交

(1)利用积聚性法求贯穿点

【例 4-23】 如图 4-36 所示，已知铅垂线 EF 的水平投影，求其与三棱锥 $S\text{-}ABC$ 的贯穿点。

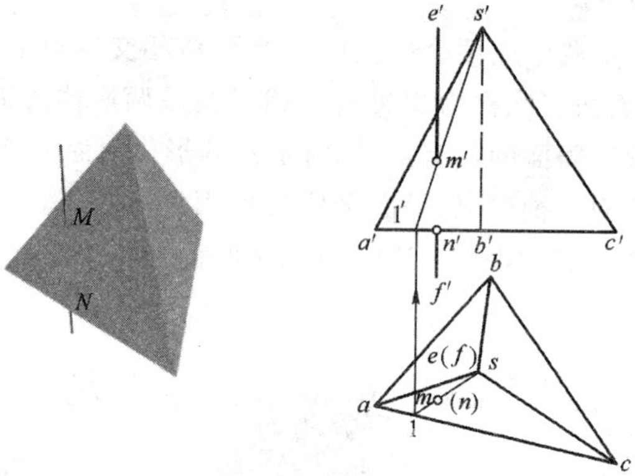

图 4-36　铅垂线贯穿三棱锥及其投影

【解】 (1)投影分析

图中直线 EF 为铅垂线，其水平投影积聚为一点 $e(f)$，贯穿点 M、N 的水平投影 m、n 在 $e(f)$ 上，而 e、f 又分别在棱面△SAC 与底面上。

用表面取点的方法，求出 N、M 的正面投影。

(2)投影作图

①求贯穿点的正面投影 m'、n'连接点 s、m 交 ac 于点 1。在 $a'c'$上求出 $1'$，再连接 $s'1'$与 $e'f'$交于点 m'。直线与底面交于点 n'。

②判别可见性。因棱面△SAC 的正面投影可见，故 m'可见。所以 $m'f'$可见，画成实线。两贯穿点不连线。

【例 4-24】 如图 4-37 所示，求一般位置直线 EF 与三棱柱 ABC 的贯穿点 M、N 的投影。

【解】 (1)投影分析

三棱柱的三个面为铅垂面，其水平投影有积聚性，因此直线 EF 与三棱柱的贯穿点 M、N 的水平投影可直接求出，只需求出正面投影。

(2)投影作图

①求正面投影 m'、n'　根据点线的从属关系，m、n 点向上作垂线与 e'、f'的交点即为 m'、n'。

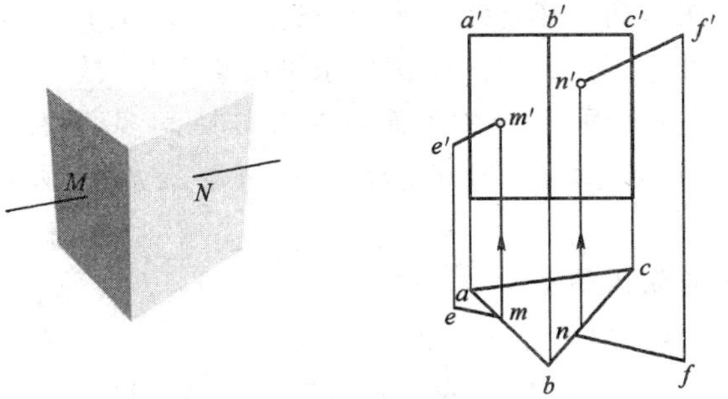

图 4-37　一般位置线贯穿三棱柱及其投影

②判别可见性　棱面 AB、BC 的正面投影可见，故 $e'm'$、$n'f'$ 都为可见，画成实线。

(2)利用辅助平面法求贯穿点

【例 4-25】 如图 4-38 所示，求直线 KL 与三棱锥 S-ABC 的贯穿点 M、N。

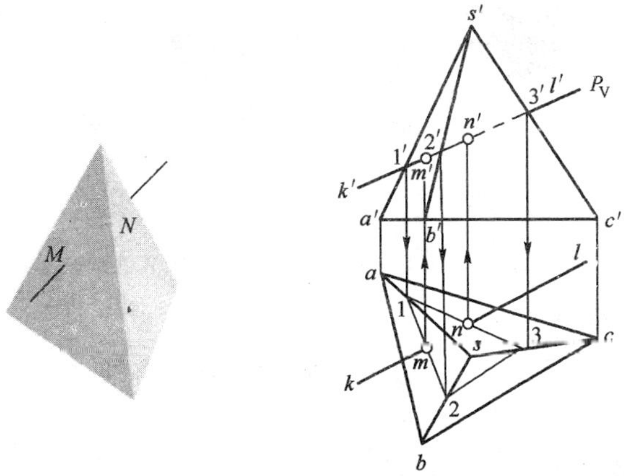

图 4-38　一般位置直线贯穿三棱锥及其投影

【解】 (1)投影分析

图中直线 KL 为一般位置直线，三棱锥的三个棱面都是一般位置的平面，它们的投影都没有积聚性。故采用包含直线 KL 的平面作为辅助平面求贯穿点。

(2)投影作图

①作辅助平面　包含直线 $k'l'$ 作正垂面 P_v，求出 P_v 与 $s'a'$、$s'b'$、$s'c'$ 的交点 1′、2′、3′，此三点即为 P_v 与三棱锥的截交线三角形顶点的正面投影。

②求 M、N 的水平投影　求出截交线的水平投影△123，△123 与直线的水平投影 kl 的交点 m、n 即为贯穿点 M、N 的水平投影。

③根据投影关系向上作垂线与 $k'l'$ 的交点 m'、n' 即为 M、N 的正面投影。

④判别可见性　三棱锥的三个棱面水平投影可见，故 m、n 都可见，km、nl、都可见，画成实线。棱面 SAB 的正面投影 $\triangle s'a'b'$ 可见，故 m' 可见，$k'm'$ 可见，棱面 SAC 的正面投影 $\triangle s'a'c'$ 不可见，故 n' 不可见，$n'l'$ 被遮挡的一段不可见，画成虚线。

2. 直线与曲面立体相交

(1)利用积聚性法求贯穿点

【例 4-26】　如图 4-39 所示，求一般位置直线 AB 与圆柱的贯穿点。

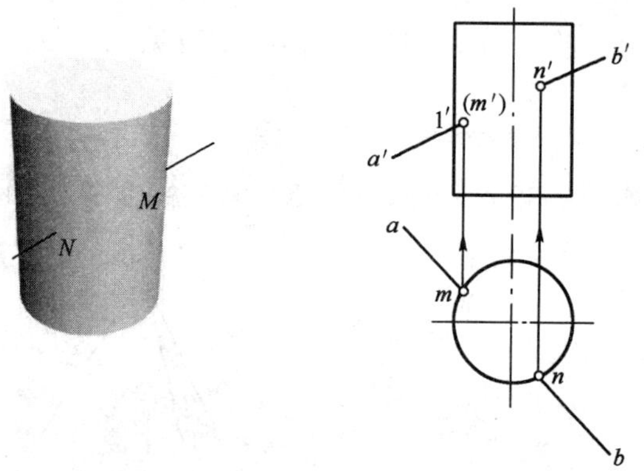

图 4-39　一般位置直线贯穿圆柱体及其投影

【解】　(1)投影分析

圆柱的轴线垂直于水平面，水平投影积聚为圆，直线 AB 与圆柱面的贯穿点的水平投影也积聚在这一圆周上。

(2)投影作图

①求水平投影 m、n 直线 AB 的水平投影 ab 与圆柱的水平投影图的交点 m、n 即为 M、N 的水平投影。

②根据点、线的从属关系，求出 m'、n'。

③判别可见性。M 点在后半圆柱面上，故 m' 不可见，$a'm'$ 被遮挡的一段不可见，画成虚线；N 点在前半圆柱面上，其 n' 可见，故 $n'b'$ 可见，画成实线。

(2)利用辅助平面法求贯穿点

【例 4-27】　如图 4-40 所示，求正垂线 CD 与圆锥面的贯穿点。

【解】　(1)投影分析

由于直线 CD 的正面投影有积聚性，所以 $c'(d')$ 也是直线与圆锥面的贯穿

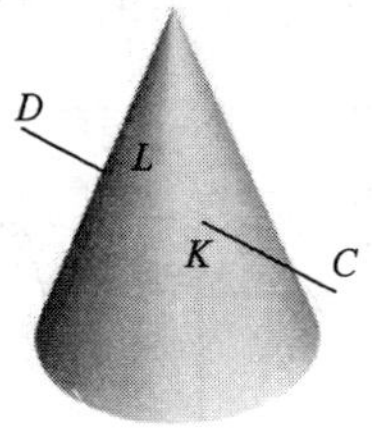

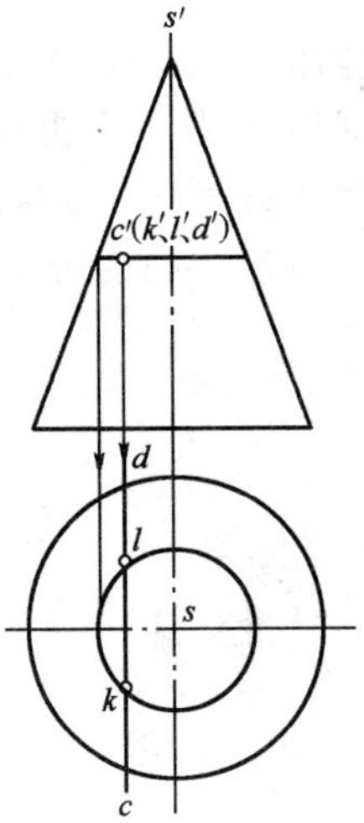

图 4-40　正垂线贯穿圆锥体及其投影

点 K 和 L 的正面投影 $k'(l')$。因此，可应用纬圆法即辅助平面法求贯穿点 K 和 L 的水平投影 k 和 l。

(2)投影作图

①求正面投影 k'、l'　直线 CD 的正面投影 $c'(d')$ 的积聚点也是直线与圆锥面的贯穿点 K、L 的正面投影。

②求水平投影 k、l　用纬圆法求贯穿点 K 和 L 的水平投影 k 和 l。

③判别可见性　圆锥正放，两点的水平投影均可见。

三　两平面立体相贯

两平面立体的相贯线，一般情况为空间折线，特殊情况为平面折线，当两立体表面共面且连在一起时，相贯线不闭合。每段折线是两立体棱面的交线，每个折点是一立体棱线与另一立体侧面的贯穿点。

立体的相贯形式有两种，一是全贯，即一个立体完全穿过另一个立体，相贯线有两组；二是互贯，两个立体各有一部分参与相贯，相贯线为一组。

求两平面体相贯线的方法有两种：

(1)交点法——先作出各个平面体的有关棱线与另一立体的交点，再将所有交点顺次连成折线，即组成相贯线。连点的规则是：只有当两个交点对每个立体来说，都位于同一个棱面上时才能相连，否则不能相连。

(2)交线法——直接作出两平面立体上两个相应棱面的交线，然后组成相贯线。

可见，求两平面立体的相贯线，实质上归结为求直线与平面的交点和两平面的交线。具体作图时，以方便为原则，以上两种方法可灵活运用。

求出相贯线后，判别其可见性的原则是：只有位于两立体都可见的棱面上的交线才是可见的。只要有一个棱面不可见，面上的交线就不可见，应画成虚线。

【例 4-28】 如图 4-41 所示，求作直立的三棱柱和水平的三棱柱的相贯线。

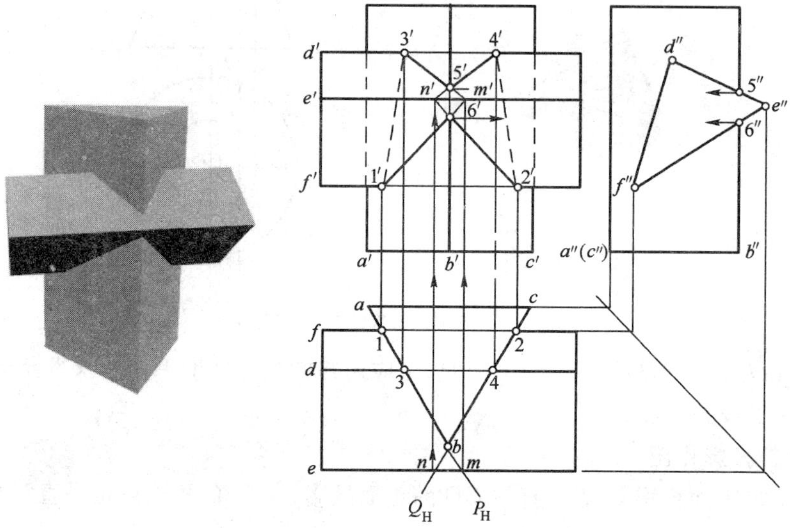

图 4-41 两三棱柱相贯及其相贯线

【解】 (1)投影分析

①根据相贯体的水平投影可知，直立棱柱部分地贯入水平棱柱，是互贯。互贯的相贯线为一组空间折线。

②直立棱柱垂直于 H 面，相贯线的水平投影必然积聚在该棱柱水平投影的轮廓线上。水平棱柱垂直于 W 面，相贯线的侧面投影必然积聚在该棱柱侧面投影的轮廓线上。

③利用投影的积聚性，可以求出两棱柱相贯线的水平投影。

(2)投影作图

①用字母标记两棱柱各棱线的投影。

②用数字标记两棱柱棱线交点的投影直立棱柱的 ab、bc 面分别与水平棱柱的棱线 f、d 交点的水平投影可直接得到，即 1、2、3、4。水平棱柱的 ed 和 ef 面和直立棱柱的棱线 b 的侧面投影也可直接得到，即 5″、6″。

③利用点的从属性，可以分别作出棱线和棱面各交点的正面投影 l'、$2'$、$3'$、

4′、5′、6′。

④连接折线 l'-3′-5′-4′-2′-6′-l'即为所求。

⑤判别可见性　相贯线的水平投影积聚在直立棱柱的水平投影上，正面投影 1′3′和 2′4′因位于水平三棱柱不可见的棱面上，所以画成虚线。

【例 4-29】 如图 4-42 所示，求作长方体和三棱锥的相贯线。

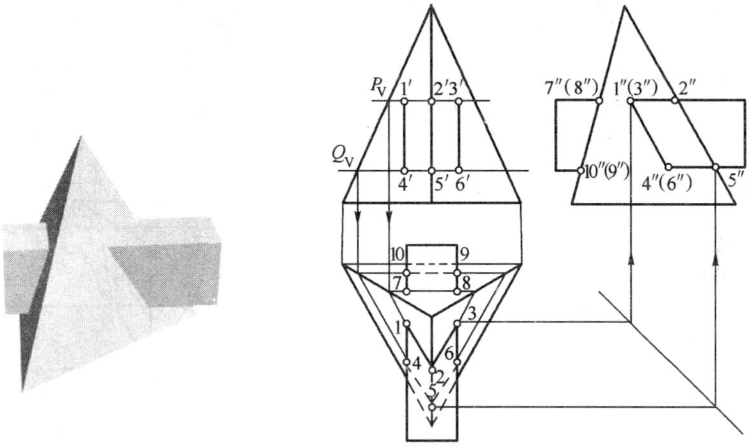

图 4-42　长方体与三棱锥相贯及其相贯线

【解】 (1)投影分析

①根据相贯体的正面投影可知，长方体整个贯入三棱锥，是全贯，应有两组相贯线。

②因为长方体的正面投影有积聚性，所以相贯线的正面投影是已知的，积聚在这个长方体正面投影的轮廓线上。剩下的问题仅仅是根据相贯线的正面投影补画出相贯线的水平投影和侧面投影。

(2)投影作图

①在正面上标出各贯穿点的投影，即棱线上的 2′、5′，棱面上的 1′、3′、4′、6′、7′、8′、9′、10′。

②过长方体的上下底面作水平辅助面 P_v、Q_v，与三棱锥相交，其水平投影为两个三角形，利用从属性，可以分别求出各点的水平投影 1、2、3、4、5、6、7、8、9、10。

③利用投影关系，可以求出各点的侧面投影 1″、2″、3″、4″、5″、6″、7″、8″、9″、10″。

④水平投影连接 4-1-2-3-6-5-4 各点和 7、8、9、10 各点，侧面投影连接 4″(6″)—1″(3″)—2″—5″—4″(6″)，7″(8″)—10″(9″)。即为相贯线的水平和侧面投影。

⑤判别可见性　水平投影中线段 45、56、910 不可见，画成虚线。

【例 4-30】 如图 4-43 所示，求作三棱锥和三棱柱的相贯线。

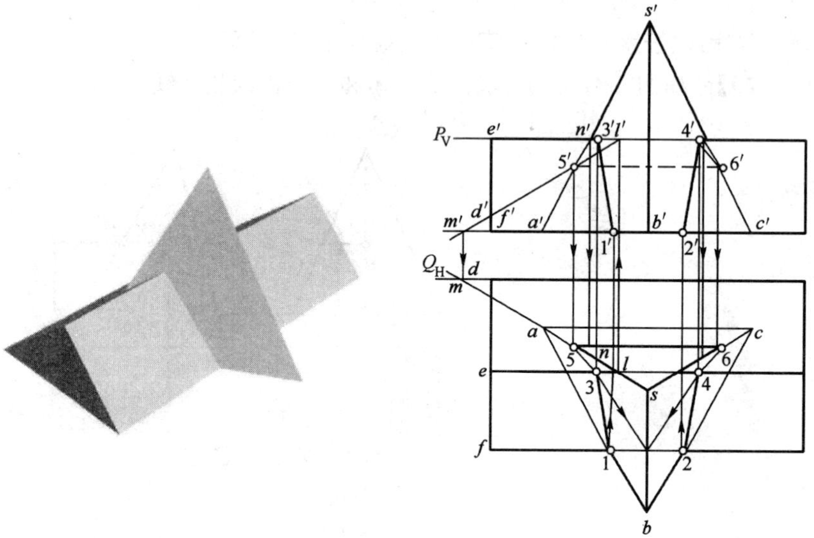

图 4-43　三棱柱与三棱锥相贯及其相贯线

【解】 (1)投影分析

①对棱柱体，因两立体共底，棱柱的棱线 E 和 F 的两面投影，与三棱锥的两面投影互相重叠，故此两棱线可能参与相交，D 棱线则不能。

②对棱锥，由水平投影可知，底边 AB 和 BC 与棱柱相交。因 a、c 位于三棱柱的水平投影的范围以内，故 SA 和 SC 必与棱柱相交，至于棱线 SB，因为它两个端点 S 和 B 都在三棱柱的棱面 EF 的前面，所以不能参与相交。

(2)投影作图

①求折点　因棱线 F 在三棱锥底面△ABC 上，可直接求出折点的投影 1、2 和 1′、2′；用过棱线 E 的水平辅助面 P_v 求出折点的投影 3、4 和 3′、4′；用过棱线 SA 的铅垂辅助面 Q_H 求出 5、5′；有了 5、5′，再用 SA 和 SC 的对称性，求出 6、6′。

②连折点　这是较难的一步，需要运用前述的连点原则，在一个投影上两点两点地分析。从图面分析可以看出，水平投影更直接，试看水平投影 1 究竟应该和哪一点相连？首先它和 2 点是不能连的，因为 1、2 虽同在一条棱线 F 上，但不在同一个棱面上。那么它和 3 点是否可连？这要判断一下，1、3 是否都位于两个立体的同一棱面上。对棱柱，它们在棱面 fe 上；对棱锥，它们在棱面 sab 上，因此符合上述原则，可以连接。用同样的方法分析其他的点，最后得连接顺

序为 1—3—5—6—4—2(不封闭的)。确定了各折点的水平投影的连接顺序后，正面投影的连接顺序也就可以确定了。

③判别可见性　对于正面投影，因为 3′5′、5′6′、6′4′位于三棱柱不可见的棱面上，所以要画成虚线。其他连线均位于可见棱面上，画成实线。

四 平面立体与曲面立体相贯

平面立体与曲面立体相交时，如图 4-44 所示的柱头，相贯线是由若干段平面曲线或平面曲线和直线所组成的。各段平面曲线或直线，就是平面立体上各棱面截割曲面立体所得的截交线。每一段平面曲线或直线的折点，就是平面立体的棱线与曲面立体表面的交点。作图时，先求出这些转折点，再根据曲面体被平面切割求截交线的方法，求出每段曲线或直线。

图 4-44　柱头

【例 4-31】　如图 4-45 所示，求四棱锥与圆柱的相贯线。

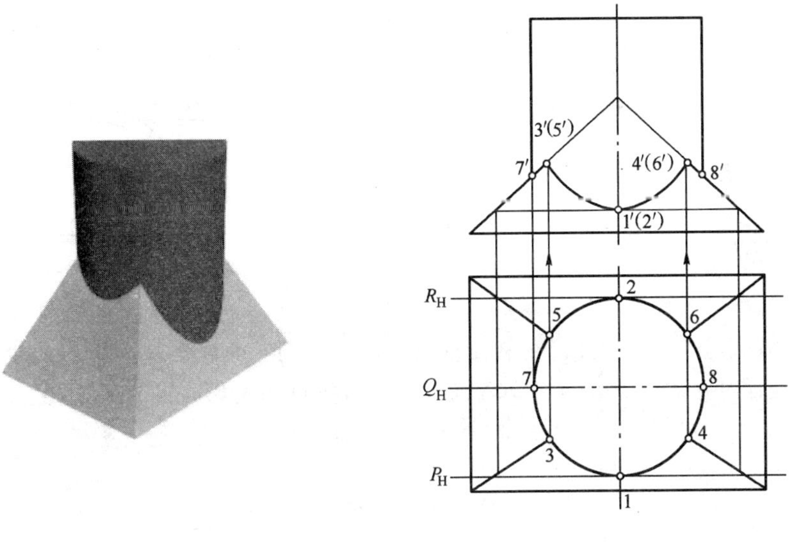

图 4-45　四棱锥与圆柱体相贯及其相贯线

【解】　(1)投影分析

①根据四棱锥各棱面与曲面立体轴线的相对位置，确定相贯线的空间形状。

四棱锥的四个棱面与圆柱轴线倾斜，其截交线各为椭圆的一部分，即截交线为四段椭圆弧线的组合，四条棱线与圆柱面的四个交点是连接点。

②根据四棱锥、圆柱与投影面的相对位置确定相贯线的投影。

由于圆柱面的水平投影有积聚性，所以相贯线的水平投影是已知的，只需求正面投影。

(2)投影作图

①求连接点　3、4、5、6 为四棱锥棱线上的点，根据投影关系，可求出正面投影 3′、4′、5′、6′。

②求特殊点　7、8 两点是圆柱正面转向轮廓线与四棱锥棱面的交点，根据积聚性，其正面投影可在 V 面上直接找出 7′、8′。1、2 两点是圆柱侧面转向轮廓线与四棱锥棱面的交点，过 1、2 两点作水平辅助平面，再利用从属性和投影关系，求出 1′(2′)。

③求一般点　同样可以作辅助水平面，求出 3(5)和 4(6)两点之间一般点的正面投影(略)。

④判别可见性并连线　不可见线被可见线遮挡，因此所有线段均为实线。

【例 4-32】　如图 4-46 所示，四棱柱与圆锥相贯，求作相贯线。

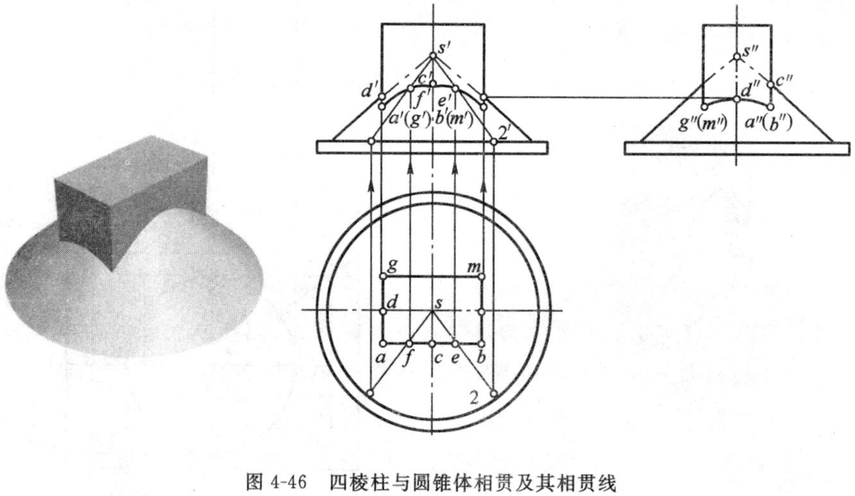

图 4-46　四棱柱与圆锥体相贯及其相贯线

【解】　(1)投影分析

①根据四棱柱各棱面与曲面立体轴线的相对位置，确定相贯线的空间形状。

由于四棱柱的四个侧面平行于圆锥的轴线，所以相贯线是由四条双曲线组成的空间闭合折线。四条双曲线的连接点，就是四棱柱的四个棱线与圆锥的交点。

②根据四棱柱、圆锥与投影面的相对位置确定相贯线的投影。

由于四棱柱的水平投影有积聚性，所以相贯线的水平投影已知，只需求正面、侧面投影。

(2)投影作图

①求特殊点　先求相贯线的折点，即四条双曲线的连接点 A、B、G、M。可根据已知的四个点的 H 面投影，用素线法求出其他投影。例如，求 A 点的正面投影，在 H 面投影图上过 a 点作素线 sl，根据投影关系，在正面投影作素线 $s'l'$，利用从属关系，求出 a' 点。前面的和左面双曲线最高点 C、D，是圆锥侧面和正面转向轮廓线与四棱柱面的交点，利用投影关系，可以直接求出，如图 4-46 所示。

②求一般点　同样用素线法求出两对称的一般点 E、F 的正面投影 e'、f' 及侧面投影 e''、f''。

③连点　正面投影连接顺序 $a'-f'-c'-e'-b'$，侧面投影连接顺序 $a''-d''-g''$，如图 4-46 所示。

④判断可见性　所有线段均可见，画为实线。

五　两曲面体相贯

两曲面体表面的相贯线，一般是封闭的空间曲线，特殊情况下可能为平面曲线或直线。组成相贯线的所有相贯点，均为两曲面体表面的共有点。因此求相贯线时，要先求出一系列的共有点，然后依次连接各点，即得相贯线。

求相贯线的方法通常有以下两种：

1. 积聚投影法

相交两曲面体，如果有一个表面投影具有积聚性，就可利用该曲面体投影的积聚性作出两曲面的一系列共有点，然后依次连成相贯线。

2. 辅助平面法

根据三面共点原理，作辅助平面与两曲面相交，求出两辅助截交线的交点，即为相贯点。

选择辅助平面的原则是：辅助截平面与两个曲面的截交线(辅助截交线)的投影都应是最简单易画的直线或圆。因此在实际应用中往往多采用投影面的平行面作为辅助截平面。在解题过程中，为了使相贯线的作图清楚、准确，在求共有点时，应先求特殊点，再求一般点。相贯线上的特殊点包括：可见性分界点，曲面投影轮廓线上的点，极限位置点(最高、最低、最左、最右、最前、最后)等。根据这些点不仅可以掌握相贯线投影的大致范围，而且还可以比较恰当的设立求一般点的辅助截平面的位置。

【例 4-33】 如图 4-47 所示，求作两轴线正交的圆柱体的相贯线。

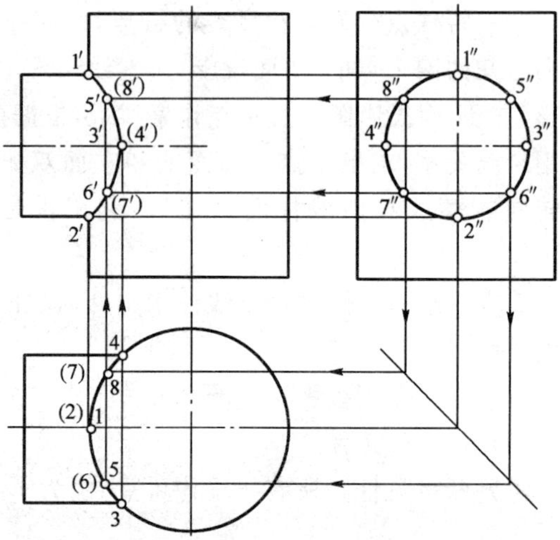

图 4-47 两正交圆柱体相贯及其相贯线

【解】 (1)投影分析

①根据两立体轴线的相对位置，确定相贯线的空间形状。

由图可知，两个直径不同的圆柱垂直相交，大圆柱为铅垂位置，小圆柱为水平位置，由左至右完全贯入大圆柱，所得相贯线为一组封闭的空间曲线。

②根据两立体与投影面的相对位置确定相贯线的投影。

相贯线的水平投影积聚在大圆柱的水平投影上(即小圆柱水平投影轮廓之间的一段大圆弧)，相贯线的侧面投影积聚在小圆柱的侧面投影上(整个圆)。因此，余下的问题只是根据相贯线的已知两投影求出它的正面投影。

(2)投影作图

①求特殊点 正面投影中两圆柱投影轮廓相交处的 1′、2′两点分别是相贯线上的最高、最低点(同时也是最左点)，它们的水平投影落在大圆柱的最左边素线的水平投影上，1、2 重影。

III、IV 两点分别位于小圆柱的两条水平投影轮廓线上，它们是相贯线上的最前点和最后点，也是相贯线上最右位置的点。可先在小圆柱和大圆柱水平投影轮廓的交点处定出 3 和 4,然后再在正面投影中找到 3′和 4′(前、后重影)。

②求一般点　在小圆柱侧面投影(圆)上的几个特殊点之间,选择适当的位置取几个一般点的投影,如:5″、6″、7″、8″等,再按投影关系找出各点的水平投影 5、6、7、8,最后作出它们的正面投影 5′、6′、7′、8′。

③连点并判别可见性　连接各点成相贯线时,应沿着相贯线所在的某一曲线上相邻排列的素线(或纬圆)顺序光滑连接。依次连接 1′—5′—3′—6′— 2′和(7)′—(4′)—(8′)—1′各点。由于两圆柱前、后完全对称,故相贯线前、后相同的两部分在正面投影中重影(可见者为前半段)。

【例 4-34】 如图 4-48 所示,求圆柱与圆锥的相贯线。

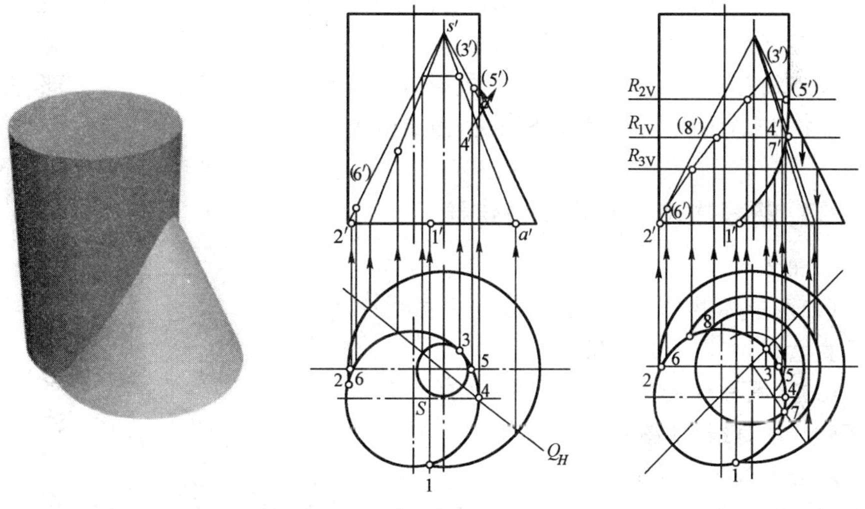

图 4-48　圆柱体与圆锥体相贯及其相贯线

【解】 (1)投影分析

①根据两立体轴线的相对位置,确定相贯线的空间形状　圆柱与圆锥相交,它们的轴线皆为铅垂线,因此相贯线为一曲线。

②根据两立体与投影面的相对位置确定相贯线的投影　圆柱体的水平投影积聚为圆,相贯线的水平投影与其重合,只需求出相贯曲线的正面投影。

③辅助平面的选择　若以水平面为辅助平面,所得到的辅助交线为两个水平圆,圆柱的辅助交线圆始终不变,而圆锥的辅助交线圆随位置高低不同而大小不同;若以过锥顶的铅垂面为辅助平面,所得辅助交线为素线。

(2)作图

①求特殊点

a.求最低点　直接在水平投影中找出两底圆的交点1、2,并作出它们的正面投影。

b.求最高点　在水平投影中,以锥底圆心为圆心作小圆并与圆柱的水平投影圆相切,切点3就是相贯线的最高点的水平投影,进一步求出3′。

c.求最右点　圆柱面的最右素线与圆锥面的交点是相贯线的最右点4,过锥顶包含圆柱最右素线作铅垂面Q,交圆锥底圆于a,并依据投影关系求出4′。

d.求圆锥正面轮廓线上的点5′.6′　因水平投影已知,只需作出正面投影,可直接利用投影规律求出。

②求一般点　作水平辅助面R_1,与两立体的截交线的水平投影相交于点7、8,进一步求出其正面投影,应用此法,求出其他的一般位置点。

③连线并判别可见性　依水平投影顺序连接各点的正面投影。相贯线1′—7′—4′可见,画成实线,其余不可见,画成虚线。

六 曲面体表面交线的特殊情况

1.相贯线为直线

(1)两锥体共顶时,其相贯线为过锥顶的两条直素线,如图4-49a)所示。

(2)两圆柱体的轴线平行,其相贯线为平行于轴线的直线,如图4-49b)所示。

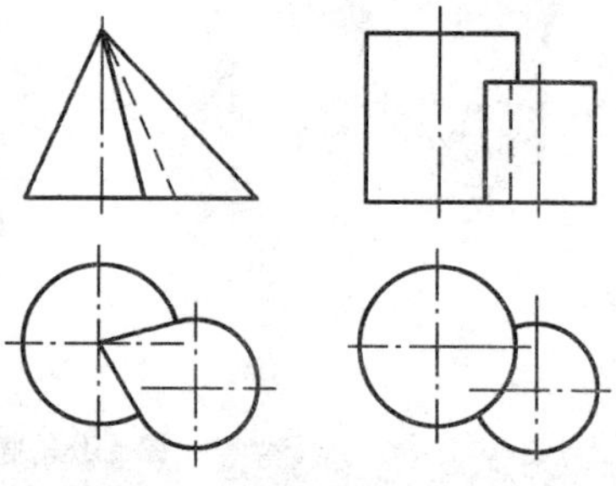

a)　　b)

图4-49　相贯线为直线

2.相贯线为平面曲线

(1)两同轴回转体,其相贯线为垂直于轴线的圆。图4-50a)为圆柱、圆台和圆球相贯,其相贯线为圆,正面投影积聚为直线;圆柱与球体的相贯线,其水平投影积聚在圆柱的水平投影上。圆台与球体的相贯线,其水平投影为虚线圆。

(2)具有公共内切球的两回转体相交时,其相贯线为平面曲线。

两圆柱直径相等且轴线相交(即两圆柱面内切于同一球面)时,如果轴线是正交的,它们的相贯线是两个大小相等的椭圆,如图4-50b)所示;如果轴线是斜交的,它们的相贯线为两个长轴不等但短轴相等的椭圆,如图4-50c)所示。由于两圆柱的轴线均平行于V面,故两椭圆的V面投影积聚为相交的两直线。

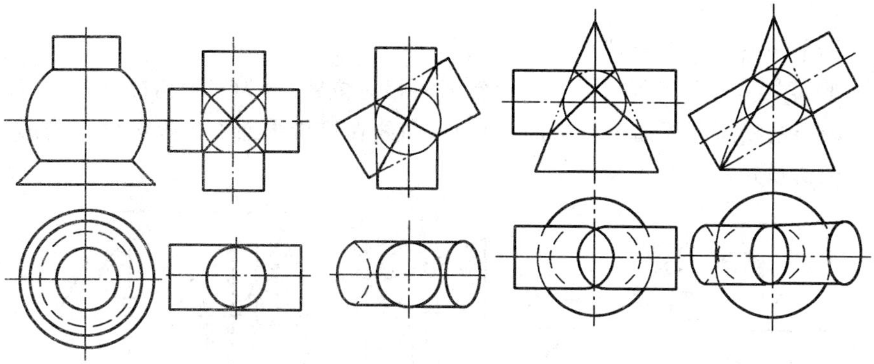

a)　　b)　　c)　　d)　　e)

图 4-50　相贯线为平面曲线

圆柱与圆锥内切于同一球面且轴线相交时，如果轴线是正交的，它们的相贯线是两个大小相等的椭圆，如图 4-50d)所示；如果轴线是斜交的，它们的相贯线是两个大小不等的椭圆，如图 4-50e)所示。由于圆柱和圆锥的轴线均平行于 V 面，故两椭圆的 V 面投影积聚为相交的两直线，其 H 面投影一般仍为两椭圆。

这种有公共内切球的两圆柱、圆锥等的相贯，还常应用于管道的连接。

第五节　工程常用曲面

一　曲线及其投影

在建筑形体的内外表面，常会遇到各种曲线与曲面，如建筑工程中常见的圆柱、壳体屋盖、隧道的拱顶以及常见的设备管道等等。了解曲线的形成和图示方法，对进一步研究曲面和曲面立体的投影特点及实际应用有很大的帮助。

1. 曲线的形成及投影特性

(1)曲线的形成和分类

曲线可以看成是一点连续运动的轨迹，也可以认为是满足一定条件点的集合。由于曲线是点的集合，所以只要求得曲线上一系列点的投影，将这些投影点依次光滑地连接起来，就可以得到曲线的投影。

曲线分为平面曲线和空间曲线。曲线上所有点都在同一平面上的曲线称为平面曲线，如圆、椭圆、抛物线、双曲线等。曲线上任何连续四个点不在同一平面内的曲线，称为空间曲线，如圆柱螺旋线。

(2)平面曲线

①平面曲线的投影特点

平面曲线依据其所在平面与投影面的相对位置,分为三种情况。

a.当曲线所在平面与投影面平行时,曲线在该投影面上的投影反映实形,如图4-51a)所示。

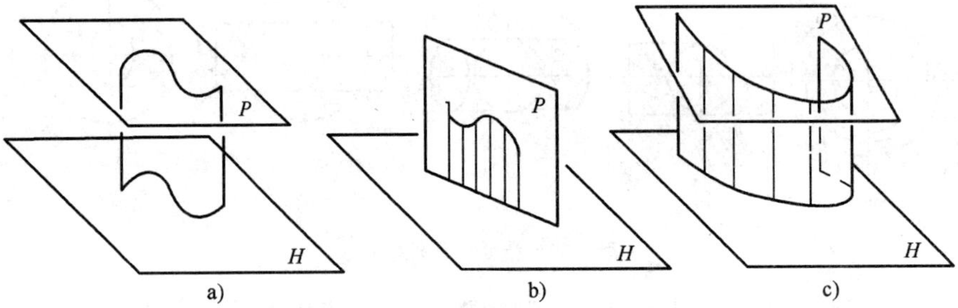

图4-51 平面曲线的投影

a)平面曲线平行于 H 面;b)平面曲线垂直于 H 面;c)平面曲线倾斜于 H 面

b.当曲线所在平面与投影面垂直时,曲线在该投影面上的投影成一直线段,如图4-51b)所示。

c.当曲线所在平面与投影面倾斜时,曲线在该投影面的投影仍是曲线,但不反映曲线的实形,如图4-51c)所示。

②圆的投影

圆是最常见的平面曲线,其投影有下述三种情况。

a.圆所在的平面为投影面平行面时,圆的三面投影中,有一个投影反映圆的实形,另两个投影均为直线段。

如图4-52所示,是圆所在平面为水平面时的三面投影,圆的 H 投影是与空间圆一样大小的圆,V、W 投影都是水平的投影线段,长度均等于圆直径。在圆的实形投影中,通常画有互相垂直的点划线,作为圆的对称中心线。A、B 是圆的侧垂直径的两个端点,也是圆周上的最左点和最右点,C、D 是圆的正垂直径的两个端点,也是圆周上的最前点和最后点。

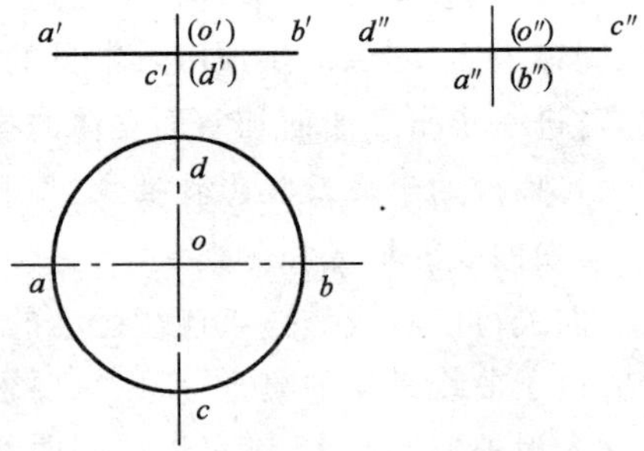

图4-52 平行 H 面的圆的投影

b.当圆所在平面为投影面垂直面时,圆的三面投影中,一个投影为倾斜的直线段,另两个投影均为椭圆。

如图 4-53 所示，是圆所在平面为侧垂面时的三面投影，倾斜侧投影长等于圆直径，也是圆的侧平直径 CD 的实长。侧平直径倾斜于 V、H 面，为投影椭圆的短轴；侧垂直径 AB 平行于 V、H 面，为投影椭圆的长轴(反映 AB 的实长)。

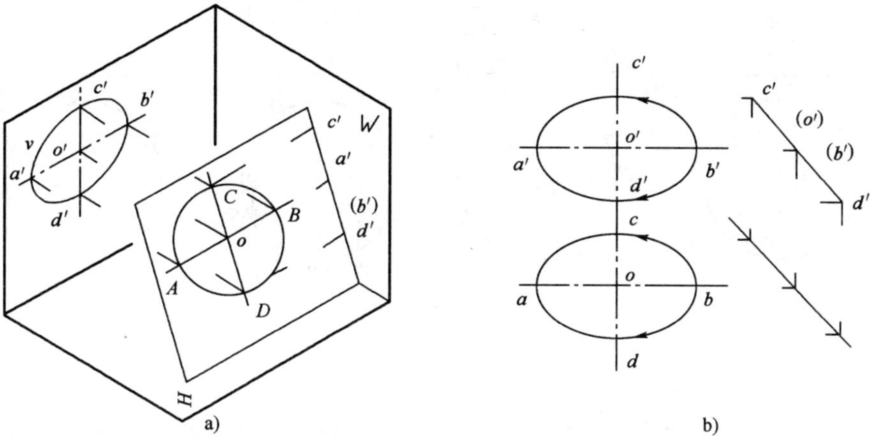

图 4-53　圆周的投影椭圆

a)空间状况；b)投影图

知道长短轴后，圆所在平面垂直于投影面时的投影椭圆，可以用几何作图的方法画出椭圆，也可以用辅助投影法作椭圆，在此仅介绍辅助投影法。

c. 当圆所在平面为一般位置时，圆的三面投影均为椭圆，且长(短)轴均为倾斜的方向。这种位置圆的投影，工程实践中较少应用。

2. 圆柱螺旋线

(1)形成

圆柱螺旋线是在工程实践中应用较多的一种空间曲线，如螺旋楼梯上的螺旋线就是它的一种应用。

动点 A 绕轴线作等速旋转运动，同时又沿平行于轴线方向作等速直线运动，动点的运动轨迹就是一根圆柱螺旋线，如图 4-54 所示。动点 A 旋转一周后到了位置 A_1，点沿直线移动的距离 AA_1 称为螺旋线的螺距，记为 S。动点的旋转半径也称为螺旋线的半径。

(2)投影特点

已知螺旋线的半径、螺距、旋转方向，就可以根据螺旋线的形成特点作出螺旋线的投影，作图步骤如图 4-55 所示。

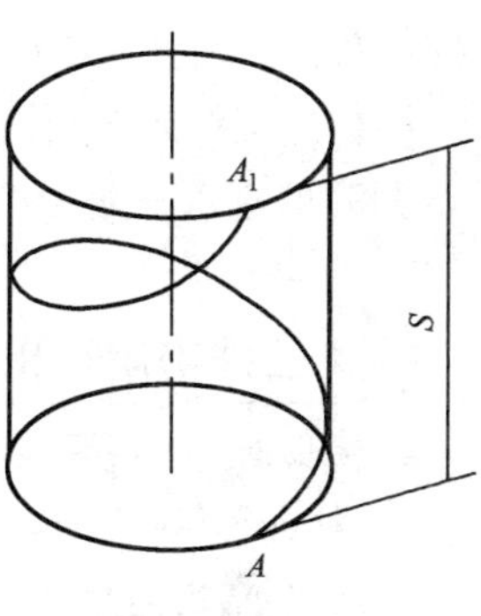

图 4-54　圆柱螺旋线的形成

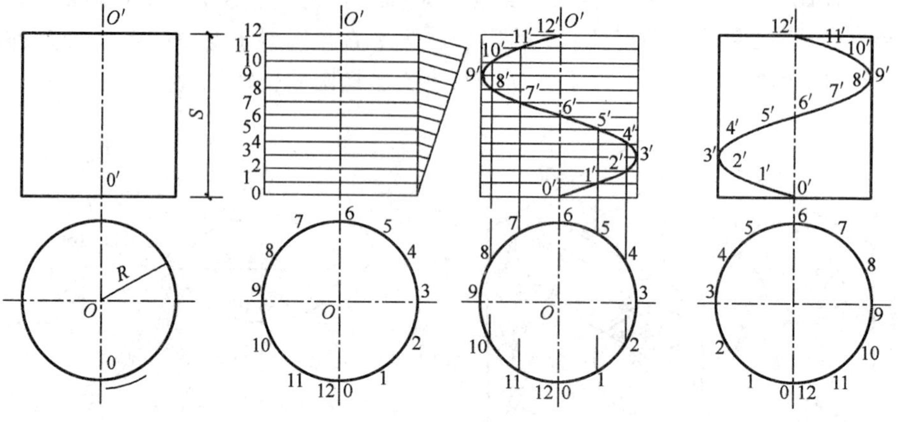

图 4-55 圆柱螺旋线的画法

①设螺旋线的轴垂直于 H 面，螺旋线的半径 R，螺距 S，旋转方向如图 4-55a)所示，动点起始位置为 $O(o,o')$，动点旋转一周，螺旋线的 H 面投影是半径为 R 的圆。据此画出 H 面投影，如图 4-55a)所示。

②因动点作匀速圆周运动，所以将 H 面上的投影圆分为若干等份(如 12 等份)。又因为点还作匀速上升运动，所以在 V 面上将螺距 S 也分为相同的等份，如图 4-55b)所示。

③从 H 投影各分点引连线到 V 投影，与螺距相应等分点所引的水平线相交，得各动点的 V 投影 $0'$、$1'$、$2'$…$11'$、$12'$。将这些点用光滑的曲线连接起来，即得螺旋线的 V 投影，它是一条正弦曲线，如图 4-55c)所示。

上例螺旋线符合右手法则，称为右螺旋线，如果螺旋线符合左手法则，则称为左螺旋线，如图 4-55d)所示。

圆柱螺旋线展开后成为一条直线，它是以 H 投影圆周的长 $2\pi R$ 为底边，螺距 S 为高的直角三角形的斜边，如图 4-56 所示。

二 工程中常用的曲面

1. 柱状面

(1)柱面

直母线 N 沿曲导线 L 移动，并始终保持平行于一直导线 M，所形成的曲面称为柱面。如图 4-57 所示，由柱面的形成可知，柱面上所有的素线都互相平行。

画柱面的投影图时，一般要画出曲导线 L、直导线 M 和一系列素线（包括外形线——曲面投影的轮廓线），如图 4-57b）所示。

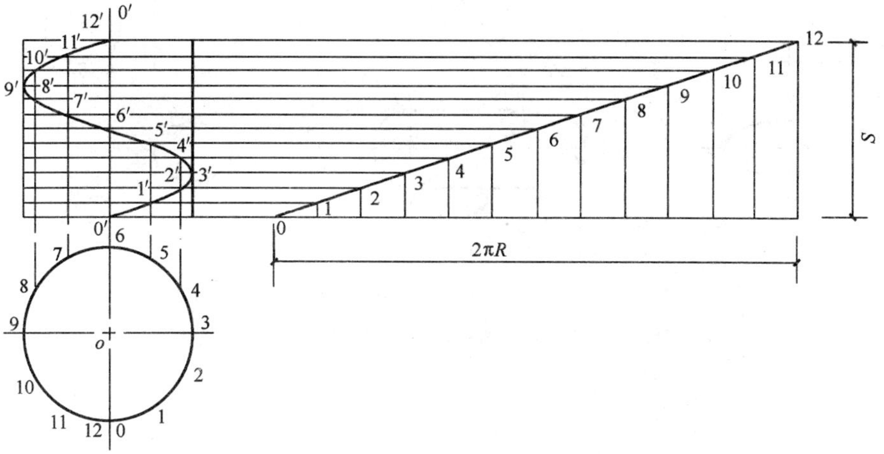

图 4-56　圆柱螺旋线的展开

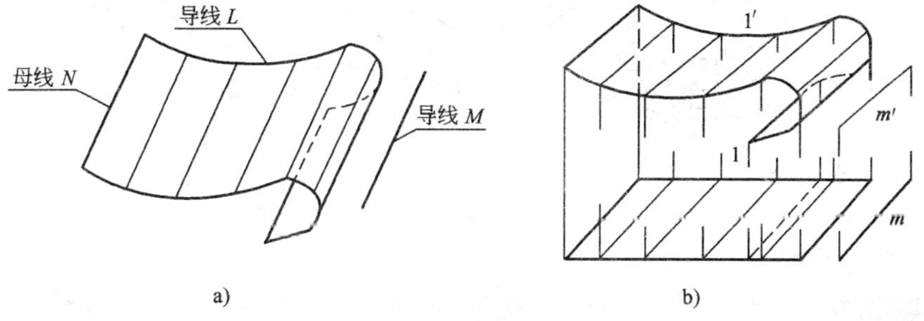

图 4-57　柱面的形成

a）立体图；b）投影图

柱面的曲导线可以是闭合或不闭合的，直导线的方向（空间位置）可以是任意的。当曲导线为圆并与投影面平行，直导线与该投影面垂直时，则形成前述的正圆柱面（属于回转面），圆柱面的轴线可视为直导线。若曲导线是椭圆，则形成正椭圆柱面，如图 4-58a）所示。若曲导线是所在平面平行于投影面的圆，而直导线倾斜于投影面，则形成斜椭圆柱面，如图 4-58b）所示，它也可以认为是由正椭圆柱面经过斜截得到的。如图 4-58c）所示，沿球面与椭圆柱面的相贯线圆斜截，若作两次斜截，便得到类似于如图 4-58b）所示的斜椭圆柱面。

如图 4-59 所示为一些建筑物的墙面或屋面设计成各种形式柱面的实例。

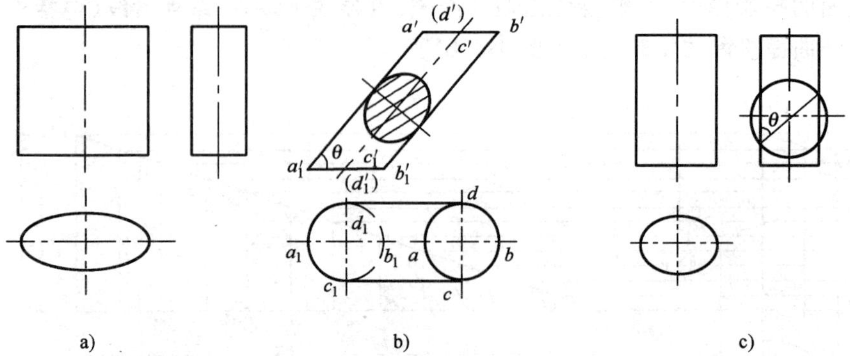

a)　　　　　　b)　　　　　　c)

图 4-58　几种柱面

a)正椭圆柱面；b)斜椭圆柱面；c)正椭圆柱面与球面的相贯线圆

a)　　　　　　b)

图 4-59　柱面的应用

(2)柱状面

直母线沿着两条不共面的曲导线移动，并且始终平行于一导平面而形成的曲面称为柱状面。如图 4-60 所示，直母线 CB 沿着曲线 AFB 和 DEC 移动，且始终平行于导平面 Q，形成的曲面即为柱状面。图 4-60b)为柱状面的投影图，同样也要画出数条素线的投影。

如图 4-61a)所示建筑物的屋面采用了柱状面；图 4-61b)中一桥墩的局部也采用了柱状面。

2. 锥状面

(1)锥面

一直母线沿着一曲导线移动，且始终通过一导点而形成的曲面称为锥面，该导点称为顶点。如图 4-62 所示为直母线 L 通过导点 S，沿着一条曲线 K 运动时所形成的锥面。

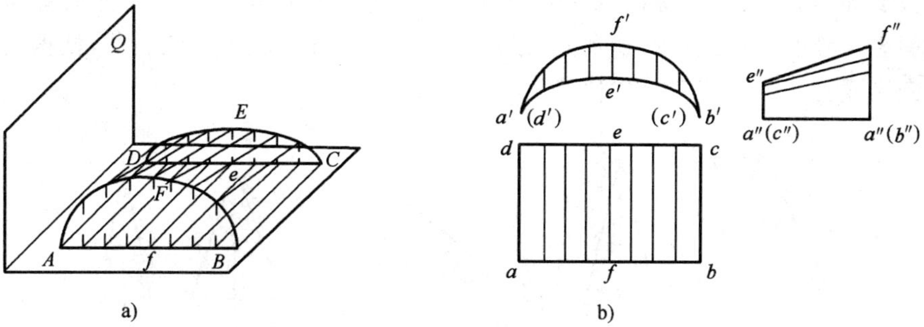

图 4-60 柱状面

a)立体图;b)投影图

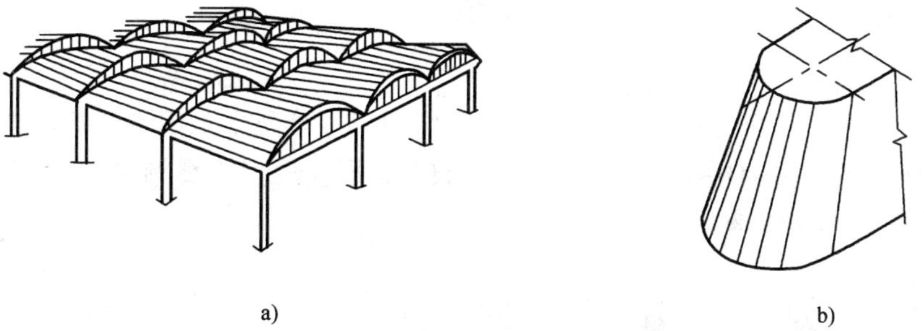

图 4-61 柱状面的应用

a)柱状面屋面;b)柱状面桥墩

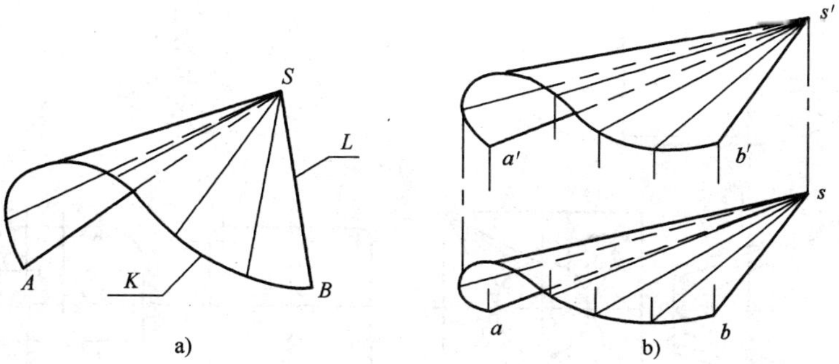

图 4-62 锥面

a)立体图;b)投影图

曲导线可以闭合或不闭合,闭合时,可能形成有轴线的锥面。当曲导线为圆且轴线垂直于某投影面时,形成前述正圆锥面。若曲导线为平行于投影面的椭圆,则为正椭圆锥面,如图 4-63a)所示;若曲线为平行于投影面的圆且轴线倾斜于投影面，则为斜椭圆锥面，如图 4-63b)所示，它也可以认为是由正椭圆锥面经过斜截得到的。如图 4-63c)所示，沿球面与椭圆锥面的相贯线圆斜截，便得到斜椭圆锥面。

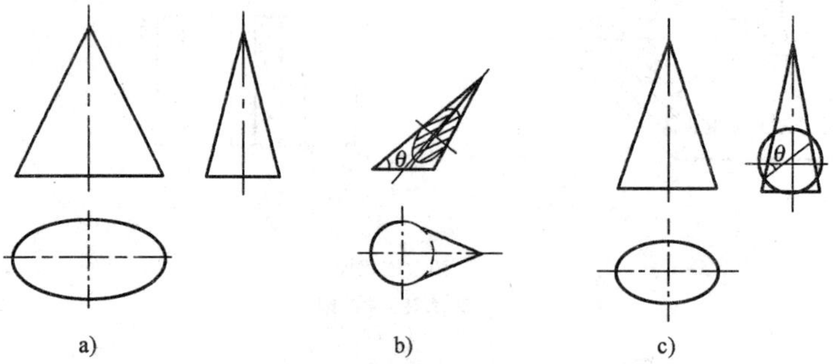

图 4-63　三种锥面的投影

a)正椭圆锥面；b)斜椭圆锥面；c)正椭圆锥面与球面的相贯线圆

在水利和道桥工程中，桥台两侧或涵洞洞口等处通常采用锥面护坡与路堤相接。如图 4-64a)所示，桥台采用了锥面护坡，图 4-64b)中涵洞出水口(也称尾水管)也采用了锥面。

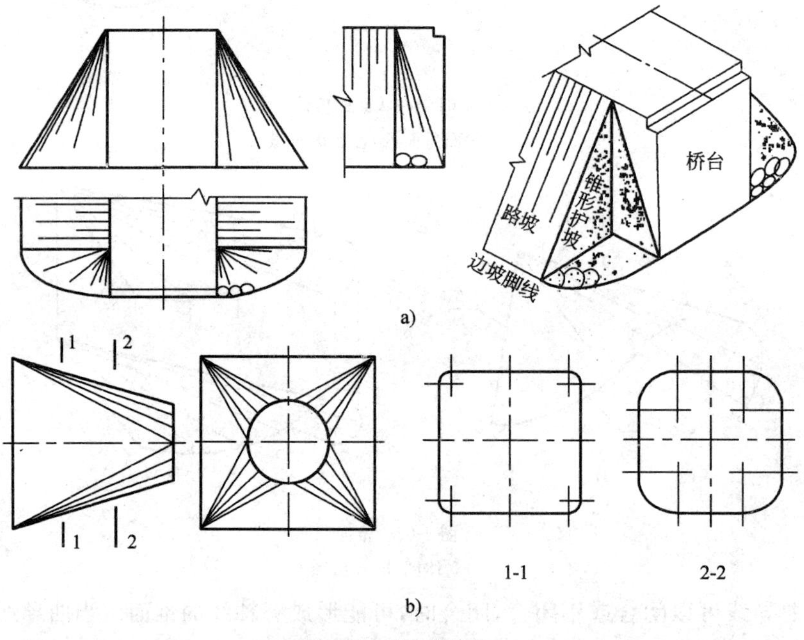

图 4-64　锥面的应用

a)桥台；b)尾水管

(2)锥状面

一直母线沿着不在同一平面上的一直导线和一曲导线移动，并始终平行于一导平面而形成的曲面称为锥状面。如图 4-65a)所示，直母线 BC 沿着直导线 CD 和曲导线 AEB 移动，并始终平行于导平面 Q 形成锥状面，锥状面的三面投影如图 4-65b)所示。画锥状面的投影要画出若干条素线的投影，锥状面的相邻两素线是交叉两直线。

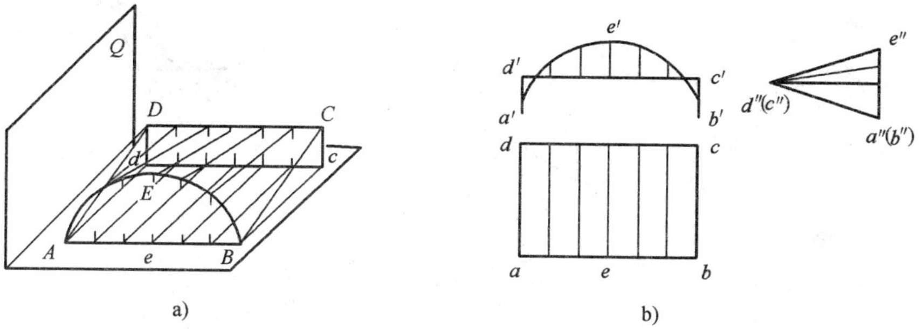

图 4-65　锥状面

a)立体图；b)投影图

在建筑工程中，有的建筑物采用锥状面形状的屋面或雨篷等。如图 4-66a)所示建筑物的雨篷是一锥状面。在图 4-66b)中，桥台的两侧采用锥状面作为护坡。

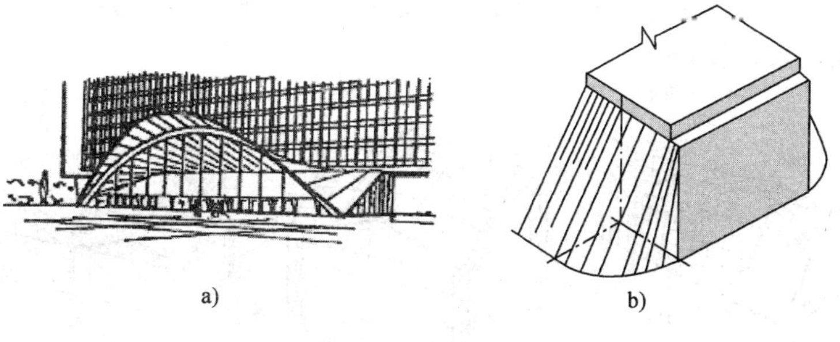

图 4-66　锥状面的应用

a)锥状面雨篷；b)锥状面护坡

3. 双曲抛物面

由直母线沿着两条交叉直导线移动并始终平行于一导平面而形成的曲面叫双曲抛物面。如图 4-67 所示，直母线 AC 沿两条交叉直线 AB、CD 移动，同时还始终保持与平面 Q 平行，形成双曲抛物面。画双曲抛物面的投影时，要画出导平面和两条导线的投影及一定数量素线的投影。在图 4-67b)中，正面投影图中曲面的投影轮廓线为抛物线，双曲抛物面的相邻素线是异面直线。图 4-67 中的抛物面也可以认为 AB 为直母线、AC、BD 为直导线、P 为导面所形成的，如图 4-67a)和图 4-67b)所示。因此，同一个抛物面有两族素线，其中每条素线与同族素线都不相交，而与另一族素线都相交。双曲抛物面在工程上也称为翘平面或扭面。

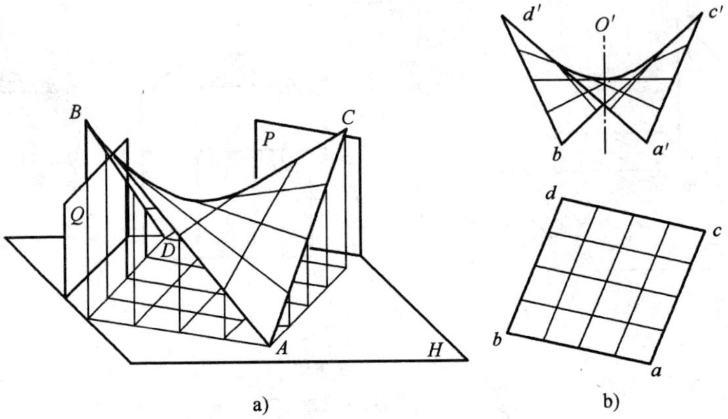

图 4-67 双曲抛物面

a)空间状况；b)投影图

如图 4-68a)所示是双曲抛物面应用于水利工程的示例，在岸坡过渡处为双曲抛物面。图 4-68b)是双曲抛物面用于建筑工程示例，建筑的屋顶是四个双曲抛物面组合成的屋顶。

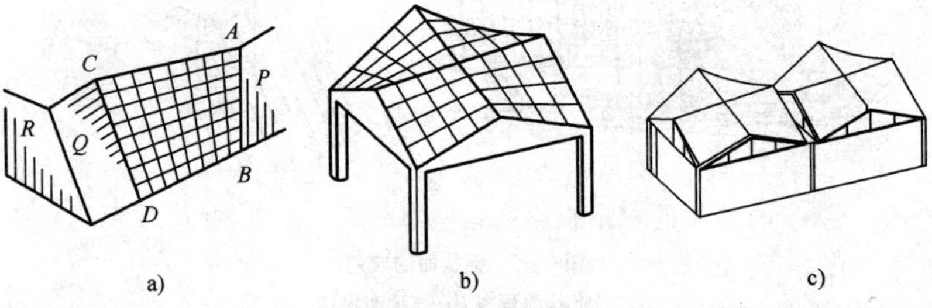

图 4-68 抛物面的应用

4. 平螺旋面

直母线一端沿曲导线另一端沿直导线移动，且始终平行于直导线垂直的导平面而形成的曲面，称为平螺旋面。如图 4-69a)所示是平螺旋面形成的立体示意图，图 4-69b)是投影图，图 4-69c)是部分螺旋面。平螺旋面投影与螺旋线作法类似。

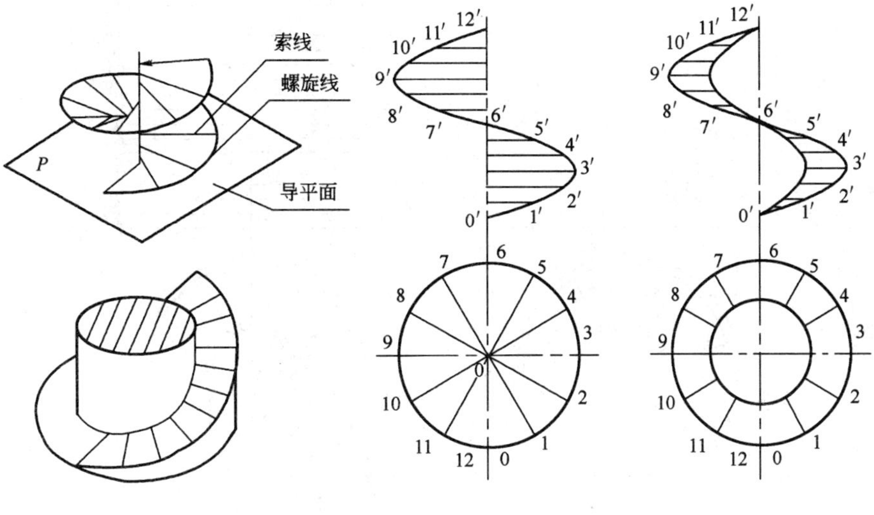

图 4-69 平螺旋面的形成与投影

a)空间状况；b)投影图；c)部分螺旋面

平螺旋面在工程上应用颇多，如图 4-70 所示的螺旋楼梯是其应用之一。楼梯的底面、楼梯扶手的上、下面均为平螺旋面。螺旋楼梯根据实际情况，可设计成旋转 360°、270°、180°、90°等。螺旋梯的画法如下。

(1)根据圆柱螺旋线的半径(楼梯板底面内外边线均是圆柱螺旋线)画其 H 面投影(两圆弧)。根据圆弧范围内的踏步数或每个踏步的圆心角，作出踏步的 H 面投影，每个踏步的踏面为编号的扇形面(实形)，直线段即是踢面的积聚投影，并画出栏杆和扶手的投影，如图 4-70a)所示。

(2)在 V 投影面中，根据踏步数和每个踏步高度，先画出表示踏步高度的水平线，每个踏步的踏面的积聚投影在这些水平线上。再由 H 投影确定各踏步踢面的 V 投影宽度，如图 4-70b)所示。

(3)在各踏步的两端向下量出楼梯板的竖直方向的高度，即可画出楼梯板底面的平螺旋面的内外边缘螺旋线，如图 4-70c)所示。

(4)量出栏杆高度，画栏杆立柱及扶手的 V 投影。为使图面清晰，楼梯内圈栏杆和扶手的 V 投影未画，如图 4-70d)所示。

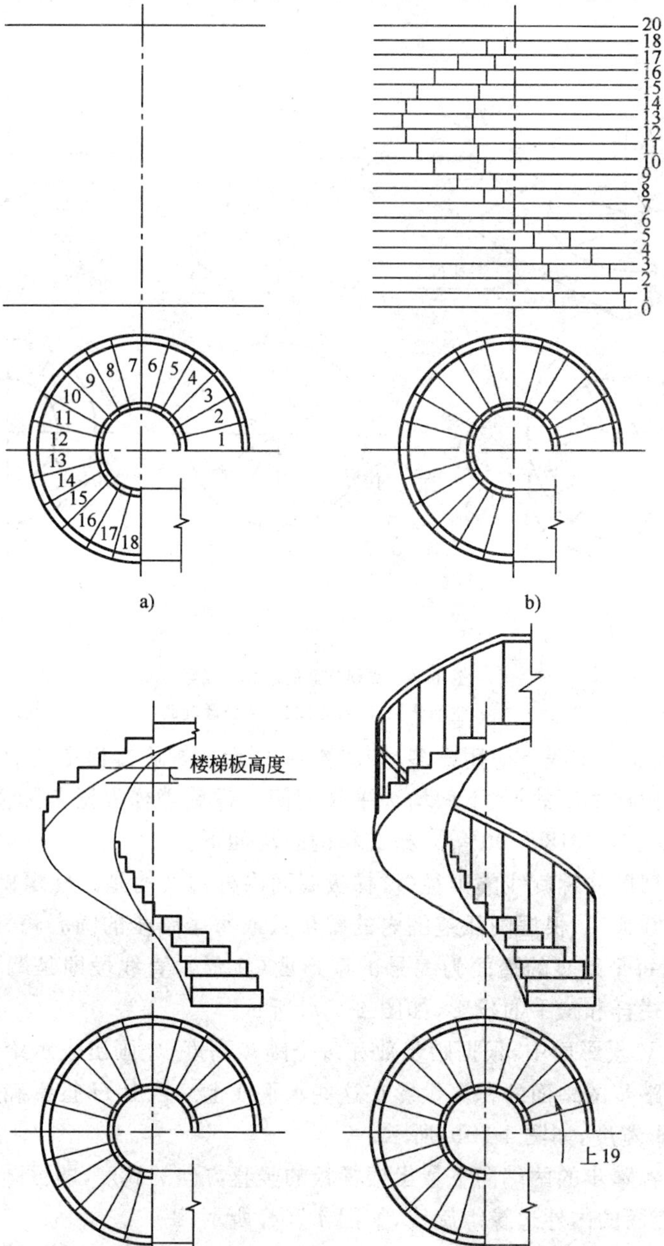

图 4-70　螺旋楼梯画法

本章小结

在建筑施工图中，大多数的投影图都是平面立体的投影，或者平面立体被平面截交以及相贯形体的投影，当然也有一小部分是曲面立体或截交或相贯形体的投影，所以学习本章内容对于看懂或绘制建筑施工图有着重要的意义。

本章需要掌握基本的求解投影的方法，立体表面点、线的求法－从属性法、积聚性法和辅助线法；对两曲面立体相贯线的求法是本章的难点，读者必须灵活掌握求其相贯线的基本方法－素线法和纬圆法。

本节还着重介绍了空间曲线的形成和它的投影特性，以及工程中常用曲面的表达方法，并选用工程案例，帮助学生提高读图和识图能力。

思考题

1. 什么是从属性法、积聚性法和辅助线法？
2. 什么是素线法和纬圆法？
3. 一圆锥被平面截交，分别能够得到哪几类截交面？
4. 两平面立体相贯，其相贯线的一般特征是什么？
5. 平面立体与曲面立体相贯，其相贯线的一般特征是什么？

第五章 标高投影

【本章能力目标、知识目标与学习要求】

学生通过本章的学习，要掌握直线、平面和立体标高投影的表示方法，了解建筑物标高投影图的绘制方法，能识读有关土建工程施工图。

明确标高投影是一种单面正投影。记住标高投影的三个要素，对理解与绘制标高投影有很大帮助。点、直线、平面的标高投影是基础，利用模型、动画等理解地形面的标高投影。求作建筑物与地形面的交线时，要结合工程实际情况进行分析与作图。

第一节 点和直线的标高投影

一 标高投影的概念

许多工程建筑物、构筑物通常要建在高低不平，或有山峦、有河流的地面上，它们与地面的形状有着密切的关系，施工中要经常涉及土方的填挖。因此，在工程设计和施工中，常常需要绘制表示地面起伏状况的地形图，并在图上表示工程建筑(构筑)物和解决有关工程问题。由于地面形状复杂，而且水平方向的尺寸比高度方向的尺寸大得多，若采用前述的多面正投影法，难以表达清楚。本章介绍一种适合于表达复杂曲面和地面的投影方法——标高投影法。

图 5-1a)是一个岸堤的两面投影图，而图 5-1b)仅画出了岸堤的水平投影，并加注顶面的高程数值 4.50 和底面的高程数值 0.00 以及绘图比例 1：300，岸堤的形状和大小就完全确定了，该图即为标高投影图。图中画出的长短相间的

细实线，称为示坡线，用来表示坡面，通常画在高程高的一侧。

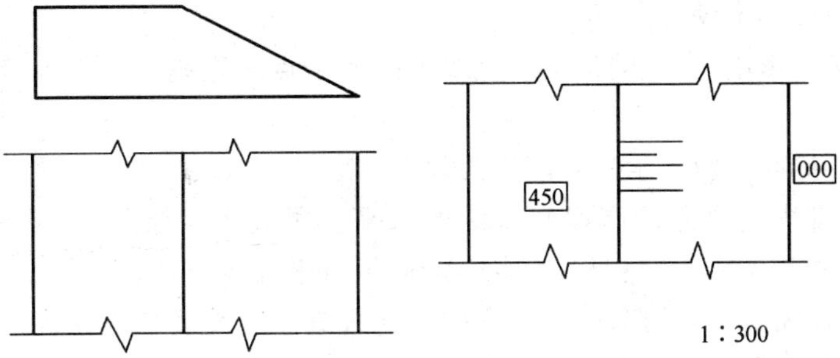

a)　　　　b)

图 5-1　岸堤的两面正投影和标高投影图

a)两面正投影图；b)标高投影图

这种用水平投影加注高程数值来表示空间形体的单面正投影称为标高投影。图中标高数值以米为单位，图上不需注明；在图中应注明绘图的比例或画出比例尺，比例尺的形式是上细下粗的平行双线(图 5-2)。

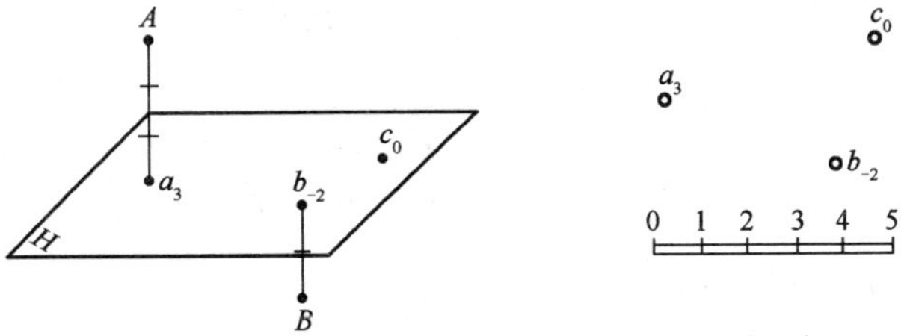

a)　　　　b)

图 5-2　点的标高投影

a)轴测图；b)标高投影

由此可见标高投影应包括水平投影、高程数值、绘图比例三要素。

通常以我国青岛附近的黄海平均海平面作为基准面，所得的高程称为绝对高程，否则称为相对高程。

二 点的标高投影

如图 5-2a)所示，选水平面 H 面为基准面，其高度为零。点 A 位于 H 面的上方 3m，点 B 在 H 面下方 2m，点 C 在 H 面上，在 A、B、C 三点的水平投影 a、b、c 的右下角标注其高度数值 3、−2、0，就得到 A、B、C 三点的标高投影图，如图 5-2b)所示。

三 直线的标高投影

1. 直线的标高投影表示法

在标高投影中，直线的位置由直线上的两个点或直线上一点及该直线的方向决定。

直线的标高投影表示法有以下两种：

(1)用直线上两点的高程和直线的水平投影表示。如图 5-3b)所示，直线 AB 的标高投影为 a_3b_6。根据比例 1∶200，可量得 $L=6$m(通常不必标注)。

(2)用直线上一点的高程和直线的方向来表示。直线的方向规定用坡度和箭头表示，箭头指向下坡方向。如图 5-3c)所示，直线 AB 的标高投影可由点 B 的标高投影 b_6 和表示直线方向的箭头以及坡度 1∶2 表示。

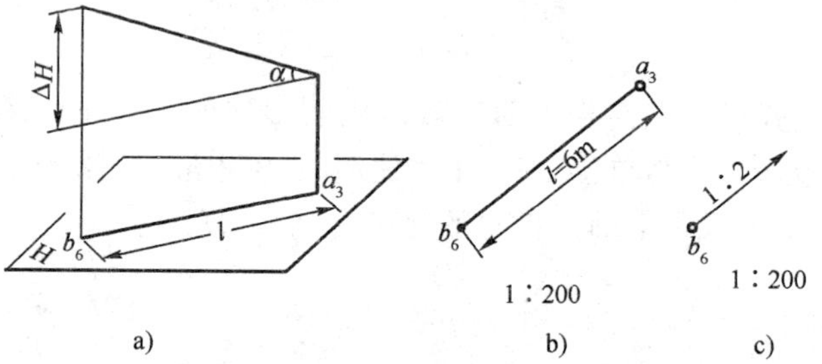

图 5-3 直线的标高投影

a)轴测图；b)表示法一；c)表示法二

以上两法可相互转换。

2. 直线的坡度和平距

(1)坡度

直线上任意两点的高度差与其水平距离之比称为该直线的坡度，用符号 i 表示，即：

$$i=\frac{\Delta H}{L}=\tan\alpha \tag{5-1}$$

式中：i——坡度；

ΔH——两点之间的高度差，m；

L——两点之间的水平距离，m；

α——直线的倾角。

上式也表明了直线坡度的含义为：直线上两点间的水平距离为一个单位时的高度差，如图 5-4 所示。

如图 5-3b)所示直线 AB 的高度差 $\Delta H=(6-3)\text{m}=3\text{m}$，$L=6\text{m}$(若图上未标注两点的水平距离，可据图中的比例在图上量取)，可求得直线的坡度 $i=$高度差 $\Delta H/$水平距离 $L=3/6=1/2$，写成 1∶2。

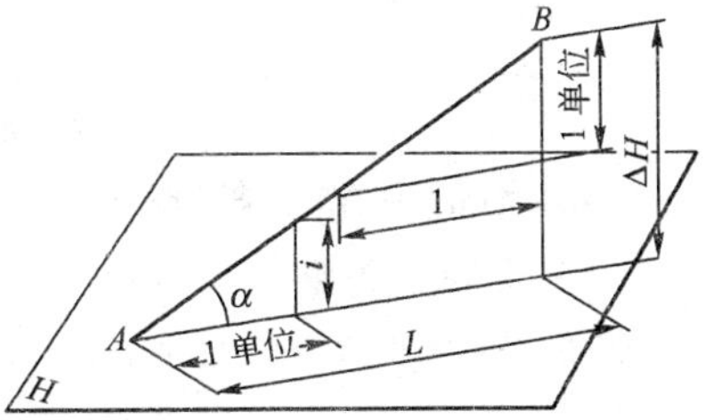

图 5-4　直线的坡度与平距

(2)平距

当直线上两点间的高度差为一个单位时，它们的水平距离称为平距，用符号 l 表示，即：

$$l=\frac{L}{\Delta H}=\cot\alpha \tag{5-2}$$

式中：l——平距；

L——两点之间的水平距离，m；

ΔH——两点之间的高度差，m；

α——直线的倾角。

由此可见：平距和坡度互为倒数，即 $i=\frac{1}{l}$，平距越大，坡度越小；反之，平距越小，坡度越大。图 5-3c)中直线 AB 的坡度为 1∶2，则平距为 2。

(3)直线上高程点的求法

直线上任意两点间的高度差与其水平距离之比是一个常数，故在已知直线上任取一点都能计算出它的高程，或已知直线上任意一点的高程，即可以确定它的水平投影的位置。

【例 5-1】 如图 5-5a)所示，已知直线上点 A 的高程及该直线的坡度，

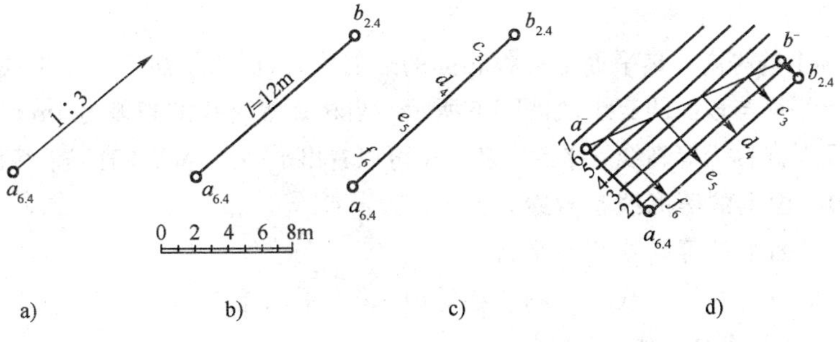

图 5-5　求直线上已知高程的点和整数高程点

a)已知条件；b)求已知高程的点；c)数解法求整数高程点；d)图解法求整数高程点

求：(1)直线上高程为 2.4m 的点 B；(2)标注出直线上各整数高程点。

【解】 (1)求点 B 高程

如图 5-5 所示，$\triangle H_{AB}=(6.4-2.4)\text{m}=4\text{m}$。

$$L_{AB}=\frac{\Delta H}{i}=\frac{4}{1/3}=12\text{m}$$

从 $a_{6.4}$ 沿箭头方向，按比例尺量取 12m，即得点 B 的标高投影 $b_{2.4}$。

(2)求直线上各整数高程点

[数解法]如图 5-5c)所示，在 B、A 两点间有高程为 3、4、5、6m 的四个点 C、D、E、F。$L_{AF}=\triangle H_{AF}/i==(6.4-6)\times 3=1.2\text{m}$。从 $a_{6.4}$ 沿箭头方向，用比例尺量取 1.2m，即得高程为 6 的点 f_6。由于 $i=1/3$，则 $l=3$，自点 f_6 起沿箭头方向量平距 3m，依次量得 e_5、d_4、c_3 各点。

[图解法]如图 5-5d)所示，在与 $a_{6.4}b_{2.4}$ 平行的辅助铅垂面 V 上，按图中比例尺作一组相应高程的水平线与 $a_{6.4}b_{2.4}$ 平行，最高一条为 7m，最低一条为 2m；根据 A、B 两点的高程在铅垂面上作出直线 AB 的投影 $a'b'$，它与各整数标高的水平线相交，自这些交点向 $a_{6.4}b_{2.4}$ 作垂线，即可得到该直线上的各整数标高点 c_3、d_4、e_5、f_6。

显然，各相邻整数高程点水平距离(即直线的平距)相等。$a'b'$ 为直线 AB 的实长。$a'b'$ 与 ab 的夹角反映了 AB 对 H 面的真实倾角 α。

在直线的标高投影上标出整数高程的点，称为直线的刻度，如图 5-5c)、d)所示。

第二节　平面的标高投影

一　平面标高投影的表示方法

1. 平面上的等高线

平面上的等高线是平面上高程相同的点的集合，即该平面上的水平线，也可以看成是水平面与该面的交线，如图 5-6 所示。当相邻等高线的高差为 1m 时，等高线间的水平距离称为等高线的平距。从图中可以看出平面上等高线有以下特性：

(1)平面上的等高线是直线。

(2)平面上的等高线相互平行。

(3)平面上的等高线之间高差相等时，其水平间距也相等。

2. 平面上的坡度线

平面上垂直于等高线的直线称为平面上的坡度线，坡度线是平面内对水平面的最大斜度线。

分析图 5-6 可知，平面坡度线有以下特性：

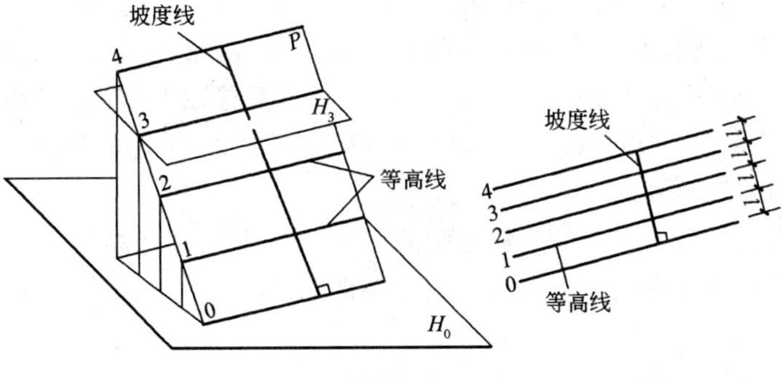

a)　　　　　　　　　　　　b)

图 5-6　平面上的等高线与坡度线

a)空间情况；b)投影图

(1)平面坡度线与等高线的标高投影相互垂直。

(2)平面坡度线的坡度代表该平面的坡度，坡度线对 H 面的倾角 α 代表平面对 H 面的倾角 α。

坡度线的平距就是平面上等高线的平距。

【例 5-2】 已知一平面△ABC 的标高投影 $a_5b_9c_4$，求该平面的坡度线及对 H 面的倾角 α。

【解】 分析：求平面对 H 面倾角 α，需先求出平面的坡度线；求平面的坡度线，需先画出平面内的高等线。作图步骤如下：

(1)作平面的高等线。如图 5-7 所示，在平面△ABC 的标高投影中任选两边 a_5b_9、b_9c_4，标注出直线上各整数高程点 5、6、7、8，连相同高程的点，得该平面的等高线。

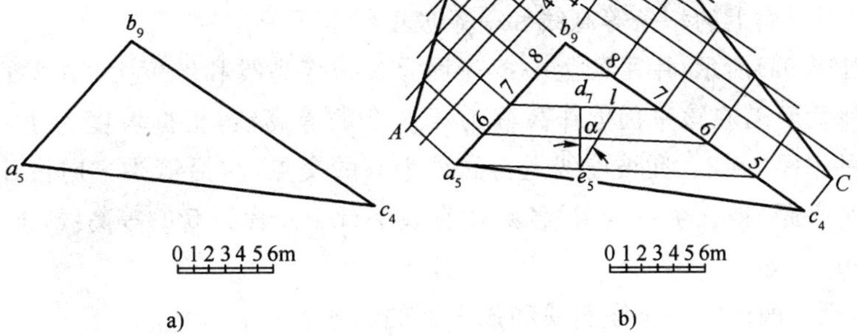

a)　　　　　　　　　　　　b)

图 5-7　求平面的坡度线及对 H 面的倾角 α

a)已知条件；b)作图及结果

(2)作平面的坡度线。作等高线的垂线,就是该平面的坡度线。

(3)求平面的倾角 α。倾角 α 可用直角三角形法求得。在坡度线上取适当线段 e_5d_7,(ED 的水平投影)为一直角边,按比例尺最取 2m(ED 的高差)为另一直角边,斜边 e_5f_7 与坡度线的夹角即为平面△ABC 对 H 面的倾角。

3.平面的表示方法

在多面正投影中介绍的几何元素表示平面的方法在标高投影中仍然适用,即用几何元素的标高投影来表示平面。经常采用的形式有以下三种:

(1)用平面上的两条等高线表示。

如图 5-8a)所示,用平面上的两条高程分别为 10、20 的等高线表示平面。如果在该平面上作高程为 18、16、14、12 的等高线,可根据平面上等高线的特性,在等高线 10 和 20 之间作一条坡度线 $a_{20}b_{10}$,并将坡度线分成五等分,各等分点 c、d、e、f 即是该平面上高程为 18、16、14、12 的点,过各等分点作高程为 20 与 10 的等高线的平行线,即得高程为 18、16、14、12 的等高线,如图 5-8b)所示。

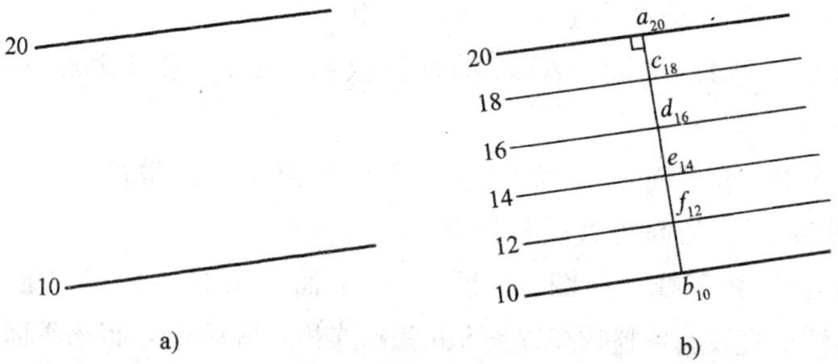

图 5-8 两条高等线表示平面

a)两等高线表示平面;b)作平面内等高线

(2)用平面上的一条等高线和一条坡度线表示。

如图 5-9a)所示,用平面上一条高程为 5 的等高线和坡度为 1∶2 的坡度线表示该平面。若在该平面上作高程为 4、3、2 的等高线,根据坡度为 1∶2,可知等高线的平距 $l=2$。在坡度线上自高程为 5 的交点起,沿箭头方向按比例连续量取 3 个平距,得三个点,再过各点作直线平行于高程为 5 的等高线,即为所求,如图 5-9b)所示。

(3)用平面内的一条倾斜线和该平面的坡度表示。

如图 5-10a)所示,一标高为 3m 的平台,有一坡度为 1∶2 的斜坡道,可由地面通向台顶。斜坡道两侧的斜面坡度为 1∶1,这种斜面可由斜面上的一条倾斜直线

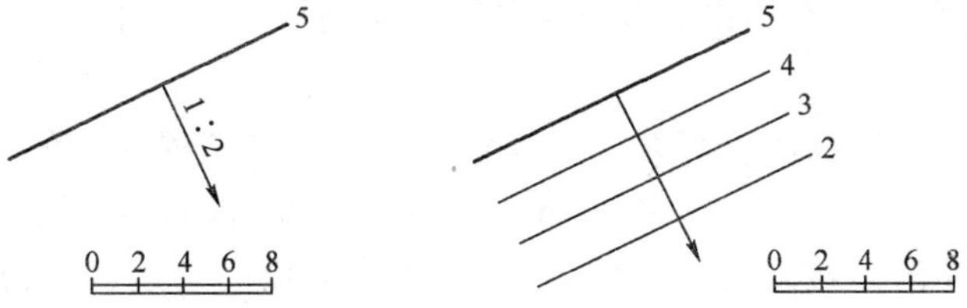

a) b)

图 5-9　用一条等高线和坡度线表示平面

和斜面的坡度来表示。如图 5-10b)所示，a_3b_0 坡度 1∶1 表示了斜坡道右侧斜面。

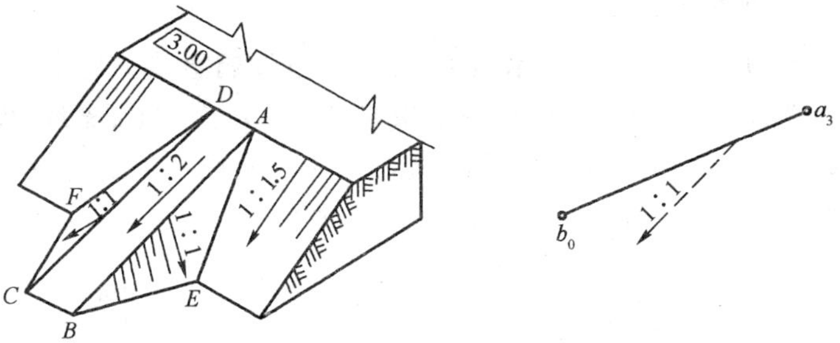

a) b)

图 5-10　用平面内的倾斜线和坡度表示平面

a)应用实例；b)平面表示方法

用平面上的一条倾斜线 a_3b_0 和平面上的坡度 1∶1 表示平面，图中的箭头只表示平面的倾斜方向并不表示坡度线的方向，故用带箭头的虚线表示。

示坡线的概念如图 5-10 所示，坡面上对水平面最大斜度线方向的长短相间、等距的细实线称为示坡线。这种示坡线应垂直于坡面上的等高线，并画在坡面上高的一侧。

【例 5-3】　如图 5-11 所示，已知平面上一条倾斜直线 a_3b_6，及平面的坡度 1∶0.6，图中虚线箭头表示大致坡度方向。试求作平面上高程为 3、4、5 的等高线。

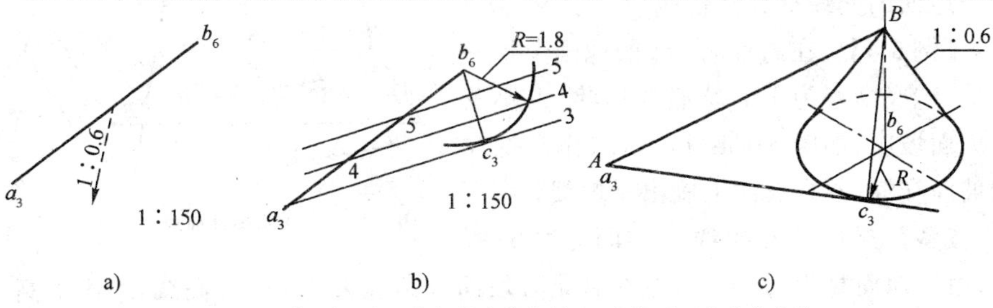

a) b) c)

图 5-11　已知平面内一条倾斜直线与坡度，求作平面内的等高线

a)已知条件；b)作图过程；c)空间几何示意

【解】 根据平面等高线的概念，作某一等高线，需找到平面内高程相等的两点。

如图 5-11b)所示，求高程是 3m 的等高线。b_6 与高程为 3 的等高线之间的水平距离 $L_{AB}=l\cdot\triangle H_{AB}=0.6\times3\text{m}=1.8\text{m}$。因此，以 b_6 为圆心，以 $R=1.8\text{m}$ 为半径，向平面的倾斜方向画圆弧。过 a_3 作该圆弧的切线，即得高程为 3m 的等高线。

过 b_6 作该切线（等高线）的垂线，即为该平面的坡度线。

三等分 a_3b_6，过各等分点作高程为 3m 的等高线的平行线，就得到平面上高程为 4m、5m 的两条等高线。

如图 5-11c)所示，上述作图原理可理解为：过倾斜直线 AB 作一平面，使之与锥顶 B、素线坡度为 1∶0.6 的正圆锥相切，切线 BC（一圆锥素线）就是平面的坡度线。A、B 两点的高差为 3，水平距离为 1.8m，所作正圆锥高为 3m，底面半径为 1.8m。过高程为 3 的点 A 作圆锥底面的切线 a_3c_3，便是平面上高程为 3 的等高线。

二 平面的交线

在标高投影中，求平面与平面的交线，通常采用辅助平面法。辅助水平面与两个相交平面的截交线是两条相同高程的等高线，这两条等高线的交点是两平面的共有点，即两平面交线上的点，见图 5-12。

由此得出结论：两平面上相同高程的等高线交点的连线，就是两平面的交线。

在实际工程中，把建筑物上相邻两坡面的交线称为坡面交线，填方形成的坡面与地面的交线称为坡脚线，挖方形成的坡面与地面的交线称为开挖线。

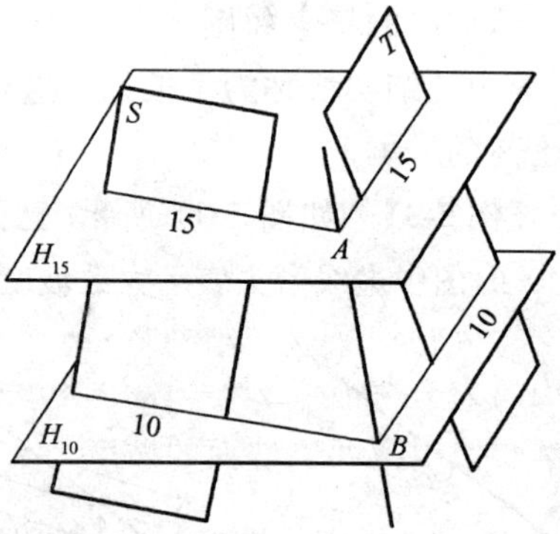

图 5-12 用水平辅助面求两平面的交线

【例 5-4】 在高程为 5m 的地面上挖一基坑，坑底高程为 1m，坑底的形状、大小及各坡面坡度，如图 5-13a)所示，求作开挖线和坡面交线，并在坡面上画出示坡线。

【解】 (1)求开挖线 如图 5-13b)所示，由于地面高程为 5m，开挖线就是各坡面上高程为 5m 的等高线，平面上高程为 5m 与高程为 1m 的等高线肯定平行。据 $L=\triangle H/i$，可求得坡度为 1∶1、1∶

1.5、1∶2各坡面开挖线距坑底等高线的水平距离 L 分别为 4m、6m、8m。按比例尺量取后，分别画出各坡面的开挖线。

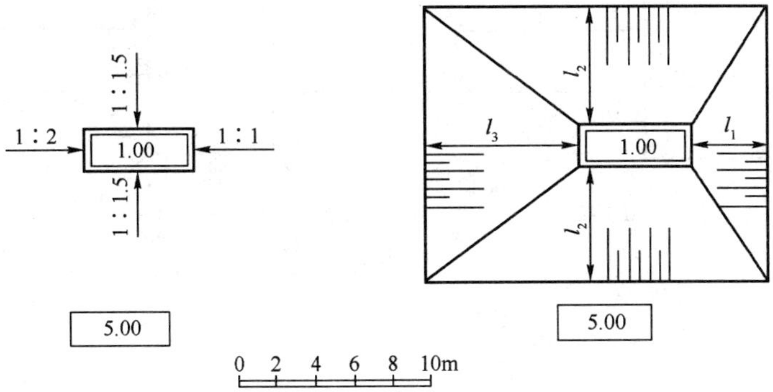

a)　　　　b)

图 5-13　求作开挖线、坡度线及示坡线

a)已知条件；b)作图过程

(2)作坡面交线　两平面上相同高程的等高线交点的连线，是两平面的交线。分别连接坡度为 5m 的等高线的交点与高程为 1m 的等高线的交点，即得四条坡面交线。

(3)画示坡线　在坡面上高程高的一侧，按坡度线方向画出长短相间、用细实线表示的示坡线。

【例 5-5】 在高程为 2m 的地面上修建一高程为 5m 的平台，并修建一条由地面通到平台顶面的斜坡引道，平台各坡面坡度都为 1∶1.2，斜坡引道两侧的边坡坡度为 1∶1。如图 5-14 所示。求坡脚线和各坡面交线；并画出各坡面的示坡线。

【解】 作图过程如图 5-14 所示。

(1)求坡脚线　因地面的高程为 2m，各坡面的坡脚线就是各坡面内高程为 2m 的等高线。平台坡面的坡度为 1∶1.2，坡脚线与相应的平台边线平行，其水平距离为 $L_1 = l \cdot \triangle H = 1.2 \times 3\text{m} = 3.6\text{m}$，由此作出平台两侧坡脚线。

斜坡引道两侧坡面的坡度为 1∶1，同理 $L_2 = 1 \times 3\text{m} = 3\text{m}$。分别以 a_5、b_5 为圆心，以 3m 为半径，画圆弧，再自 e_2、f_2 向圆弧作切线，即为引道两侧的坡脚线。

(2)求坡面交线。分别连接平台上高程为 5m 的等高线交点与高程为 2m 的等高线交点，即得平台的坡面交线；平台坡面坡脚线与引道两侧坡脚线的交点 d_2、c_2 是相邻两坡面的共有点，a_5、b_5 也是平台坡面和引道两侧坡面的共有点，分别连接 a_5d_2 和 b_5c_2 即为平台坡面与斜坡引道两侧坡面的所求坡面交线。

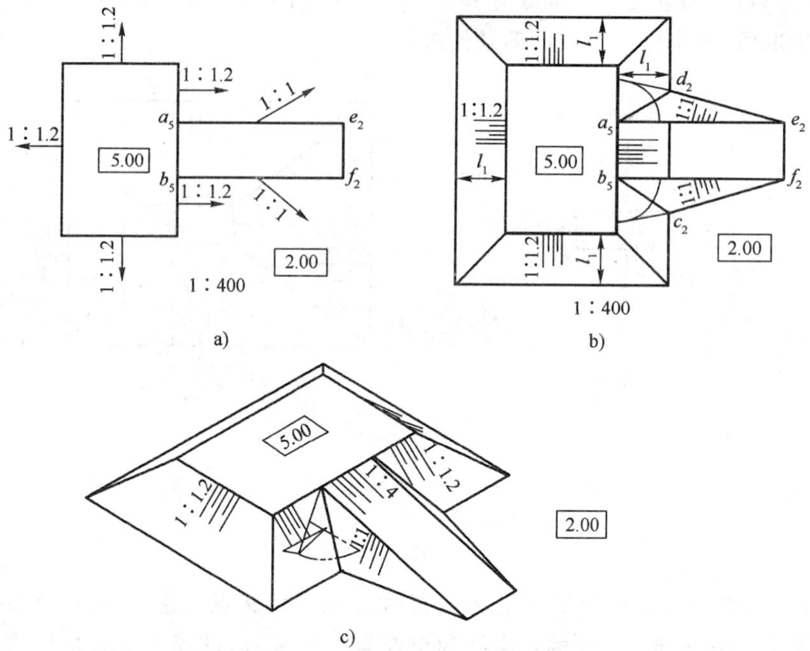

图 5-14　作工程建筑物的坡脚线及坡面交线

a)已知条件；b)作图过程；c)空间示意

(3)画出各坡面的示坡线，并注明坡度　注意斜坡引道两侧坡面的画法，切记：示坡线方向与等高线垂直。

第三节　曲面的标高投影

一 曲面的表示法

在标高投影中，用一系列假想水平面截切曲面，画出这些截交线(即曲面等高线)的标高投影，这就是曲面的标高投影。即曲面常用一系列等高线来表示。下面介绍工程上常见的正圆锥面和地形面。

如图 5-15a)所示，当正圆锥面的轴线垂直于水平面时，圆锥上所有的素线坡度都相等，假想用一组高差相等的水平面截切正圆锥面，其截交线都是同心圆，画出这些截交线圆的水平投影，并分别加注它们的高程，即为正圆锥面的标高投影，如图 5-15b)所示。

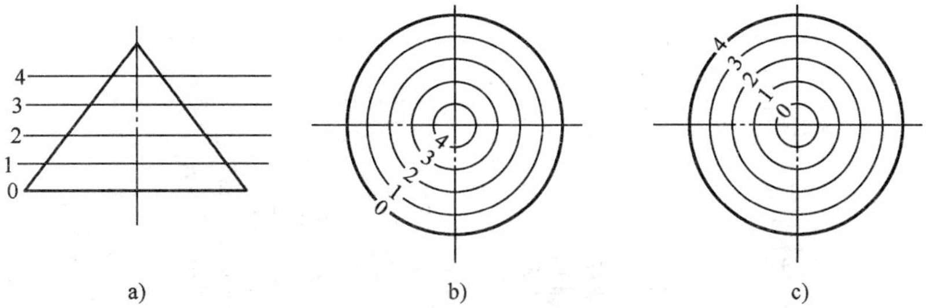

图 5-15 圆锥面的标高投影

a)正圆锥面的 V 面投影；b)正圆锥面的标高投影；c)倒圆锥面的标高投影

由此可见，正圆锥面上的等高线都是同心圆。等高线的高差相等，其水平距离亦相等。当圆锥正立时，等高线越靠近圆心，其高程数值就越大。当正圆锥倒立时，等高线越靠近圆心，其高程数值就越小。不论正立或倒立，正圆锥面上的素线都与正圆锥面上的等高线圆的切线相垂直，可见，正圆锥面的素线就是它的坡度线。

标注曲面等高线的高程时，字头规定朝向高处。

圆锥面常用一条等高线(圆弧)加坡度线表示。在土石方工程中，常在两坡面的转角处采用与坡面坡度相同的锥面过渡。

【例 5-6】 在高程为 4m 的地面上，修筑一高程为 8 m 的平台，台顶形状及边坡坡度如图 5-16a)所示，求作：坡脚线及坡面交线，并画出各坡面的示坡线。

【解】 (1)求坡脚线 平台两侧的坡面为平面，坡脚线都是直线，如图 5-16b)所示，地面高程为 4.00m，平台左右两侧的坡脚线是高程为 4.00m 的等高线，且与两侧平台边线平行，其水平距离为 $L_1=(8-4)\text{m}\times1=4\text{m}$。由此画出平台两侧的坡脚线。

平台中部的边界线为圆弧(半圆)，坡面为圆锥面，坡脚线是圆弧线，坡脚线圆与平台圆在同一圆锥面上，它们的投影是同心圆，其水平距离 $L_2=(8-4)\text{m}\times0.8=3.2\text{m}$。需要注意的是：圆锥面坡脚线的圆弧半径为圆锥台顶半径 R_1 与其水平面距离 L_2 之和，即 $R'=R+L_2$。

(2)求坡面交线 坡面交线是平面两侧边坡(平面)与平台中间边坡(圆锥面)的交线。平面与曲面的交线为平面曲线，需求出一系列共有点。作图方法如下：在相邻坡面上分别作出高程为 5m、6m 、7m 的等高线，同高程等高线的交点，即为两坡面的共有点，如图 5-16b)所示。用光滑曲线分别连接相应的共有点，即得坡面交线。

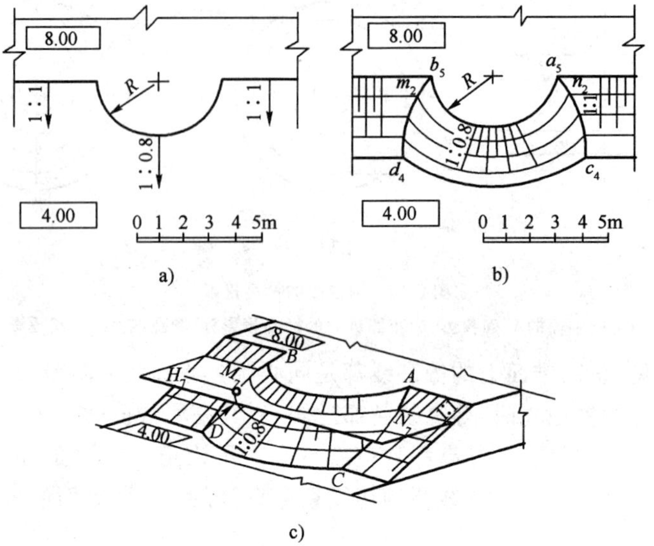

图 5-16　求坡脚线与坡面交线

a)已知条件;b)作坡脚线与坡面交线;c)作图原理空间示意

(3)画出各坡面的示坡线,根据示坡线垂直于等高线的原则,画出平面边坡与圆锥面边坡的示坡线。注意:圆锥面上的示坡线应通过锥顶,是圆锥面上的素线。

二 地形的表示法

1. 地形图

如图 5-17a)所示,地形是用地面上的等高线来表示的。假想用一组高差相等的水平面截切地面,得到一组高程不同的等高线,由于地面是不规则的曲面,因此,地形的等高线是不规则的平面曲线。画出这些等高线的水平投影,并注明每条等高线的高程,标出绘图比例和指北针,即得到地形的标高投影图。地形的标高投影图,又称地形图。地形图可通过测量方法得到。

由于地形图上等高线的高差相等(称为等高距),因此地形图能够清楚地反映地面的形状、地形的起伏变化以及坡向等。如图 5-17b)所示,等高线的高程为中间高,外面低,表示山丘;反之则为洼地。

从图中可看出地形图上的等高线有以下特性:

(1)等高线是封闭的不规则曲线。

(2)一般情况下(除悬崖、峭壁等特殊地形外),相邻等高线不相交、不重合。

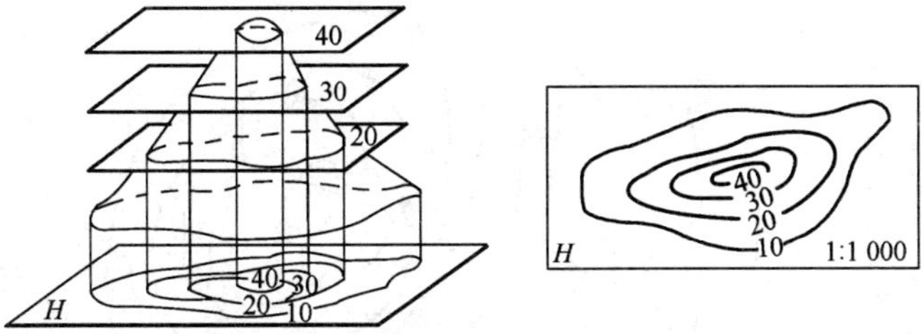

图 5-17　地形面的表示方法

a)地形图的形成原理；b)地形图

(3)在同一张地形图中，等高线越密表示该处地面坡度越陡，等高线越稀表示该处地面坡度越缓。

又如图 5-18 所示，左右两侧的两个环状等高线中间高，四周低，表示有两个小山头。右侧山头北面等高线密集，平距小，表示地势陡峭；山头南面等高线稀疏，表明地势平坦。相邻山头之间，地面形状像马鞍的区域称为鞍部。

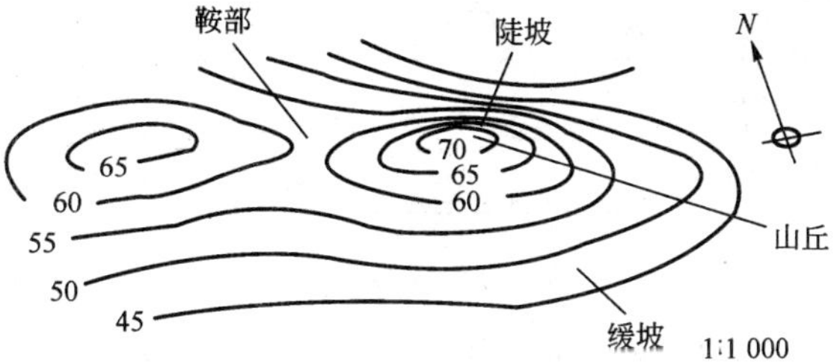

图 5-18　山地地形图示例

2. 地形断面图

用铅垂面剖切地形，画出剖切平面与地形表面的截交线，形成地形断面，并在断面上画出地面的材料图例，称为地形断面图。其作图方法如图5-19所示：

(1)剖切位置线为 A-A，即包含 A-A 作一铅垂剖切平面剖切地形，与各等高线 31、30、29……32 相交，得交点 1,2,3……16。

(2)在图纸的适当位置以各交点的水平距离为横坐标，高程为纵坐标作一直角坐标系，根据地形图上的高差，按图中比例将高程标在纵坐标轴上，并画出一组水平线。

(3)将地形图中剖切平面与等高线各交点的水平距离标注在横坐标轴上，得

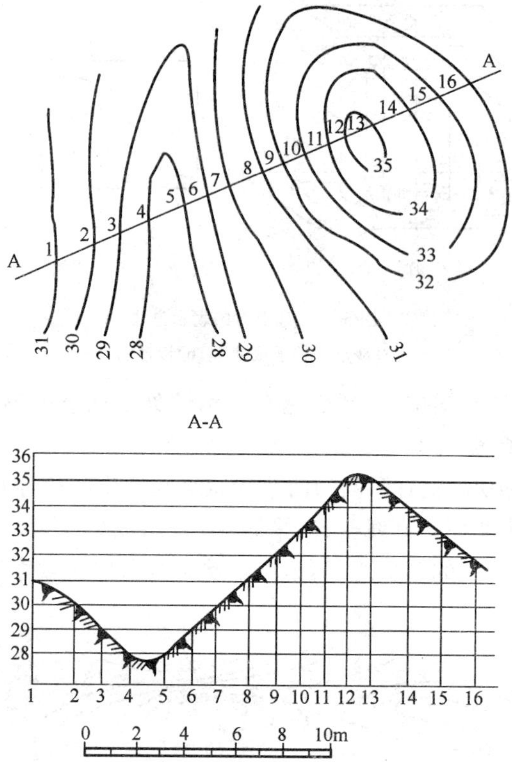

图 5-19　地形断面图

1、2、3……16 等点；然后自横坐标上的点 1、2、3……16 作铅垂线，与相应的水平线相交，得诸多交点。

(4)最后依次光滑连接各点，并根据地质情况画上相应的材料图例，即得 *A-A* 断面图，断面处地势的起伏情况可以在断面图中形象地反映出来。

应当注意，在光滑连接诸点过程中，相邻同高程的两点在断面图中不能连为直线，而应按该段地形的变化趋势光滑相连。

第四节　建筑物与地面的交线

在实际工程中，许多建筑物要修建在不规则的地球表面上，修建在地球表面上的建筑物必然与地面产生交线，这些交线一般是不规则的曲线。求此交线时，需采用辅助平面法，求出交线上一系列的共有点，即用一组水平面作为辅助面，求出建筑物表面与地面的一系列共有点，然后依次连接，即得交线。

【例 5-7】 如图 5-20 所示，在河道上修筑一土坝，已知坝址处的地形图、土坝的坝轴线位置及土坝的横断面（垂直于土坝轴线的断面），试完成该土坝的标高投影图。

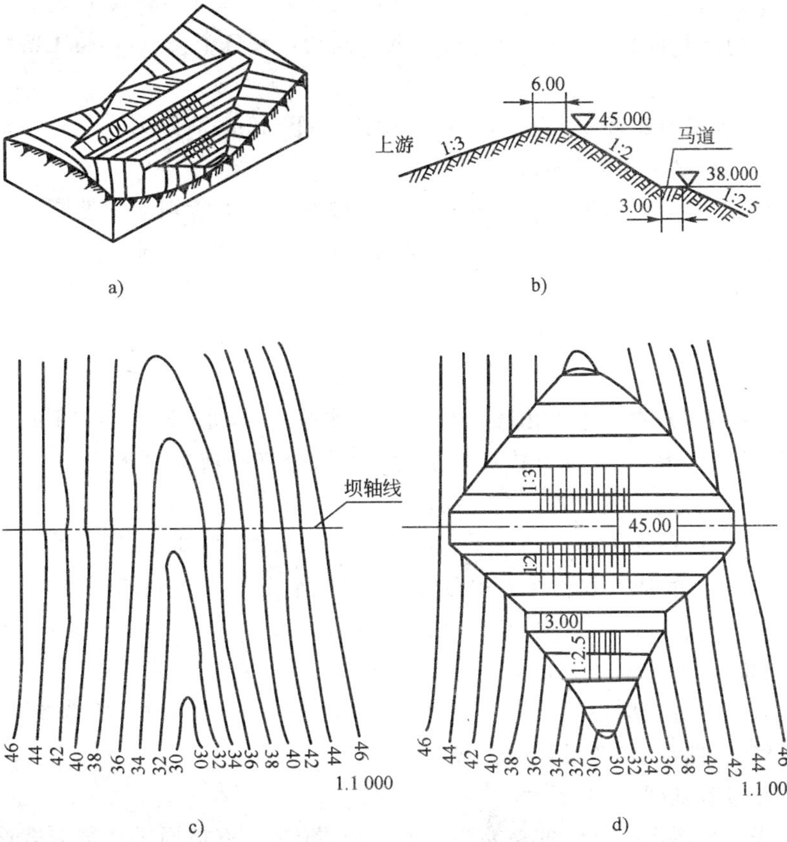

图 5-20 求作土坝的标高投影

a）土坝示意图；b）土坝的横断面图；c）已知条件：地形图与土坝的轴线位置；d）完成的土坝标高投影

【解】 分析：土坝的顶面、马道和上下游坝面是平面，它们与地面都有交线。由于地面是不规则曲面，所以交线都是不规则的平面曲线，其实质都是求坡面与地面上相同高程等高线的交点，如图 5-20a）为土坝示意图。

作图，如图 5-20d）所示：

（1）求坝顶与地面的交线　坝顶宽为 6.00m，由坝轴线按图中比例向两侧各量取 3.00m，画出坝顶边线；坝顶面是高程为 45.00m 的水平面，它与地面的交线是地面上高程为45.00m的等高线。用内插法在地形图上画出45.00m等高线，将坝顶边线画到与45.00m等高线相交处，得交线。

(2)求上游土坝的坡脚线　因为地形面上的等高距是2m，为作图方便土坝坡面上的等高距也相应取2m。根据上游坡面的坡度1∶3，上游坝面相邻等高线的水平距离$L_1=2\times3\text{m}=6\text{m}$。据此画出坝面上一系列等高线44、42……，求出它们与地面相同高程等高线的交点，依次光滑连接各个交点，即得上游坝面的坡脚线。

注意：坝面上高程44m的等高线与坝顶（高程45m）高差为1m，它与坝顶边线的水平距离应为平距3m。

(3)求下游土坝的坡脚线　下游坝面的坡脚线与上游坝面的坡脚线求法基本相同。应注意坝顶与马道间坝面坡度为1∶2，马道以下坝面坡度为1∶2.5，应按相应坝面的坡度确定等高线间的水平距离；不要漏画马道。

(4)完成土坝的标高投影　画出上、下游坝面上的示坡线，注明坝顶、马道高程和各坝面坡度。

【例5-8】 需在所给的山坡上修建一个水平广场，形状和高程如图5-21所示，广场的高程为25m，填方边坡坡度为1∶2，挖方边坡坡度为1∶1.5。求作填、挖方坡面的边界线及各坡面交线。

【解】 分析：如图5-21a)所示，因为水平广场高程为25m，所以地面上高程为25m的等高线是挖方和填方的分界线，它与水平广场边线的交点C、D就是填、挖边界线的分界点。挖方部分在地面高程为25m的等高线北侧，其坡面包括一个倒圆锥面和两个与它相切的平面，因此，挖方部分只有开挖线，没有坡面交线。填方部分在地面高程为25m的等高线南侧，其边坡为三个平面，因此有三段坡脚线（曲线）和两段坡面交线（直线）。

作图过程如图5-21所示。

由于地形图上等高线的高差为1m，所以填方、挖方坡面上的等高线高差也取1m。挖方边坡坡度为1∶1.5，则相邻等高线间的平距为1.5m；填方边坡坡度为1∶2，相邻等高线间的平距为2m。

(1)求挖方边界线（开挖线）。以广场的半圆圆心为圆心，以挖方边坡平距1.5m为半径差，画同心圆，得倒圆锥面的标高投影，高程分别为26、27……；画出两侧平面挖方边坡的等高线。注：两侧平面坡面上的等高线与同心圆弧相切。求出开挖坡面与地面相同高程等高线的交点，将各交点连成光滑曲线，即为开挖线。如图5-21c)所示。

(2)求填方边界线和坡面交线。由于填方相邻坡面的坡度相同，因此坡面交

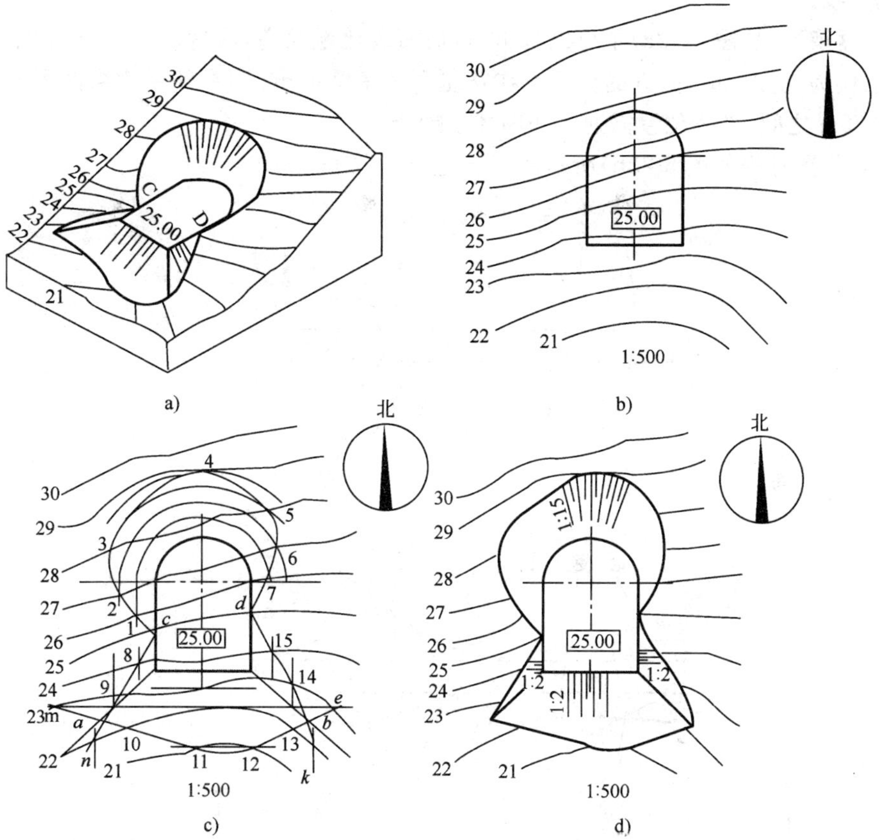

图 5-21　求作水平广场的坡脚线、开挖线及坡面交线

a)空间示意图；b)已知条件；c)作图过程；d)作图结果

线为 45°斜线。据填方边坡平距 2m，画出三个边坡的等高线。分别求出各坡面的等高线与地面上相同高程等高线的交点，顺次连接交点 C-8-9-n，m-10-11-12-13-e，k-14-15-d，可得填方的三段坡脚线。

应当注意：两相交坡面的坡脚线与坡面交线应汇交于一点（如图 5-21c）中的 a 及 b 点），即三面共点。确定点 a 的方法可先作 45°坡面交线，然后连接坡脚线上的点，使相邻两段坡脚线通过坡面交线上的同一点 a，即三线共点。确定点 b 的方法与其相同，如图 5-21c）所示。

（3）画出各坡面的示坡线，并注明坡度，如图 5-21d）所示。

【例 5-9】 在地形面上修筑一斜坡道，路面位置及路面上等高线的位置如图 5-22a）所示，其两侧的填方坡度为 1∶2，挖方坡度为 1∶1.5，求各边坡与地面的交线。

【解】 从图 5-22a)中可以看出，路面西段比地面高，应为填方；东段比地面低，应为挖方。填、挖方的分界点在路北边缘高程 69m 处，在路南边缘高程 69m 和 70m 之间，准确位置需通过作图才能确定。

作图过程如图 5-22b)所示。

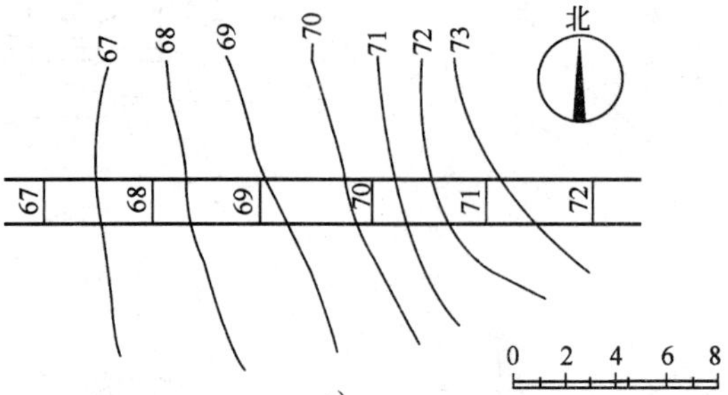

a)

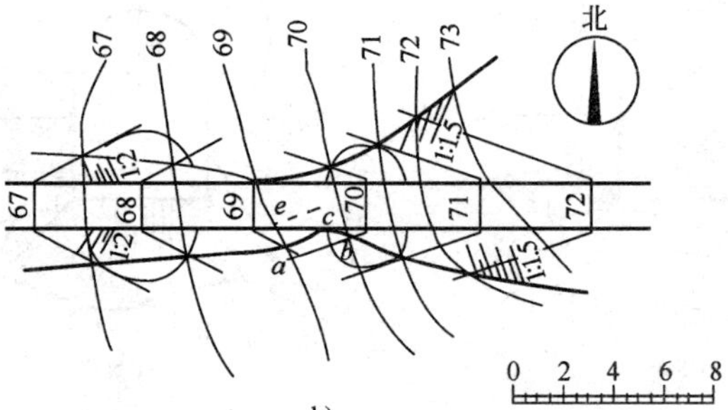

b)

图 5-22 求斜坡道的坡面与地面的交线

(1)作填方两侧坡面的等高线 因为地形图上的等高距是 1m，填方坡度为 1∶2，因此应在填方两侧作平距为 2m 的等高线。其作法是：在路面两侧分别以高程为 68m 的点为圆心，平距 2m 为半径作圆弧，自路面边缘上高程为 67m 的点分别作该圆弧的切线，得出填方两侧坡面上高程为 67m 的等高线。再自路面边缘上高程为 68m、69m 的点作此切线的平行线，即得填方坡面上高程为 68m、69m 的等高线。

(2)作挖方两侧坡面的等高线 挖方破面的坡度为 1∶1.5，等高线的平距是 1.5m。求法同填方坡面，但等高线的方向与填方相反，因为求挖方坡面等高线的辅助圆锥面为倒圆锥面。

(3)作坡面与地面的交线 确定地面与坡面上高程相同等高线的交点，并将这些交点依次连接，即得坡脚线和开挖线。但路南的 a、b 两点不能相连，应与填、挖方分界点 c 相连。求点 c 的方法：假想扩大路南挖方坡面，自高程为 69m 的路面边缘点再作坡面上高程为 69m 的等高线（图中用虚线表示），求出它与地面上高程为 69m 的等高线的交点 e，则 b、e 的连线与路面边缘的交点即为 c 点。也可假想扩大填方坡面，其结果相同。

（4）画出各坡面的示坡线，注明坡度。

【例 5-10】 在地面上修建一斜坡道，填挖方边坡标准断面如图 5-23a）所示，用地形断面法求作道路坡面的坡边线（比例 1∶250）。

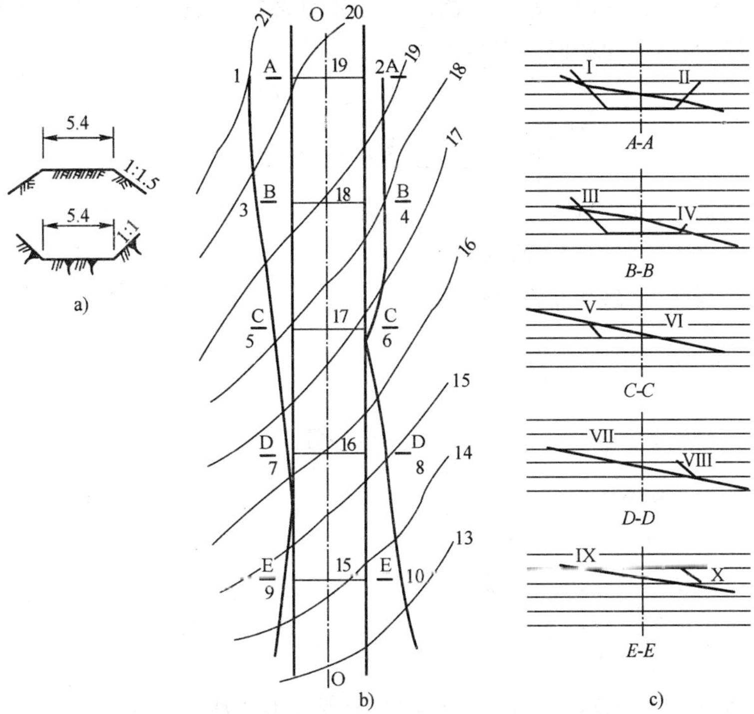

图 5-23　用断面法求斜坡道的坡面与地面的交线

a）道路标准断面；b）道路标高及边坡线；c）断面图

【解】 地形断面法求填挖方的边界线，就是在道路上每隔一定距离作一个与道路中心线垂直的铅垂面，由于同时剖切了地面与道路，所得的地形断面与道路断面图的交点，就是填方和挖方坡边线上的点。

作图过程如图 5-23b）、c）所示：

（1）过道路高程为 19m 的道路中线作一垂直的铅垂面 A-A，标注剖切位置线及编号 A。

(2)与地形图一样的比例作 *A-A* 断面图；并在此断面上定出道路的中心线位置，按所给的标准断面图，画出该处的道路断面图。

(3)在 *A-A* 断面上，标出道路断面与地形表面轮廓线的交点 *I*、*II*（如图 5-23c)所示)；然后在地形图的 *A-A* 剖切线上量取 01、02，分别等于 *A-A* 断面图上 *I*、*II* 两点至道路中心线的距离，得出 1、2 两点，就是开挖线上的两个点(如图 5-23b)所示)。

(4)同理，作断面 *B-B*、*C-C*、*D-D*、*E-E*，可作出开挖线或坡脚线上的点 3、4、5、6、7、8、9、10，将同侧的诸点依次连成光滑的曲线，即为所求。连线时注意填方与挖方的分界点(作法同上例)。

本章小结

在建筑工程的设计和施工过程中，常常会遇到表示地面起伏状况的地形图，需要在图上表示或确定工程建筑物的形状、位置，并解决有关工程问题。本章主要介绍了直线、平面和立体的标高投影及其表示方法以及建筑物标高投影的绘制方法等内容。

思考题

1. 什么是标高投影？它的特点是什么？标高投影的三要素是什么？

2. 什么是直线的坡度与平距？它们之间的关系如何？

3. 在标高投影中表示直线的方法有几种？

4. 平面内的等高线有什么特点？平面内的坡度与等高线关系如何？在标高投影中表示平面的方法有几种？

5. 地形图上的等高线有什么特性？地形断面图如何求作？

6. 怎样作平面与平面、平面与曲面、平面与地形面、曲面与地形面的交线？

第六章 建筑形体的表达方法

【本章能力目标、知识目标与学习要求】

在生产实践中，仅用三视图有时难以将复杂形体的外部形状和内部结构完整、清晰的表达出来。为了便于绘图和读图，需增加一些投影图，为此，建筑制图标准规定了多种表达方法，如剖面图、断面图等，画图时可根据具体情况适当选用。

通过本章的学习，使学生对基本视图和常用辅助视图以及第三角投影有所了解，了解组合体的概念和组成，掌握组合体三面投影图的绘制方法、组合体的尺寸标注，掌握组合体投影图的识读技巧。掌握剖面图、断面图的形成、标注和画法，了解剖面图、断面图的种类和识读方法；了解投影图一些常用的简化画法。

【学习要求】

要培养自己绘制与识读组合体的能力，通过大量的相关习题的练习来形成与提高空间想象能力。多看组合体的模型，选择不同类型的实例进行分析，进行由立体到视图，由视图到立体的循环练习，提高绘图与识图能力。形体分析法和线面分析法是组合体画图和看图的基本方法，也是最有效的方法。关键在于要在解题过程中自觉地运用，只有通过实践才能理解和掌握。在学习视图、剖面图、断面图等内容时，具体画法和规则多，应树立明确的工程意识和规范意识，从工程实际出发理解各项规定的意义，并注意各种表达方法之间的联系与区别。

第一节　组合体的视图

一　组合体视图概述

建筑物及其构配件的形状是多种多样的，虽然某些构配件的形体比较复杂，但经过分析都可以看作是由若干个基本形体（几何体）叠加而成，或由一个基本形体切去一个或若干个基本形体而成。这种由基本形体通过叠加或者切割或者既有叠加又有切割组合而成的立体，称为组合体，如图 6-1 所示。

在建筑工程图中，通常将组合体或建筑形体的投影称为视图，将组合体的三面投影图称为三面视图或三视图。将正面投影、水平投影、侧面投影分别称为正立面图、平面图、左侧立面图。用正投影法绘制的组合体视图仍然符合投影图三等关系：正立面图与平面图长对正；正立面图与左侧立面图高平齐；左侧立面图与平面图宽相等，前后对应。

1. 组合体的组合形式

(1)叠加型

组合体由两个或两个以上的基本形体按某种方式叠加而成。如图 6-1a)所示的组合体可看成是水平放置的长方体 I 和竖直放置的长方体 II，以及三棱柱 III 叠加而成。

(2)切割型

组合体由一个立体切去若干个基本形体而形成。如图 6-1b)所示的组合体可看作是由原长方体切去三棱柱 I 和三棱柱 II 而形成。

(3)混合型　形状比较复杂的形体，常常是由叠加和切割形成的，也就是形成这样的组合体时，既用了叠加的组合形式，也用了切割的组合形式。如图 6-1c)所示的基础由底板四棱柱 I、中间四棱柱 II 挖去一楔形块 IV 和六块梯形肋板 III 组成。

将复杂的形体看作由基本形体通过叠加和切割方式而形成，只是一种分析形体的方法，实际上，组合体是一个整体，将它看作由若干个基本形体叠加或切割去若干个基本形体，仅是一种假设，是为了理解它的形状而采用的一种分析手段。

2. 基本视图

对于某些工程形体，画出三视图还不能完整和清晰地表达其形状时，则要增设新的投影面，画出新的投影面的视图来表达。

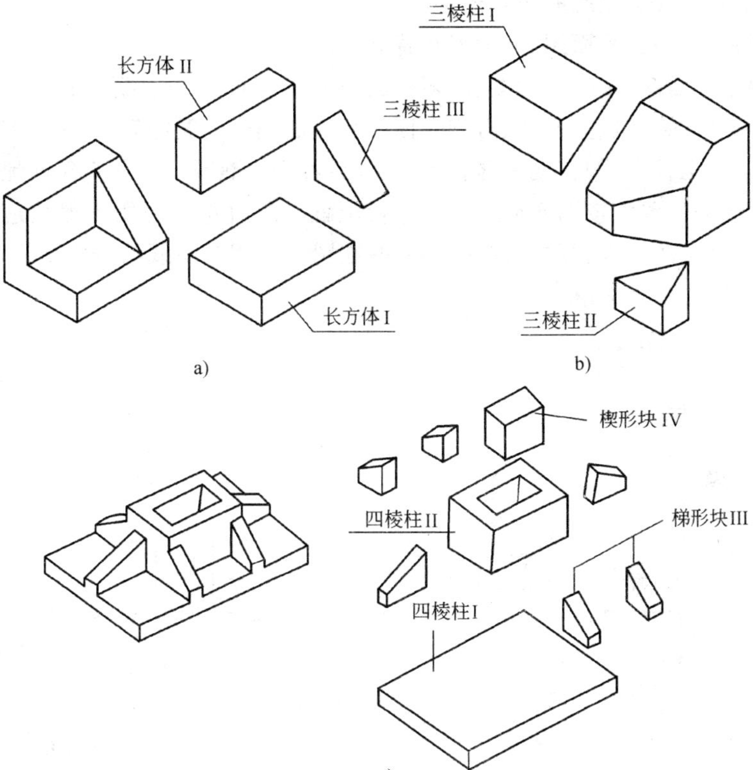

图 6-1　组合体的组合形式

a)叠加型；b)切割型；c)混合型

根据《房屋建筑制图统一标准》(GB/T 50001—2010)的规定，房屋建筑的视图，应按正投影法并用第一角画法绘制。形体向基本投影面投影所得的视图，称为基本视图。国家标准中规定正六面体的六个面为基本投影面，将形体放在六面体中，然后向各基本投影面进行投影，即得到六个基本视图。自前方 A 投影称为正立面图，自上方 B 投影称为平面图，自左方 C 投影称为左侧立面图，自右方 D 投影称为右侧立面图，自下方 E 投影称为底面图，自后方 F 投影称为背立面图，如图 6-2 所示。

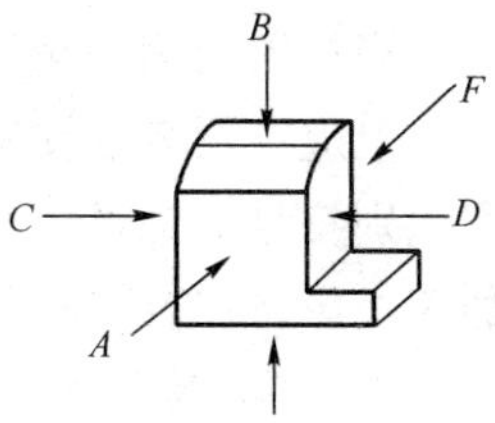

图 6-2　视图的形成

与三视图一样，六个基本视图之间仍然保持着内在的投影联系，即“长对正、高平齐、宽相等”的三等规律，如图 6-3 所示。

六个基本视图之间的投影规律为：

(1)正立面图、平面图、底面图和背立面图——长对正。

(2)正立面图、左侧立面图、右侧立面图和背立面图——高平齐。

(3)平面图、左侧立面图、右侧立面图和底面图——宽相等。

在实际工程中，如在同一张图纸上绘制若干个视图时，为了合理地利用图纸，各视图的位置宜按图 6-4 的顺序进行配置。此时每个视图一般均应标注图名。图名宜标注在视图的下方或一侧，并在图名下用粗实线绘一条横线，其长度应以图名所占长度为准。

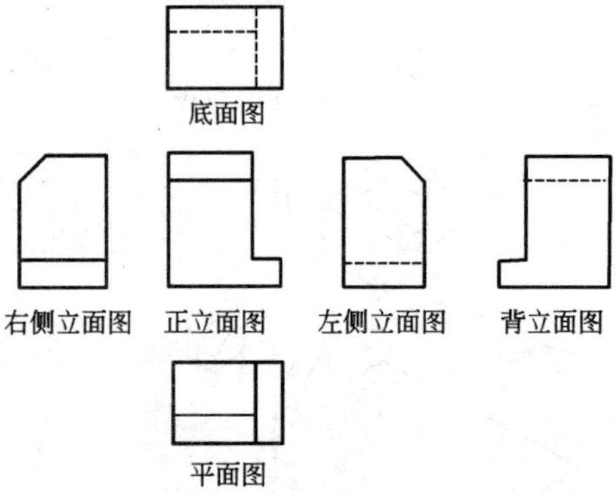

图 6-3　六视图投影关系

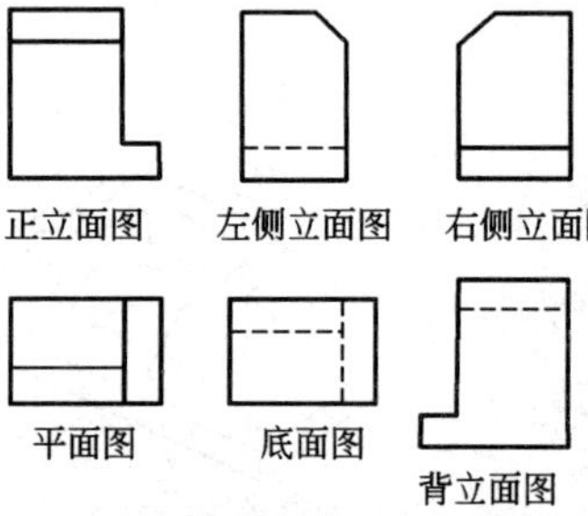

图 6-4　六视图的配置

国标中规定了六个基本视图，并非每个建筑形体都要用六个基本视图来表示，应根据需要选择视图的数量。

3. 辅助视图

(1)镜像投影法

当视图用第一角画法绘制不易表达时，可用镜像投影法绘制，如图 6-5a)所示。但应在图名后注写“镜像”二字，如图 6-5b)所示，或按图 6-5c)画出镜像投影识别符号。镜像投影法属于正投影法。镜像投影是形体在镜面中的反射图形的正投影，该镜面应平行于相应的投影面。这种图常用于室内设计中吊顶的表示。图 6-5d)为基本视图中得到的该形体的平面图与底面图，供读者便于与镜像投影图作比较。

(2)旋转视图

假想把形体的倾斜部分旋转到与某一选定的基本投影面平行后，再向该投影面作投影而得到的视图称为旋转视图。

建(构)筑物的某些部分，有时与投影面不平行，如圆形、折线形、曲线形等，

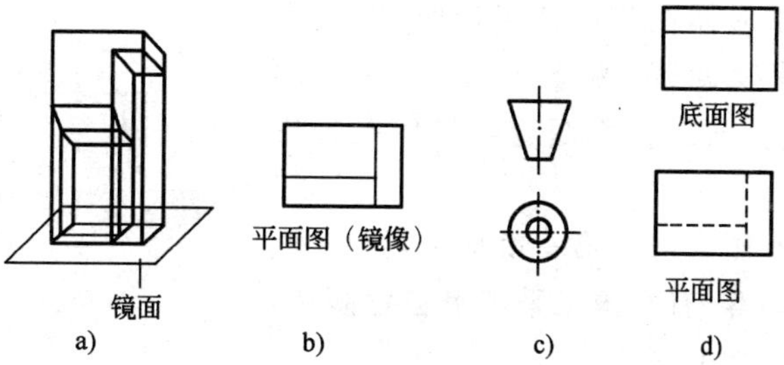

图 6-5　镜像投影法

在画立面图时，可将该部分转至与投影面平行，再以正投影法绘制，并在图名后注写“展开”二字。

如图 6-6a)所示的房屋模型，中间为回转体圆柱和半圆球的组合体，两翼为长方体。在画立面图时，要想使左翼平行于正立投影面，右翼就倾斜于正立投影面，其投影就不能反映其立面实形。若让右翼平行于正立投影面，左翼同样不能满足要求。为了能使画出的立面图同时反映两翼立面的真形，假想：左翼平行于正立投影面不动，将右翼绕中间回转体的回转轴旋转，旋转到平行于正立投影面的位置，如图 6-6b)所示，再用直接正投影法绘制，所得到的正立面图就能反映两翼立面的实形了。

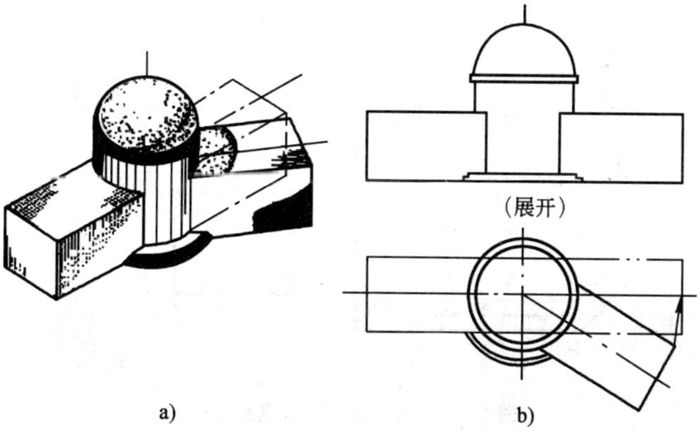

图 6-6　旋转视图

4. 第三角画法简介

三个相互垂直的投影面 V、H、W 延伸以后将空间划分为八个分角，如图 6-7 所示。将形体放置在第一分角内，并使其处于观察者与投影面之间而得到的多面正投影，称为第一角投影（或称第一角画法）。若将形体置于第三分角内，并使投影面处于观察者与形体之间而得到的多面正投影，则称为第三角投影（或称第三角画法）。形体在第三角投影时，观察者首先看到的是投影面（将投影面看成透明的），透过“玻璃”状的投影面看到形体在投影面上的投影。

世界上有些国家采用第一角画法，如我国、俄国和西欧各国等；有些国家采用第三角画法，如美国、日本、加拿大等。

第三角投影和第一角投影形成的三视图比较：

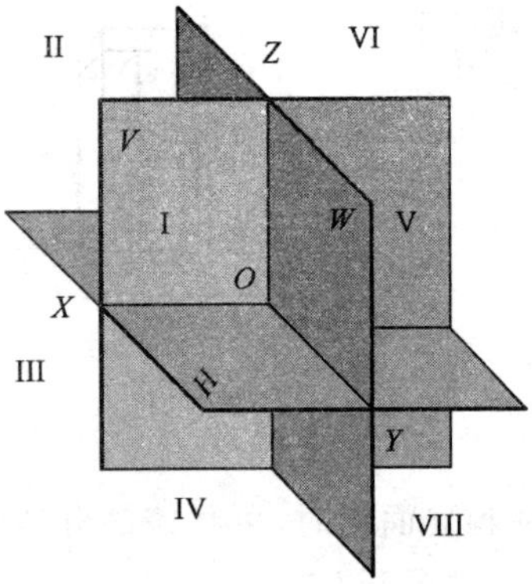

图 6-7 空间八个分角

(1)两种投影都是用正投影法将形体向三个相互垂直的投影面 V、H、W 投射。第一角画法是将形体置于第一分角内，按“观察者→形体→投影面”的相对位置向三个投影面投射，得到三视图，三视图名称为正立面图、平面图、左侧立面图，如图 6-8 所示；而第三角投影则是将形体置于第三分角内，按“观察者→投影面→形体”的相对位置向三个投影面投射而得到的三视图，三视图为正立面图、平面图、右侧立面图，如图 6-9 所示。

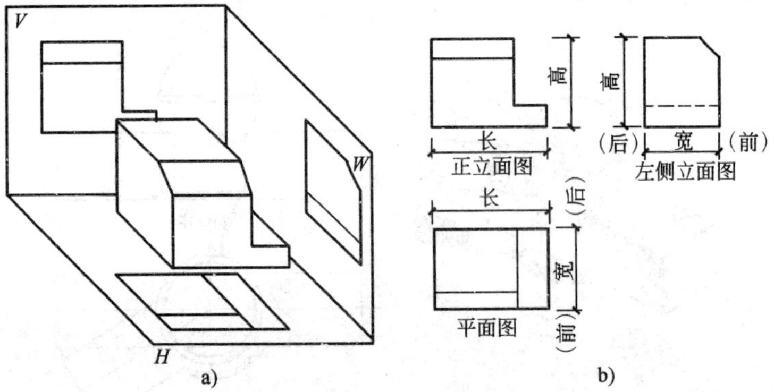

图 6-8 用第一角画法形成的三视图

a)将物体置于第一分角中，用正投影法投射；b)展开投影图后形成的三视图

(2)第三角画法规定，投影面展开摊平时 V 面不动，H 面向上旋转 90°、W 面向前旋转 90°与 V 面在一个平面上，如图 6-9 所示。当用第三角画法得到的各基本视图按图 6-9c)配置时，不需标注视图的名称，必要时可画出第三角投影的识别标志，如图 6-10 所示。

(3)第一角画法和第三角画法都是采用正投影，各视图之间仍保持“长

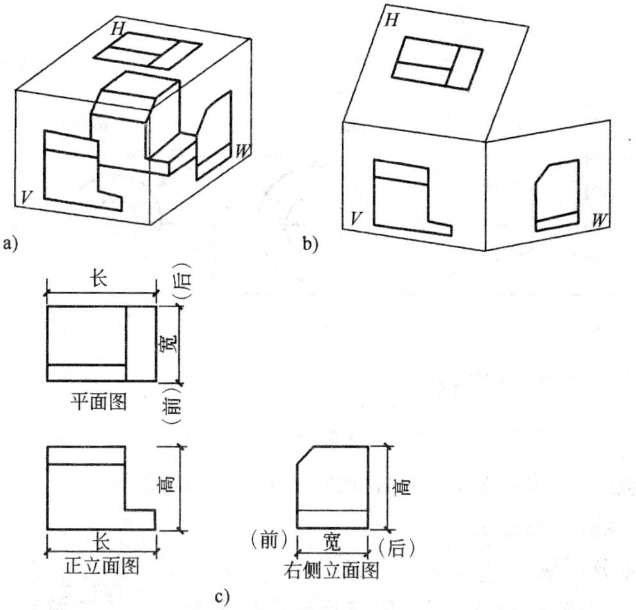

图 6-9　用第三分角投影形成的三视图

a)将形体置于第三分角，用正投影法投射；b)展开投影图；c)展开投影图后形成的三视图

对正、高平齐、宽相等”的对应关系。但在第三角画法各视图的配置中，靠近正立面图的一侧，表示物体的前面，远离正立面图的一侧，表示物体的后面。这与第一角画法“里后外前”正好相反(图 6-8b)与图 6-9c))，其他区别见表 6-1。

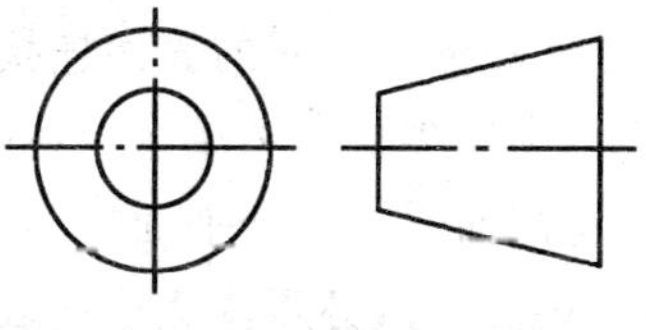

图 6-10　第三角投影识别符号

第一角画法与第三角画法比较　　表 6-1

不 同 点	第一角画法	第三角画法
形体位置	第一分角	第三分角
投影过程	观察者→形体→投影面	观察者→投影面→形体
展开投影面	V 面不动 H 面绕 OX 轴向下转 90° W 面绕 OZ 轴向右后转 90°	V 面不动 H 面绕 OX 轴向上转 90° W 面绕 OZ 轴向右前转 90°
三视图名称	正立面图、平面图、左侧立面图	正立面图、平面图、右侧立面图
三视图位置	若以正立面图为准 平面图在正立面图的正下方 左侧立面图在正立面图的正右方	若以正立面图为准 平面图在正立面图的正上方 右侧立面图在正立面图的正右方

续上表

不 同 点	第一角画法	第三角画法
平面图、左(右)侧立面图方位	靠近正立面为后方	靠近正立面为前方
识别符号	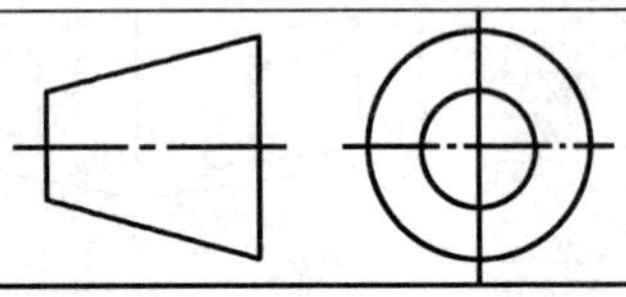	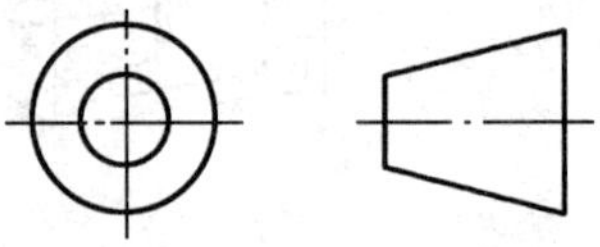

二 组合体视图的画法

绘制组合体的视图，首先应对组合体进行形体分析；其次选择视图；然后按一定的方法绘制底稿及校核；最后加深和复核，完成全图。

1. 组合体的形体分析

(1)形体分析法

为了便于研究组合体，可以假想将组合体分解为若干简单的基本形体，然后分析它们的形状、相对位置、表面连接关系以及组合方式，这种分析方法称为形体分析法。它是组合体画图、读图和尺寸标注的基本方法之一。

(2)形体之间的表面连接关系

由基本形体形成组合体时，不同基本形体原来有些表面将由于互相叠加或被切割而连成一个平面或不复存在，有些表面发生相切或相交等情况。在画组合体视图时，必须注意这些表面关系，才能不多画线，不漏画线。在读图时，必须看懂基本形体之间的表面连接关系，才能正确理解形体的形状。基本形体之间的表面连接关系，一般可分为相切、相交、平齐和不平齐四种情况。

①平齐。两基本形体的表面共面叠加连成一个平面时，相接处不存在分界线，在视图中平齐处不画线，如图 6-11a)所示。

②不平齐。两基本形体的表面不共面叠加，在视图中两个基本体之间应画出分界线，如图 6-11b)所示。

③相交。指两个基本形体彼此相交时表面产生交线(截交线或相贯线)，表面交线是它们的分界线。在视图中相交处应该画出交线，如图 6-11c)所示。

④相切。两个基本形体的表面(平面与曲面或曲面与曲面)相切，因为相切处是光滑连接的，在视图中相切处不画线，如图 6-11d)所示。

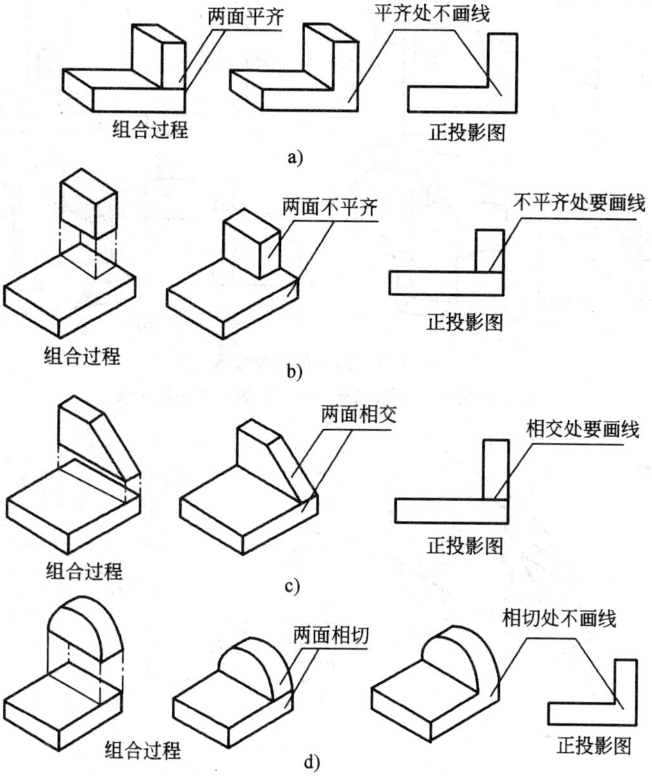

图 6-11　形体之间的表面连接关系

a)表面平齐；b)表面不平齐；c)表面相交；d)表面相切

2.组合体视图的选择

(1)选择安放位置

通常将组合体安置成自然位置，即它的正常使用位置，如图 6-12 所示。

(2)选择正立面图

①一般用垂直于该组合体的正面方向，或能反映组合体形状特征和它们之间相对位置关系的方向，作为正立面图的投射方向。对于整幢房屋，常用主要出入口所在的立面，或艺术处理最美观的立面作为正立面。

②使作出的视图，虚线少，图形清楚，如图 6-13 所示。

(3)选择视图数量

基本原则是用最少的视图把形体表达得清楚、完整。即：清楚、完整地图示整体和组成各部分的形状及其相对位置的前提下，视图的数量越少越好。

如图 6-14 所示，圆管接头可用两个视图表示；台阶用三面视图表示。

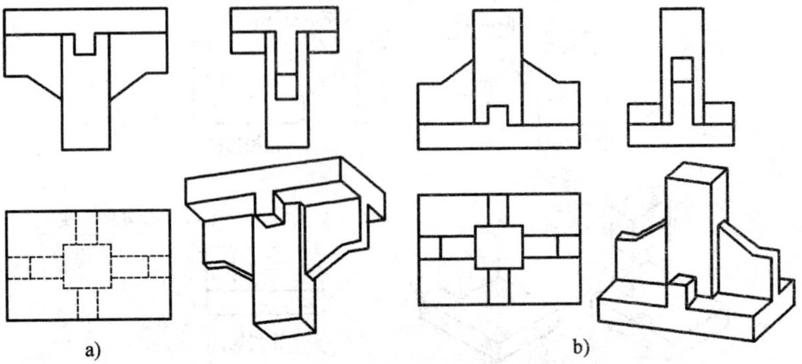

a)　　　　　　　　　　　　　　　　b)

图 6-12　形体的安放位置

a)梁柱节点的安放位置;b)柱及基础的安放位置

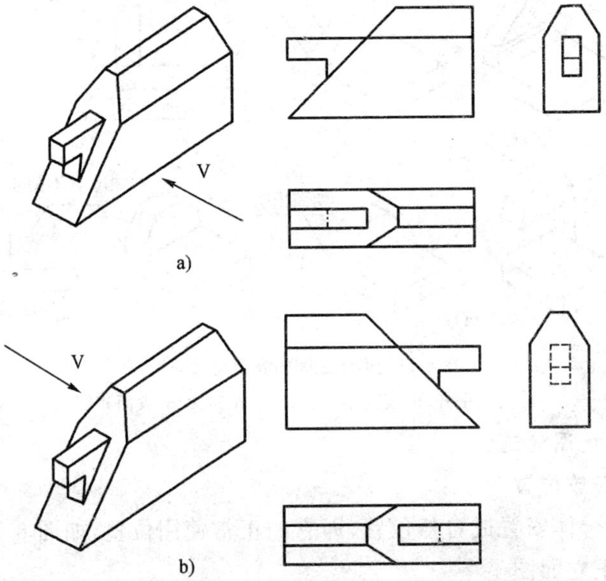

a)

b)

图 6-13　投影方向的选择

a)反映形体的形状特征;b)虚线较多

当房屋各向立面变化较大时,可采用四个、五个或更多的视图(参见建筑施工图)。

建筑形体的内部形状比较复杂,可考虑增加剖面图,或用剖面图代替部分视图(参见剖面图)。

3.组合体视图的画图方法与步骤

组合体视图的画法主要采用形体分析法,将形体分解为若干部分,弄清各组

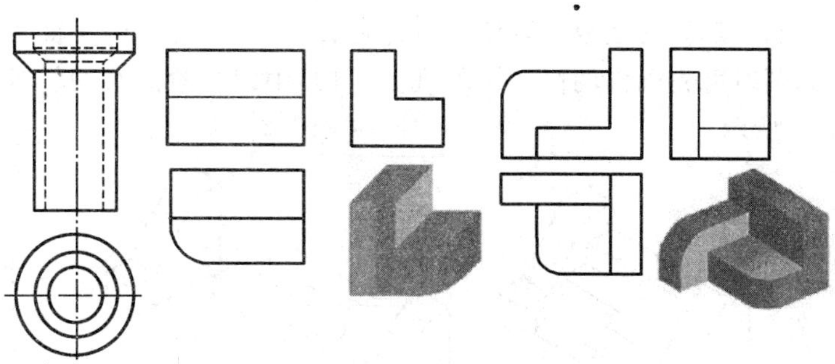

a)　　　　　　　　　　　　　　　　b)

图 6-14　投影图数量的选择

a)圆管接头;b)台阶

成部分的形状、相对位置、组合方式及表面连接关系,分别画出各部分的视图。对叠加型组合体可按照叠加法画图,切割型组合体采用切割法画图。

具体画图步骤一般为:

(1)选取画图比例、确定图幅

根据组合体的形状、大小和复杂程度等因素,选择适当的比例和图幅。有时也可以先选定图幅的大小,再确定比例。

(2)布图、画基准线

先固定图纸,画出图框和标题栏;然后根据视图的数量和标注尺寸所需的位置,把各视图匀称地布置在图幅内。如果形体是对称的,应先画出各视图的基准线、对称线,并依此均匀布图。

(3)绘制视图的底稿

根据组合体各基本形体的投影规律,逐个画出各基本形体的三视图。一般按照先较大形体后小形体、先实形体后虚形体(孔、槽等)、先轮廓后细部、先曲线后直线的顺序作图。在作每个基本形体的三面视图时,三个视图应联系起来画。先画最能反映形体(基本形体)特征的视图,再画其他两视图。每叠加或切割一个基本形体,就要分析与已画的基本形体的组合方式和表面连接关系,从而及时修正少画或多画的线条,提高正确率。

(4)检查、加深

底稿画完后,应进行仔细的检查。将三面视图与组合体进行对照。特别注意组合体是一个完整的形体,检查中应注意各基本形体的相对位置、组合方式及表面的连接关系。检查无误后,按规定的线型进行加深。

【例 6-1】 已知台阶的轴测图,画出它的三视图。

【解】 先进行形体分析。该台阶由左中右三部分叠加而成,绘图时可按叠加的方法绘制。形体的摆放位置按其自然位置，选择从台阶的正面为正立面视图方向。画图时可先画出两侧栏板的视图，再画中间台阶的视图。具体画图步骤如图 6-15 所示。

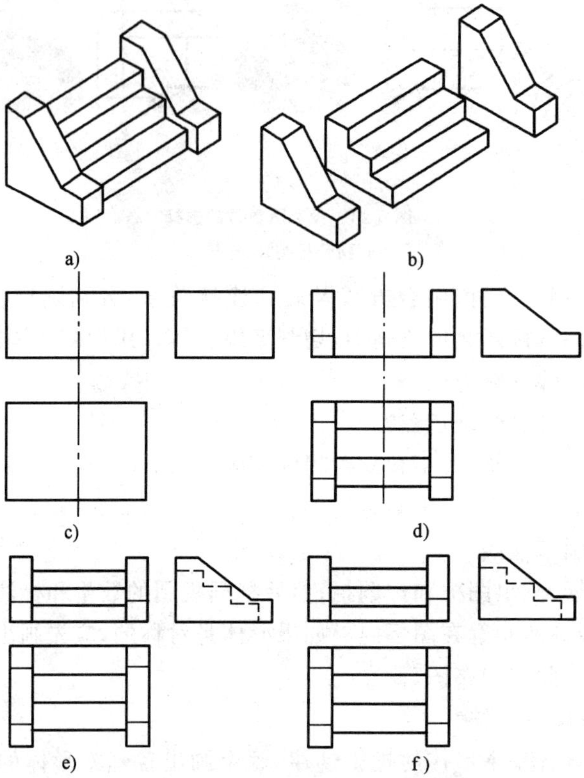

图 6-15　组合体投影图的画图步骤

a)已知形体；b)形体分析；c)布图，画基准线；d)画两侧栏板投影；e)画台阶的投影；f)检查、加深

【例 6-2】 作出基础的三视图。

【解】 先进行形体分析。该基础由底板四棱柱、中间四棱柱挖去一楔形块和六块梯形肋板组成。形体的摆放位置按其自然位置，画图时可依次按底板、叠加中间四棱柱、叠加六块梯形肋板、切割楔形块的步骤画出。详见图 6-16 所示。

4. 组合体视图的尺寸标注

由于组合体是若干基本形体通过叠加、切割等方式组合而成的，因此，标注组合体尺寸必须标注基本形体的尺寸和各基本形体之间的相对位置尺寸，最后，再考虑标注组合体的总尺寸。按这样的方法和步骤标注尺寸，就能完整地标注出组合体的全部尺寸。可见，只有在形体分析的基础上，才能完整地标注组合体的尺寸。

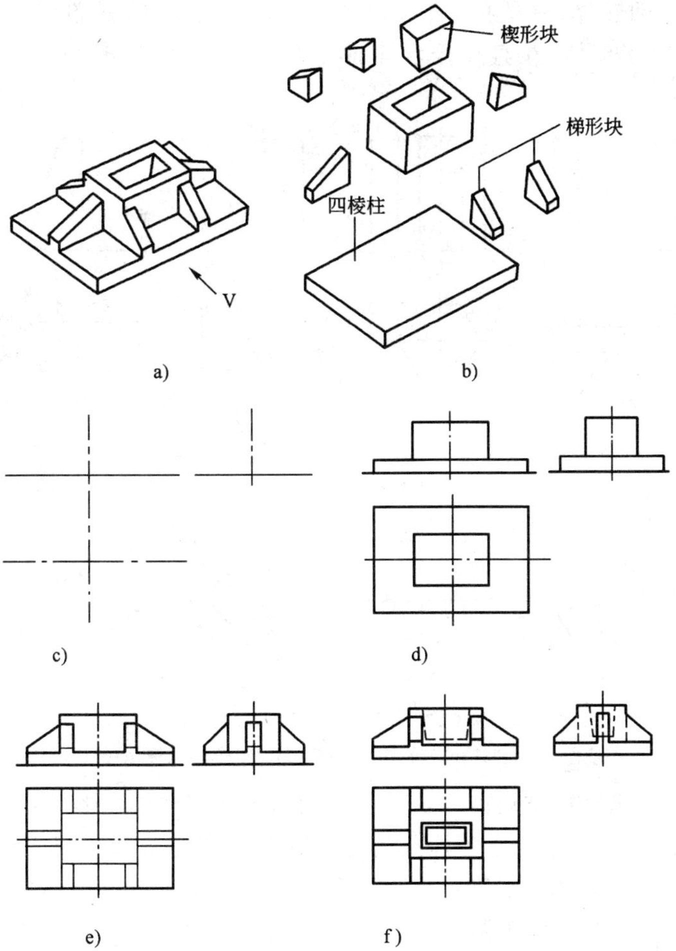

图 6-16　绘制肋式杯形基础视图

a)已知形体；b)形体分析；c)布图，画基准线；d)画底板及中间四棱柱的视图；e)画梯形肋板的视图；f)画楔形杯口的投影，并检查、加深

(1)基本形体的尺寸标注

任何基本形体都有长、宽、高三个方向的大小，基本形体一般只需标出长、宽、高三个方向的定形尺寸。如图 6-17 所示是几种常见的几何形体的尺寸注法示例。

①对于平面几何体，其长、宽尺寸宜注写在能反映其底面真形的平面图上，高度尺寸宜注写在反映高度方向的正立面图上，如图 6-17a)、b)、c)、d)所示。

②对于回转体，一般的，直径尺寸宜注写在非圆的视图中，数字前加注符号“Φ”；对于球体，在直径符号 Φ 前常加注字母 S，如图 6-17e)、f)、g)、h)所示。

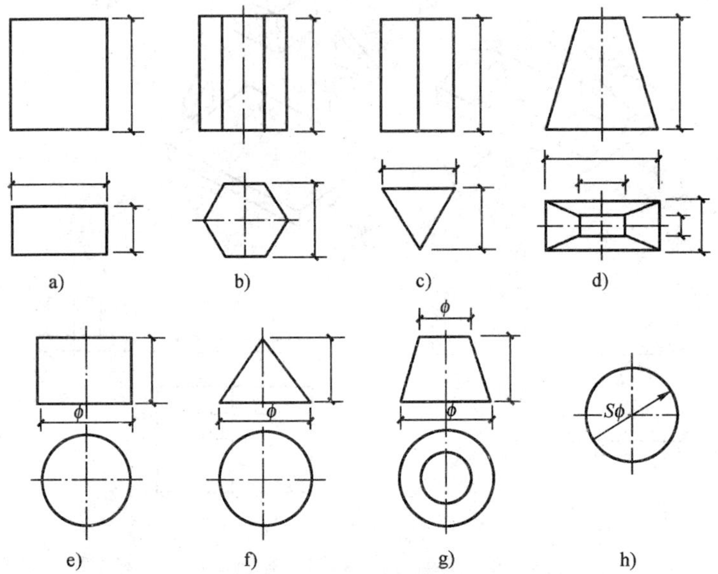

图 6-17　基本形体的尺寸标注示例

a)四棱柱；b)六棱柱；c)三棱柱；d)四棱台；e)圆柱；f)圆锥；g)圆台；h)球

③标注被截切或带切口的立体时，应标注基本形体的定形尺寸，并标注确定截平面位置的定位尺寸，而不标注截交线的尺寸；标注相贯体尺寸时，只注各个参与相贯的基本形体的定形尺寸以及确定参与相贯的基本形体之间的定位尺寸，不注相贯线的尺寸，如图 6-18 所示。

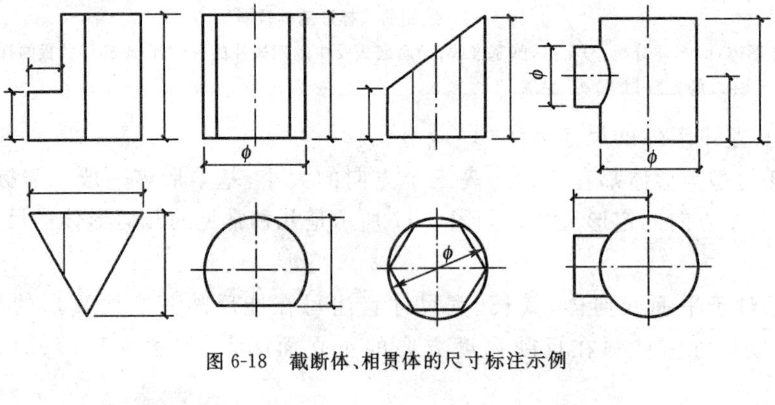

图 6-18　截断体、相贯体的尺寸标注示例

(2)组合体的尺寸标注

组合体的视图，虽然已经清楚地表达了形体的形状和各部分的相互关系，但还必须标注出足够的尺寸，才能明确形体的实际大小和各部分的相对位置。

组合体尺寸标注的基本要求是完整、清晰、合理。

①尺寸标注的方法

如前所述，在绘制组合体的视图时，常运用形体分析法把组合体分解成若干基本形体。在标注组合体的尺寸时，可以同样运用形体分析法分析组合体的尺寸。一般标注组合体的尺寸时，先对形体进行形体分析，然后顺序标注出定形尺寸、定位尺寸和总尺寸。

定形尺寸：确定形体各组成部分的形状、大小的尺寸。

定位尺寸：确定形体各组成部分之间的相对位置的尺寸。

总尺寸：确定形体的总长、总宽和总高的尺寸。

下面以图 6-19 所示的肋式杯形基础为例，说明组合体尺寸标注的步骤：

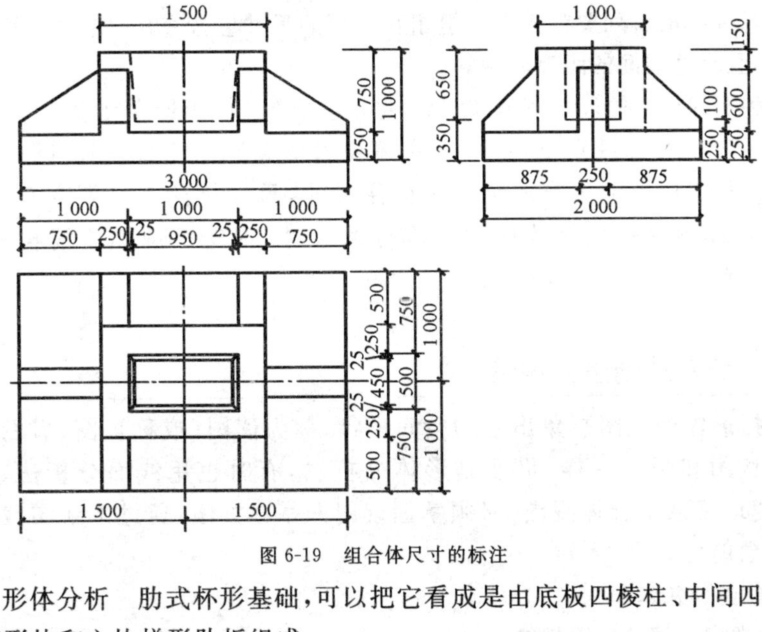

图 6-19　组合体尺寸的标注

a. 形体分析　肋式杯形基础，可以把它看成是由底板四棱柱、中间四棱柱挖去一楔形块和六块梯形肋板组成。

b. 标注定形尺寸　底板四棱柱的长 3 000、宽 2 000、高 250；中间四棱柱长 1 500、宽 1 000、高 750；前后肋板长 250、宽 500、高 600 和 100；左右肋板长 750、宽 250、高 600 和 100；楔形块(即楔形杯口)上底长 1 000 、宽 500 、下底长 950、宽 450、高 650 和杯口厚度 250 等。

c. 标注定位尺寸　中间四棱柱在底板四棱柱上，沿底板四棱柱的长、宽、高的定位尺寸分别是 750、500、250；杯口距离中间四棱柱的左右侧面 250，距离前后侧面 250；楔形块的高 650；左右肋板的定位尺寸是沿底板四棱柱宽度方向的 875、高度方向的 250，长度方向因左右肋板的端面与底板的左右端面对齐，不用标注。同理，前后肋板的定位尺寸分别是 750、250。

d. 标注总尺寸　肋式杯形基础的总长和总宽即底板的长 3 000 与宽 2 000，不用另加标注，总高尺寸为 1 000。

②尺寸标注应注意的几个问题

a. 应尽可能地将尺寸标注在反映基本形体形状特征明显的视图上。

b. 尺寸宜注写在图形轮廓之外，不宜与图线、文字及符号相交。但有些小尺寸，为了避免引出标注的距离太远，也可标注在图形之内。

c. 两视图的相关尺寸，应尽量注在两视图之间；一个基本形体的定形和定位尺寸应尽量注在一个或两个视图上，以便读图。

d. 尺寸线的排列要整齐。一组相互平行的尺寸应按小尺寸在内、大尺寸在外排列，且尺寸线间的距离应相等。

e. 为了使标注的尺寸清晰和明显，尽量不要在虚线上标注尺寸。

f. 一般不宜标注重复尺寸，但在需要时也允许标注重复尺寸。在建筑工程中，通常从施工生产的角度来标注尺寸，尺寸标注不仅要齐全、清晰，还要保证读图时能直接读出各个部分的尺寸，到施工现场不需再进行计算等。

三 组合体视图的识读

根据形体的视图想象出它的空间形状，称为读图（或称识图、看图）。组合体的读图和画图一样，仍然是形体分析法，有时也用线面分析法。要正确、迅速地读懂组合体视图，必须掌握读图的基本方法，通过不断实践，培养空间想象能力。

1. 读图的基本知识

（1）掌握视图的投影规律

视图的投影规律，即“长对正，高平齐，宽相等”的三等规律。因为组合体基本视图是按三等规律画出的，它的每一个组成部分的各个视图都符合三等规律，只有按照三等关系，才能正确地把各组成部分的各对应视图找出来，进而根据视图想象出各部分的形状。

(2)掌握基本形体的视图特征

熟练掌握基本形体的视图特征，就能利用三等规律迅速地判断基本形体的形状及其与投影面的相对位置，这是看懂组合体的基本条件。

(3)将几个视图联系起来看

在一般情况下，只看一个视图不能确定形体的形状；有时两个视图也不能确定形体的形状；只有将几个视图联系起来看，才能弄清楚形体的形状特征。

如图 6-20 所示，虽然它们的正立面图、平面图都相同，但左侧立面图不相同，形体的形状也不相同。

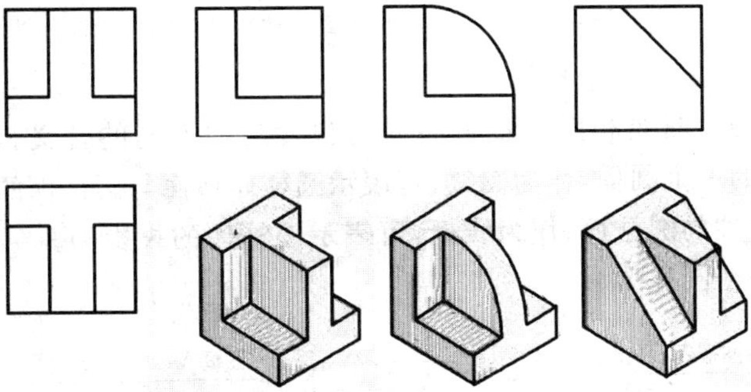

图 6-20　将已知投影联系起来看

(4)读图时应先从特征视图入手

特征视图就是反映形体的形状特征和位置特征最多的视图。抓住特征视图，就能在较短的时间内，对整个形体有一个大概的了解，对提高读图速度，很有帮助。如图 6-21 所示，正立面图是它的形状特征视图，而平面图则是它的位置特征视图，据平面图 6-21a)可确定组合体形状为图 6-21c)，据平面图 6-21b)可确定组合体形状为图 6-21d)。

(5)明确视图中封闭线框和图线的含义

视图上的一条线段的可能含义有：

①表示投影有积聚性的平面或曲面。

②表示两个面的交线。

③表示曲面投影的外形轮廓线。

视图上一个封闭线框可能有下述几种含义：

①表示一个投影为真形或类似形的平面。

②表示一个曲面。

③表示一个平面立体或曲面立体。

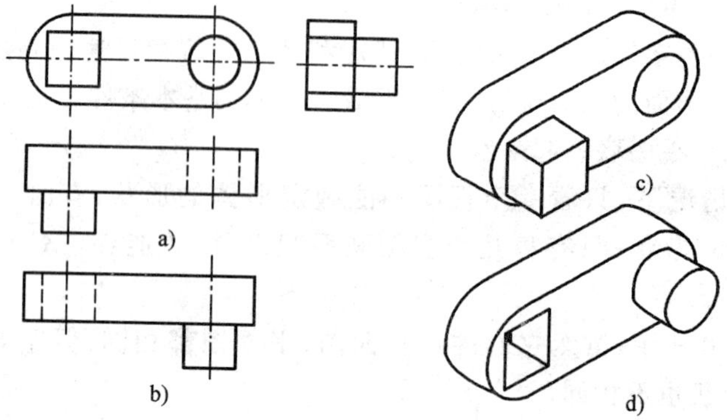

图 6-21　反映形体特征的组合体视图的读图

④表示形体上的一个孔洞或坑槽。

应注意:同一图线和图框也可能同时包含几种不同的含义。如图 6-22 所示,平面图中的一个圆周,作为图线,可表示圆柱体顶面与圆柱面的交线,也可表示投影有积聚性的圆柱面;作为线框,可表示圆柱体的投影为真形的顶面平面,也可以表示一个圆柱体。

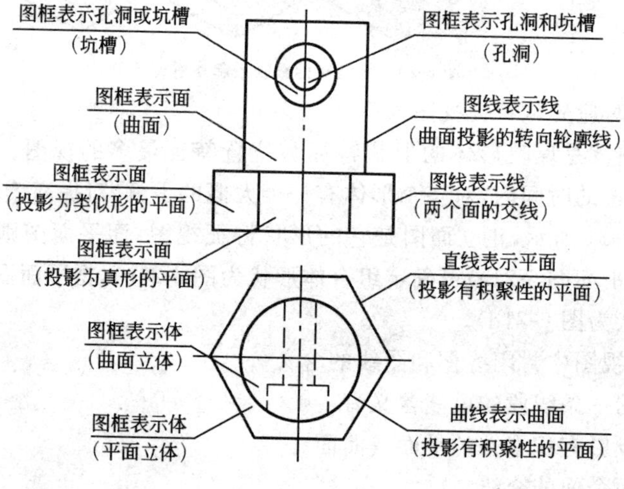

图 6-22　图线与图框的含义

2. 读图的基本方法与步骤

(1)读图的基本方法

组合体读图的基本方法有形体分析法与线面分析法。

①形体分析法

用形体分析法读图，就是在读图时，首先从反映形体形状特征明显的视图入手，将视图分解为若干部分，根据三等规律，找出每一部分的相关视图，然后根据各基本形体的投影特性，想象出每一部分的形状，最后根据整体视图，找出各部分之间的相互位置关系，综合起来想象出形体的空间形状。

【例 6-3】 试根据图 6-23a)想象出形体的形状。

【解】 如图 6-23a)所示，分析形体的三视图，可以以正立面图为主、结合其他视图进行。将正立面图划分成 1、2、3 三个封闭线框，如图 6-23a)所示，线框 1 的三面视图都是矩形，所以它是四棱柱，如图 6-23b)所示。线框 2 的正立面视图，上为半圆下为矩形，平面图和左侧立面图为矩形，可见它是半圆柱和四棱柱所组成，如图 6-23c)所示。线框 3 的正立面图是圆，平面图和左侧立面图是虚线组成的矩形，可判断它是个圆柱形空体，如图 6-23d)所示。将这三个部分综合起来进行分析，可得出该组合体整体形状是：下面是一个长方形四棱柱，上面是半圆柱和四棱柱组成，中间有一圆孔，如图 6-23e)所示。

②线面分析法

对于建筑工程中某些形状复杂的形体或建筑物，当用形体分析法读图感到有些困难时，常用线面分析法帮助读图。根据线、面投影特性，分析视图中的图线和线框的含义，想象出形体各表面的形状和相对位置关系，从而想象形体的细部或整体形状，这种读图方法称为线面分析法。

线面分析法较适用于表面不规则的形体或切割型组合体的读图。

【例 6-4】 试根据图 6-24a)所示的视图，想象出挡土墙的形状。

【解】 根据三面视图可以看出，挡土墙大致形状是由梯形块组成，具体形状可用线面分析法进行分析。

如图 6-24b)所示，特征视图(平面图)上可划分出 1、2、3 三个线框，分别找出它们在另外两个面上的对应投影，根据平面的投影特性，可知 I 面为水平面，II 面为侧垂面，III 面为正垂面。

由以上分析可知，该挡土墙的原始形状为一长方体，用侧垂面 II 和正垂面 III 切去左前角而成。

形体分析法和线面分析法是相互联系的，不能截然分开。对于比较复杂的图形，先从形体分析法获得形体的大致整体形象后，不清楚的地方针对每一条“线段”和每一个封闭“线框 ”加以分析，从而明确该部分的形状，弥补形体分析的不足。也就是以形体分析法为主，结合线面分析法，综合想象得出组合体的全貌。

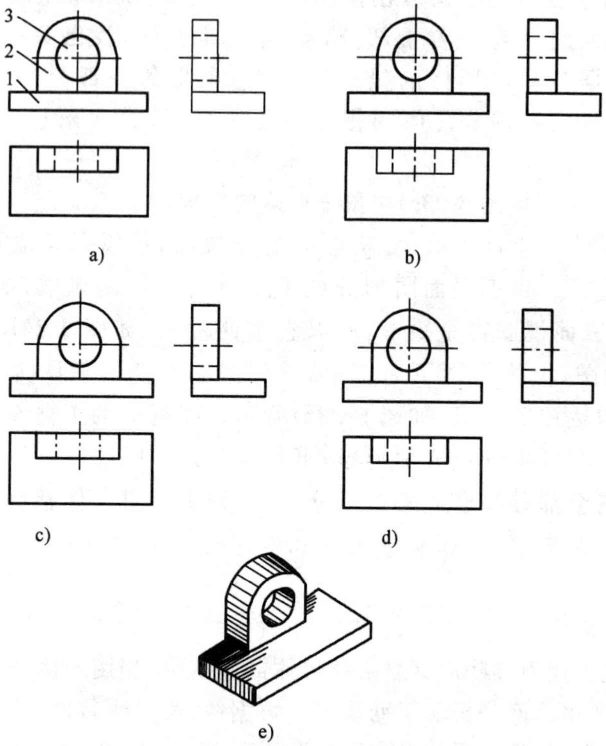

图 6-23　组合体的投影及形体分析法

a)三视图分线框；b)线框 1 在形体中的三投影；c)线框 2 在形体中的三投影；d)线框 3 在形体中的三投影；e)整体形状

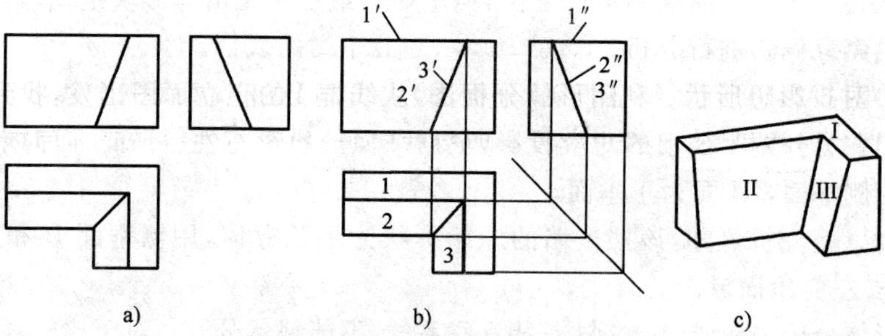

图 6-24　挡土墙的投影及线面分析

a)投影图；b)分线框、对投影；c)空间形状

(2)组合体的读图步骤

读组合体的视图时，一般按以下步骤进行：

①分析视图抓特征

根据组合体的视图和尺寸，初步了解组合体的大概形状和大小，找出反映形体特征的视图。

②分解形体对投影

从特征视图或正立面图入手，根据视图中的线框，适当地把它划分成几个部分，然后进一步分析各部分的形状和位置。

一般以形体分析法为主，线面分析法为辅。对于叠加型组合体较多采用形体分析法，对切割型组合体较多采用线面分析法。通常先用形体分析法获得组合体粗略的大体形象后，对于图中个别较复杂的局部，再辅以线面分析法进行较详细的分析，有时还可以利用所注尺寸帮助分析。

③综合起来想整体

通过投影分析(形体分析和线面分析)在逐个看懂各组成部分形状的基础上，进一步分析各基本形体的组合方式、相对位置、表面连接关系等，综合起来想出整个组合体的形状。

④检查图形定结果。

将已知视图与想象出的组合体进行核对，如无矛盾，形状确定；如有矛盾，进一步分析修正。

下面以图 6-25a)所示的组合体投影为例，介绍读图的过程.

【例 6-5】 识读图 6-25a)所示的组合体视图。

【解】 (1)分析视图抓住特征　如图 6-25a)所示，正立面图较多地反映了形体特征，因此，将该视图分成 I、II、III、IV、V 五个封闭线框。

(2)对投影想形状　利用形体分析法，从线框 I 的正立面图出发，找到另外两个视图的对应投影，可看出这是一四棱柱底板，如图 6-25b)所示。同理，可判断出线框 II 和线框 V 各为一半圆柱体，如图 6-25c)所示。线框Ⅲ是一个前后为斜面的四棱柱，如图 6-25d)所示。

线框 IV 的左侧立面图前后各为虚线的四边形，说明是凹进去的，平面图是前后两个矩形，利用线面分析法可知线框 IV 表示在线框 III 这个四棱柱的前面和后面各挖掉一个四棱柱，如图 6-25e)所示。

(3)综合起来想整体　根据各基本形体在组合体中的位置，结合线面分析，即可想象出该组合体的整体形状，如图 6-25f)所示。

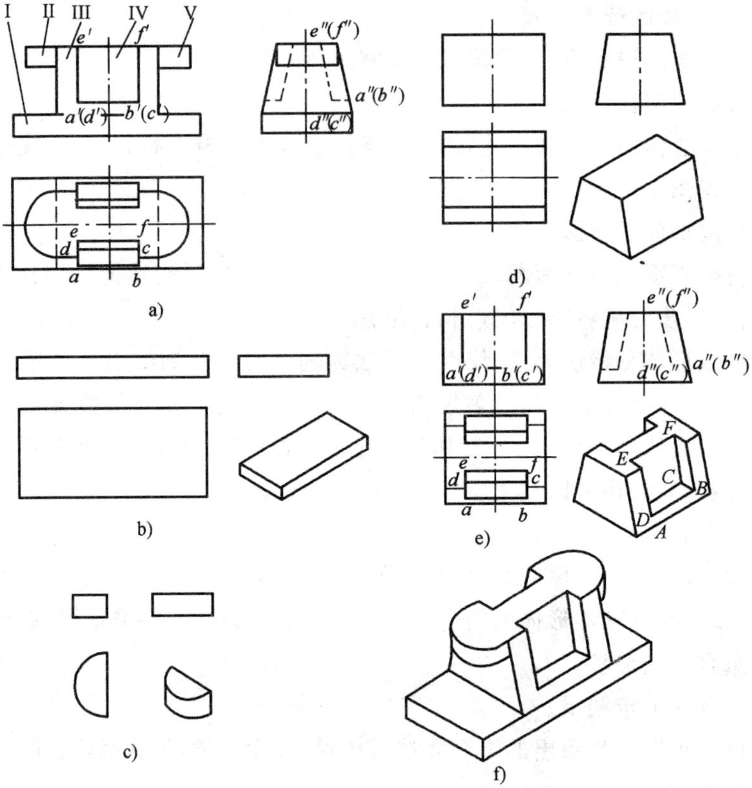

图 6-25 组合体视图的识读

a)三视图分线框；b)线框 I—四棱柱底板；c)线框 II—半圆柱；d)线框 III—四棱柱；e)线框 IV—挖掉两块四棱柱；f)综合想象整体形状

3. 训练读图的方法

补图、补线是训练看图的一种辅助方法。工程技术人员的综合审图能力是通过看图实践逐渐积累的。补图、补线就是根据给出的两视图、缺线的三视图，依据投影规律，通过分析(形体分析或线面分析)，看懂具有缺图或缺线的视图，想象形体的形状，补出所缺的视图或视图中的缺线。

【例 6-6】 补绘形体平面图(如图 6-26a))中所缺少的图线。

【解】 (1)根据已知条件，运用投影规律进行初步分析，该形体分前后两大部分，以正立面图为基础，将形体分成 I、II 两大部分，如图 6-26a)所示。

(2)进一步分析：I 形体是正面投影为直角梯形的一个四棱柱；II 为槽形柱体。将 I 、II 两形体前后叠加即为该形体，如图 6-256b)所示。

(3)根据想象的立体，依据“三等”投影规律，补绘形体的平面图，如图 6-26c)所示。

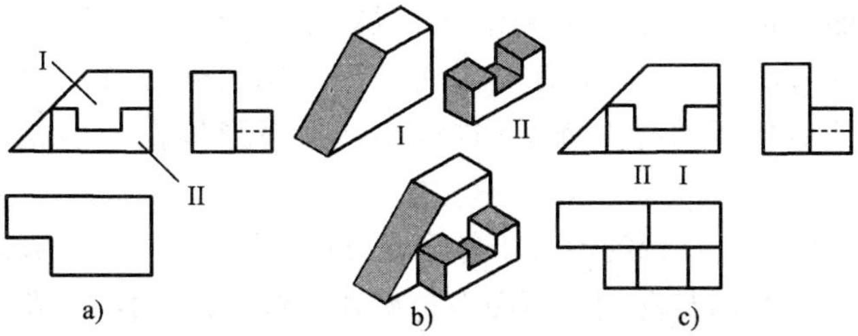

图 6-26　补绘形体平面图中缺少的图线

a)已知条件；b)想象立体图；c)补绘平面图

在补图补线练习中，分析视图中线框视图时，视图中一个封闭线框一般情况下表示一个面的投影，线框套线框，则可能有一个面是凸出的、凹下的、倾斜的，或者是打通的孔，如图 6-27a)所示。两个线框相连，表示两个面高低不平或相交，如图 6-27b)所示。

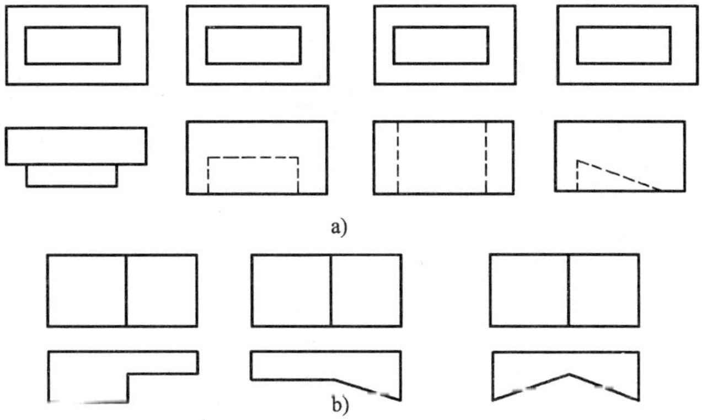

图 6-27　形体表面相对位置关系

a)线框套线框；b)线框相连

第二节　剖　面　图

一 概念及基本规定

1. 剖面图的形成

在绘制建筑形体的视图时，由于建筑物、构筑物及其构配件的内外形状比较复杂，如一幢楼房，内部有各种房间、走廊、楼梯、门窗等许多构配件，视图中往往有较多虚线，会使图中虚实线交错，给画图、看图及标注尺寸带来不便。为了能直接表达形体内部形状，假想用一个剖切平面，在形体的适当部位将其剖开，并将处于观察者与剖切平面之间的部分移去，将剩余部分投射到与剖切平面平行的投影面上，这种剖切后对形体作出的视图，称为剖面图（或剖视图）。

如图 6-28 所示为一钢筋混凝土杯形基础的视图，由于这个基础有安装柱子用的杯口，在正立面图与左侧立面图上都出现了虚线，图面不清晰。假想用一个通过基础前后对称面的正平面 P，将基础剖开，移走剖切平面 P 和观察者之间的部分，如图 6-28b）所示。将留下的后半个基础向 V 面投射，所得视图即为基础剖面图，如图 6-28c）所示。比较原视图中的正立面图与 1-1 剖面图，就可看到在剖面图中，基础内部的形状、大小、构造，杯口的深度和杯底的长度都表示得一清二楚。

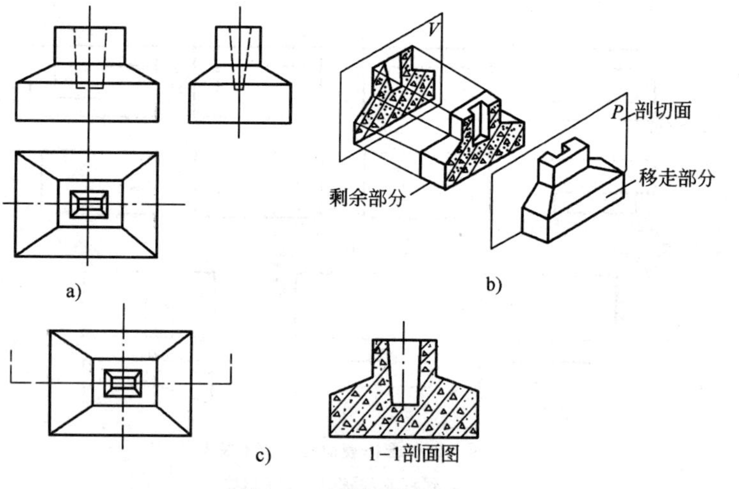

图 6-28　剖面图的形成

a）杯形基础投影图；b）剖面图的形成；c）剖面图

2. 有关规定

国家标准规定，剖面图除应画出剖切面切到部分的图形（断面）外，还应画出沿投射方向没有切到但能看到的部分。形体被剖切后得到的断面轮廓线用粗实线绘制，剖切面没有剖切到、但沿投射方向可以看到的部分，用中实线绘制。在断面上应画出建筑材料图例，以区分断面与非断面部分。各种建筑材料图例必须遵照“国标”规定的画法，常用建筑材料图例见表 6-2。当不需要表明建筑材料的种类时，可用间隔均匀的 45°细实线表示的剖面线绘制。在同一组合体的各个图样中，断面上的图例线应间隔相等、方向相同。

常用建筑材料图例 表 6-2

序号	名称	图例	备注
1	自然土壤	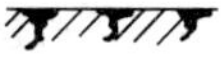	包括各种自然土壤
2	夯实土壤		
3	砂,灰土	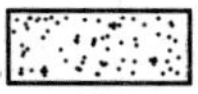	靠近轮廓线绘较密的点
4	砂砾石、碎砖三合土	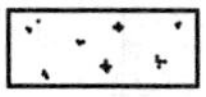	
5	石材		
6	毛石		
7	普通砖	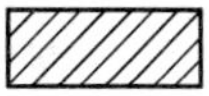	包括实心砖、多孔砖、砌块等砌体,断面较窄不易绘出图例线时,可涂红
8	耐火砖	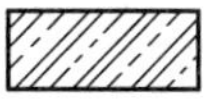	包括耐酸砖等砌体
9	空心砖		指非承重砖砌体
10	饰面砖	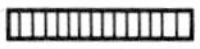	包括铺地砖、马赛克、陶瓷锦砖、人造大理石等
11	燃渣、矿渣	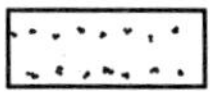	包括与水泥、石灰等混合而成的材料
12	混凝土	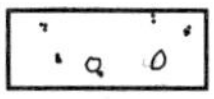	1. 本图例指能承重的混凝土及钢筋混凝土 2. 包括各种强度等级、骨料、添加剂的混凝土 3. 在剖面图上画出钢筋时,不画图例线 4. 断面图形小,不易画出图例线时,可涂黑
13	钢筋混凝土		
14	多孔材料		包括水泥珍珠岩、沥青珍珠岩、泡沫混凝土,非承重加气混凝土、软木、蛭石制品等
15	纤维材料	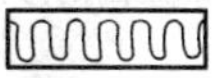	包括矿棉,岩棉、玻璃棉、麻丝、木丝板、纤维板等
16	泡沫塑料材料	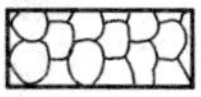	包括聚苯乙烯、聚乙烯、聚氨酯等多孔聚合物类材料
17	木材	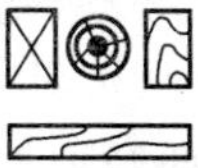	1. 上图为横断面,上左图为垫木、木砖或木龙骨 2. 下图为纵断面
18	胶合板	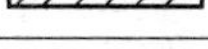	应注明为×层胶合板
19	石膏板		包括圆孔、方孔石膏板、防水石膏板等

续上表

序　　号	名　　称	图　　例	备　　注
20	金属		1. 包括各种金属 2. 图形小时，可涂黑
21	网状材料		1. 包括金属、塑料网状材料 2. 应注明具体材料名称
22	液体	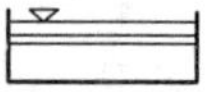	应注明具体液体名称
23	玻璃		包括平板玻璃、磨砂玻璃、突丝玻璃、钢化玻璃、中空玻璃、加层玻璃、镀膜玻璃等
24	橡胶		
25	塑料		包括各种软、硬塑料及有机玻璃等
26	防水材料		构造层次多或比例大时，采用上面图例
27	粉刷		本图例采用较稀的点

注：序号 1、2、5、7、8、13、14、16、17、18 图例中的斜线、短斜线、交叉斜线等一律为 45°。

据《房屋建筑制图统一标准》(GB/T 50001—2010)的规定，两个相同的图例相接时，图例线宜错开或使倾斜方向相反，如图 6-29a)所示。由不同材料组成的同一构筑物，剖切后，在相应的断面上应画不同的材料图例，并用粗实线将处在同一平面上两种材料的图例隔开如图 6-29b)所示。当断面的范围很小时，材料图例可用涂黑表示，在两个相邻断面的涂黑图例间，应留有空隙，其宽度不得小于 0.5mm，如图 6-29c)所示。当绘制断面面积过大的建筑材料图例时，可在断面轮廓内，沿轮廓线局部表示，如图 6-29d)所示。

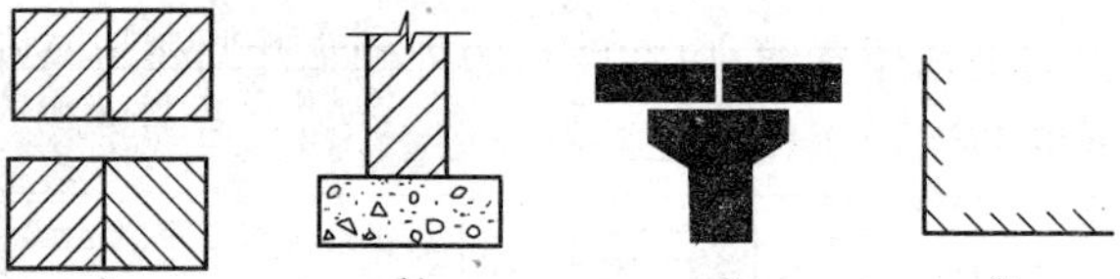

图 6-29　剖面图的材料图例画法

a)相同图例相接时的画法；b)不同材料组成的构筑物的画法；c)涂黑的画法；d)沿轮廓线局部表示的画法

需要注意的是：剖开形体是假想的，剖开形体是只是为了表达其内部形状，形体仍是一个完整的整体，没有被剖切。虽然剖面图是形体被剖开后剩余部分的投影，但其他视图中仍应按完整形体画出。同一形体多次剖切时，其剖切方法和先后次序互不影响。

3.剖面图的标注

用剖面图配合其他视图表达形体时，为了便于读图，要将剖面图中的剖切位置和投射方向在图样中加以说明，这就是剖面图的标注。

剖面图的剖切符号应符合下列规定：

(1)剖面图的剖切符号，由剖切位置线及投射方向线组成，均以粗实线绘制。剖切位置线的长度宜为 6～10mm；投射方向线垂直于剖切位置线，长度应短于剖切位置线，宜为 4～6mm，如图 6-30a)所示。绘制时，剖面图的剖切符号不应与其他图线相接触。

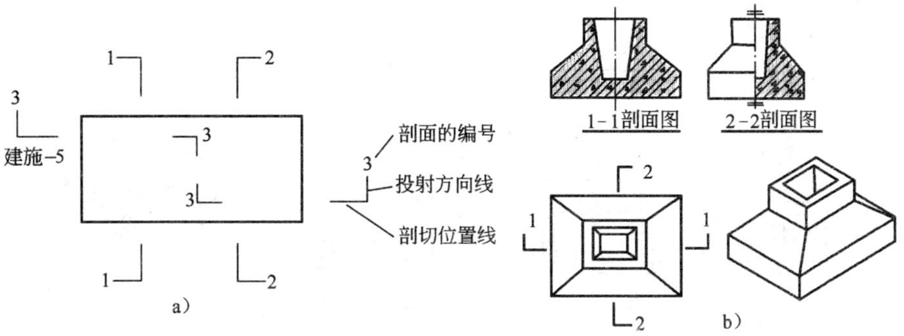

图 6-30 剖面图的剖切符号及标注

a)剖面图的剖切符号与编号；b)剖面图标注示例

(2)剖面图的剖切符号应进行编号，其编号宜采用阿拉伯数字，按顺序由左至右、由下至上连续编排，并注写在投射方向线的端部。在相应剖面图的下方或一侧，写上与该图相对应的剖切符号的编号，作为剖面图的图名，如 1-1 剖面图、2-2 剖面图等，并在图名下方画与之等长的粗实线，如图 6-30b)所示。

(3)需要转折的剖切位置线，应在转角的外侧加注与该符号相同的编号。

(4)剖面图如与被剖切图样不在同一张图纸内时，可在剖切位置线的另一侧注明其所在图纸的编号，如图 6-30a)中的“建施－5”所示，也可以在图纸上集中说明。

(5)建筑(构)物剖面图的剖切符号宜注在±0.000 标高的平面图上(详见建筑施工图)。

(6)对下列剖面图可以不标注剖切符号：剖切平面通过形体对称面所绘制的剖面图；习惯的剖切位置，如房屋建筑图中的平面图(通过门窗洞口的水平面剖切而成)。

二 剖面图的种类

根据国标规定，剖切平面分为单一剖切面、两个或两个以上平行剖切面和两个相交的剖切面。针对建筑形体的不同特点和要求，常用的剖面图有全剖面图、半剖面图、局部剖面图、阶梯剖面图和旋转剖面图等。

1. 全剖面图

假想用一个剖切平面将形体全部剖开，画出形体的剖面图，这种剖面图称为全剖面图。全剖面图适用于不对称的形体或者是虽对称但外形较简单的形体或在其他视图中已将外形表达清楚的形体。参见图 6-30b）的 1-1 剖面图，6-31b）的 1-1、2-2 剖面图。

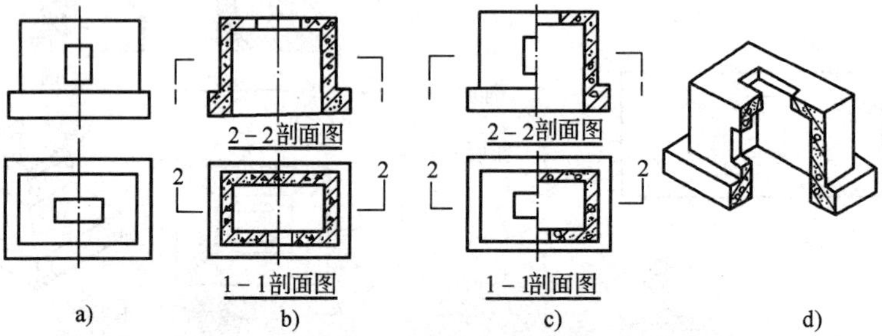

图 6-31 全剖面图与半剖面图

a）投影图（不画虚线）；b）全剖面图；c）半剖面图；d）立体图

2. 半剖面图

当形体是左右对称或前后对称，外形又比较复杂，同时又需要表达它的内外部形状时，可以画出由半个外形正投影图和半个剖面拼成的图形，以同时表示形体的外形和内部构造，这种剖面图称为半剖面图。如图 6-30b）的 2-2 剖面图、6-31c）的 1-1、2-2 剖面图。

在绘制半剖面图时应注意以下几点：

（1）半剖面图适用于内、外形状均需表达的对称形体。

（2）在半剖面中，剖面图与投影图之间，规定用形体的对称中心线（细单点长画线）为分界线，宜画上对称符号。

（3）习惯上，当对称中心线是竖直时，半剖面画在投影图的右侧；当对称中心线水平时，半剖面画在投影图的下侧。

（4）由于形体的对称性，在半剖面图中，表达外形部分的视图内的虚线应省略不画。

（5）半剖面图的标注方法与全剖面图相同，如图 6-30b）和图 6-31 所示。

3. 阶梯剖面图

一个剖切平面，若不能将形体上需要表达的内部构造一齐剖开时，可用两个(或两个以上)相互平行的剖切平面，将形体沿着需要表达的地方剖开，然后画出剖面图。用两个或两个以上平行的剖切平面剖开形体后所得到的剖面图，称为阶梯剖面图。

如图 6-32 所示，该形体上有两个前后位置不同、形状各异的孔洞，两孔的轴线不在同一正平面内，用一个剖切平面难以同时通过两个孔洞轴线。为此采用两个互相平行的平面 P_1 和 P_2 作为剖切平面，P_1、P_2 分别过圆柱形孔和方形孔的轴线，并将形体完全剖开，将剩余部分往 V 面投影就形成阶梯剖面图了。

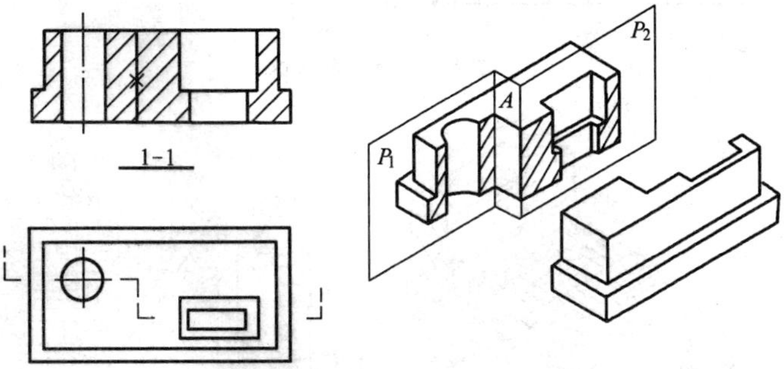

图 6-32　形体的阶梯剖面图

画阶梯剖面图时应该注意：由于剖切是假想的，所以在剖面图中，不应画出剖切平面在转折处的分界线，同时，在标注阶梯剖面图的剖切符号时，应在两剖切平面转角的外侧加注与剖切符号相同的编号。当剖切位置明显，又不致引起误解时，转折处允许省略标注数字(或字母)。

4. 局部剖面图

当建筑形体的外形比较复杂，完全剖开后无法表达清楚它的外形时，可以保留原视图的大部分，而只将局部地方画成剖面图，这种剖面图称为局部剖面图。按国标规定，局部剖面图与原视图之间，用徒手画的波浪线分开。波浪线不应与任何图线重合，如图 6-33 所示。

局部剖面图常用于外部形状比较复杂，仅仅需要表达局部内部构造的建筑形体。

建筑物中楼地面的做法，常用分层局部剖面图反映所用材料和构造的做法，如图 6-34 所示。

局部剖面图的大部分视图表达外形，仅局部表达内部构造，而且剖切位置都比较明显，所以一般可省略剖切符号和剖面图的图名，而在视图中直接画出。

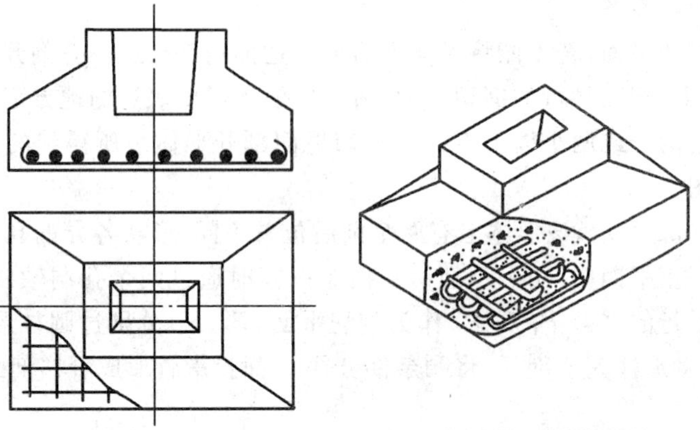

图 6-33　局部剖面图

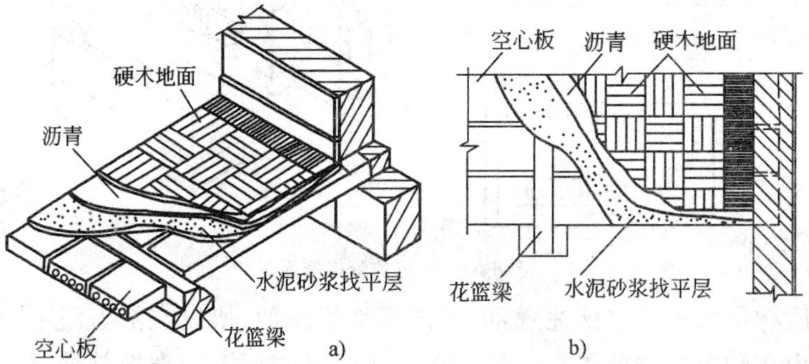

图 6-34　楼层地面分层局部剖面图

a)立体图;b)平面图

5. 旋转剖面图

用两个相交的剖切平面(交线垂直于基本投影面)剖开形体,将两个平面剖切得到的图形,旋转到与投影面平行的位置后再进行投影,这样得到的剖面图称为旋转剖面图。

旋转剖面图常用于建筑形体的内部结构形状用一个剖切平面不能表达完全,而且建筑形体又具有回转轴的场合。

如图 6-35 所示的检查井,其两个水管的轴线是斜交的,为了表示检查井和两个水管的内部结构,采用了相交于检查井轴线的正平面和铅垂面作为剖切面,沿两个水管的轴线把检查井切开,如图 6-35b)所示;再将左边铅垂剖切平面剖到的图形(断面及其相联系的部分),绕检查井铅垂轴线旋转到正平面位置,并与右侧用正平面剖切得到的图形一起向 V 面投影,便得到 1-1 旋转剖面图。

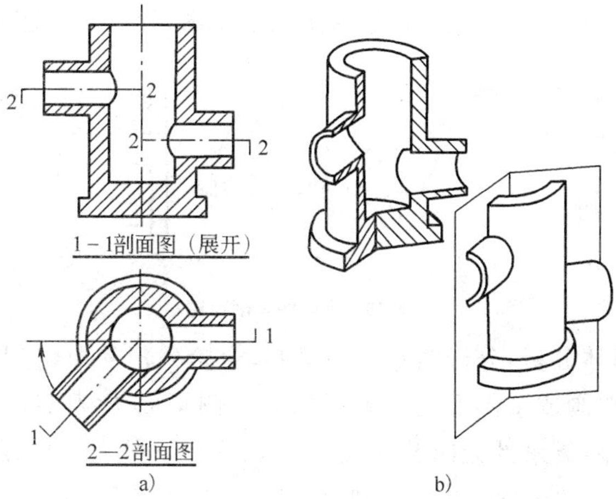

图 6-35　检查井的旋转剖面图

a)旋转剖面的画法；b)剖切情况

《房屋建筑制图统一标准》(GB/T 50001—2010)规定，旋转剖面图应在图名后加注“展开”字样。绘制旋转剖面图时应注意：在断面上不应画出两相交剖切平面的交线。画旋转剖面图时，应在剖切平面的起始及相交处，用粗短线表示剖切位置，用垂直于剖切线的粗短线表示投射方向。

三 剖面图的绘制

绘制剖面图的一般步骤为：

(1)确定剖切平面的位置　为了更好地反映出形体的内部形状和结构，所取的剖切平面应是投影面平行面，使断面的投影反映实形；剖切平面应尽量通过形体的孔、洞、槽等结构的轴线或对称面，使得它们由不可见变为可见，并表达得完整、清楚。

(2)画剖切符号并进行标注　剖切平面的位置确定以后，在视图的相应位置画上剖切符号并进行编号，以方便下一步作图。

(3)画断面、剖开后剩余部分的轮廓线　按剖切平面的剖切位置，假想移去剖切平面和观察者之间的部分，根据剩余部分的形体作出投影。

(4)画建筑材料图例　在断面轮廓线内画上建筑材料图例。

(5)省略不必要的虚线　剖视图中不可见的虚线投影，当配合其他图形已能表达清楚时，应该省略不画；如配合其他图形，省略后不能表达清楚，或会引起误解时，不可省略。

(6)标注剖面图名称。

【例 6-7】 如图 6-36 所示，根据台阶的三视图，绘制其剖面图。

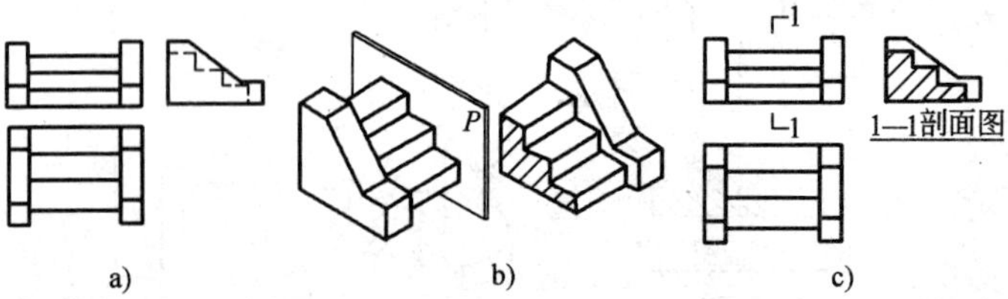

图 6-36　台阶的全剖面图

【解】:(1)形体分析:分析图 6-36a)可知，台阶外形简单，但其左侧立面图不对称，故可将其改画成全剖面图。即假想取一侧平面 P 为剖切平面，将台阶切开，移走左半部分，剩余部分向 W 面作投影。由于台阶上无孔、洞、槽等，所以剖切平面 P 的位置容易确定，只需剖到台阶即可，如图 6-36b)所示。

(2)作图步骤：

①根据分析确定剖切平面 P 的位置，并在台阶正立面图上进行标注，如图 6-36c)所示。

②根据投影规律，作出右半部台阶的左侧立面图。

③填绘断面材料图例，并按规定线型进行加深。

④注写图名，如图 6-36c)所示。

对照 6-36a)中的左侧立面图和 6-36c)中的 1-1 剖面图，不难看出两者有许多相同之处，读者可根据前面所学知识，自己总结由形体视图改画成剖面图的一般方法。

【例 6-8】 已知图 6-37 水槽池视图，画出水池的剖面图。

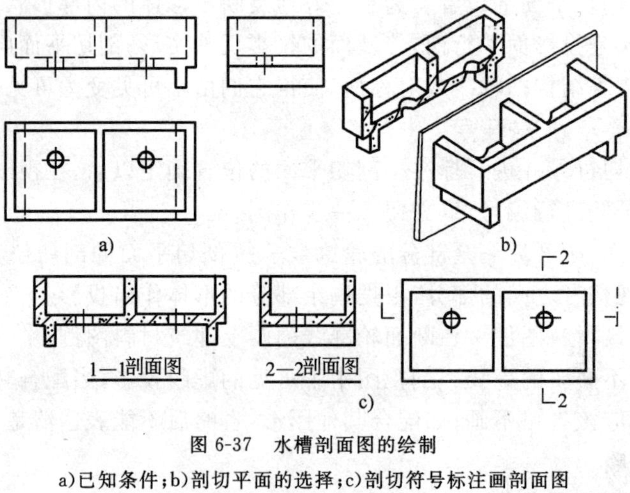

图 6-37　水槽剖面图的绘制

a)已知条件；b)剖切平面的选择；c)剖切符号标注画剖面图

形体分析：从水池视图可见，该水池左右对称，但由于外形简单，可采取全剖面图方式表达。取过水池底板上圆孔轴线的正平面为剖切平面。移去剖切平面 P 前面的部分形体，作出 1-1 剖面图。同理，作出 2-2 剖面图。

具体作图过程如图 6-37 所示。

图 6-38 是常见建筑物入口处的剖面图。

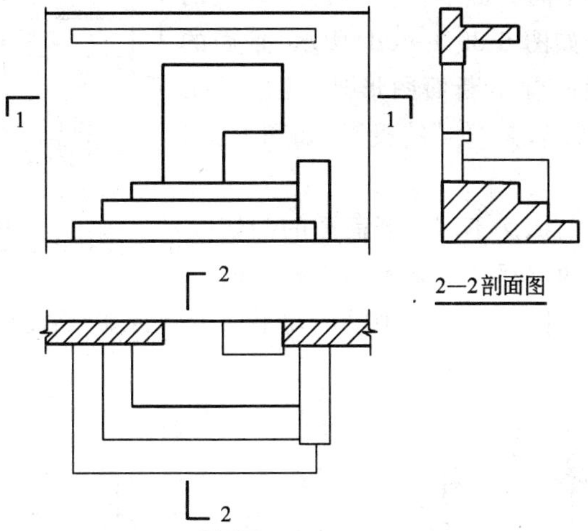

图 6-38　建筑物入口剖面图

第三节　断　面　图

一　概念及基本规定

假想用剖切平面将形体切开，仅画出剖切平面与形体接触部分即断面的形状，所得到的图形称为断面图，简称断面。断面图与剖面图一样，也是用来表达形体的内部结构的。断面图常常用于表达建筑工程中梁、板、柱的某一部位的断面实形，也用于表达建筑形体的内部形状。

断面图的标注：

(1)断面的剖切符号，只用剖切位置线表示；并以粗实线绘制，长度为 6～10mm。

(2)断面剖切符号的编号，宜采用阿拉伯数字，按顺序连续编排，并注写在剖切位置线的一侧，编号所在的一侧即为该断面的投射方向。

(3)断面图的正下方注写断面编号以表示图名,如 1-1 断面图、2-2 断面图等,如图 6-39 所示。

(4)断面图的断面线及材料图例的画法与剖面图相同。

由此可见,剖面图与断面图的区别在于:

(1)绘图范围不同。断面图只画出形体被剖开后断面的投影,如图 6-39、6-40d)所示,是面的投影;而剖面图除应画出断面图形外,还应画出剩余部分形体的投影,是"体"的投影,如图 6-36、6-38、6-40c)所示。

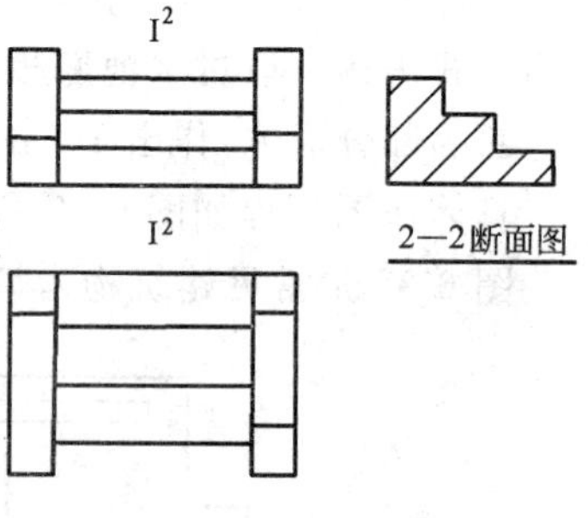

图 6-39 台阶的断面图

(2)剖切符号的标注不同。断面图的剖切符号只画出剖切位置线,不画投射方向线,只用编号的书写位置来表示投射方向。

(3)剖切平面不同。剖面图中的剖切平面可转折,断面图中的剖切平面则不能转折。

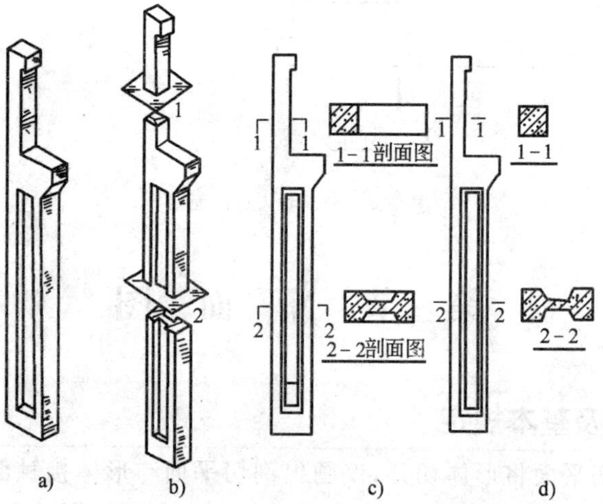

图 6-40 断面图与剖面图的区别

a)牛腿柱;b)剖开后的牛腿柱;c)剖面图;d)断面图

二 断面图的种类

根据断面图在视图上位置的不同,可将断面图分为移出断面图、重合断面图和中断断面图。

1. 移出断面图

绘制在视图轮廓线以外的断面图称为移出断面图，如图 6-40d）所示的钢筋混凝土牛腿柱的正立面图和移出断面图。移出断面图一般应标注剖切位置、投射方向（用编号位置表示）和断面名称，如图 6-40d）所示的 1-1、2-2 断面。

移出断面宜画在剖切平面的延长线上或其他适当位置。

移出断面图根据需要可用较大比例画出。

2. 重合断面图

绘制在视图轮廓线内的断面图称为重合断面图，如图 6-41、图 6-42 所示。图 6-41 所示为一角钢的重合断面。它是假想用一个垂直角钢长向棱线的剖切平面切开角钢，将断面向右旋转 90°，使它与正立面图重合后画出来的。这种断面的轮廓线用细实线绘制，以区别投影图。这样的断面可以不加任何说明，只在断面图的轮廓线之内沿着轮廓线的边缘画 45°细斜线。

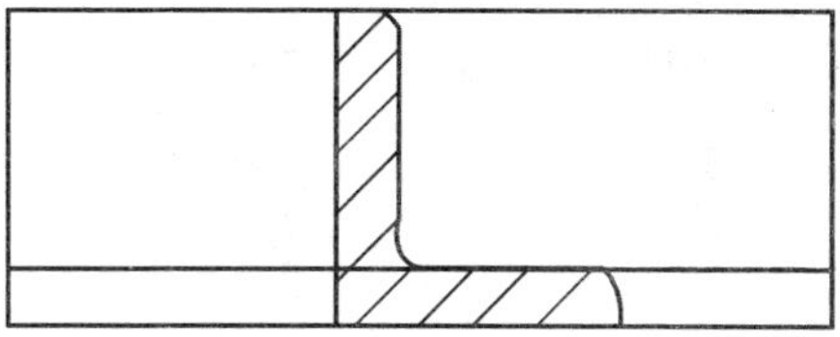

图 6-41　角钢的重合断面图

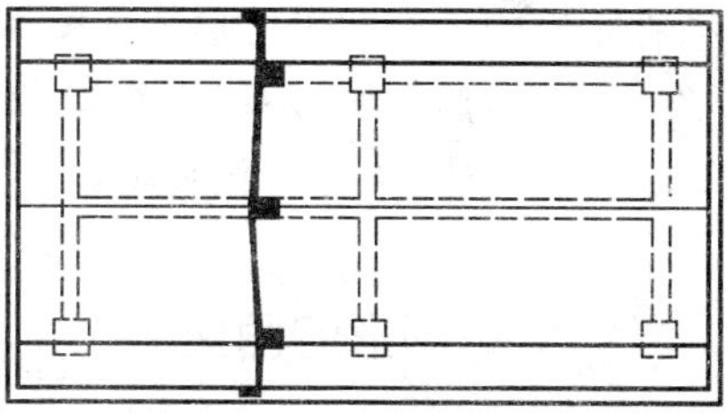

图 6-42　屋面结构的梁板重合断面图

图 6-42 为屋面结构的梁、板断面重合在结构平面图上的情况。因梁、板断面图形较窄，不易画出材料图例，故以涂黑表示。图 6-43 是墙壁上装饰的断面图，这种断面的轮廓线用粗实线绘制。

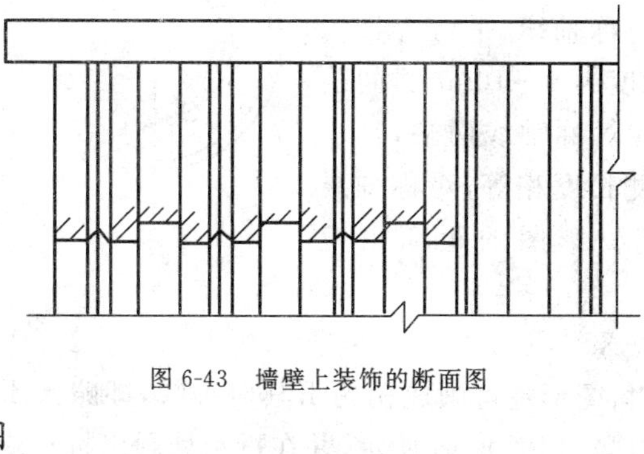

图 6-43　墙壁上装饰的断面图

3. 中断断面图

绘制在视图轮廓线中断处的断面图称为中断断面图。这种断面图适合于表达等截面的细长杆件或长向构件，如图 6-44 所示槽钢断面图。

图 6-44　槽钢的中断断面图

画中断断面图时，原投影长度可缩短，但尺寸应完整地标注。这样的断面图一般不加任何说明。

第四节　投影图的简化画法

在不影响生产和表达形体完整性的前提下，为了节省绘图时间，提高工作效率，《房屋建筑制图统一标准》(GB/T 50001—2010)规定了一些将投影图适当简化的处理方法，称为简化画法。

一　对称图形的画法

1. 画出对称符号

构配件的视图有 1 条对称线，可只画该视图的一半，并画出对称符号；视图有 2 条对称线，可只画该视图的 1/4，并画出对称符号，如图 6-45 所示。

对称线用单点长画线表示，对称符号用两条垂直于对称轴线、平行等长的细实线绘制，其长度为 6～10mm，间距为 2～3mm，画在对称轴线两端，且平行线在对称线两侧长度相等，对称轴线两端的平行线到投影图的距离也应相等。

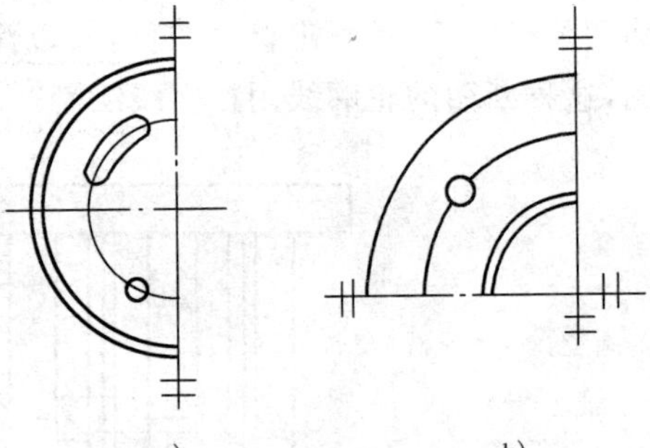

a)　　b)

图 6-45　画出对称符号

2. 不画对称符号

当视图对称时，图形也可画成稍超出其对称线，即略大于对称图形的一半，此时可不画对称符号，如图 6-46 所示，并在折断处画出折断线或波浪线(适用于连续介质)。

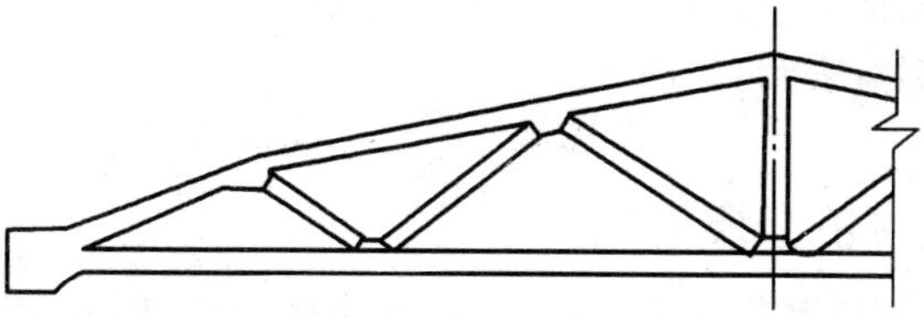

图 6-46　不画对称符号

对称的构件需画剖面图时，可以画成半剖面图。

二 折断省略画法

较长的构件，如沿长度方向的形状相同或按一定规律变化，可断开省略绘制，断开处应以折断线表示。折断线两端应超出图形线 2～3mm，其尺寸应按原构件长度标注，如图 6-47 所示。

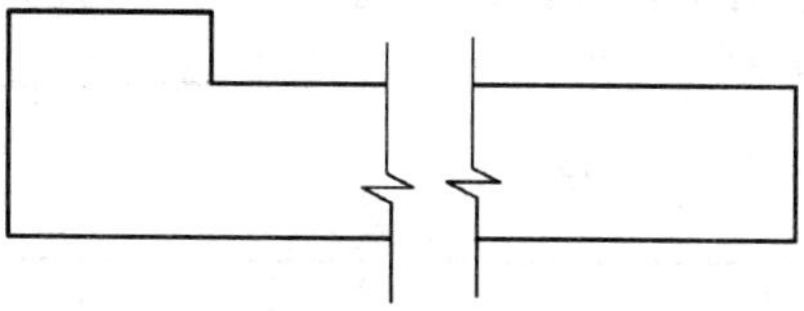

图 6-47　折断简化画法

三 相同构造要素的画法

构配件内多个完全相同而连续排列的构造要素，可仅在两端或适当位置画出其完整形状，其余部分以中心线或中心线交点表示，如图 6-48a)、b)、c)所示。

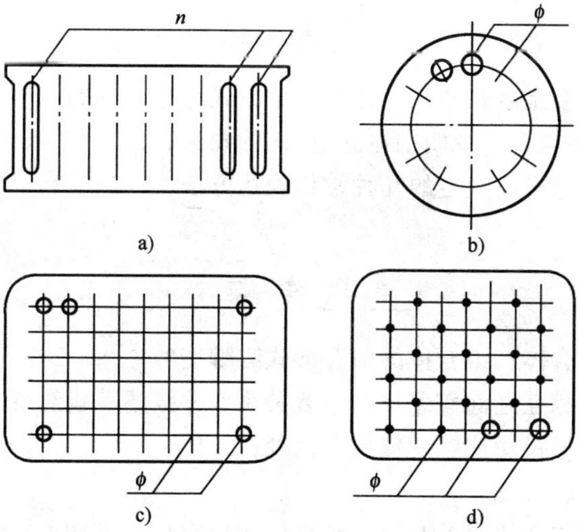

图 6-48　相同要素的省略画法

如相同构造要素少于中心线交点，则其余部分应在相同构造要素位置的中心线交点处用小圆点表示，如图 6-48d)所示。

四 同一构件的分段画法

一个构配件，如绘制位置不够，可分成几个部分绘制，并应以连接符号表示相连。连接符号应以折断线表示连接的部位，并以折断线两端靠图样一侧的大写拉丁字母表示连接编号。两个被连接的图样，必须有相同的字母编号，如图 6-49 所示。

一个构配件如与另一构配件仅部分不相同，该构配件可只画不同部分，但应在两个构配件的相同部分与不同部分的分界线处，分别绘制连接符号。两个连接符号应对准在同一位置线上，如图 6-50 所示。

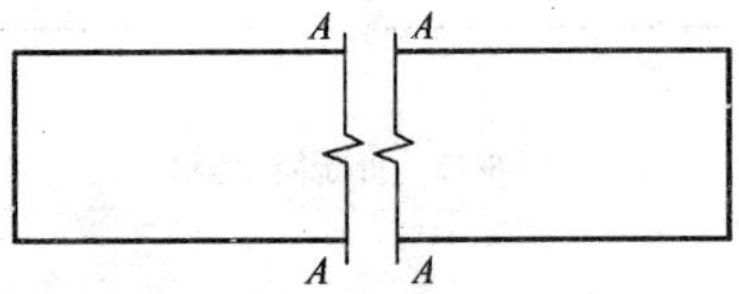

图 6-49 连接符号

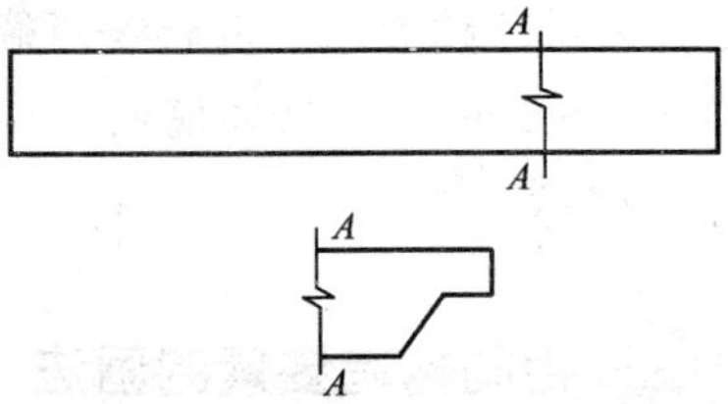

图 6-50 构件局部不同的简化画法

本章小结

建筑形体大多是由基本几何体按一定方式组合而成的。本章在学习正投影的基础上，介绍了组合体视图的概念、视图的画法、尺寸标注以及剖面图、断面图等建筑制图国家标准所规定的几种常用表达方法。

思考题

1. 什么是组合体？组合体的组合形式有哪些？
2. 基本视图相互之间有怎样的位置关系？并描述其投影规律。
3. 什么是镜像投影法？一般用在何处？
4. 什么是旋转视图？
5. 什么是第三角投影？与第一角投影相比有什么不同？
6. 基本形体之间的表面连接关系有哪些？哪些情况视图中应该画线？

7.试述绘制组合体视图的步骤。

8.标注尺寸时为何要先选定基准？哪些元素可以作为基准？什么是定形、定位和总体尺寸？

9.标注尺寸时应注意哪些问题？

10.在读图时为什么要将几个视图联系起来看？

11.什么是形体分析法？在组合体画图和读图时有什么作用？

12.什么是线面分析法？在组合体画图和读图时有什么作用？

13.视图中的一条线段可能有哪些含义？一个封闭线框呢？

14.怎样才能结合形体分析法和线面分析法，快速而准确地完成组合体的读图？

15.什么是剖面图，什么是断面图？它们有什么区别？

16.试述剖面图和断面图的剖切符号的含义及标注要求。

17.剖面图的种类有哪些？它们各适用于什么情况？

18.常用断面图的种类有哪些？

19.简化画法的意义何在？列举几种常用的简化画法例子。

第七章 轴测投影

【本章能力目标、知识目标与学习要求】

多面正投影图能够完整而准确地表达出形体各个方向的大小和形状，而且作图方便，因此在工程制图中被广泛采用。但其缺乏立体感，要有一定的投影知识才能看懂。轴测投影直观性较强，一般人都能看懂，但它属于单面投影图，有时对形体的表达不够全面，且绘制复杂形体的轴测投影图也较麻烦，因而轴测投影图在应用上有一定的局限性，工程上常用作辅助图样。在给排水和暖通等专业图中，常用轴测投影图表达各种管道的空间位置及其相互关系。

通过本章的学习，使学生了解轴测投影图的形成和投影特点以及投影图的分类，掌握轴间角及轴向伸缩系数等概念；掌握正等测、正二测、正面斜等测和正面斜二测、水平斜等测和水平斜二测的有关概念以及这些轴测图的绘制方法。掌握常用曲面立体轴测投影图的绘制方法。

轴测图学习中应抓住两点：一是轴测图属于平行投影，因而有平行投影的一般性质；二是轴测图与正投影图之间的关系，是通过轴测轴与坐标轴建立其内在联系的。

第一节　轴测投影图概述

前面介绍的正投影图能够完整、准确地表达形体的真实形状和大小，而且作图简便，所以在工程实践中被广泛采用。但正投影图缺乏立体感，在识图时必须把三个投影图联系起来，才能想象出空间形体的形状，要有一定的识图能力才能看懂，如图 7-1a)所示。而轴测投影是用平行投影的原理，将形体长、宽、高三个方向同时投射到一个投影面上产生的投影图，直观易懂，如图 7-1b)所示。

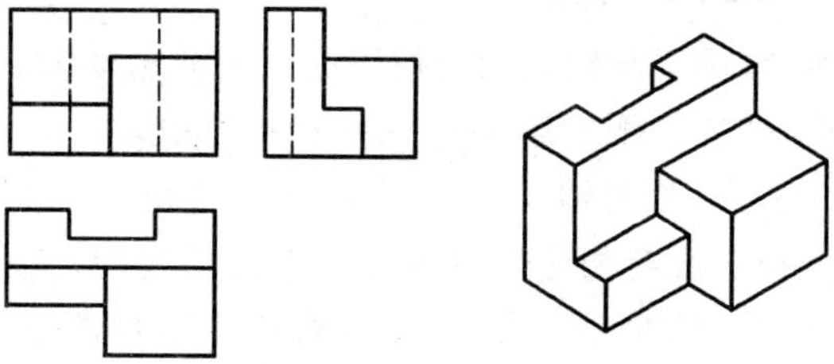

a)　　　　b)

图 7-1　形体正投影图与轴测图的比较

a)正投影图；b)轴测图

轴测投影虽然有较强立的体感，但也存在缺点：对形体的表达不够全面；轴测投影图遮挡住了形体后部的形状；不平行于投影面的侧面形状失真；对外形复杂的形体作图麻烦等，所以轴测投影在应用上有一定的局限性，工程上只作为辅助图样，在给排水和暖通等专业图中，常用轴测投影表达各种管道的空间位置及其相互关系。

一 轴测投影图的形成

轴测投影属于平行投影的一种，是用一组平行投射线按某一特定方向(不平行于任一坐标面的方向)，将空间形体连同其直角坐标系一起投射在一个新的投影面上所得到的投影，称为轴测投影或轴测图，如图 7-2 所示。

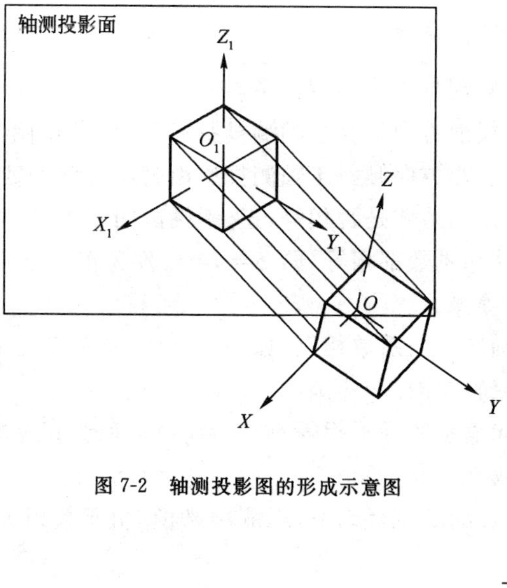

图 7-2　轴测投影图的形成示意图

二 轴间角和轴向伸缩系数

如图 7-2 所示，将用于画轴测图的投影面称为轴测投影面；空间三根坐标轴(投影轴)OX、OY、OZ 在轴测投影面上的投影 O_1X_1、O_1Y_1、O_1Z_1 称为轴测轴；相邻两轴测轴之间的夹角，称为轴间角，三个轴间角之和为 360°。

轴测轴上的单位长度与相应坐标轴上的单位长度的比值，称为轴向伸缩系数。O_1X_1、O_1Y_1、O_1Z_1 三个轴测轴方向的轴向伸缩系数分别用 p、q、r 表示。其中：

$$p=\frac{O_1X_1}{OX} \qquad q=\frac{O_1Y_1}{OY} \qquad r=\frac{O_1Z_1}{OZ}$$

轴间角与轴向伸缩系数是绘制轴测图的必备的条件，不同类型的轴测图有不同的轴间角和轴向伸缩系数，但在画轴测图时一般规定把轴测轴 O_1Z_1 画成铅垂线。

三 轴测投影的投影特性

轴测投影属于平行投影法，所以具有平行投影的性质：

(1)平行性。空间平行的两条直线在轴测投影中仍然平行。所以凡与坐标轴平行的直线，其轴测投影必然平行于相应的轴测轴。

(2)轴测性。与坐标轴平行的线段和轴测轴发生相同的变形，其长度可按轴向伸缩系数 p、q、r 来确定或沿轴的方向按伸缩系数来测量尺寸。

四 轴测投影的分类

按投影方向与轴测投影面的关系是否垂直，轴测图可分为两大类：

(1)正轴测图：投射方向垂直于轴测投影面时所得到的轴测图；

(2)斜轴测图：投影方向倾斜于轴测投影面时所得到的轴测图。

根据三个轴向伸缩系数是否相等，正、斜轴测图每类又可分为三种：

(1)三个轴向伸缩系数都相等，即 $p=q=r$，称为正等轴测图或斜等轴测图，简称为正等测或斜等测。

(2)只有两个轴向伸缩系数相等，如 $p=r\neq q$，称为正二轴测图或斜二轴测图，简称为正二测或斜二测。

(3)三个轴向伸缩系数互不相等，即 $p\neq q\neq r$，称为正三轴测图或斜三轴测图，简称为正三测或斜三测.

对于正(或斜)二测图、正(或斜)三测图来说，由于投射方向的不同，会导致其轴向伸缩系数有不同的数值。为使图形具有良好的直观性及便于作图，在二等轴测图中轴向伸缩系数一般取 $p=r=2q$。三轴测图作图较繁，实际上较少采用。工程上常见的轴测图，见表 7-1。

常用轴测图的轴间角、轴向伸缩系数、简化系数、示例及特点　　表 7-1

种类	概　　念	轴间角、轴向伸缩系数	示例、特点
正等测	投射方向垂直于投影面，三个轴向伸缩系数都相等	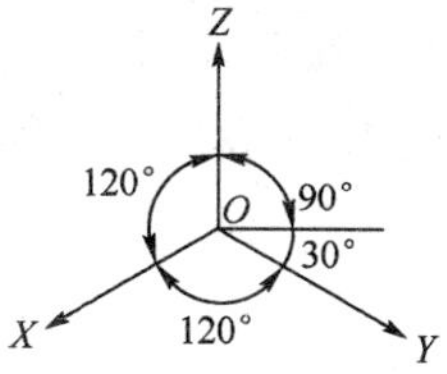 $p=q=r=0.82$ 简化为 $p=q=r=1$	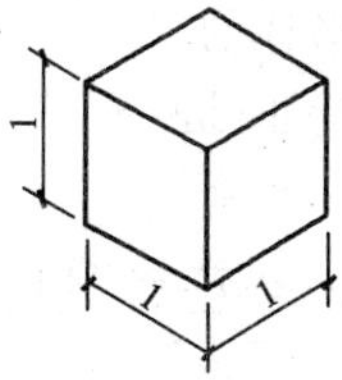 作图方便，应用广
正二测	投射方向垂直于投影面，有两个轴向伸缩系数相等	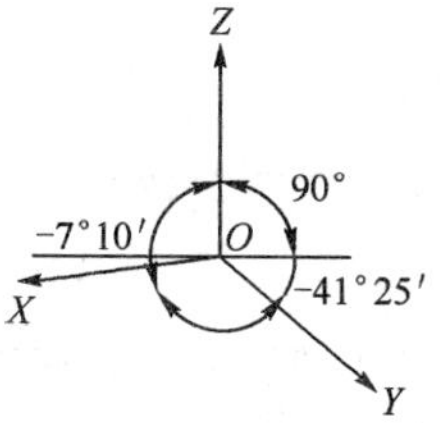 $p=r=0.94$；$q=0.47$ 简化为 $p=r=1$；$q=0.5$	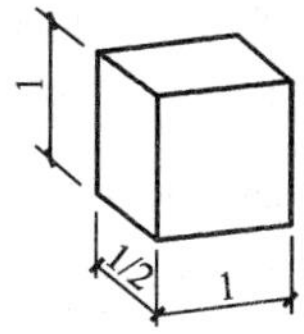 立体感好；作图麻烦
正面斜等测	轴测投影面平行于正立投影面，投射方向倾斜于轴测投影面，三个轴向伸缩系数都相等	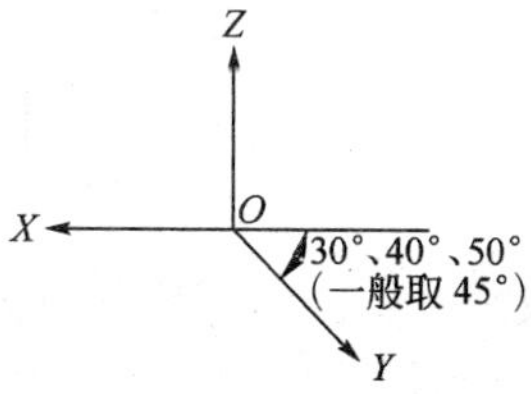 $p=r=1$；取 $q=1$	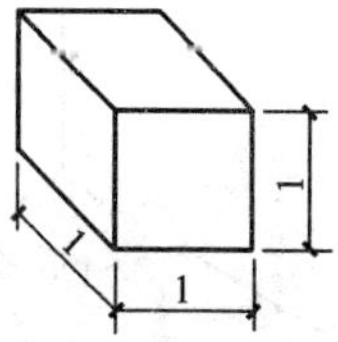 作图方便，但宽度方向尺寸感觉失真
正面斜二测	轴测投影面平行于正立投影面，投射方向倾斜于轴测投影面，有两个轴向伸缩系数相等	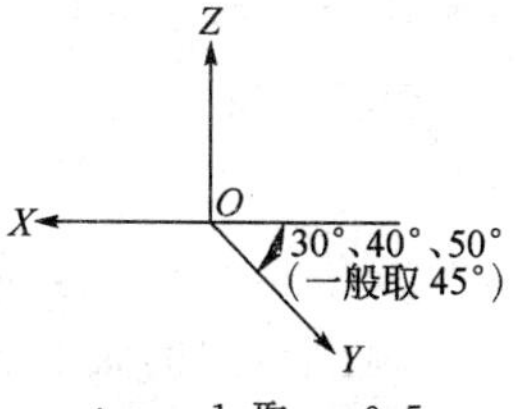 $p=r=1$；取 $q=0.5$	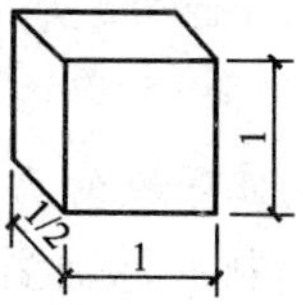 作图方便，立体感好。特别适合正面曲线多或复杂的形体

《房屋建筑制图统一标准》(GB/T 50001—2010)规定:房屋建筑的轴测图,宜采用简化的轴向伸缩系数绘制。

第二节 正轴测投影图

形体的三个坐标轴与投影面倾斜,投射方向垂直于投影面,所得的轴测投影图称为正轴测投影图,常用的正轴测投影是正等测与正二测。

一 正等测投影图

1. 正等测的形成及其轴间角和轴向伸缩系数

当投射方向与轴测投影面垂直,而且形体的三个坐标轴与轴测投影面的三个夹角都相等时所得到的投影图,称为正等测投影图,简称正等测。此时三个轴间角都为120°,轴向伸缩系数相等 $p=q=r=0.82$。为了作图方便,通常采用简化的伸缩系数,即 $p=q=r=1$。作图时沿轴向按实长量取,这样画出的轴测投影沿各轴向的长度均放大到原长的1.22倍,如图7-3b)、7-3c)所示。作图时,规定把 O_1Z_1 轴画成铅垂线,其余两轴与水平线的夹角为30°,如图7-3及表7-1所示。

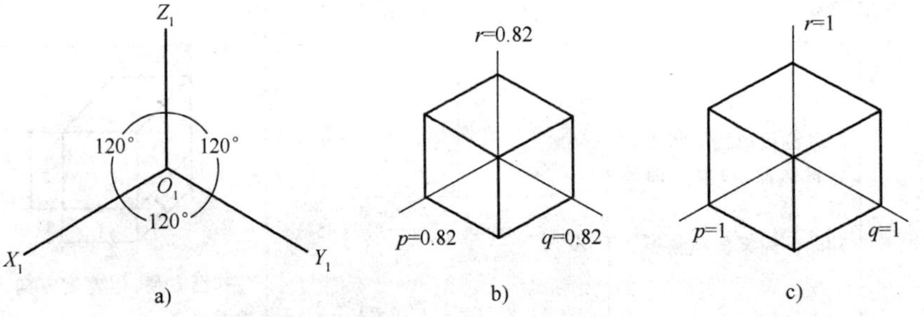

图7-3 正等测的轴间角及轴向伸缩系数

a)正等测轴测轴画法;b)正等测理论伸缩系数及单位正方体轴测图;c)正等测简化伸缩系数及单位正方体轴测图

2. 正等测的画法

绘制形体轴测图最基本的方法是坐标法,即根据形体表面上各顶点的空间坐标,用沿轴向测定的方法,画出它们的轴测投影,然后连成形体的轴测图。具体作图时,需根据组合体的形状特点采用不同的作图方法,如叠加法、切割法等。

画正等测的步骤一般为：首先对形体或形体的正投影图进行形体分析，确定形体的坐标轴(即合适的观看角度)；然后，画出相应轴测轴；最后按轴测轴方向及正等测的轴向伸缩系数，确定形体各顶点及主要轮廓线的位置，画出形体的轴测图。轴测图中一般只画出可见部分，必要时才画出不可见部分。作图时切记：不平行于坐标轴的线段，不可按轴向伸缩系数量取。

【例 7-1】 如图 7-4a)所示，根据形体的正投影图，求作它的正等测图。

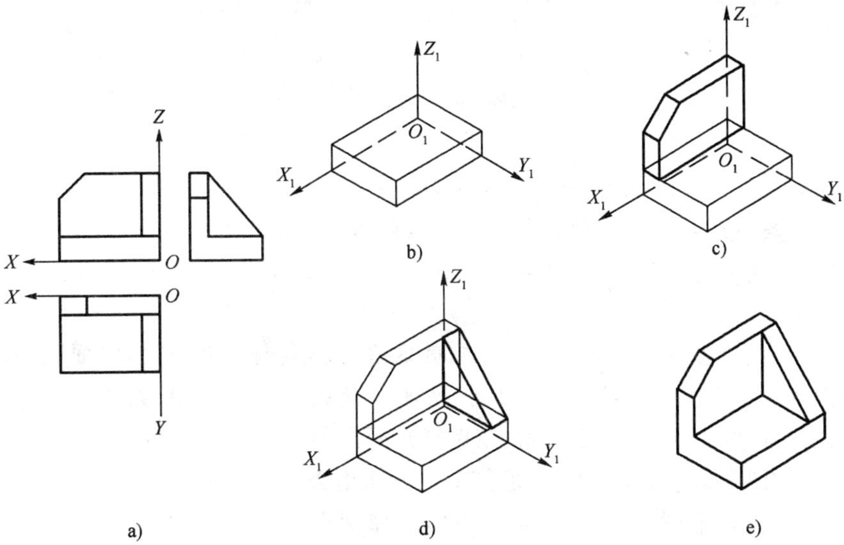

图 7-4 形体的正等测图画法(叠加法)

a)已知条件；b)步骤一；c)步骤二；d)步骤三；e)检查完成

【解】 作图步骤如下：

(1)对已知条件进行形体分析，该形体由三个基本体(长方体、五棱柱、三棱柱)叠加而成，适合采用叠加法绘图。建立形体的空间坐标系，如图 7-5a)所示。

(2)画轴测轴；沿 O_1X_1、O_1Y_1 方向截取底面长度与宽度，画出底面轴测图；从底面各个顶点引竖直线(平行 O_1Z_1)，并截取高度，连各顶点，得下部长方体轴测图，如图 7-4b)所示。

(3)在下部长方体的上表面后侧，叠加作出五棱柱的轴测图，如图 7-4c)所示。

(4)用同样方法作出右前方三棱柱的轴测图，如图 7-4d)所示。

(5)擦去多余图线及被遮挡线，检查、加深图线即得形体的正等测图，如图 7-4e)所示。

【例 7-2】 如图 7-5a)所示,已知形体的正投影图,求作该形体的正等测图。

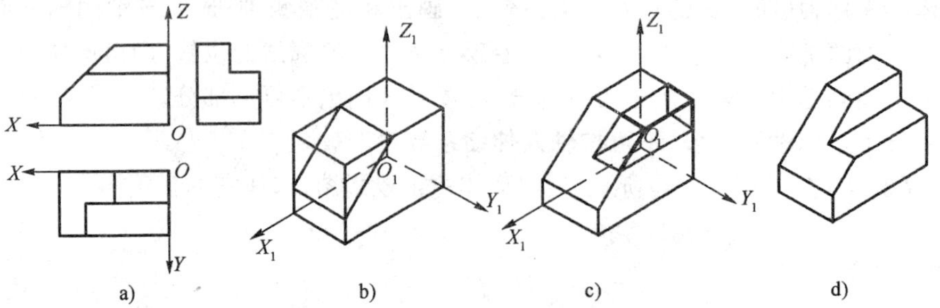

图 7-5 形体的正等测图画法(切割法)

a)已知条件;b)步骤一;c)步骤二;d)检查完成

【解】 作图步骤如下:

(1)进行形体分析:该形体为切割式组合体。可分解为长方体切去左上方三棱柱,再在前上方切割去一四棱柱而成。建立形体的空间坐标轴,如图 7-5a)所示。

(2)画轴测轴:沿 O_1X_1、O_1Y_1 方向截取底面长度与宽度,画出底面轴测图;从底面各个顶点引竖直线,并截取高度,连各顶点,即得原始长方体的轴测图。接着在长方体的左上方切去一角(三棱柱),画出斜面,如图 7-5b)所示。

(3)在图 7-5b)的基础上,在形体前上方切割去一四棱柱,如图 7-5c)所示。

(4)擦去多余图线及被遮挡线,检查、加深图线即得形体的正等测图,如图 7-5d)所示。

在作图时可根据形体具体情况,选择作轴测图时合适的投射方向。如图 7-6 所示是梁板柱节点的轴测图,相当于从左前下方向右后上方投射所得(仰视)。

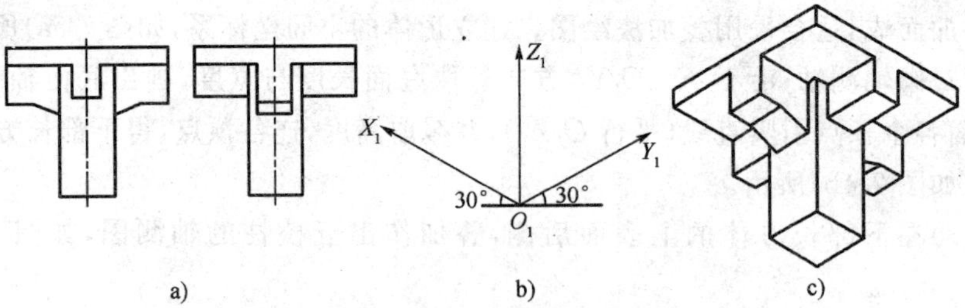

图 7-6 楼盖节点轴测图

a)投影图;b)轴测轴画法;c)轴测图

二 正二测投影图

在正轴测投影中，当选定 $p=r=2q$ 时，相应的轴测图称为正二测投影图，简称正二测，此时 $p=r=0.94$，$q=0.47$，简化为 $p=r=1$，$q=0.5$；$\angle X_1O_1Z_1$ 为 $97°10'$，其他两轴间角均为 $131°25'$；作图时，规定把 O_1Z_1 轴画成铅垂线，O_1X_1、O_1Y_1 分别与水平线成 $7°10'$ 与 $41°25'$，可用量角器量取作图，也可分别采用 1∶8 与 7∶8 斜度作直角三角形，再利用其斜边的方法求得，见表 7-1 或如图 7-7 所示。

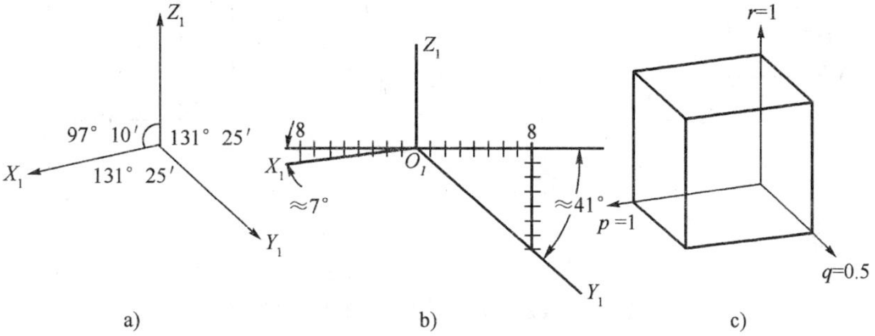

图 7-7 正二测的轴间角及轴向伸缩系数

a)正二测轴测轴画法；b)正二测轴间角的近似画法；c)单位正方体的正二测图

正二测与正等测的作图方法基本相同，仅轴间角不同而已。

第三节 斜轴测投影图

当投射方向倾斜于轴测投影面时所得的轴测图，称为斜轴测图。

当空间形体的正面，平行于 V 面，而且以 V 面或 V 面的平行面作为轴测投影面时所得的斜轴测图称为正面斜轴测图；当空间形体的底面平行于 H 面，而且以 H 面或 H 面平行面作为轴测投影面时，所得的斜轴测图称为水平斜轴测图，见表 7-1。

一 正面斜轴测投影图

正面斜轴测图的投影特点：

(1)不论投影方向如何倾斜，平行于轴测投影面的平面图形，它的斜轴测图反映真形。对于正面斜轴测，O_1X_1 与 O_1Z_1 成 $90°$，$p=r=1$，即形体正面的正面斜轴测图与正投影图相同，不发生变形。

(2)垂直于投影面的直线，它轴测投影的方向和长度将随投影方向的不同而变化。为便于作图，一般取 O_1Y_1 与水平线成 45°，q 取 0.5 或 1。O_1Y_1 与 O_1X_1 成 45°还是 135°，据形体形状而定。当 $q=0.5$ 时，称为正面斜二测；当 $q=1$ 时，称为正面斜等测，见图 7-8 和表 7-1。

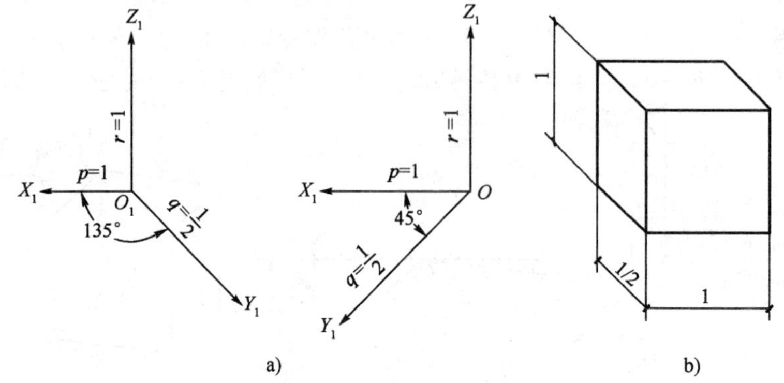

图 7-8　正面斜二测的轴间角及轴向伸缩系数

a)正面斜二测的轴测轴画法；b)单位正方体的正面斜二测图

利用正面斜轴测图中正面不发生变形的特点，常将形体轮廓比较复杂或有特征的那个面作为正面，便于作形体的正面斜轴测图。

【例 7-3】 如图 7-9a)所示，已知台阶的正投影图，求作它的正面斜二测图。

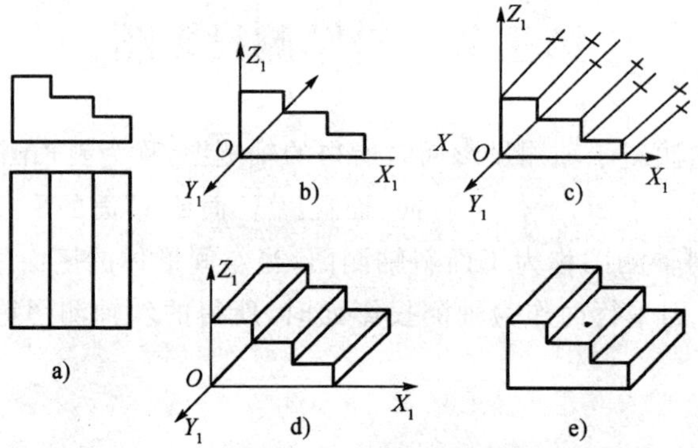

图 7-9　台阶的正面斜二测图

【解】 (1)分析形体，画轴测轴。根据台阶的形状特征，确定 O_1Y_1 轴方向，选定 O_1Y_1 方向时若与 O_1X_1 成 45°，台阶会被遮挡而表示不清，宜选用与 O_1X_1 成 135°的轴间角，如图 7-9b)所示。

(2)抄绘台阶的正面投影。台阶平行于正立投影面的表面在斜轴测中反映实形，可直接将正面投影抄绘到轴测图中，如图 7-9b）所示。

（3）过台阶正面轴测图的各转折点引 O_1Y_1 轴向平行线，按 $q=0.5$ 量取宽度，连线，如图 7-9c）、d）所示。

（4）整理图线，加深即得台阶的正面斜二测图，如图 7-9e）所示。

【例 7-4】 已知形体的两面投影，如图 7-10a）所示，求形体的正面斜二测图。

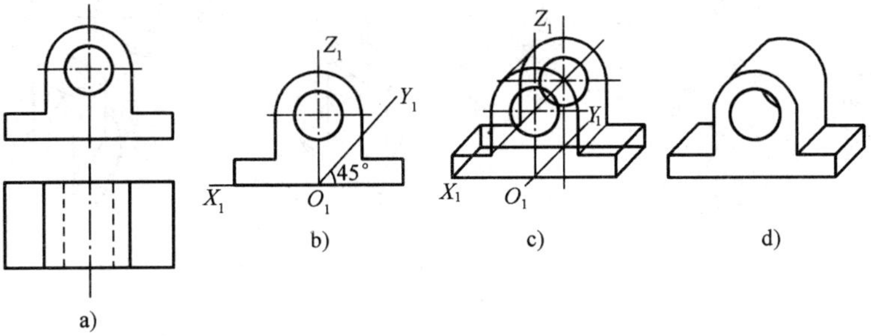

图 7-10 曲面体的正面斜二测图

【解】 形体中的曲线部分平行于正立投影面，其正面斜二测图中反映实形，可直接抄绘正面投影。

作图步骤：

（1）画正面斜二测的轴测轴，抄画形体的正面投影，如图 7-10b）所示。

（2）过圆心及各转折点引 O_1Y_1 轴向平行线，按 $q=0.5$ 量取宽度。画出后侧面圆的投影及轮廓素线（平行 O_1Y_1 方向），如图 7-10c）所示。

（3）整理图线并加深，即得组合体的正面斜二测图，如图 7-10d）所示。

由于正面斜轴测图作图有形体正面不发生变形的特点，因而正面斜轴测图常用于绘制工程管路系统及小型建筑装饰构件等。

二 水平斜轴测投影图

水平斜轴测图的投影特点为：

（1）不管投影方向如何倾斜，平行于轴测投影面的形体水平面，它的斜轴测图反映实形。对水平斜轴测投影图，O_1X_1 与 O_1Y_1 成 90°，$p=q=1$，轴间角为 90°。即在水平斜轴测图上能反映与水平面平行的平面图形的实形。

（2）坐标轴 O_1Z_1 垂直于投影面，轴测投影为倾斜，O_1Z_1 为斜线。但习惯上仍画成铅垂线，而将 O_1X_1 与 O_1Y_1 相应的偏转一角度，为作图方便，常取 O_1X_1 与水平线成 30°角。实际 $r<1$，但常取 $r=1$，见图 7-11。

水平斜轴测图，常用于绘制建筑小区的总体规划图，作图时将总平面图转动一个角度(30°)，然后在各建筑物平面的转角处画垂线，再量取各建筑物的高度，即可画出其水平斜轴测图，如图 7-12 所示。

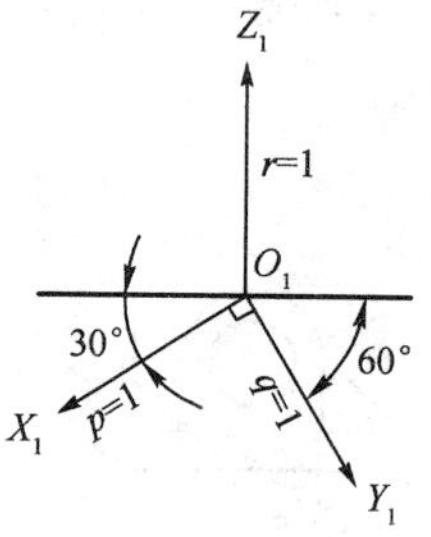

图 7-11　水平斜等测轴画法

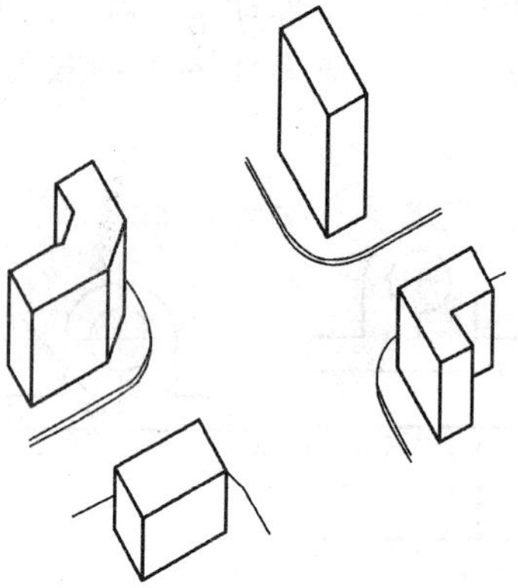

图 7-12　某十字路口建筑规划示意图

第四节　曲面立体的轴测投影

画曲面体轴测图的关键在于画形体中圆或圆弧的轴测图，圆的轴测图的画法主要有四心圆法、八点法。本节主要介绍圆及曲面体的正等测画法。

一　圆的正轴测图

在正投影中，平行于某一投影面的圆的投影仍为圆。而在正等测图中，平行于坐标面的圆，其投影为椭圆。画圆的正等测时，一般以圆的外切正方形为辅助线，先画出圆外切正方形的轴测投影(菱形)，然后再用四心法近似画出椭圆。

以平行于水平面的圆为例，其正等轴测图的近似椭圆作法如下：

(1)作圆外切正方形的轴测图，并确定四个切点 A、B、C、D 的轴测投影，如图 7-13b)所示。

(2)钝角记作 O_1O_2，连 O_1B、O_1C、O_2A、O_2D，得交点 O_3、O_4，如图 7-13c)所示。

(3)分别以 O_1、O_2 为圆心，以 O_1B 为半径画弧，如图 7-13d)所示。

(4)分别以 O_3、O_4 为圆心，以 O_3B 为半径画弧，如图 7-13e)所示。四段圆弧分别于点 A、B、C、D 处相切，形成了近似椭圆。

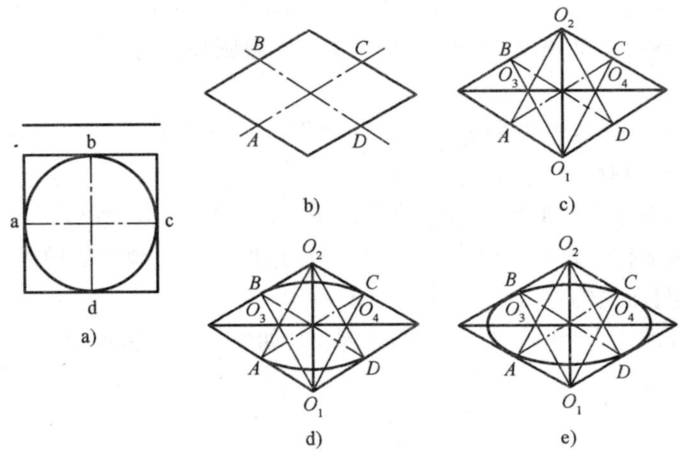

图 7-13　用四心圆法作水平圆的正等测图

a)已知条件;b)步骤一;c)步骤二;d)步骤三;e)步骤四

二　曲面体的正轴测图

【例 7-5】　如图 7-14a),已知带缺口圆柱的正投影图,求作其正等测图。

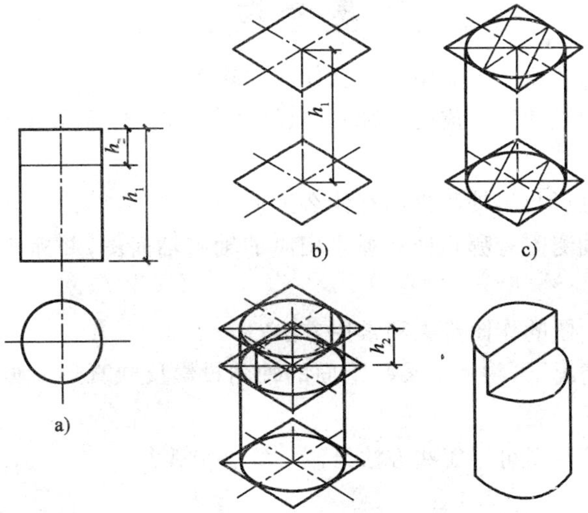

图 7-14　缺口圆柱体的正等测图

a)已知条件;b)步骤一;c)步骤二;d)步骤三;e)步骤四

【解】 由两面正投影图可知，该圆柱为铅垂放置的圆柱体，顶部被通过轴线的正平面切割出一个缺口。作图时可先作出完整圆柱体的轴测图，再切去切口。

作图步骤：

(1)画圆柱轴线，量取圆柱高 h_1；分别作出上下底圆的外切正方形轴测图(菱形)，如图 7-14b)所示。

(2)分别在上下菱形内，用四心圆法画椭圆，如图 7-14c)所示。

(3)由顶面往下量取切口高 h_2，在切口处用四心圆法画半圆的正等测图，并画出圆柱轴测图的轮廓素线，如图 7-14d)所示。

(4)整理图线，加深缺口圆柱的正投影图，如图 7-14e)所示。

本章小结

本章介绍了轴测投影的形成和分类以及轴测投影的有关概念；着重介绍了正等测、正二测、正面斜轴测、水平斜轴测的图示方法和绘制技巧。同时介绍了圆及其他曲面立体正等测图的绘制方法。

绘制轴测图的关键在于明确各类轴测图的轴间角与轴向伸缩系数。

思考题

1. 轴测图与多面正投影图比较有什么优缺点？

2. 轴测投影是如何形成的？轴测图、轴间角、轴向伸缩系数定义是什么？有什么特点？

3. 正轴测投影与斜轴测投影有什么区别？

4. 常用的轴测图有哪几种？画出相应的轴测轴简图，并标注轴间角与轴向伸缩系数。

5. 试述轴测图的作图步骤和常用方法？

6. 在什么情况下，物体上某些平面的轴测投影反映真形？画图时应如何利用这一性质？

7. 圆的正等测图可用哪些方法绘制？绘制步骤？

第八章 房屋建筑施工图

【本章能力目标、知识目标与学习要求】

通过本章的学习，使学生初步了解房屋的组成和作用，熟悉房屋建筑施工图的产生过程和分类；掌握定位轴线、标高、索引符号与详图符号、多层构造引出线等有关图示方法和有关规定；掌握阅读房屋建筑施工图的方法。本章是后面专业图学习的基础，因此对于有关内容要求熟记。

结合实际工程图纸，熟记国标的有关规定。

第一节 房屋的组成及其作用

将一幢拟建房屋的内外形状和大小，以及各部分的结构、构造、装修、设备等内容，按照“国标”的规定，用投影法详细准确地画出的图样，称为房屋建筑图，它是用以指导施工的一套图纸，所以又称为房屋建筑施工图，简称房屋施工图。

在工作中要想看懂和画出房屋建筑施工图，首先需要了解房屋各部分的组成及作用。

一 房屋按使用功能可以分为

(1)民用建筑　供人们工作、学习、生活、居住用的建筑，民用建筑可分为公共建筑和居住建筑。如住宅、宿舍、公寓等，称为居住建筑；学校、医院、车站、旅馆、剧院、展览馆等，称为公共建筑。

(2)工业建筑　为工业生产服务的生产车间及为生产服务的辅助车间、动力用房、仓储等。

(3)农业建筑　供农牧业生产和加工的建筑，如种子库、温室、畜禽饲养场、农副产品加工厂、农机修理厂等。

二　房屋的组成及作用

各种不同功能的房屋，一般都是由基础、墙或柱、楼地层、地面、楼梯、屋顶、门窗等主要部分组成，如图 8-1 所示。

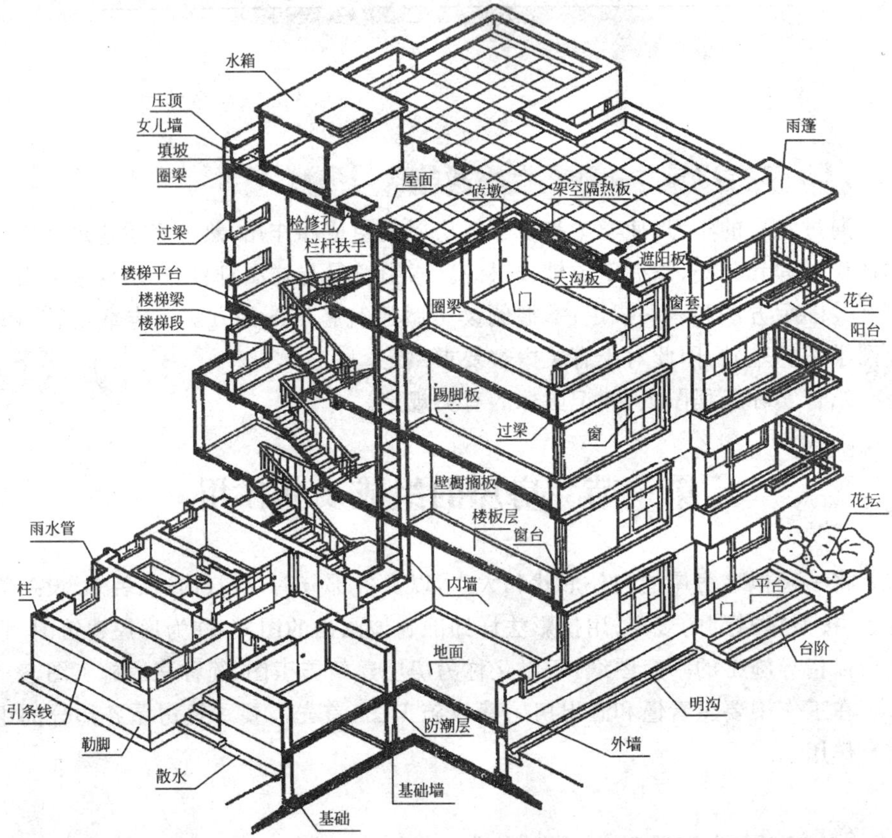

图 8-1　房屋的组成

(1)基础　基础是房屋最下面的部分，埋在自然地面以下，它承受房屋的全部荷载，并把这些荷载传给它下面的土层——地基。基础是房屋的重要组成部分，要求它坚固、稳定、能经受冰冻和地下水及其所含化学物质的侵蚀。

(2)墙或柱　墙或柱是房屋的垂直承重构件，它承受楼地层和屋顶传给它的荷载,并把这些荷载传给基础。墙不仅是一个承重构件,同时也是房屋的围护结构。外墙阻隔雨水、风雪、寒暑对室内的影响;内墙把室内空间分隔为房间,避免相互干扰。当用柱作为房屋的承重构件时,填充在柱间的墙仅起围护作用称为填充墙。墙和柱应该坚固、稳定。墙还应能保温、隔热、隔声和防水。

(3)楼地层　楼地层是房屋的水平承重和分隔构件,它包括楼板和地面两部分。楼板把建筑空间划分为若干层,将其所承受的荷载传给墙或柱。楼板支承在墙上,对墙也有水平支撑作用。楼地面直接承受各种使用荷载,它在楼层上把荷载传给楼板,在首层把荷载传给它下面的地基。楼地层应具有一定的强度和刚度,并应有一定的隔声能力和耐磨性。

(4)楼梯　楼梯是楼房建筑中联系上下各层的垂直交通设施,平时供人们上下楼层,处于火灾、地震等事故状态时供人们紧急疏散。楼梯要求坚固、安全并有足够的通行能力。

(5)屋顶　屋顶是房屋顶部的承重和围护部分,它由屋面、承重结构和保温(隔热)层三部分组成。屋面的作用是阻隔雨水、风雪对室内的影响,并将雨水排除。承重结构则承受屋顶的全部荷载,并把这些荷载传给墙或柱。保温(隔热)层的作用是防止冬季室内热量散失(夏季太阳辐射热进入室内)。屋顶要求保温(隔热)、防水、排水,它的承重结构应有足够的强度和刚度。

(6)门窗　门是供人们进出房屋和房间及搬运家具、设备的建筑配件。在遇到非常灾害时,人们要经过门进行紧急疏散。此外有的门还兼有采光和通风的作用。窗的作用是采光、通风和眺望。按照所在位置不同,门窗要求防水、防风沙、保温和隔声。

房屋除上述基本组成部分外,还有其他一些配件和设施,如雨篷、散水、勒脚、防潮层、雨水管等。

第二节　房屋建筑施工图的产生与分类

一　房屋建筑施工图的产生

建造房屋要先进行设计,房屋设计一般包括两个阶段,即初步设计阶段和施工图设计阶段。

1. 初步设计阶段

设计人员接受设计任务后,根据使用单位的设计要求,收集资料,调查研究,综合分析,合理构思,提出几种设计方案草图供选用。

在设计方案确定后，就着手用制图工具按比例绘出初步设计图，即房屋的总平面布置、房屋外形、基本构件选型、房屋的主要尺寸和经济指标等，供送有关部门审批用。

2. 施工图设计阶段

首先根据审批的初步设计图，进一步解决各种技术问题，取得各工种的协调与统一，进行具体的构造设计和结构计算。最后，从满足施工要求的角度绘制出一套能反映房屋整体和细部全部内容的图样，这套图样称施工图，它是房屋施工的主要依据。

二 房屋建筑施工图的分类

房屋施工图由于专业分工不同，一般分为建筑施工图、结构施工图和设备施工图。各专业图纸中又分为基本图和详图两部分。基本图表明全局性的内容，详图表明某些构件或某些局部详细尺寸和材料构成等。

1. 建筑施工图（简称建施）

主要表示建筑物的总体布局、外部造型、内部布置、细部构造、装修和施工要求等。基本图包括总平面图、建筑平面图、立面图和剖面图等；详图包括墙身、楼梯、门窗、厕所、屋檐及各种装修、构造的详细做法。

2. 结构施工图（简称结施）

主要表示承重结构的布置情况、构件类型及构造和做法等。基本图包括基础图、柱网平面布置图、楼层结构平面布置图、屋顶结构平面布置图等。构件图（即详图）包括柱、梁、楼板、楼梯、雨篷等。

3. 给水、排水、采暖、通风、电气等专业施工图（简称设施）

包括水施、暖施、电施等，主要表示通道（或电气线路）与设备的布置和走向、构件作法和设备的安装要求等。这几个专业的共同点是基本图都是由平面图、轴测系统图或系统图所组成；详图有构件配件制作或安装图。

上述施工图，都应在图纸标题栏注写上自身的简称与图号，如“建施 1”、“结施 1”等。一套房屋施工图纸的编排顺序是：图纸目录、设计技术说明、总平面图、建筑施工图、结构施工图、水暖电施工图等。各工种图纸的编排一般是全局性图纸在前，表达局部的图纸在后；先施工的在前，后施工的在后。

图纸目录（首页图）主要说明该工程是由哪几个专业图纸所组成，各专业图纸的名称、张数和图号顺序。

设计技术说明主要是说明工程的概貌和总的要求。包括工程设计依据、设计标准、施工要求等。

一般中小型工程，常把图纸目录、设计技术说明和总平面图画在一张图纸上。

三 房屋建筑施工图的特点

(1)房屋施工图中的各种图样，除了水暖施工图中水暖管道系统图是用斜投影法绘制的之外，其余的图样都是用正投影法绘制的。

(2)由于房屋的形体庞大而图纸的幅面有限，所以房屋施工图一般是用缩小比例绘制的。

(3)由于房屋是用多种构配件和材料建造的，所以房屋施工图中，多用各种图例符号来表示这些构配件和材料。

(4)房屋设计中有许多建筑物、构配件已有标准定型设计，并有标准设计图集可供使用。为了节省大量的设计与制图工作，凡采用标准定型设计之处，只要标出标准图集的编号、页数、图号就可以了。

第三节 绘制房屋建筑施工图的有关规定

一 定位轴线

定位轴线是用来确定建筑物主要结构及构件位置的尺寸基准线。房屋中的承重墙或柱等承重构件，均应画出它们的轴线，该轴线一般从墙或柱宽的中心引出。

定位轴线应编号，编号注写在定位轴线端部的圆内。定位轴线用细单点长划线绘制，圆用细实线绘制，直径 8mm。

平面图上定位轴线的编号，宜标注在图样的下方与左侧。横向编号应用阿拉伯数字，从左至右顺序编写，竖向编号应用大写拉丁字母，从下至上顺序编写。拉丁字母中的 *I*、*O*、*Z* 不得用为轴线编号，如图 8-2 所示。

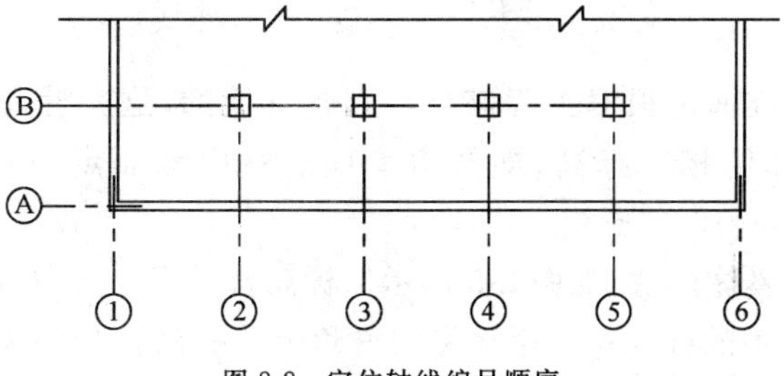

图 8-2 定位轴线编号顺序

对一些与主要承重构件相联系的局部构件，它的定位用附加轴线。附加轴线的编号用分数表示。分母表示前一轴线的编号，分子表示附加轴线的编号，用阿拉伯数字顺序编写，如图 8-3 所示。

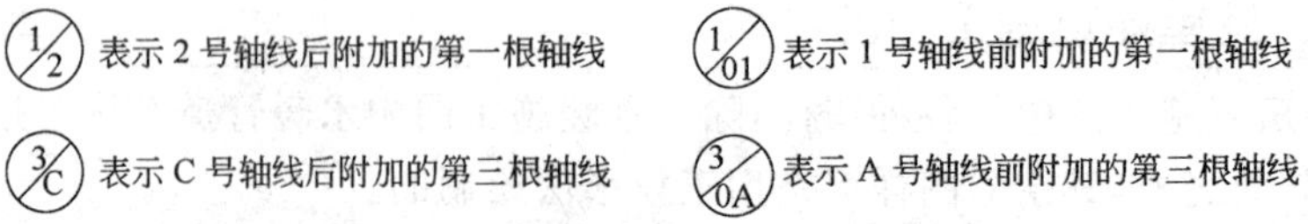

图 8-3　附加轴线

如果一个详图适用几根定位轴线时，应同时注明各有关轴线的编号，见图 8-4a)～c)。通用详图的定位轴线，应只画圆，不注写定位轴线的编号，见图 8-4d)。

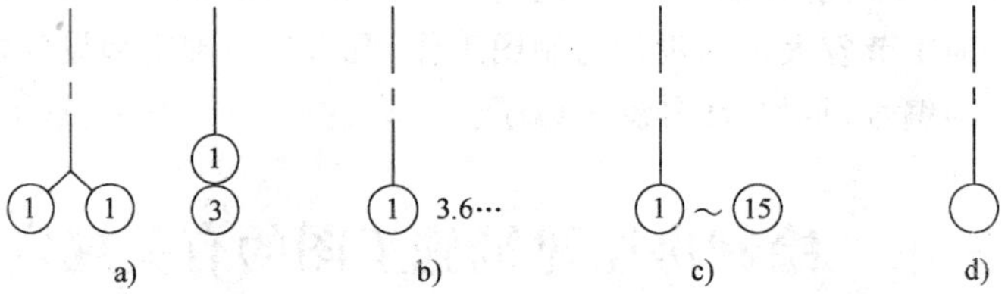

图 8-4　详图的轴线编号

a)用于两根轴线时；b)用于三根或三根以上轴线时；c)用于三根以上连续编号的轴线时；d)通用详图的定位轴线

二 标高

标高是指以某点为基准的相对高度。建筑物各部分的高度用标高表示时有两种：

1. 绝对标高

以我国黄海平均海平面为基准面（标高零点）而得出的标高称为绝对标高。

2. 相对标高

凡标高的基准面是根据工程需要而自行选定的，这类标高称为相对标高。在建筑上一般都用相对标高，即把房屋底层室内地面定为相对标高的零点（±0.000）。

标高符号的具体画法，如图 8-5 所示。标高符号为一直角等腰三角形，高约 3mm。总平面图上的标高符号用涂黑的三角形。标高符号的尖端，应指至被注的高度，尖端可向下，也可向上，如图 8-5 所示。

标高数字应以 m 为单位，注写到小数点以后第三位。在总平面图中可注写到小数点以后第二位。

零点标高应注写成±0.000，正数标高不注“+”，负数标高应注“-”，例如 3.000、-0.600。在图样的同一位置需表示几个不同的标高时，标高数字可按图 8-6 形式注写。

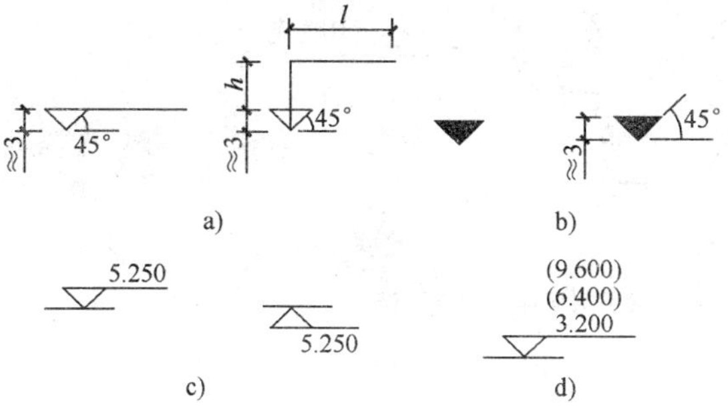

图 8-5 标高符号

a)个体建筑标高符号；b)总平面图室外地坪标高符号；c)标高的指向；d)同一位置注写多个标高

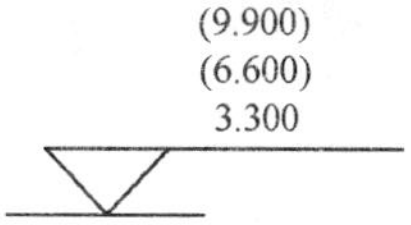

图 8-6 一个标高符号标注数个标高数字

三 索引符号和详图符号

1. 索引符号

图样中的某一局部或构件，如需另见详图，应以索引符号索引。索引符号的圆及直径均应以细实线绘制，圆的直径为 10mm，如图 8-7a)所示，索引符号按下列规定编写。

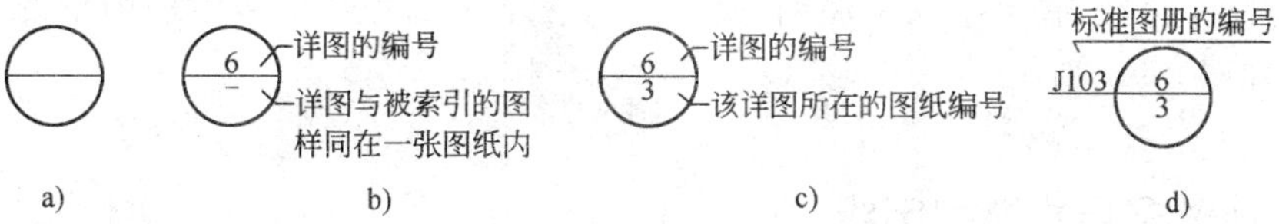

图 8-7 索引符号

(1)索引出的详图，如与被索引的图样同在一张图纸内，应在索引符号的上半圆中用阿拉伯数字表明该详图的编号，并在下半圆中间画一段水平细实线，如图 8-7b)所示。

(2)索引出的详图，如与被索引的图样不同在一张图纸内，应在索引符号的下半圆中用阿拉伯数字表明该详图所在图纸的图纸编号，如图 8-7c)所示。

(3)索引出的详图,如采用标准图,应在索引符号水平直径的延长线上加注该标准图册的编号,如图 8-7d)所示。

(4)索引符号如用于索引剖面详图,应在被剖切的部位绘制剖切位置线(粗实线),并应以细实线引出索引符号,引出线所在的一侧应为剖视方向,如图 8-8a)所示。索引符号的编写规定同前,如图 8-8a)、b)、c)、d)所示。

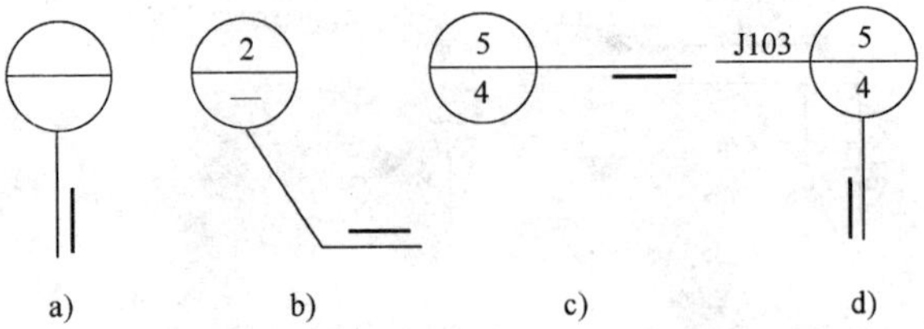

图 8-8 用于索引剖面详图的索引符号

2. 详图符号

详图的位置和编号,应以详图符号表示,详图符号为一直径是 14mm 的粗实线圆,详图按下列规定编号:

(1)详图与被索引的图样同在一张图纸内时,应在详图符号内用阿拉伯数字注明详图的编号,如图 8-9a)所示。

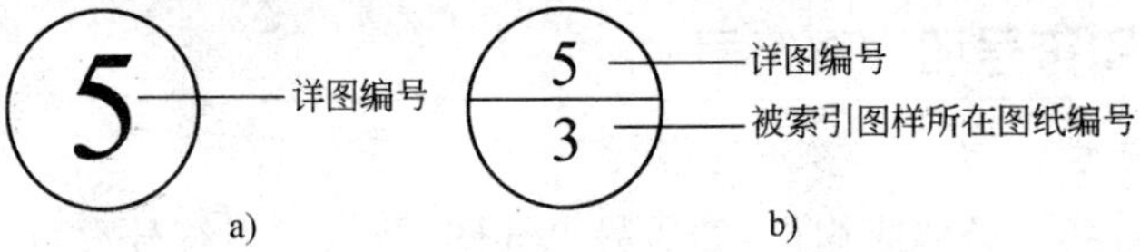

图 8-9 详图符号

(2)详图与被索引的图样,如不同在一张图纸内,可用细实线在详图符号内画一水平直径,在上半圆中注明详图编号,在下半圆中注明被索引图纸的图纸号,如图 8-9b)所示。

四 多层构造引出线

(1)引出线应以细实线绘制,采用水平方向直线、与水平方向成 30°、45°、60°、90°的直线。文字说明注写在横线的上方或横线的端部,如图 8-10a)所示。

(2)多层构造共用引出线,应通过被引出的各层,文字说明注写在横线的上方或横线的端部,说明的顺序应由上至下,并应与被说明的层次一致;如层次为横向排序,则由上至下的说明顺序应与左至右的层次相互一致,如图 8-10b)所示。

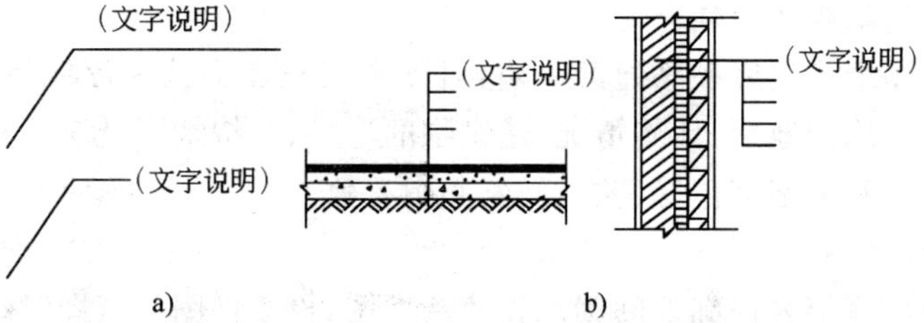

图 8-10　引出线

五 指北针

(1)对称符号用细实线绘制，平行线的长度宜为 6～10mm，平行线的间距宜为 2～3mm，平行线在对称线两侧的长度应相等，如图 8-11 所示。

(2)指北针宜用细实线绘制，圆的直径宜为 24mm，指北针的尾部宽度宜为 3mm，如图 8-12 所示。

图 8-11　对称符号

图 8-12　指北针

第四节　阅读房屋建筑施工图的方法

房屋建筑施工图是用投影原理的各种图示方法综合应用绘制的。所以，识读房屋建筑图，必须具备一定的投影知识、掌握形体的各种图示方法和建筑制图标准的有关规定，要熟记建筑图中的常用图例、符号、线型、尺寸和比例的意义，要具有房屋构造的有关知识。

一般识读房屋建筑图的方法步骤是：

1. 查看图纸目录和设计技术说明

通过图纸目录看各专业施工图纸有多少张，图纸是否齐全；看设计技术说明，对工程在设计和施工要求方面有概括了解。

2.依照图纸顺序通读一遍

对整套图纸按先后顺序通读一遍，对整个工程在头脑中形成概念。如工程的建设地点和周围地形、地貌情况、建筑物的形状、结构情况及工程量大小、建筑物的主要特点和关键部位等情况，做到心中有数。

3.分专业对照阅读

按专业次序深入仔细地阅读。先读基本图，再读详图。读图时，要把有关图纸联系在一起并对照着读，从中了解它们之间的关系，建立起完整准确的工程概念。再把各专业图纸(如建筑施工图与结构施工图)联系在一起对照着读，看它们在图形上尺寸上是否衔接、构造要求是否一致。发现问题要做好读图记录，以便会同设计单位提出修改意见。

可见，读图的过程也是检查复核图纸的过程，所以读图时必须认真细致，不可粗心大意。

本章小结

1.房屋主要由基础、墙或柱、楼(地)面、屋顶和楼梯、门窗等组成。从受力情况看基础、墙或柱、楼(地)面、屋顶等都是承受荷载的受力结构；从使用情况看，屋顶、墙和门窗等都是起维护作用的，楼梯是上下楼的交通设施，门窗还有采光通风的作用等。

2.施工图分为建筑施工图、结构施工图和设备施工图。每类施工图又分基本图和详图(或构件图)两种。基本图是用来表示整体的，详图是用来表示局部的构造和做法的。

3.房屋中的承重墙或柱都画有定位轴线，不同位置的墙有不同的编号，定位轴线是施工时定位放线和查阅图纸的依据。

4.标高是尺寸注写的一种形式。读图时要弄清是绝对标高还是相对标高，它的零点基线设在何处。

5.索引符号和详图符号，要熟悉它的编写规定，弄清圆圈中上下数字所代表的内容，以便读图时能很快将有关图纸联系起来。

思考题

1.构成房屋的主要部分及其作用分别是什么？

2.试述一套房屋建筑图包括哪些内容。

3.房屋建筑图的特点是什么？
4.房屋建筑图的识读方法是什么？
5.平面图上定位轴线及编号有什么规定？
6.什么是绝对标高和相对标高？
7.索引符号有几种形式？各表示什么？
8.详图符号有几种形式？各表示什么？

第九章 建筑施工图

【本章能力目标、知识目标与学习要求】

本章是全书的重点，它既是后面结构施工图的基础，也是其他专业课学习的桥梁，比如房屋构造、工程预算、施工技术等。通过本章的学习，使学生掌握建筑施工图的组成以及它的形成、用途、图示方法、图示内容、有关规定；掌握建筑施工图的绘制方法和技巧，同时能识读建筑施工图。在建筑施工图中主要是民用建筑的识读，对于工业建筑的识读与民用建筑相同，只是生产工艺要求不同，因此民用建筑专业图的阅读与绘制是本章的重点。

在建筑施工图的学习中，多观察周围建筑物，应尽可能多地阅读与绘制一些实际的施工图，练习看图的方法与步骤；在抄绘图纸时，须在看懂相关图纸的基础上进行绘图，切忌似懂非懂地抄绘图纸；将绘图与读图紧密地联系起来，通过读图提高绘图速度，通过绘图提高读图能力。在绘制专业图时，必须严格地进行绘图技能的训练，遵守与运用房屋建筑制图统一标准和各专业制图标准的各项规定，进一步发展空间想象能力，以达到培养自己绘制与阅读建筑施工图的基本能力。

在这里编者提醒读者：本章中民用建筑所列举的工程图纸有两套，除了图9-2至图9-13为某市绿岛家园住宅楼的图纸外，其他均为某市鱼台工商局办公楼的图纸，希望读者在看图时不要混淆。此外工业建筑列举的是某单层厂房的一套图纸，供读者自己阅读。

第一节 施工图首页

首页图在中小工程中通常由四部分组成，一是图纸目录，二是对该工程所作的设计说明，此外还应列出工程材料表和门窗表。

一 图纸目录

图纸目录又称标题页或首页图，说明该套图纸有几类，各类图纸分别有几张，每张图纸的图号、图名、图幅大小。如果采用标准图，应写出所使用标准图的名称、所在的标准图集和图号或页次。编制图纸目录的目的是为了便于查找图纸。

现以某工商局办公楼的工程施工图为例，识读首页图中图纸目录的内容，见表 9-1。

图 纸 目 录　　　　表 9-1

	项 目 名 称			编号
				共　页第　页
				日期
序　号	图　　号	图 纸 目 录	图　幅	比　　例
1	建总施	总平面图		
2	建施 01	建筑设计说明	A2+	1∶100
3	建施 02	建筑做法说明、门窗表	A2+	1∶100
4	建施 03	一层平面图	A2+	1∶100
5	建施 04	二层平面图	A2+	1∶100
6	建施 05	三层平面图	A2+	1∶100
7	建施 06	四层平面图	A2+	1∶100
8	建施 07	五层平面图	A2+	1∶100
9	建施 08	六层平面图	A2+	1∶100
10	建施 09	七层平面图	A2+	1∶100
11	建施 10	屋顶排水平面图	A2+	1∶100
12	建施 11	南立面图	A2+	1∶100
13	建施 12	北立面图	A2+	1∶100
14	建施 13	东西立面图	A2+	1∶100
15	建施 14	1-12-2 剖面图	A2+	1∶100
16	建施 15	详图一	A2+	1∶50
17	建施 16	详图二	A2+	1∶50
审核		校对		编制

二 设计说明

首页图中的设计说明主要说明该工程的性质、设计的根据和对施工提出的总要求。中小型房屋的设计说明也常与总平面图一起放在建筑施工图内。有时与结构总说明合并，成为整套施工图的首页，放在所有施工图的最前面，如下所示。

建筑设计说明

一、工程概况：

1. 本工程为办公楼。

2. 本设计采用砖混结构。

3. 主要技术经济指标：

层高：一层 3.0m、二～七层 3.3m

总高度：23.700m

总建筑面积：4 230m^2

二、设计依据：

1. 由鱼台县工商局认可的建筑设计方案。

2. 鱼台县工商局工程设计合同。

3. 鱼台县工商局的设计委托书。

4. 国家的相关的规范、规程和规定：

(1)《建筑设计防火规范》(GB 50016—2014)。

(2)《办公楼设计规范》(JGJ 67—2006)。

(3)《民用建筑设计通则》(GB 50352—2005)。

(4)《屋面工程技术规范》(GB 50345—2012)。

三、建筑设计：

1. 建筑耐久年限：50 年

2. 建筑分类和耐火等级：二类二级

3. 建筑物抗震设防烈度：六度

4. 建设地点：山东省济宁市鱼台县

5. 建筑规模：县级人民工商局

6. 建筑占地面积：665m^2

7. 建筑面积：4 230m^2

8. 建筑层数：地上六层局部七层

9. 设计标高±0.000 相对于绝对标高现场确定。

10. 屋面防水等级按 II 级设计，两道防水，具体要求见《屋面工程技术规范》(GB 50207—94)

11. 本工程图纸所注尺寸除总平面及标高以 m 为单位，其余尺寸均以 mm 为单位。

12. 本施工图须与结构，给排水，电气等有关专业图纸密切配合施工。

13. 有关施工安装和质量验收均须严格遵守国家现行的各项规范及规定。

四：墙体：

1. 隔墙用 240 厚加气混凝土砌块，其余均用黏土砖。其施工技术要求及锚固连接应严格按有关规定进行。

2. 凡墙洞或门窗洞做过梁，其断面及配筋详见结构设计总说明。

3. 墙体与窗棂直接交接处，用不燃岩棉填实。端部用建筑胶封严。

五、外装修：

建筑外墙粉刷及分隔详见立面图。

六、内装修：

1. 有检修门之管道井内壁做混合砂浆粉刷。

2. 凡木料与砌体接触部位均须满涂防腐油。

3. 墙体面层喷涂或油漆须待粉刷基层干燥后进行。

七、楼地面：

1. 室内地面混凝土垫层纵横设置伸缩缝(纵向平头缝，横向假缝)分仓大小 6m×6m。

2. 凡室内经常有水房间应设地漏。楼地面应找不小于 1%排水坡度坡向地漏。

3. 建筑物四周铺砌地面者应做散水，散水 1 000 宽，散水坡度 3%，纵向每 12m 做一道伸缩缝，散水与外墙设 20 宽缝，其缝内均填沥青砂浆。

4. 除特殊注明者外，门外踏步坡道，混凝土垫层厚度做法同地面。

八、屋面：

1. 基层与突出屋面结构(女儿墙，墙，天沟，檐口等)的转角处水泥砂浆粉刷均做成圆弧或钝角。

2. 凡管道穿屋面等屋面留洞孔位置须检查核实后再做防水材料，避免做防水材料后再凿洞。

3. 屋面排水雨水口选用铸铁型雨水斗，穿女儿墙处雨水斗选用通用标准图制作。屋面找坡坡向雨水口。雨水口位置及坡向详见屋面平面图。

4. 屋面与墙身或女儿墙交接处，走廊，露台与墙身或女和墙交接处，防水涂料需沿墙反上 250mm。

九、门窗：

1. 一般标准木门选用全国通用标准图集或山东省标 L92J601。

2. 高标准装修木门须选用硬木高级成品木门。

3. 塑钢门窗立面分格及开启形式详见立面图，塑钢门窗框料颜色为白色，技术要求，断面构造(包括风压要求)的检验由生产厂家提供加工图纸，并按设计要求及甲方要求配齐五金零件，经设计单位及使用单位认可后方可使用。

4. 门窗立樘位置除注明者外均立墙中。

5. 木门窗，塑料门窗除注明者外，内开门窗立樘平开启方向墙粉刷面，外开门窗立樘于墙中，立樘平墙面粉刷者加贴脸。

6. 防火门的特殊加工门窗埋件由制作厂家提供按要求预埋。

7. 门窗预埋在墙或柱内的木，铁构件，应做防腐，防锈处理。

十、油漆：

1. 钢门窗用红丹(防锈漆)打底，面刷色调和漆二度。

2. 木门窗刮腻子打底，正面刷一底二度棕黄色调和漆，背面刷一底二度棕黄色调和漆。

3. 所有金属制品露明部分用红丹(防锈漆)打底，面刷调和漆二度，颜色同所在墙面颜色。不露明的金属制品仅刷红丹二。所有金属制品刷底漆前应先除锈。

4. 所有金属栏杆部分用红丹(防锈漆)打底，面刷调和漆二度，颜色为白色调和漆。

十一、女儿墙及泛水：

1. 均详见平面图及剖面图、女儿墙大样所示大样选型。

2. 屋顶通风设备基础防水处理详见各专业图集。

十二、楼地面说明：

1. 除注明外，各层卫生间标高低于室内标高 20mm，坡度为 1%，坡向地漏。

2. 管道穿楼板时采用预埋套管法，套管应高出楼面 0.05m。管道与套管之间用沥青麻丝填塞严密。

十三、防潮、防腐、防锈处理：

1. 所有与砖、混凝土、陶粒混凝土接触的木砖均在接触面涂刷防腐油一道。

2. 所有露明铁件，除注明外均刷防锈漆一道，面层刷灰铅油两道。

十四、防水说明：

1. 本工程屋面防水等级为 II 级，防水层耐用年限 15 年。

2. 本工程卫生间的内墙、底板均做防水涂料防水层。

十五、其他说明：

1. 本设计不含二次装修，二次装修设计方案与设计院协商确定后，方可实施，以确保室内外设计风格等方面的统一。

2. 室内外装修(不包括二次装修部分)材料的规格、色彩、质地的选择须经建设单位和设计单位协商后确定。

3. 铝合金玻璃幕墙，应选择有相应设计。生产、施工资质的单位进行设计、制作、安装。

4. 防火门须选择有资质的专业厂家产品。

三 工程做法表

工程做法表主要是对屋面、楼地面、顶棚、墙面、勒脚、台阶等构造做法用局部图示或表格进行说明，并详见构件剖面详图(表 9-2)。

工 程 做 法 表 表 9-2

序号		建筑做法说明(L96J002)		
1	墙身砌体	普通黏土实心砖	适用于所有墙体	
2	外墙	面砖墙面	适用于 3.0m 以上的所有外墙	外墙 25
		花岗石墙面	适用于 3.0m 以下的所有外墙	外墙 38
3	内墙	水泥砂浆墙面	适用于电缆井，管道井	内墙 11
		混合砂浆墙面	适用于其余所有内墙	内墙 8
4	地面	水泥地面	适用于一层所有房间	地 4
5	楼面	铺地砖防水楼面	适用于卫生间	楼 26
		花岗石楼面	适用于楼梯间，走廊	楼 29
		铺地砖楼面	适用于其他所有房间	楼 17
6	散水	混凝土散水		散 2 宽度 1 000 坡度 5%

续上表

序号		建筑做法说明(L96J002)		
7	踢脚	水泥砂浆踢脚		踢 4　高度 150
		花岗石踢脚		踢 14　高度 150
8	墙裙	瓷砖墙裙	适用于卫生间	裙 16　高度一直到顶
9	顶棚	混合水泥砂浆顶棚	适用于除注明外的所有房间	棚 5
		装饰石膏板吊顶	适用于走廊、会议室	棚 17
10	油漆	木材面油漆	适用于门	油 4　棕黄色
		金属面油漆	适用于楼梯栏杆等金属构件	油 38
11	屋面	卷材防水膨胀珍珠岩保温屋面	适用于屋面	屋 27
		细石混凝土防水屋面	适用于雨篷	屋 14

四 门窗表

门窗标注要表示工程中的所有门窗编号、宽度和长度、数量、所采用的材料及开启方式等，主要为了便于加工厂加工，并为编制预算提供方便(表 9-3)。

门　窗　表　　表 9-3

图集名称	门窗名称	洞口尺寸	门窗数量								备注
			一层	二层	三层	四层	五层	六层	七层	总计	
L99J605　TC-95	C1	2 400×1 800	1	1	1	1	1	1	1	7	塑钢推拉窗
L99J605　PC-12	C2	1 000×900		2	2	2	2	2		10	塑钢平开窗
L99J605　TC-04	C3	2 100×600	10							10	塑钢推拉窗
L99J605　PC-13	C4	1 500×1 800	3	12	12	12	12	12		63	塑钢平开窗
L99J605　TC-02	C5	1 500×600	4	3	3	5	5	3		22	塑钢推拉窗
L99J605　TC-08	C6	1 200×1 200						10		10	塑钢推拉窗
L99J605	C7	600×4 500						9	9	18	塑钢固定窗
	C8	1 500×600				2	2	2		6	防火窗固定玻璃
L99J605	M1	3 000×3 000		1						1	详见大样
	M2	2 600×2 700	10							10	卷帘门
L62J606　PM-79	M3	1 500×2 700	2	1					2	5	塑钢平开门
L92J601　PM-39	M4	1 500×2 400		1	1	1		3	3	9	塑钢平开门

续上表

图集名称	门窗名称	洞口尺寸	门窗数量								备注
			一层	二层	三层	四层	五层	六层	七层	总计	
L92J606 FM1524	M5	1 500×2 400	1	1	1	1	1	1	2	8	防火门
L92J601 M2-57	M6	1 000×2 100	9	6	7	9	10	5	2	48	木夹板门
L62J606 PM-01	M7	800×2 100		2	2	2	2	2		10	塑钢平开门
L92J601 PM-02	M8	600×2 100	2	2	2	2	2	2	2	14	塑钢平开门
	MQ1	2 100×13 200								10	详见大样
	MQ2	1 865×9 900								2	详见大样
	MQ3	1 250×3 000								2	详见大样
	MQ4	5 500×3 600								1	详见大样
	MQ5	11 630×3 300								1	详见大样

注：所有大样门窗制作安装前需现场校核尺寸。

第二节 建筑总平面图

一 建筑总平面图的形成及用途

建筑总平面图是将拟建工程附近一定范围内的建筑物、构筑物及其自然状况，用水平投影方法和相应的图例画出的图样，简称总平面图。它主要反映原有和新建房屋的平面形状、所在位置、朝向、标高、占地面积和邻界情况等内容。总平面图是新建房屋定位、施工放线、土方施工及施工总平面设计和其他工程管线设置的依据。

二 总平面图的图示方法及内容

总平面图一般采用1∶500、1∶1 000或1∶2 000的比例，用图例来表明新建、原有、拟建的建筑物，附近的地物环境、交通和绿化布置。《总图制图标准》(GB/T 50103—2010)分别列出了总平面图例、道路与铁路图例、管线与绿化图例，表9-4摘录了其中的一部分，若不够用时可查阅该制图标准。如果该标准中图例还不够使用时，可自行设定图例，但绘图时应在总平面图上，专门另行画出自定的图例，并注明其名称。

总平面图图例 表 9-4

图　　例	名　　称	说　　明
	新建建筑物	（图片）
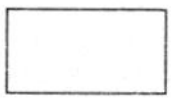	原有建筑物	用细实线表示
	计划扩建的预留地或建筑物	用中粗虚线表示
	拆除的建筑物	用细实线表示
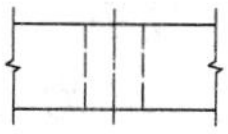	建筑物下面的通道	
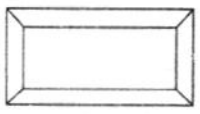	散状材料露天堆场	需要时可注明材料名称
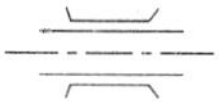	公路桥	
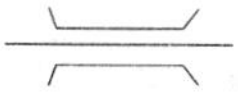	铁路桥	
	烟囱	
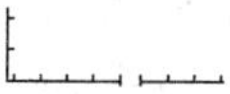	围墙及大门	
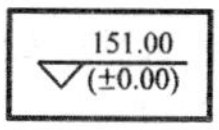	室内地坪标高	
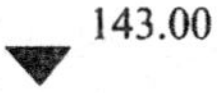	室外地坪标高	
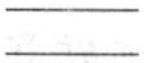	原有道路	
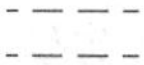	计划扩建的道路	
	填挖边坡	
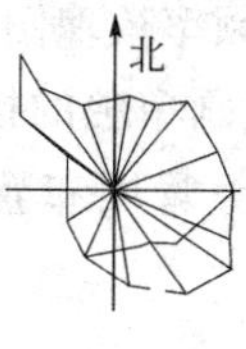	风向频率玫瑰图	
	指北针	

在总平面图中的每个图样所用的图线，应根据其所表示的重点不同，采用不同的粗细线型。主要部分选用粗线，其他部分选用中线和细线。如新建建筑物采用粗实线，原有的建筑物用细实线表示。

除图例外，通常在总平面图中还要画出带有指北方向的风向频率玫瑰图(简称风玫瑰图)，用来表示该地区常年的风向频率和房屋的朝向。风玫瑰图是根据当地多年平均统计的各个方向吹风次数的百分数，按一定比例绘制的，风的吹向是从外吹向中心。实线表示全年风向频率，虚线表示按 6、7、8 三个月统计的夏季风向频率。

在总平面图中常标出新建房屋的总长、总宽和定位尺寸，新建房屋室内底层地面和室外地面的绝对标高。尺寸和标高都以 m 为单位，注写到小数点以后两位数字。

当地形起伏较大时，总平面图上还应画出地面等高线，以表明地形的坡度、雨水排除的方向等。

三 总平面图的识读举例

1. 阅读总平面图的一般步骤

(1)看图名、比例及有关文字说明。总平面图因包括的地方范围较大，所以绘制时都用较小比例，如 1∶500、1∶1 000、1∶2 000 等。总平面图上的尺寸是以 m 为单位的，一般标注至小数点后两位。图中所用图例符号较多，必须熟记。

(2)了解新建工程的性质与总体布置，了解各建筑物及构筑物的位置、道路、场地和绿化等布置情况以及各建筑物的层数等。

(3)明确新建工程或扩建工程的具体位置，新建工程或扩建工程通常根据原有房屋或道路来定位，并以 m 为单位标注出定位尺寸。当新建成片的建筑物和构筑物或较大的建筑物时，往往用坐标来确定每一建筑物及道路转折点等的位置。当地形起伏较大的地区，还应画出地形等高线。

(4)看新建房屋底层室内地面和室外整平地面的绝对标高，可知室内外地面的高差，及正负零与绝对标高的关系。

(5)明确拟建房屋的朝向。看总平面图中的指北针或风向频率玫瑰图，可明确新建房屋、构筑物的朝向和该地区的常年风向频率，有时也可只画单独的指北针。

(6)需要时，在总平面图上还画有给水、排水、采暖、电气等管网布置图。这种图一般是与给排水、采暖、电气的施工图配合使用。

2. 总平面图读图举例

现以某工商局办公楼的总平面图(图 9-1)为例，读图过程如下：

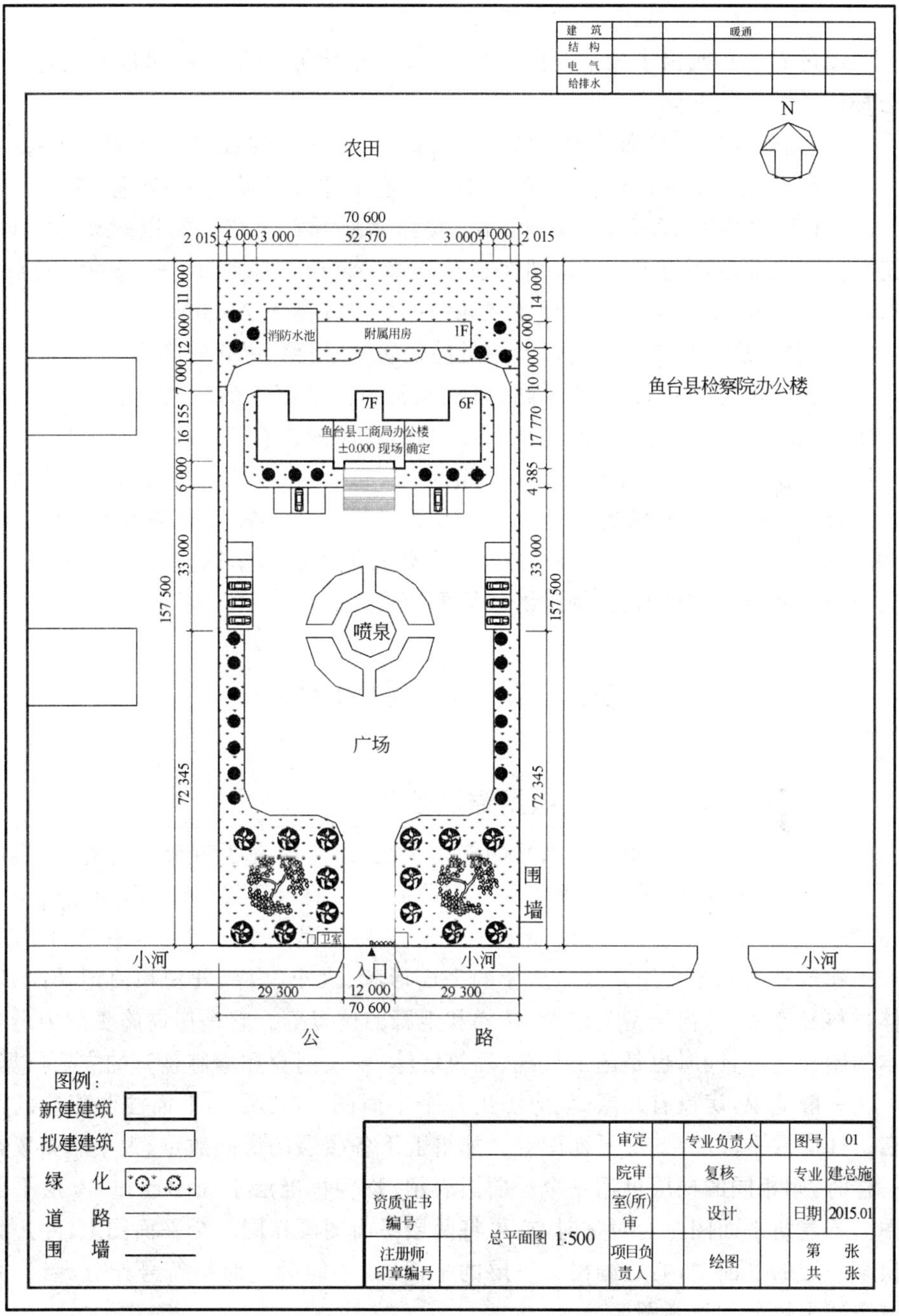

建 筑
结 构
电 气
给排水
暖通
N
农田
70 600
2 015
4 000
3 000
52 570
3 000
4 000
2 015
消防水池
附属用房
1F
7F
6F
鱼台县工商局办公楼
±0.000 现场确定
鱼台县检察院办公楼
11 000
12 000
7 000
16 155
6 000
33 000
157 500
72 345
14 000
6 000
10 000
17 770
4 385
33 000
157 500
72 345
喷泉
广场
围
墙
卫室
小河
入口
小河
小河
29 300
12 000
29 300
70 600
公 路
图例：
新建建筑
拟建建筑
绿 化
道 路
围 墙
资质证书编号
注册师印章编号
总平面图 1:500
审定
院审
室(所)审
项目负责人
专业负责人
复核
设计
绘图
图号 01
专业 建总施
日期 2015.01
第 张
共 张

图 9-1 总平面图

(1)办公楼的朝向、方位和范围。

图的右上角画出了该地区的指北针,按指北针所指的方向,可以知道这个办公楼位于公路的北侧。

(2)新建房屋的平面轮廓形状、大小、朝向、层数、位置和室内外地面的标高。

以粗实线画出的这幢新建楼房,显示了它的平面形状,左右对称,东西总长52.57m,南北总宽17.77m,朝向正南,整体六层局部七层。它以附属用房(平房)定位,其北墙面与平房的南墙面平行,相距7.00m;西墙面与平房的西墙面平行,相距3.00m。它的底层室内主要地面的相对标高为±0.000m。

(3)新建房屋周围的环境以及附近的建筑物、道路、绿化等布置。

在新建房屋的四周,都有道路、草地和常绿阔叶灌木的绿化,东、西、北三侧是围墙,在办公楼的南侧中间是出入口,东侧和西侧各有4.00m宽的道路,办公楼的南侧、东西两侧为停车位,往南相距33.00m是喷泉的中心,喷泉的南侧72.34m处即为本区域的总出入口,宽为12.00m。东西两侧是绿化,各是29.30m。喷泉和主入口之间是大广场,主要疏散人流和车辆。该办公楼南侧靠近公路的两侧环绕小河,使周围的环境更加怡人。

第三节 建筑平面图

一 建筑平面图的形成、用途及分类

建筑平面图,是假想用一水平的剖切平面,沿着略高于窗台的位置,将房屋剖开,移去上半部分,对剖切平面以下部分所作出的水平投影图,即为建筑平面图,简称平面图。平面图(除屋顶平面图外)实际上是一个房屋的水平全剖面图。

建筑平面图主要用来表示房屋的平面形状、大小、内部分割和使用功能,墙体材料和厚度,门窗类型与位置,楼梯和走廊的位置等。它是房屋施工图中最基本的图样之一,同时也是施工放线、砌筑墙体、安装门窗和编制预算的主要依据。

一般地说,房屋有几层,就应画出几个平面图,并在图的下面注明相应的图名。如底层平面图、二层平面图等。如果上下各楼层的房间数量、大小和布置都一样时,则相同的楼层可用一个平面图表示,称为标准层平面图或x—y层平面图。若建筑平面图左右对称时,亦可将两层平面图画在同一个平面图上,左边画出某一层的平面图,右边画出另一层的平面图,中间画一对称符号作分界线,并在图的下边分别注明图名。

建筑平面图除上述的各层平面图外,还有局部平面图、屋顶平面图等。局部平面图可以用于表示两层或两层以上合用的平面图中局部不同之处，也可用来将平面图中某个局部以较大的比例另行画出，以便能较为清晰的表示出室内的一些固定设施的形状和标注它们的定形、定位尺寸。

屋顶平面图是房屋顶部按俯视方向在水平投影面上所得到的正投影。它用来表示屋面的排水方向、分水线坡度、雨水管位置等。图中还应画出凸出屋面以上的水箱、烟道、通风道、天窗、女儿墙以及俯视方向可见的房屋构配件，如阳台、雨篷、消防梯等。如果屋顶平面图中的内容很简单，也可省略不画，但排水方向、坡度需在剖面图中表示清楚。

二 建筑平面图的图示内容与规定画法

1. 比例及朝向

由于建筑物的形体较大，因此，常用较小的比例绘制建筑平面图。平面图常用比例见表9-5。指北针显示了建筑物的朝向。

平面图常用比例(GB/T 50104—2010) 表9-5

图　名	比　例
建筑物或构筑物的平面图、立面图、剖面图	1∶50，1∶100，1∶150，1∶200，1∶300
建筑物或构筑物的局部放大图	1∶10，1∶20，1∶25，1∶30，1∶50
配件及构造详图	1∶1，1∶2，1∶5，1∶10，1∶15，1∶20，1∶25，1∶30，1∶50

2. 图例

因为建筑平面图的绘图比例较小，所以在平面图中某些建筑构造、配件和卫生器具等都不能按其真实投影画出，而是按“国标”中规定的图例表示。绘制房屋施工图常用图例见表9-6。

3. 定位轴线及其编号

在平面图中需要标注承重构件的横向定位轴线和纵向定位轴线，从而确定出房间的开间和进深。

4. 图线

由于在平面图上要表示的内容较多，为了分清主次和增加图面效果，常选用不同的线宽和线型来表达不同的内容。在“国标”中规定，凡是被剖到的主要建筑构造，如承重墙、柱等断面轮廓线用粗实线绘制(墙、柱断面轮廓线不包括抹灰层厚度)，被剖到的次要建筑构造以及未剖到但可见的配件轮廓线，如窗台、阳台、台阶、楼梯、门的开启方向和散水等均用中粗实线画出。表示剖面图的剖切位置线及剖视方向线，均用粗实线绘制。

常用建筑构配件图例　　　　表 9-6

名称	图　例	说　明
楼梯	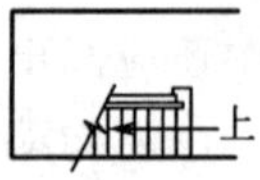 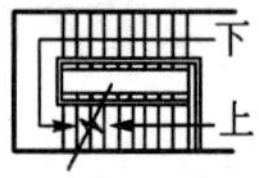 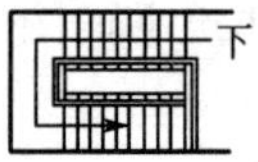	(1) 上图为底层楼梯平面，中图为中间层楼梯平面，下图为顶层楼梯平面。 (2) 楼梯及栏杆扶手的形式和步数应按实际情况绘制
检查孔		(1) 左图为可见检查孔。 (2) 右图为不可见检查孔
孔洞		阴影部分可以涂色代替
坑槽		
烟道	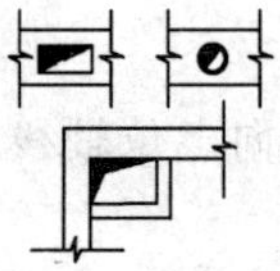	阴影部分可以涂色代替。 烟道与墙体为同一材料，其相接处墙身线应断开
通风道	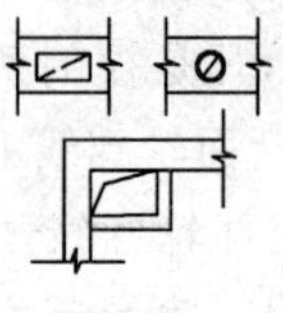	

名称	图　例	说　明
单扇门（包括平开或单面弹簧）	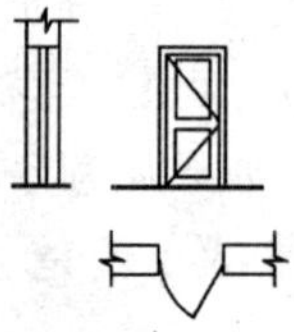	(1) 门的名称代号用 M 表示。 (2) 图例中剖面图左为外、右为内平面图下为外、上为内。 (3) 立面图上开启方向线交角的一侧为安装合页的一侧。实线为外开，虚线为内开。 (4) 平面图上门线 90°或 45°开启，开启弧线宜绘出。 (5) 立面图上的开启线在一般设计图中可不表示，在详图及室内设计图上应表示。 (6) 立面形式应按实际情况绘制
双扇门（包括平开或单面弹簧）	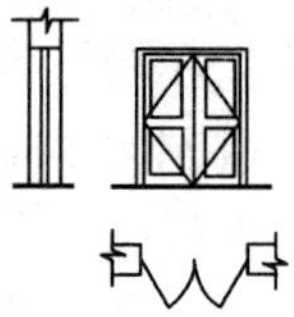	
对开折叠门	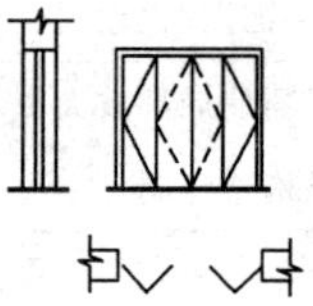	
墙中单扇推拉门	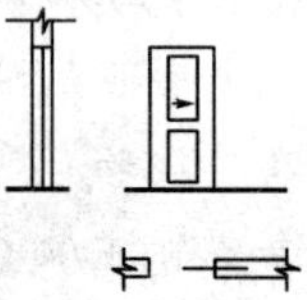	同单扇门等说明中的 1、2、6
单扇双面弹簧门	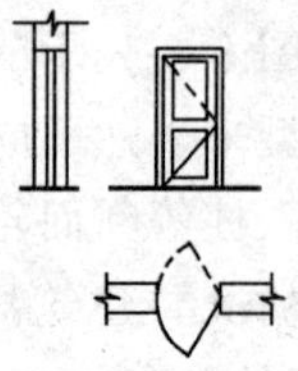	同单扇门等的说明

续上表

名称	图例	说明
双扇双面弹簧门	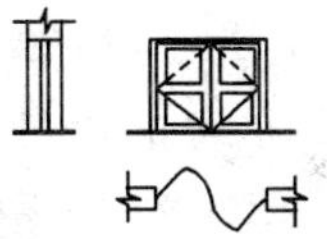	同单扇门等的说明
单层固定窗	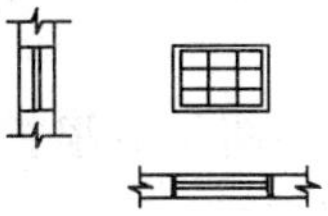	(1)窗的名称代号用C表示。 (2)立面图中的斜线表示窗的开启方向，实线为外开，虚线为内开，开启方向线交角的一侧为安装合页的一侧，一般设计图中可不表示
单层外开上悬窗	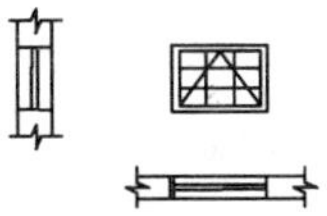	

名称	图例	说明
单层中悬窗	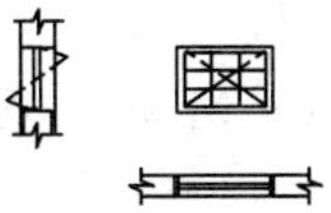	(3)图例中，剖面图所示左为外，右为内，平面图所示下为外，上为内。 (4)平、剖面图上的虚线，仅说明开关方式，在设计图中不需要表示。 (5)窗的立面形式应按实际绘制。 (6)小比例绘图时，平、剖面的窗线可用单粗实线表示
单层外开平开窗	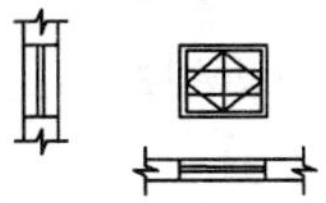	
推拉窗	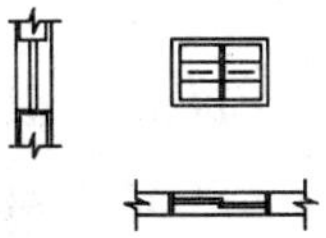	同单层固定窗等的说明中的1、3、5、6

5.尺寸

平面图尺寸包括外部尺寸和内部尺寸两部分。

(1)外部尺寸

为了便于看图和施工,需要在外墙外侧标注三道尺寸:

第一道尺寸,表示外轮廓的总尺寸,即指从一端外墙边到另一端外墙边的总长和总宽尺寸。用总尺寸可计算出房屋的占地面积。

第二道尺寸,表示轴线间的距离,用以说明房间的开间和进深大小的尺寸。

第三道尺寸,表示门窗洞口、窗间墙及柱等的尺寸,标注这道尺寸应以轴线为准。

如果房屋前后或左右不对称时,则平面图上四周都应分别标注三道尺寸,相同的部分不必重复标注。

另外,台阶、花池及散水(或明沟)等细部的尺寸,可单独标注。

(2)内部尺寸

内部尺寸是指外墙以内的全部尺寸,它主要用于注明内墙门窗洞口的位置及其宽度、墙体厚度、房间大小、卫生器具、灶台和洗涤盆等固定设备的位置及其大小。

此外，还应标明房间的使用面积和楼地面的相对标高以及房间的名称。

6. 门窗编号

在平面图中，门窗是按“国标”规定的图例表示的。在门窗洞口处的一侧应标注门窗编号，用以区别门窗类型，统计门窗数量，如：M-1、M-2、……C-1、C-2……和CM -1、CM-2……等。其中M是门的代号，C是窗的代号，CM则是带窗门的代号，1、2、3……是不同类型门窗的编号。为了便于施工，图纸首页中还列有门窗表。

7. 抹灰层、材料图例

平面图中被剖切到的构配件断面上，其抹灰层和材料图例应根据不同的比例采用不同的画法：

①比例大于1∶50的平面图，应画出抹灰层的面层线，并宜画出材料图例。

②比例等于1∶50的平面图，抹灰面层线应根据需要而定。

③比例小于1∶50的平面图，可不画抹灰层的面层线。

④比例为1∶100～1∶200的平面图，可简化材料图例，如砖墙涂红，钢筋混凝土涂黑等。

⑤比例小于1∶200的平面图，可不画材料图例。

楼房的平面图是由多层平面图组成的。在绘制平面图时，除基本内容相同外，房屋中的个别构配件应该画在哪一层平面图上是有分工的。具体来说底层平面图除表示该层的内部形状外，还应画出室外的台阶、花池、散水(或明沟)、雨水管和指北针以及剖切符号，如1-1、2-2等，以便与剖面图对照查阅。房屋中间层平面图除表示本层室内形状外，还需要画上本层室外的雨篷，阳台等。底层平面图中，可以只在墙角或外墙的局部分段的画出散水(或明沟)位置。

三 建筑平面图的识读举例

1. 阅读平面图的一般步骤为：

(1)看图名、比例，了解该图是哪一层平面图，绘图比例是多少。

(2)看底层平面图上画的指北针，了解房屋的朝向。

(3)看房屋平面外形和内部墙的分隔情况，了解房屋平面形状和房间分布、用途、数量及相互间联系，如入口、走廊、楼梯和房间的位置等。

(4)在底层平面图上看室外台阶、花池、散水坡(或明沟)及雨水管的大小和位置。

(5)看图中定位轴线的编号及其间距尺寸。从中了解各承重墙(或柱)的位置及房间大小,以便施工时定位放线和查阅图纸。

(6)看平面图的各部分尺寸。从各尺寸的标注,可知各房间的开间、进深、门窗及室内设备的大小位置。

(7)看地面标高。在平面图上清楚地标注着地面标高。楼地面标高是表明各层楼地面对标高零点(即正负零)的相对高度。一般平面图分别标注下列标高:室内地面标高、室外地面标高、室外台阶标高、卫生间地面标高、楼梯平台标高等。

(8)看门窗的分布及其编号。了解门窗的位置、类型及其数量。

(9)在底层平面图上看剖面的剖切符号,了解剖切部位及编号,以便与有关剖面图对照阅读。

(10)查看平面图中的索引符号。当某些构造细部或构件,需另画比例较大的详图或引用有关标准图时,则须标注出索引符号,以便与有关详图符号对照查阅。

2.建筑平面图读图举例

现以某市绿岛家园24号住宅楼的建筑平面图(图9-2～图9-7)为例,读图过程如下:

(1)首层平面图的识读

①图9-3为某市绿岛家园的首层平面图。绘图比例是1:100。从图中指北针可知房屋坐北朝南,住宅楼出入口有两处,分别设在住宅楼的西北侧和东北侧。房屋平面外轮廓总长为34.74m,总宽为14.04m。在住宅楼的出入口处有一步台阶。楼房四周有散水坡。

②该住宅楼有两个单元,一梯两户。西单元的西户是三室两厅两卫,东户是两室两厅一卫;东单元均为两室一厅一卫。除了西单元的西户是三室两厅两卫外,从每户的外门进入住宅楼内来看房屋分隔与布置情况。一进西单元外门口是双跑式楼梯,此外还设有电井和信报箱。西户的户型是三室两厅两卫,进入户内北边是餐厅和厨房,西北角是客厅,由客厅上三个台阶是卫生间和西边的卧室,南边并排两个卧室,主卧室内带一个卫生间。南北各设一个阳台。在楼梯间只画出第一个梯段的下半部分,这是因为水平剖切平面在楼梯平台下剖切造成的。图中楼梯处箭头旁边写有上×步,是指从底层到二层两个梯段共有×个踏步。室内外高差为750mm。

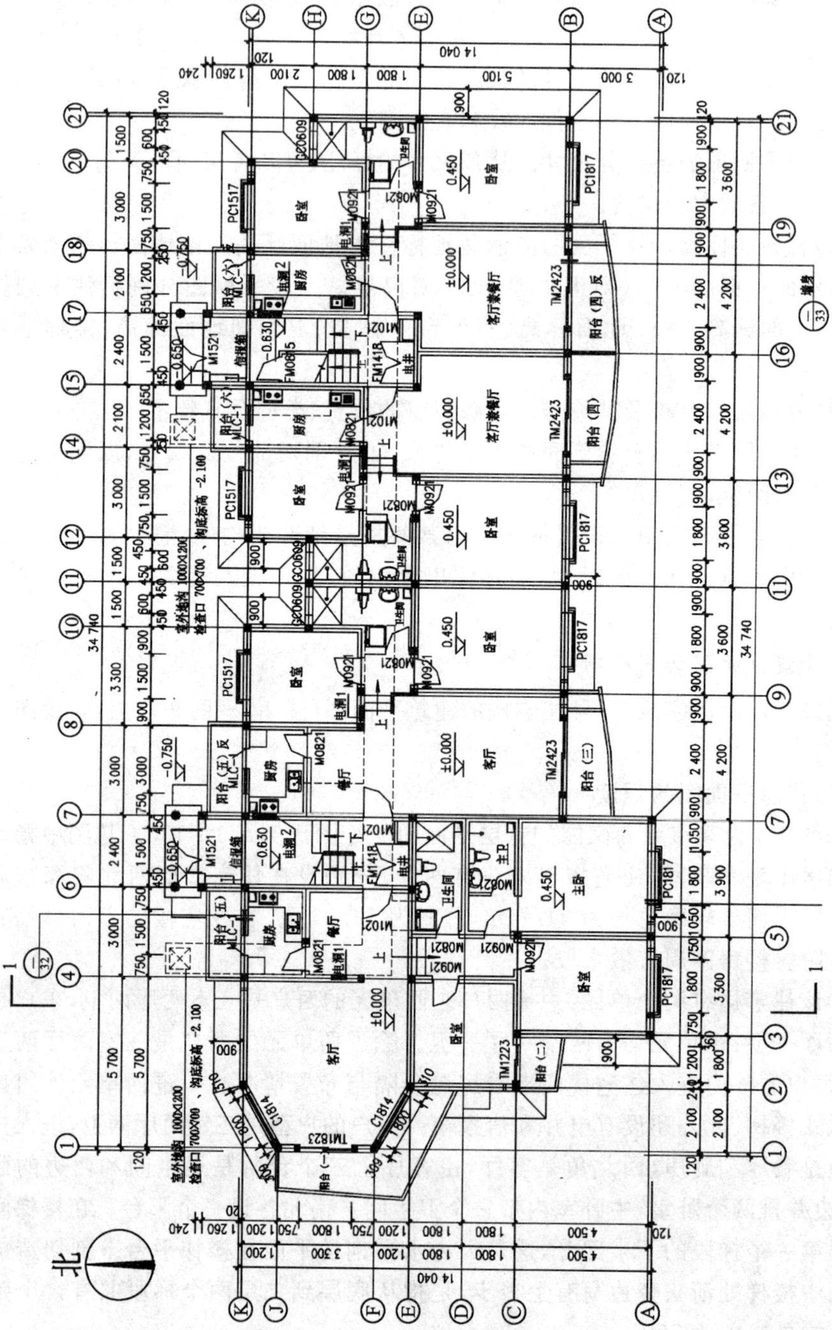

图 9-2 首层平面图

③平面图横向编号的定位轴线有①～㉑，竖向编号的定位轴线有Ⓐ～Ⓚ。通过定位轴线表明各房间的开间和进深情况：主卧室的开间为3 900mm，其他卧室的开间为3 300mm，卧室的进深大部分为5 100mm。楼梯的开间是2 400mm，进深为4 500mm。次楼梯的开间为3 000mm，墙体材料为黏土砖，墙厚均为240mm。图中所有墙身厚度均不包括抹灰层厚度。

④地面标高。走廊及房间为±0.000，室外及楼梯地面的标高为－0.750。由客厅上三步台阶到达卧室。由楼梯间走向室外需要下一步台阶。

⑤平面图中的门有M0921、M1521……，窗有PC1517、MLC-1……多种类型，其各种类型的门窗口尺寸，详见平面图中里面一道尺寸的标注，如M1521门洞口的宽度为1 500mm；PC1517窗洞口的宽度为1 500mm……。

⑥一层平面图中有一个剖切符号，表明剖切平面的位置。1-1在③～④之间，通过住户内部的客厅及卧室所作的全剖。

(2)楼层平面图的识读

如图9-3～图9-6所示，为该住宅楼的二层～五层平面图。除与底层平面图相同之处以外，其不同之处主要有以下几点：

①由于图示的分工不同，二层以上不再画底层平面图中的台阶、散水、指北针和剖切符号等。

②二层平面图画有建筑物两个出入口顶上与外墙连接的雨篷。

③二层室内楼梯间平面图的梯段，不但看到了上行梯段的部分踏步，也看到了底层上二层的第一梯段的部分踏步，中间用45°斜折断线为界。靠墙一侧梯段是底层上二层的第二梯段的完整水平投影。楼梯间的休息平台是底层到二层中间的平台。三层与二层楼梯基本相同。四层与下面几层不同的是：双跑式楼梯仅有下到四层的梯段，没有上行梯段。五层平面图中入口处没有双跑式楼梯，而是在住户内部设计的由客厅上到阁楼的双跑式楼梯。

④二层以上各层的标高不同。二层客厅的标高为2.800m，卧室的标高是3.250m；三层客厅的地面标高是5.600m，卧室的标高是6.050m。依次往上递加，层高为2.800m，客厅比卧室地面低0.450m。

(3)屋顶平面图的识读

图9-7为某市绿岛家园住宅楼的屋顶平面图。该住宅楼屋面的排水坡度为2%，檐沟的排水坡度为1%。共有10根雨水管。图中复杂部分用索引符号进行索引说明。

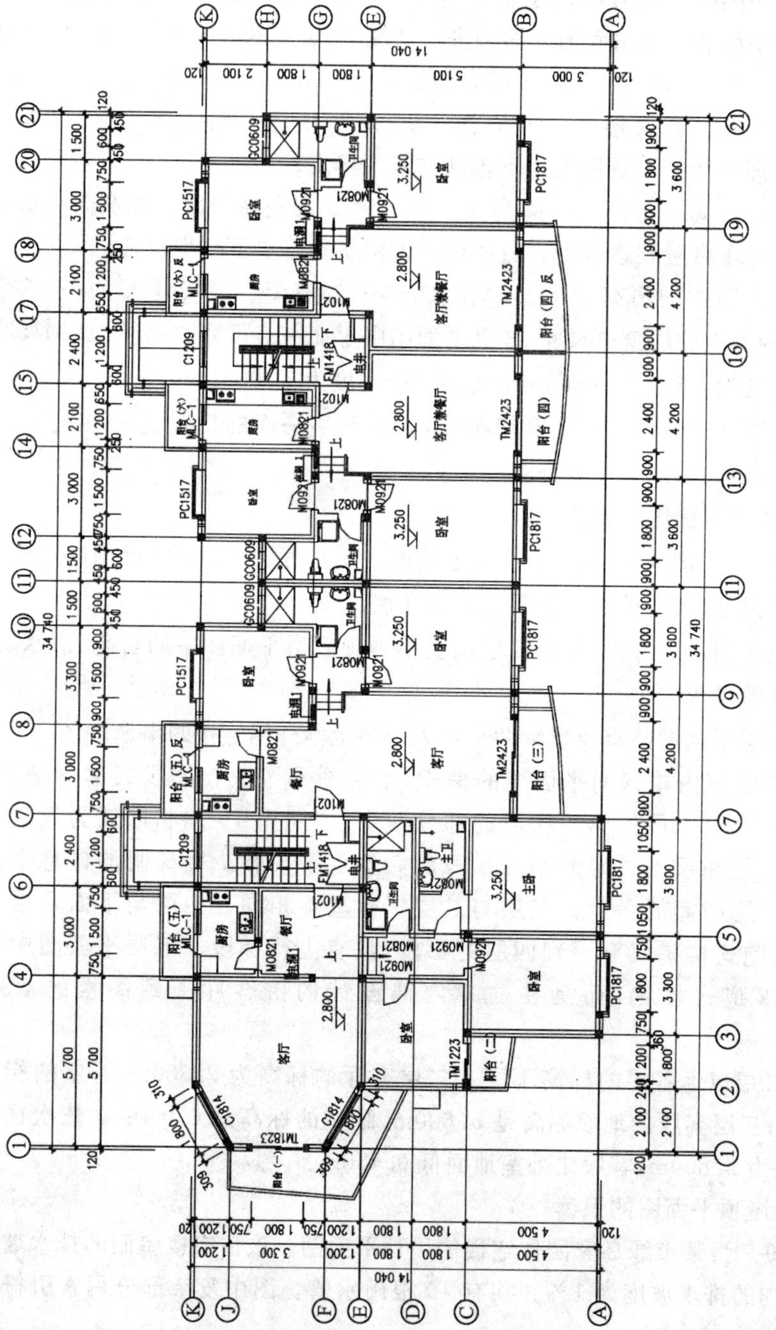

图 9-3　二层平面图

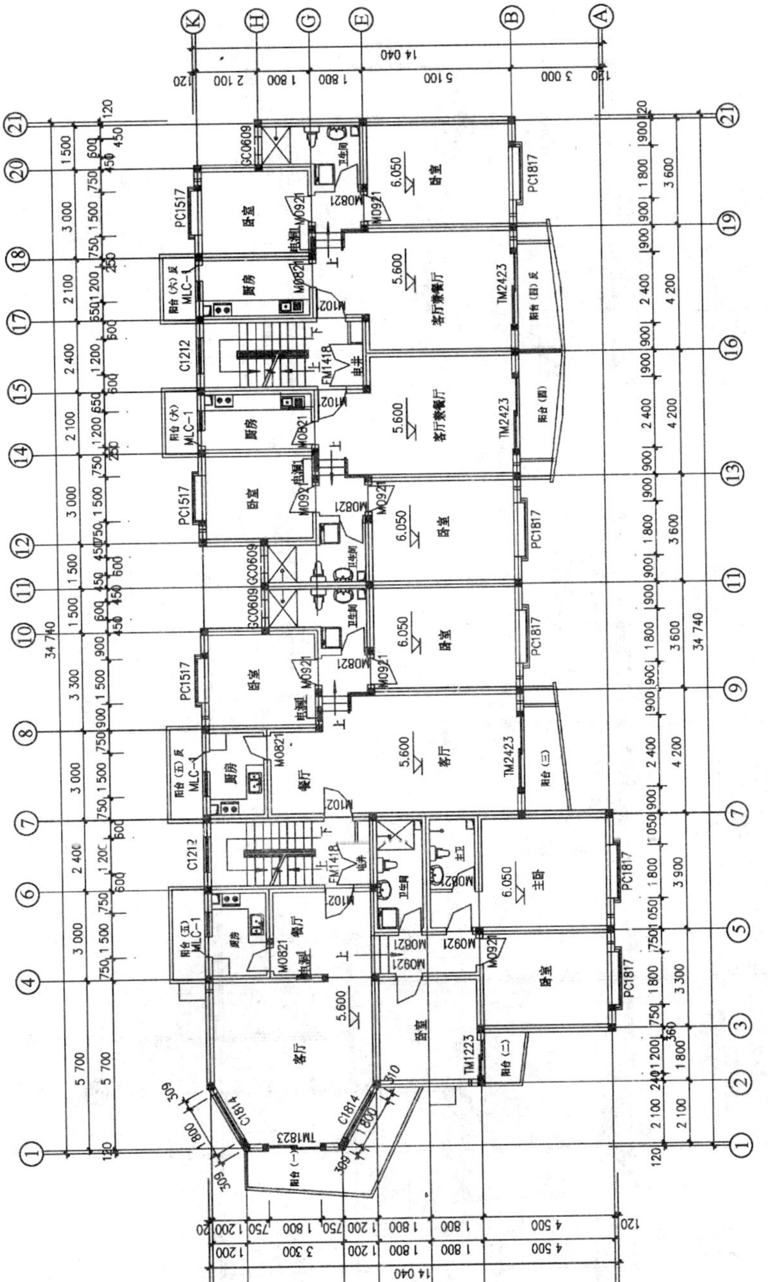

图9-4　三层平面图

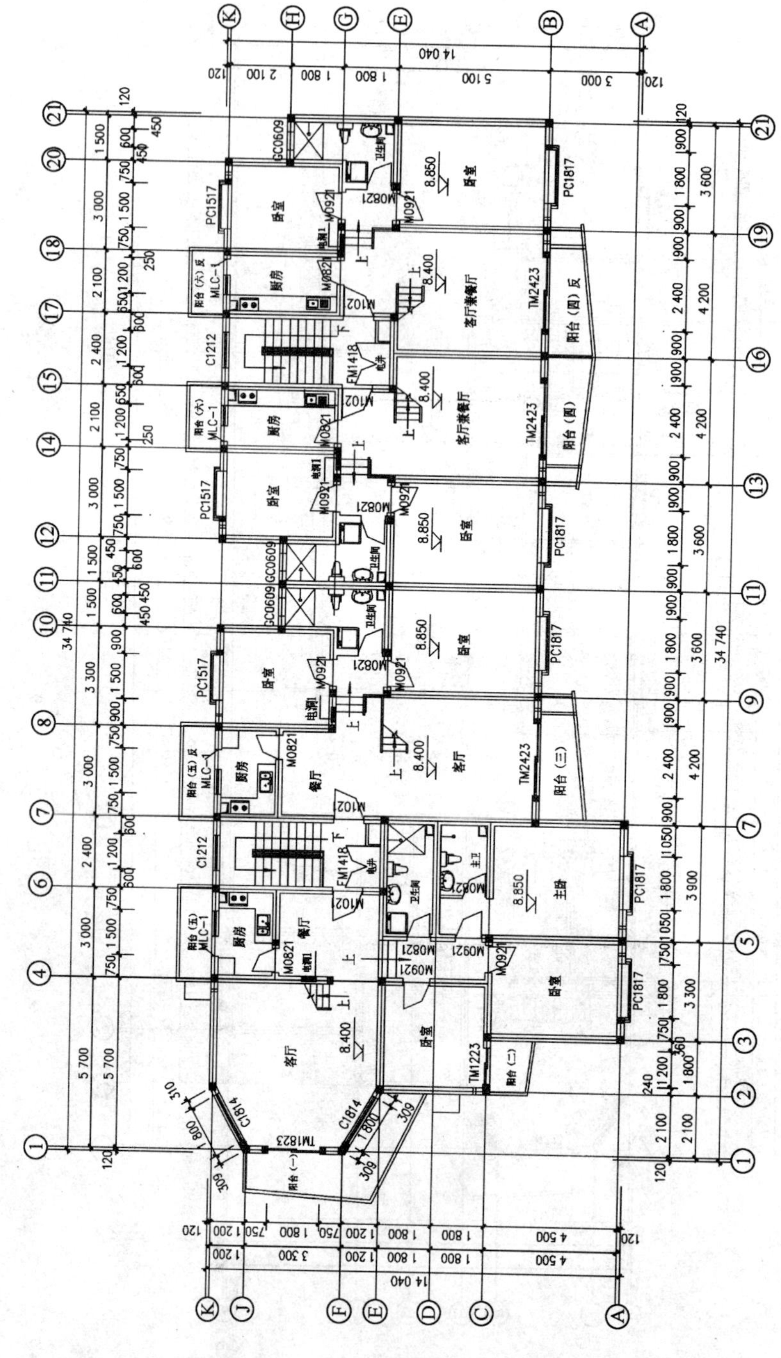
客厅
客厅兼餐厅
卧室
主卧
厨房
餐厅
卫生间
主卫
阳台（一）
阳台（二）
阳台（三）
阳台（四）
阳台（五）
阳台（六）
电井
8.400
8.850
14 040
34 740
PC1817
PC1517
TM2423
TM1823
TM1223
C1814
C1212
GC0609
FM1418
M0921
M0821
M1021
MLC-1

图 9-5　四层平面图

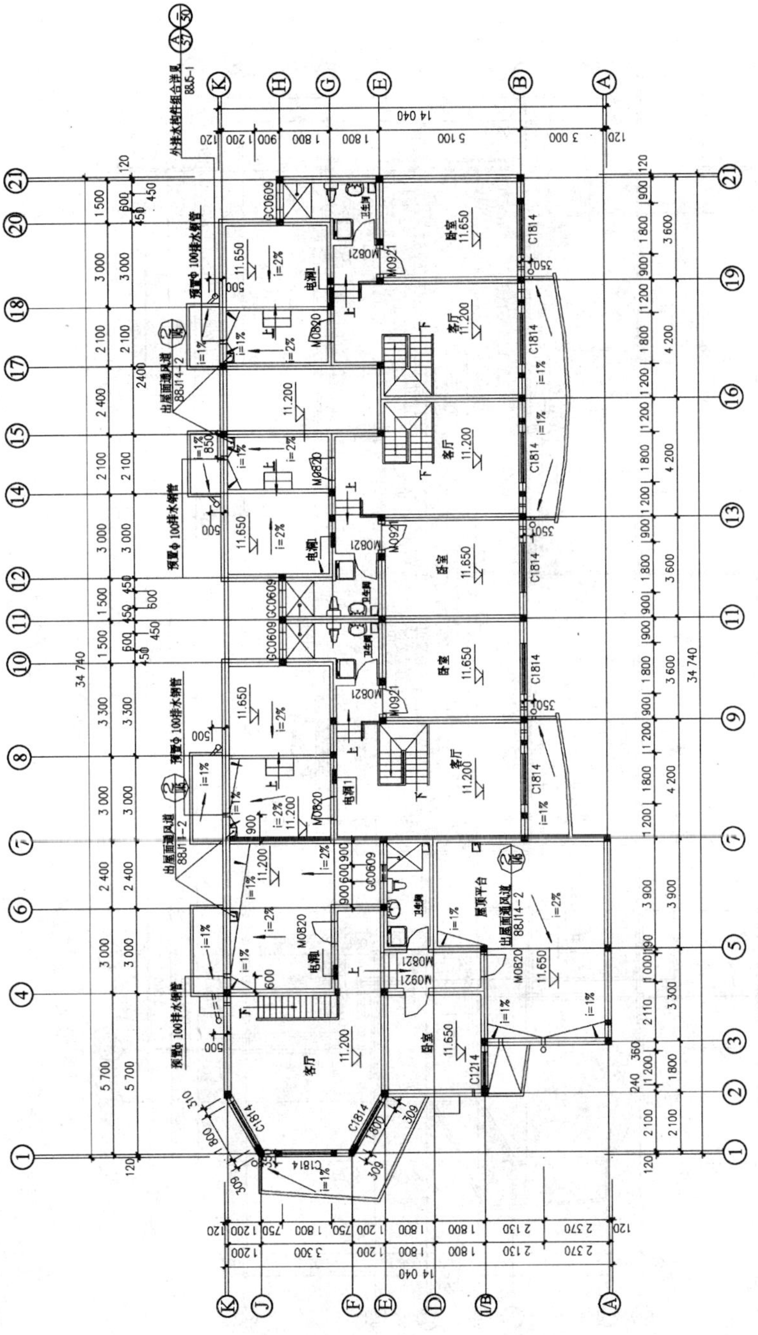
客厅
卧室
卫生间
屋顶平台
电洞
出屋面通风道
88J14-2
预置Φ 100排水钢管
外排水构件组合详见
88J5-1
C1814
C1214
GC0609
M0820
M0821
M0921
34 740
14 040

图9-6　跃层平面组合图

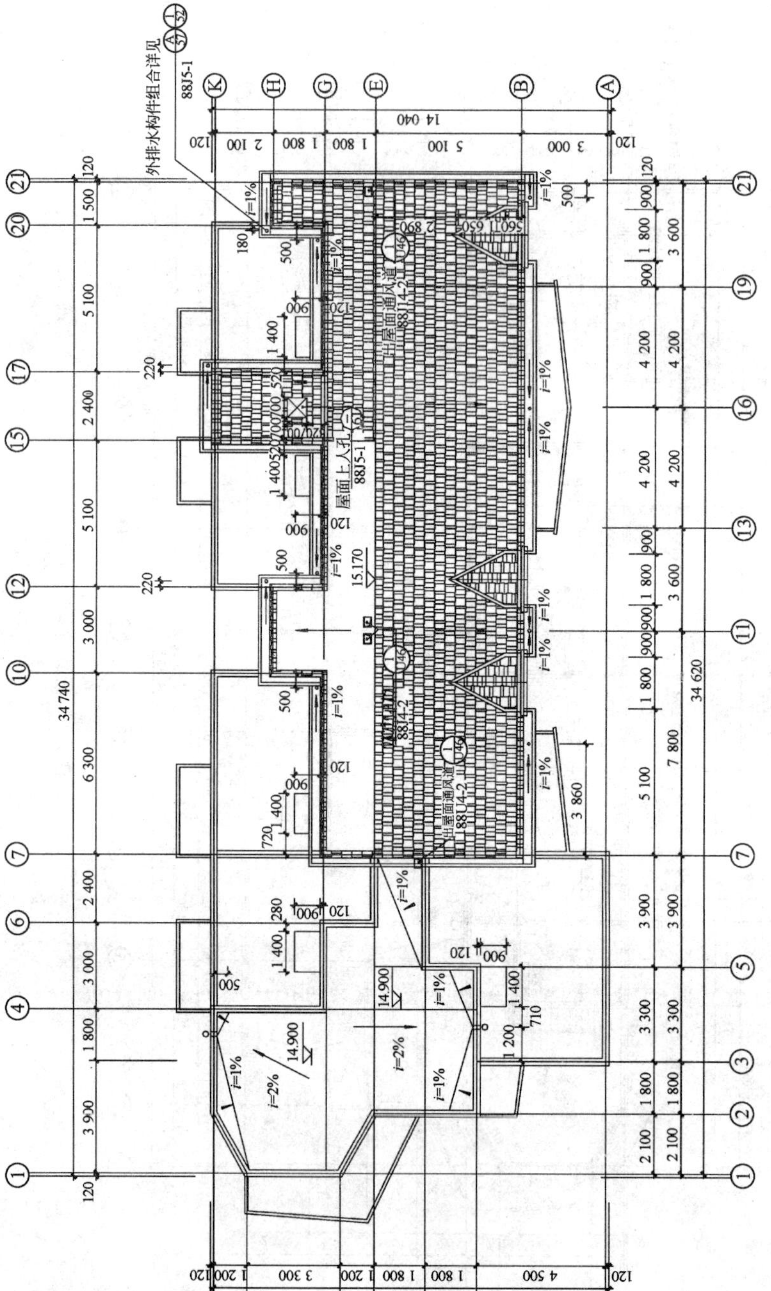
外排水构件组合详见 88J5-1
屋面上人孔 88J5-1
出屋面通风道 88J14-2
34 740
34 620
14 040
13 920
15.170
14.900
i=1%
i=2%

图 9-7 屋面平面图

四 绘图步骤

(1)定轴线。先画横向和纵向的最外两道定位轴线，再根据开间和进深尺寸定出各定位轴线。

(2)画墙身厚度，定门窗洞口位置。定门窗洞口位置时，应从轴线往两边定窗间墙宽，这样门窗洞宽自然就定出了。

(3)根据尺寸画出楼梯、台阶、平台、散水等细部，再按图例画出门窗和其他设备等。

(4)经检查无误后，擦去多余的作图线，按施工图要求加深或加粗图线或上墨线，并标注轴线、尺寸、门窗编号、剖切位置线、图名、比例及其他文字说明。

平面图中线型要求是：剖到的墙身用粗实线，看到的墙轮廓线、构配件轮廓线、门窗洞、窗台及门窗框为中粗实线，窗扇及其他细部为细实线。

第四节　建筑立面图

一 建筑立面图的形成、用途及命名

建筑立面图是在与房屋立面平行的投影面上所作的正投影图，简称立面图。一座建筑物是否美观，在于它对主要立面的艺术处理、造型与装修是否优美。它是用来表示建筑物的体型和外貌，并表明外墙面装饰要求等的图样。

房屋有多个立面，立面图的命名，通常有以下三种原则：按立面的主次来命名，把房屋的主要出入口或反映房屋外貌主要特征的立面图称为正立面图，而把其他立面图分别称之为背立面图、左侧立面图和右侧立面图等；按着房屋的朝向来命名时，又可把房屋的各个立面图分别称为南立面图、北立面图、东立面图和西立面图等；按立面图两端的轴线编号来命名，又可把房屋的立面图分别称为如①～㉑轴立面图、Ⓐ～Ⓚ轴立面图等，如图 9-8 至图 9-11 所示。

二 建筑立面图的图示内容与规定画法

1. 比例

绘制立面图所采用的比例应与平面图一致，其常见比例见表 9-5。

2. 定位轴线

在立面图中，一般只画两端的定位轴线及其编号，以便与平面图对照确定立面图的方向，如图 9-8 中的①～㉑和图 9-10 中的Ⓐ～Ⓚ轴线。

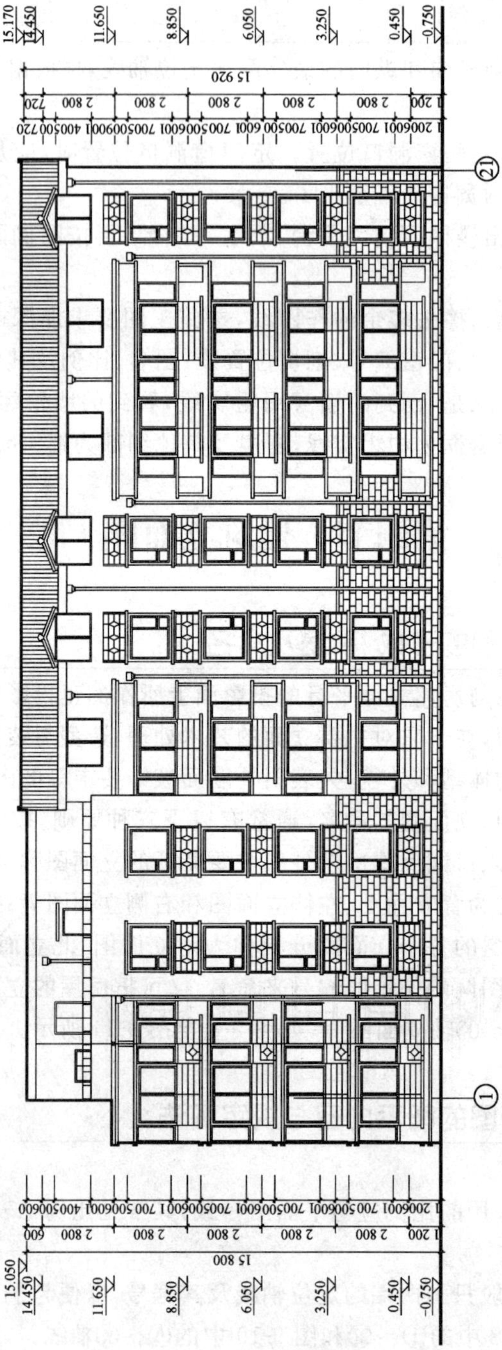
15.170
14.450
11.650
8.850
6.050
3.250
0.450
-0.750
15 920
2 800
1 200
720
15.050
15 800
600
①
㉑

图9-8 ①~㉑立面图

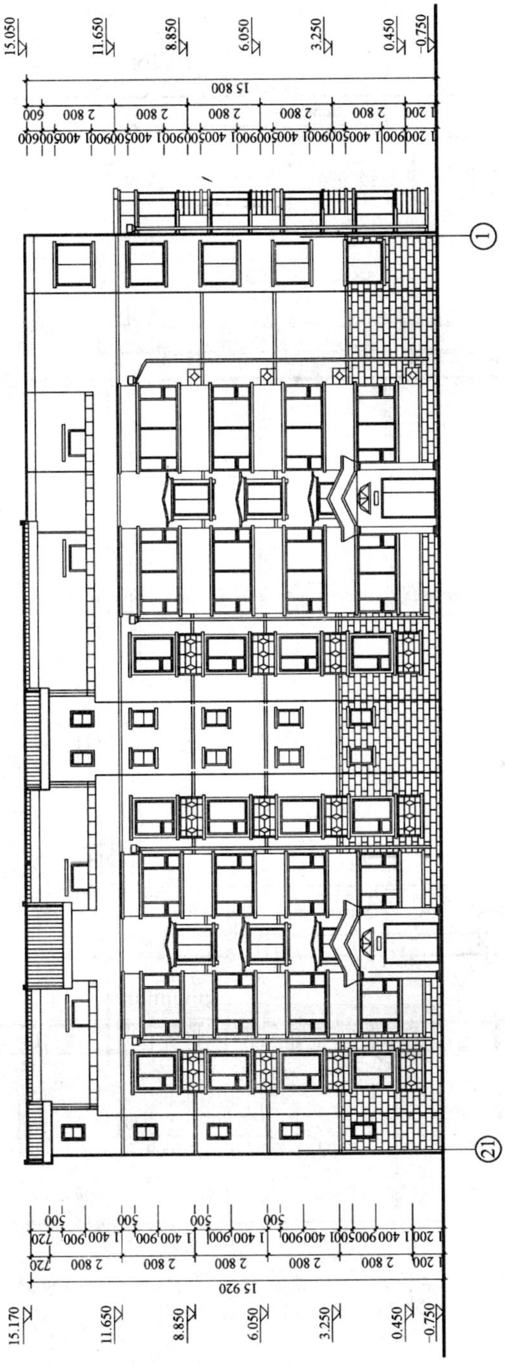

图9-9 ㉑～① 立面图

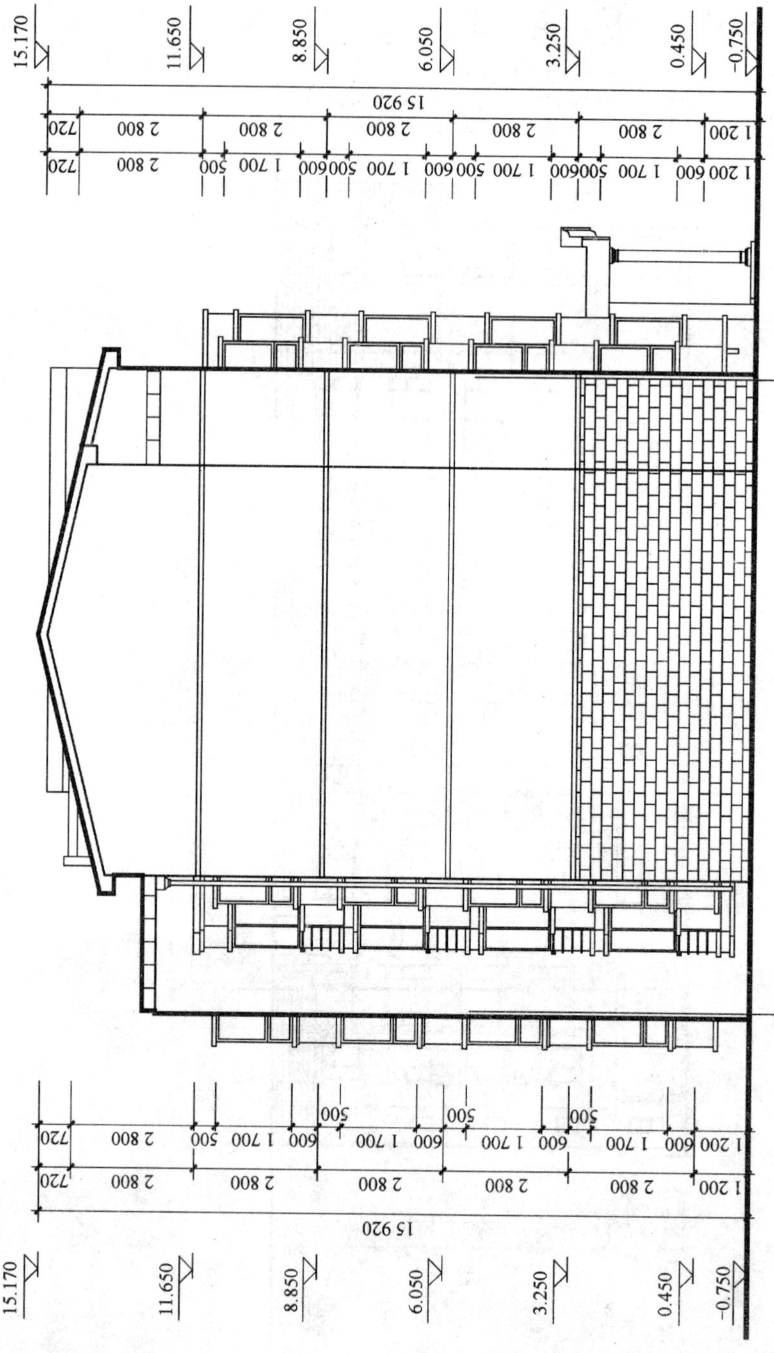
15.170
11.650
8.850
6.050
3.250
0.450
−0.750
15 920
720
2 800
2 800
2 800
2 800
2 800
1 200
500
1 700
600
A
K

图9-10 Ⓐ~Ⓚ立面图

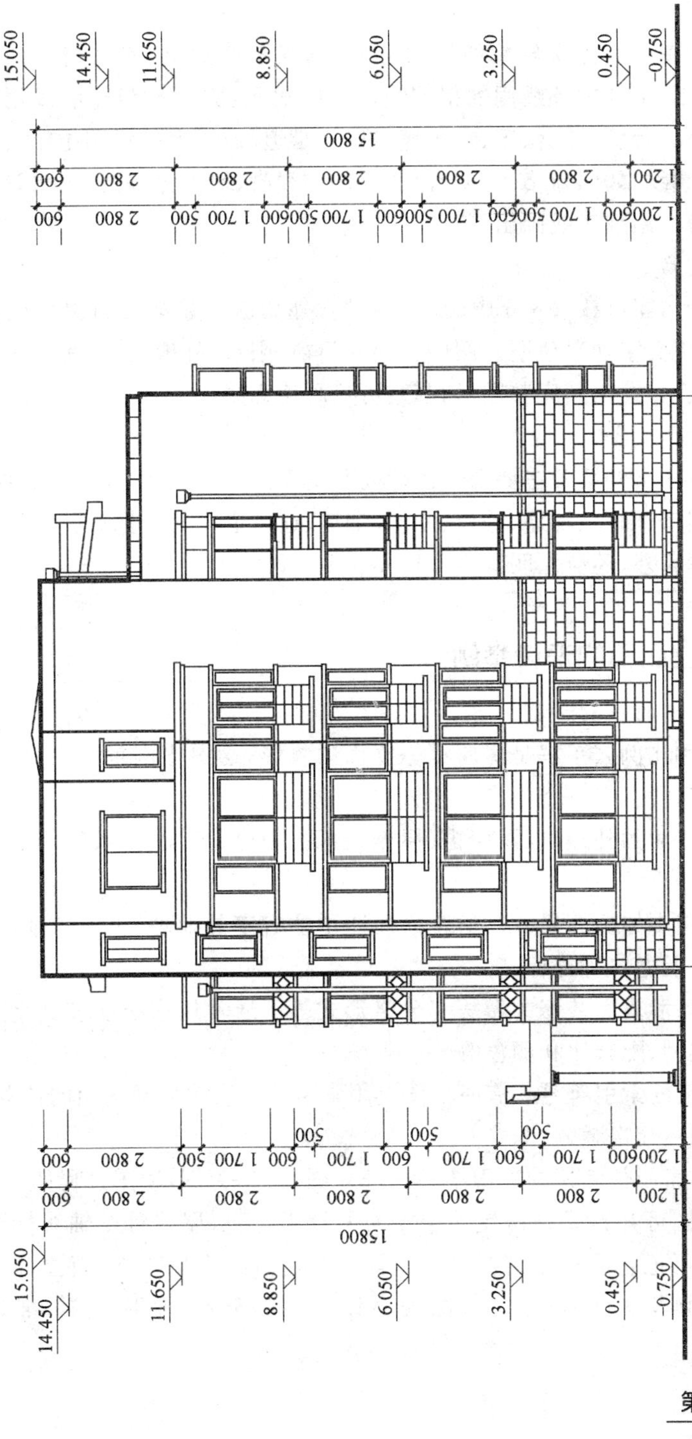

图9-11　Ⓚ～Ⓐ立面图

3. 图线

为了使立面图中的主次轮廓线层次分明，增强图面效果，应采用不同的线型，具体要求如下：室外地坪线用加粗实线(1.4b)表示，立面外包轮廓线用粗实线绘制，门窗洞口、台阶、花台、阳台、雨篷、檐口、烟道、通风道等均用中粗实线画出，某些细部轮廓线，如门窗格子、阳台栏杆、装饰线脚、墙面分格线、雨水管和文字说明引出线等均用细实线画出。

4. 图例及省略画法

立面图中的门窗可按表9-6中的图例绘制，外墙面的装饰材料除可画出部分图例外，还应用文字加以说明。图中相同的门窗、阳台、外檐装饰、构造做法等可在局部重点表示，绘出其完整图形，其余可只画轮廓线。

5. 尺寸标注

立面图中应注出外墙各主要部位的标高及高度方向的尺寸，如室外地面、台阶、窗台、门窗洞口、阳台、雨篷、檐口、屋顶、烟道、通风道等处的标高。对于外墙预留洞除注出标高外，还应注明其定形尺寸和定位尺寸。

三 建筑立面图的识读举例

1. 阅读立面图的一般步骤

(1)看图名和比例。了解是房屋哪一立面的投影，绘图比例是多少，以便与平面图对照阅读。

(2)看房屋立面的外形，以及门窗、屋檐、台阶、阳台、烟囱、雨水管等形状及位置。

(3)看立面图中的标高尺寸。通常立面图中注有室外地坪、出入口地面、勒脚、窗口、大门口及檐口等处标高。

(4)看房屋外墙表面装修的做法和分格形式等。通常用指引线和文字来说明粉刷材料的类型、配合比和颜色等。

(5)查看图上的索引符号。有时在图上用索引符号表明局部剖面的位置。

2. 建筑立面图读图举例

以某市绿岛家园住宅楼的立面图(图9-8～图9-11)为例，读图过程如下：

(1)通览全图可知这是该房屋四个立面的投影，用房屋的首尾轴线标注立面图的名称，也可把它看成是房屋的正立面、左侧立面、右侧立面、背立面四个立面图，图的比例均为1∶100。该图表明该房屋是五层，平顶屋面，部分坡屋顶。

(2)①～㉑立面图是住宅楼的正立面图，可看到雨水管、阳台等构件的位置和外形。与西立面图对照可以看到入口大门、台阶的式样。

(3)㉑～①立面图对照东立面图，可以看到入口大门、室外台阶及雨篷的式样。

(4)通过四个立面图可以看到整个住宅楼各立面门窗的分布和式样以及女儿墙、墙面的分格、装修的材料和颜色。

(5)看立面图的标高尺寸(它与剖面图相一致)，可知该房屋室外地坪为－0.750m，大门入口处台阶面为－0.650m，北立面图中雨篷的标高是2.800m，西侧最高处屋顶的标高为15.050m，东侧最高处屋顶的标高为15.170m。

四 绘图步骤

(1)定室外地坪线、外墙轮廓线、屋面檐口线。屋脊线由侧立面或剖面图投影到正立面图上或根据高度尺寸得到。

在合适的位置画上室外地坪线。定外墙轮廓线时，如果平面图和正立面图画在同一张图纸上，则外墙轮廓线应由平面图的外墙外边线，根据“长对正”的原理向上投影而得。根据高度尺寸画出屋面檐口线。如无女儿墙时，则应根据侧立面或剖面图上屋面坡度的脊点投影到正立面定出屋脊线。

(2)确定门窗洞口位置，再画出门窗、檐口等细部。

(3)经检查无误后，擦去多余的线条，按立面图的线型要求加粗、加深线型或上墨线。画出少量门窗扇、装饰、墙面分格线。关于立面图线型，习惯上屋脊线和外轮廓线用粗实线，室外地坪线用加粗实线。轮廓线内可见的墙身、门窗洞、窗台、台阶等轮廓线用中粗实线，门窗格子线、墙面分格线为细实线。标注标高应注意各标高符号的45°等腰直角三角形的顶点在同一条竖直线上，注写图名、比例、轴线和文字说明，完成全图。

第五节　建筑剖面图

一 建筑剖面图形成、用途及特点

建筑剖面图是用一假想的竖直剖切平面，垂直于外墙，将房屋剖开，移去剖切平面与观察者之间的部分，将剩余部分投影到与剖切平面平行的投影面上，所得到的正投影图称为建筑剖面图，简称剖面图。

剖面图用以表示房屋内部的楼层分层、垂直方向的高度、简要的结构形式、构造和材料的情况。如:房间和门窗的高度、屋顶形式、屋面坡度、檐口形式、楼板搁置的方式、楼梯的形式等。它与建筑平面图、立面图相配合,是建筑施工图中不可缺少的重要图样之一。

剖面图的剖切位置应选在房屋的主要部位或建筑构造较为典型的部位,如剖切平面通过门窗洞口和楼梯间。当一个剖切平面不能同时剖到这些部位时,可采用若干个平行的剖切平面。

剖面图的数量应根据房屋的复杂程度和施工实际需要而定。两层以上的楼房一般至少要有一个通过楼梯间剖切的剖面图。剖面图的剖切位置和剖视方向,可以从底层平面图中找到。

二 建筑剖面图的图示内容与规定画法

1. 定位轴线

在剖面图中,凡是被剖到的承重墙、柱都要画出定位轴线,并注写与平面图相同的编号。

2. 剖切符号

剖切位置线和剖视方向线必须在底层平面图中画出并注写编号,在剖面图的下方标注与其相同的图名。

3. 图线

在剖面图中,被剖到的室外地坪线用加粗实线表示,其他被剖到的部位,如散水、墙身、地面、楼梯、圈梁、过梁、雨篷、阳台、顶棚等均用粗实线或图例表示。在比例小于1∶50的剖面图中,钢筋混凝土构件断面允许涂黑。其他未剖切到但能看见的建筑构造则按投影关系用中粗实线画出。

由于地面以下的基础部分是属于结构施工图的内容,因此,在画建筑剖面图时,室内地面只画一条粗实线。抹灰层及材料图例的画法与平面图中的规定相同。

4. 尺寸标注

在建筑剖面图中,必须标注垂直尺寸和标高。外墙的高度尺寸一般也标注三道:最外侧一道为室外地面以上的总高尺寸;中间一道为层高尺寸,即底层地面到二层楼面、各层楼面到上一层楼面、顶层楼面到檐口处的屋面等,同时还注明室内外地面的高差尺寸;里面一道为门窗洞及洞间墙的高度尺寸。此外,还应标注某些局部尺寸,如室内门窗洞、窗台的高度及有些不另画详图的构配件尺寸等。剖面图上两轴线间的尺寸也必须注出。

在建筑剖面图上，室内外地面、楼面、楼梯平台面、屋顶檐口顶面都应注明建筑标高(包括粉刷层在内的高度尺寸)。某些梁的底面、雨篷底面等应注明结构标高(不包括粉刷层在内的高度尺寸)。

三 建筑剖面图的识读举例

1.阅读剖面图的一般步骤

(1)看图名、轴线编号和绘图比例。与首层平面图对照，确定剖切平面的位置及投影方向，从中了解所画出的剖面图是房屋的哪部分投影。

(2)看房屋内部构造和结构形式。如各层梁、板、楼梯、屋面的结构形式、位置及其与其他墙(柱)的相互关系等。

(3)看房屋各部位的高度。如房屋总高、室外地坪、门窗顶、窗台、檐口等处标高，室内底层地面、各层楼面及楼梯平台面标高等。

(4)看楼地面、屋面的构造。在剖面图中表示楼地面、屋面的构造时，通常用一引出线表示需要说明的部分，并按其构造层次顺序地列出材料等说明。有时将这一内容放在墙身剖面详图中表示。

(5)看图中有关部位坡度的标注。如屋面、散水、排水沟与坡道等，需要作成斜面时，都标有坡度符号，如2%等。

(6)查看图中索引符号。剖面图尚不能表示清楚的地方，还注有详图索引，说明另有详图表示。

2.建筑剖面图读图举例

如图9-12所示，现以某市绿岛家园住宅楼的剖面图为例，识读过程如下：

(1)1-1剖面图从一层平面图中1-1剖切线的位置可知，是从③～④定位轴线间通过住户内部的客厅及卧室剖切的。假想移去房屋左半部分，所作的右视剖面图。

(2)1-1剖面图表明该房屋第④定位轴线右侧是五层楼房，平屋顶，部分坡屋顶，屋顶上四周有女儿墙，砖混结构。屋面排水坡度为2%。室外地面标高为－0.750m，上一步台阶到达外门处，该台阶的标高为－0.650m，一层客厅地面标高为±0.000(正负零)，卧室的地面标高为0.450。室内情况是：二层以上各层的客厅地面标高分别为2.800m、5.600m、8.400m、11.200m、14.450m、15.050m，各层的门洞高是2.100m，外墙上的窗洞高均为1.700m，另外还显示了楼板的形式，内墙面、踢脚、楼面、房间顶棚、走廊顶棚及屋面防水材料的做法。

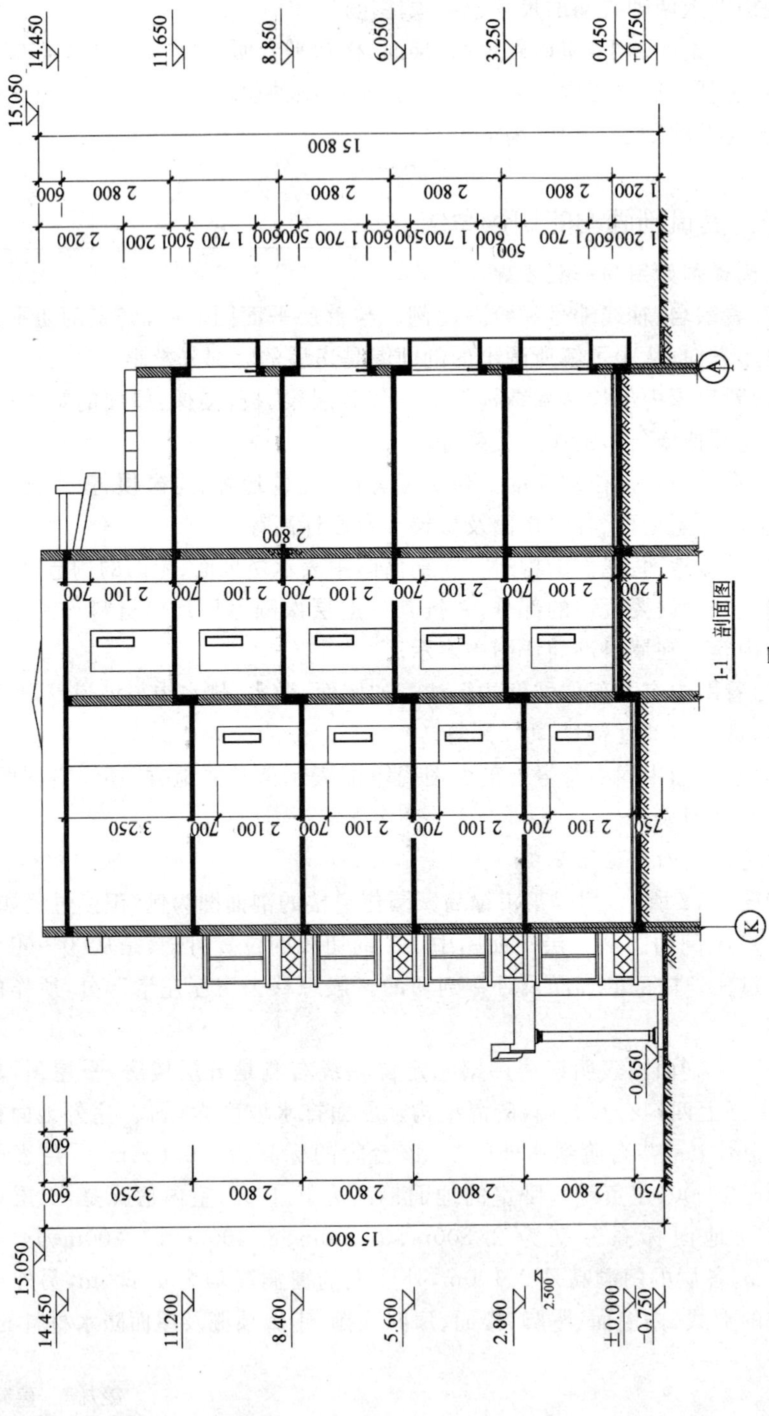
15.050
14.450
11.650
8.850
6.050
3.250
0.450
-0.750
15 800
2 800
1 200
600
2 200
1 700
500
2 100
700
3 250
750
-0.650
11.200
8.400
5.600
2.800
2.500
±0.000
A
K

1-1 剖面图

图 9-12

室外标高尺寸如图所示，地坪为－0.750m，女儿墙顶为15.050m，各层窗台距本层地面为600mm，南北两侧的阳台均为悬挑。

四 绘图步骤

(1)依次画出墙身定位轴线、室内外地面线和女儿墙顶部线，再画各楼层等处标高控制线和墙厚。

(2)在墙身上画出门窗位置，再画台阶、阳台、女儿墙、屋面、烟道、通风道等细部。

(3)按图线层次加深各图线，并注写标高和尺寸数字。

第六节 建筑详图

一 概述

建筑详图是建筑细部施工图。因为建筑平、立、剖面图一般采用较小的比例绘制，因而某些建筑构配件(如门、窗、楼梯、阳台及各种装饰等)和某些建筑剖面节点(如檐口、窗台、散水以及楼地面层和屋顶层等)的详细构造(包括式样、层次、做法、用料和详细尺寸等)都无法表达清楚。根据施工需要，必须对房屋的细部或构配件用较大的比例将其形状、大小，材料和做法绘制出详细图样才能表达清楚，这种图样称为建筑详图，简称详图。因此，建筑详图是建筑平、立、剖面图等基本图纸的补充和深化，是建筑工程的细部施工、建筑构配件的制作及编制预算的依据。建筑详图包括建筑构件、配件详图和剖面节点详图。对于采用标准图或通用详图的建筑构配件和剖面节点，只要注明所采用的图集名称、编号或页次，则可不必再画详图。

建筑详图所画的节点部位，除应在有关的建筑平、立、剖面图中标注出索引符号外，并需在所画建筑详图上，绘制详图符号和写明详图名称，以便查阅。

建筑详图的主要内容有：

(1)图名、比例。

(2)构配件各部分的构造连接方法及相对位置关系。

(3)各部位、各细部的详细尺寸。

(4)构配件或节点所用的各种材料及其规格。

(5)有关施工要求及制作方法说明等。

二 外墙身详图

1.外墙身详图的形成及表达内容

外墙身详图实际上是建筑剖面图中有关外墙身部位的局部放大图。外墙身详图主要表达房屋的屋面、楼面、地面和檐口的构造,楼板与墙的连接以及窗台、窗顶、勒脚、室内外地面、防潮层、散水等处的构造、尺寸和用料等。

外墙身详图往往在窗洞中间断开,成为几个节点详图的组合。多层房屋中如各层情况相同时,则可只画出底层、顶层或加一个中间层。有时,也可不画整个墙身详图,只用几个节点详图表示。

阅读外墙身详图时,首先应根据详图中的轴线编号找到所表示的建筑部位,然后与平、立、剖面图对照阅读。看图时应由下而上或由上而下逐个节点阅读,了解各部位的详细做法和构造尺寸,并注意与总说明中的材料表核对。

2.外墙身详图读图举例

图 9-13 为某工商局办公楼的外墙身详图。由详图中的定位轴线编号并对照平、立、剖面图可知,该外墙为办公楼的西外墙。读图时可由下而上或由上而下依次阅读。

(1)勒脚、散水节点　主要表达外墙面在墙角处的勒脚和散水的做法以及室内外底层地面的构造和外墙防潮层的位置、做法等情况。一般情况下,在底层室内地面以下 60mm 处设置墙身防潮层,以防止土壤中的水分和潮气从基础墙上升而侵蚀上面的墙身。由于本例外墙上有外门、室外台阶及雨篷等,主要显示室外台阶的宽度、高度、台阶数量及做法。室外台阶共有两步,高是 140mm,宽是 300mm,平台的标高为 −0.020m,平台的宽度为 900mm,台阶的材料是细石混凝土,基层为素土夯实。散水做法和宽度分别见建筑说明及工程做法表。图中还表明墙身厚度为 370mm。外门高度为 2 700mm,雨篷的材料是钢筋混凝土,宽度也是 2 700mm。

(2)窗台窗顶节点　窗台为砖挑窗台,挑出墙面 60mm,窗台做法见建筑说明。窗台顶面作出一定的坡度以便排水,窗台离地面 900mm,窗的高度是 1800mm。窗顶部分表达了过梁和圈梁的构造做法,门窗过梁的作用是为了承受门窗洞口上部的荷载并将其引至两侧的墙上。圈梁的作用是提高建筑物的整体性。本例中为矩形钢筋混凝土过梁,过梁高是 300mm,过梁上方是墙体,墙上方是钢筋混凝土圈梁和现浇的钢筋混凝土楼板。从图中还可以看到楼地面、内外墙及顶棚的做法。

(3)檐口节点　屋面采用平屋顶,屋顶的承重层为现浇钢筋混凝土屋面板,板上从下向上依次做找平层、保温层、防水层及保护层。屋顶上有索引符号表示该部分做法,详见标准图集的通用图。

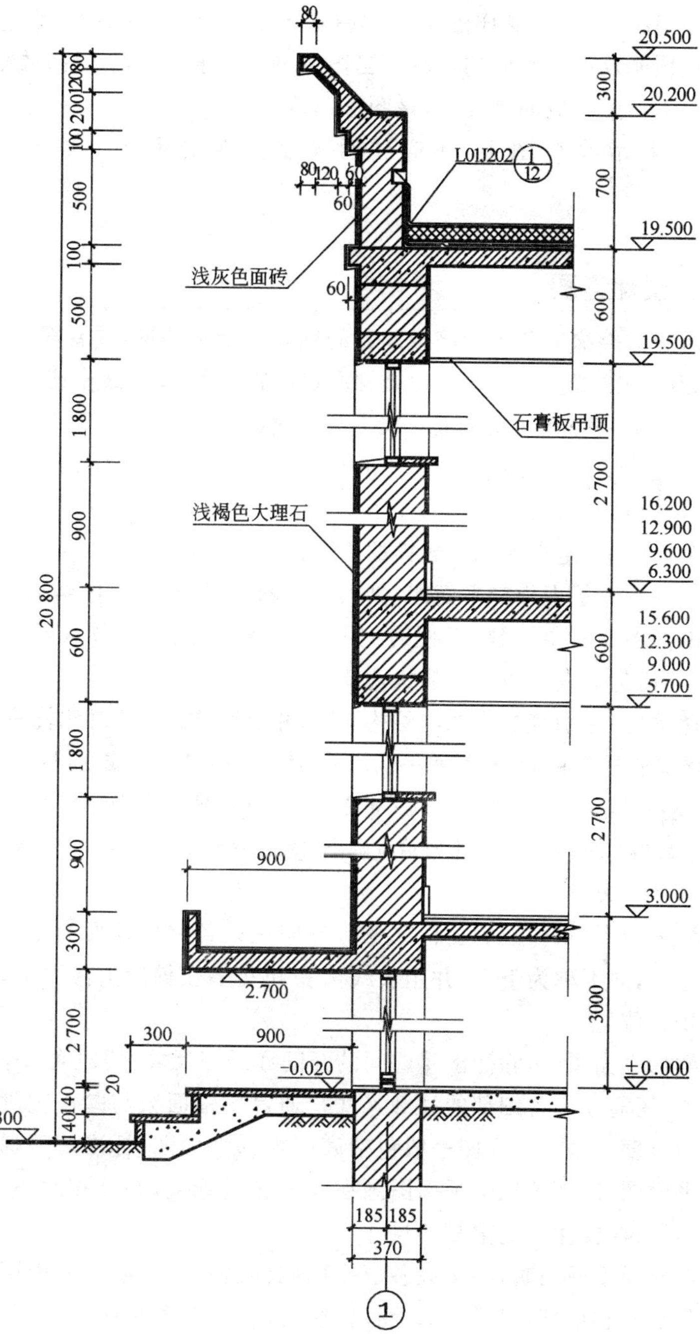

80
20.500
300
20.200
L01J202
1
12
80 120 60
60
700
19.500
浅灰色面砖
60
600
19.500
石膏板吊顶
1 800
2 700
浅褐色大理石
900
16.200
12.900
9.600
6.300
20 800
15.600
12.300
9.000
5.700
600
1 800
2 700
900
900
3.000
300
2.700
3000
2 700
300
900
−0.020
±0.000
20
140
140
−0.300
185 185
370
1

图 9-13　外墙身详图

一般情况下，在墙身详图中应注明室内底层地面、室外地面、楼层地面、窗台、窗顶、顶棚及檐口底面的标高。当图中同一位置有几个标高数字时，带括号的数字表示与此相应的高度上，该图形仍然适用。

此外，在墙身详图中，还应注明高度方向的尺寸及墙身细部的大小尺寸。

三 楼梯详图

房屋中的楼梯通常用现浇或预制的钢筋混凝土楼梯，或者部分现浇、部分预制构件相组合的楼梯。楼梯是由楼梯段（简称梯段、包括踏步或斜梁）、平台（包括平台板和梁）和栏杆（或栏板）、扶手等组成。

楼梯的构造较为复杂，在 1∶100 比例绘制的房屋平、剖面图中无法完全表示清楚，需另画详图表示。楼梯详图主要表示楼梯的类型、结构形式、各部位的尺寸及装修做法，是楼梯施工放样的主要依据。

楼梯详图一般由楼梯平面图、剖面图及踏步、栏杆等详图组成。楼梯平面图与楼梯剖面图比例要一致，以便对照阅读。踏步、栏杆等节点详图比例要大一些，以便能清楚地表达该部分的构造情况。

楼梯详图一般分建筑详图与结构详图，并分别绘制。但对比较简单的楼梯，有时可将楼梯平面图中楼梯段被水平剖切后，其剖切线是水平线，而各级踏步也是水平线，为了避免混淆，剖切处规定画 45°折断符号，首层楼梯平面图中的 45°折断符号应以楼梯平台板与梯段的分界处为始点画出，使第一梯段的长度保持完整。

1. 楼梯平面图

楼梯平面图中，梯段的上行或下行方向是以各层楼地面为基准标注的。向上称为上行，向下称为下行，并用长线箭头和文字在梯段上注明上行、下行的方向及踏步总数。

在楼梯平面图中，除注出楼梯间的开间和进深尺寸、楼地面和平台面的尺寸及标高外，还需注出各细部的详细尺寸。通常用踏面数与踏面宽度的乘积来表示梯段的长度。楼梯平面图一般包括底层楼梯平面图、标准层楼梯平面图和顶层楼梯平面图，通常这三个平面图画在同一张图纸上，并互相对齐，这样既便于阅读，又可省略标注一些重复的尺寸。

阅读楼梯平面图时，要掌握各层平面图的特点。在底层平面图中只有一个被剖到的梯段和栏杆，该梯段为上行梯段，故长箭头上注明“上”字，并注出从底层到达二层的踏步总数。顶层平面图中由于剖切平面在栏杆扶手之上，故剖切平面未剖到任何梯段，能看到两段完整的下行梯段和楼梯平台，在梯口处只有一个注有“下”字的长箭头并注出从顶层到达下一层的踏步总数。标准层平面图中既画出被剖到往上走的梯段(画有“上”字的长箭头)，还画出该层往下走的完整梯段(注有“下”字的长箭头)、楼梯平台及平台往下的部分梯段。这部分梯段与被剖到的梯段的投影重合，以45°折断线为界。

读图中还应注意的是，各层平面图上所画的每一分格表示梯段的一级。但因最高一级的踏面与平台面或楼面重合，所以平面图中每一梯段画出的踏面数，总比级数少一个。例如底层平面图中剖到的第一梯段有10级，但在平面图中只有9格，梯段长度为9×300＝2 700mm。

2. 楼梯剖面图

假想用一个竖直剖切平面沿梯段的长度方向将楼梯间从上至下剖开，然后往另一梯段方向投影所得的剖面图称为楼梯剖面图。

楼梯剖面图能清楚地表明楼梯梯段的结构形式、踏步的踏面宽度、踢面高度、踏步级数以及楼地面、楼梯平台、墙身、栏杆、栏板等的构造做法及其相对位置。

阅读楼梯剖面图时，应了解楼梯剖面图的习惯画法及有关规定。表示楼梯剖面图的剖切位置的剖切符号应在底层平面图中画出。剖切平面一般应通过第一跑，以及能剖到门窗洞口的位置上，剖切后向未剖到的梯段进行投影。

在多层建筑中，若中间层楼梯完全相同时，楼梯剖面图可只画出底层、中间层、顶层的楼梯剖面，在中间层处用折断线符号分开，并在中间层的楼面和楼梯平台面上注写适用于其他中间层楼面的标高。若楼梯间的屋面构造做法没有特殊之处，一般不再画出。

在楼梯剖面图中，应标注楼梯间的进深尺寸及定位轴线编号，各梯段和栏杆栏板的高度尺寸，楼地面的标高以及楼梯间外墙上门窗洞口的高度尺寸和标高。梯段的高度尺寸可用级数与踢面高度的乘积来表示，应注意的是级数与踏面数相差为1，即踏面数等于级数减1，而踢面数等于级数。

标注与梯段坡度相同的倾斜栏杆栏板的高度尺寸，应从踏面的中部起垂直量到扶手顶面，标注水平栏杆栏板的高度尺寸，应以栏杆栏板所在地面为起点量取。

在楼梯剖面图中，需另画详图的部位，应画上索引符号。

3. 楼梯节点详图

在楼梯平面图和楼梯剖面图中没有表示清楚的踏步做法、栏杆栏板及扶手做法、梯段端点的做法等，常用较大的比例画出详图，如图9-20所示。

踏步详图表明踏步的截面形状、大小、材料及面层的做法。为防止行人滑跌，在踏步口可设置防滑条。

栏板与扶手详图主要表明栏板及扶手的形式、大小、所用材料及其与踏步的连接等情况。

4.读图举例

现以某工商局办公楼的楼梯为例说明楼梯详图的内容与阅读方法。

(1)看楼梯平面图

如图9-14、图9-15所示，该办公楼的1号楼梯详图绘制了底层、标准层和顶层的楼梯平面图，所以我们到建筑平面图中去查楼梯平面图。本工程为六层楼，楼梯间的位置在①～(1/1)定位轴线与Ⓓ～Ⓔ定位轴线的相交处。楼梯间的开间和进深尺寸分别为3 000mm和6 600mm。楼梯四周除了(1/1)轴线的墙厚是240mm，ⒹⒺ及①轴线的墙厚均为370mm。楼梯间的门M5宽是1 500mm，窗C4的宽度是1 500mm。梯段宽度为1 272.5mm，楼梯井宽度为150mm。底层的梯段长度＝踏面宽×(级数－1)＝300×(10－1)＝2 700mm，其他层的梯段宽度＝300×(11－1)＝3 000mm。平台宽度为1 800mm。各层楼面的标高分别是±0.000m、3.000m、6.300m、9.600m、12.900m、16.200m。各层休息平台的标高分别是1.500m、4.650m、7.950m、11.250m、14.550m。另外在楼梯平面图中还标有索引符号，表示该构件选自标准图集L96J401的第5页中T-1通用图。底层标有上20，表示底层共有20级踏步，每个楼梯段各有10级踏步；标准层标有上和下22，表示由该层到上一层和到下一层的踏步级数均为22级踏步，每个楼梯段各有11级踏步。此外在底层平面图中还标有剖切符号，表示沿门窗洞口中间剖切，向未剖到的梯段作投影。

(2)看楼梯剖面图

如图9-16所示，根据楼梯平面图中剖切符号表示的含义来读1-1楼梯剖面图。该办公楼1号楼梯为双跑式楼梯，即两楼层间的楼梯由两个楼梯段组成，两个梯段之间设有楼梯平台。该剖面图中共有10个楼梯段，涂黑的梯段表示剖到的，没涂黑的表示看到的梯段。通过标注的尺寸可以看出细部尺寸、层高及各楼梯段高度：细部尺寸表示室内外高差为300mm、窗台离地面900mm、底层窗户高为1 800mm(其他各层窗户高是2100mm)、窗户上方的过梁高300mm；除底层层高是3 000mm外，其他各层均为3 300mm；第一和第二楼梯段高度相同，高度＝150×10＝1 500mm，其他梯段高度＝150×11＝1 650mm。在楼梯剖面图中还标注了各层楼地面、平台的标高。此外在该图中还标注了索引符号，也是选自标准图集L96J401中第5页的T-1、第43页的①通用图。

另外本书中还画了2号双分式楼梯的各层平面图，由学生自己阅读，这里不再详述。

(3)看楼梯节点详图

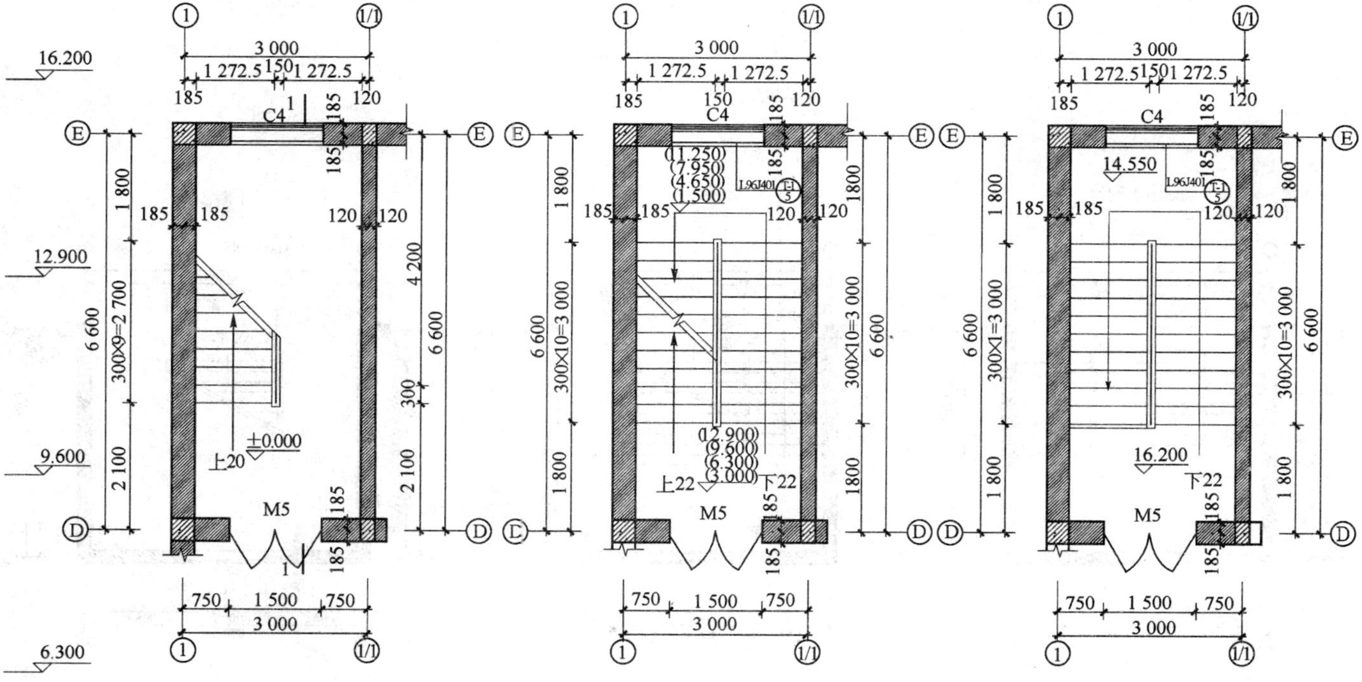

一层楼梯平面图

二～五层平面图

二层下20步，以上各层下22

图9-14　1号楼梯详图

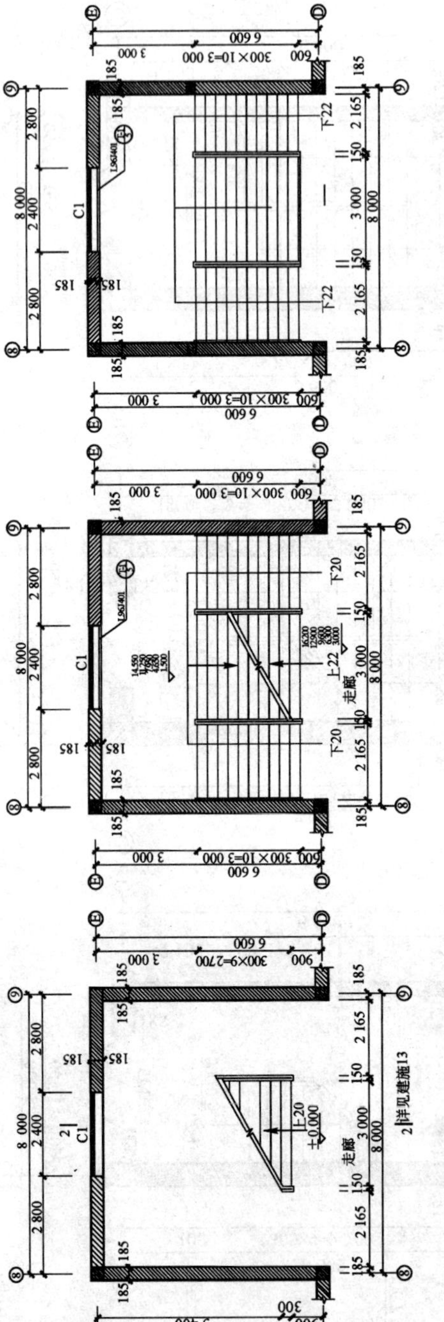

一层楼梯平面图

二～五层平面图

六层平面图

图9-15　2号楼梯间详图

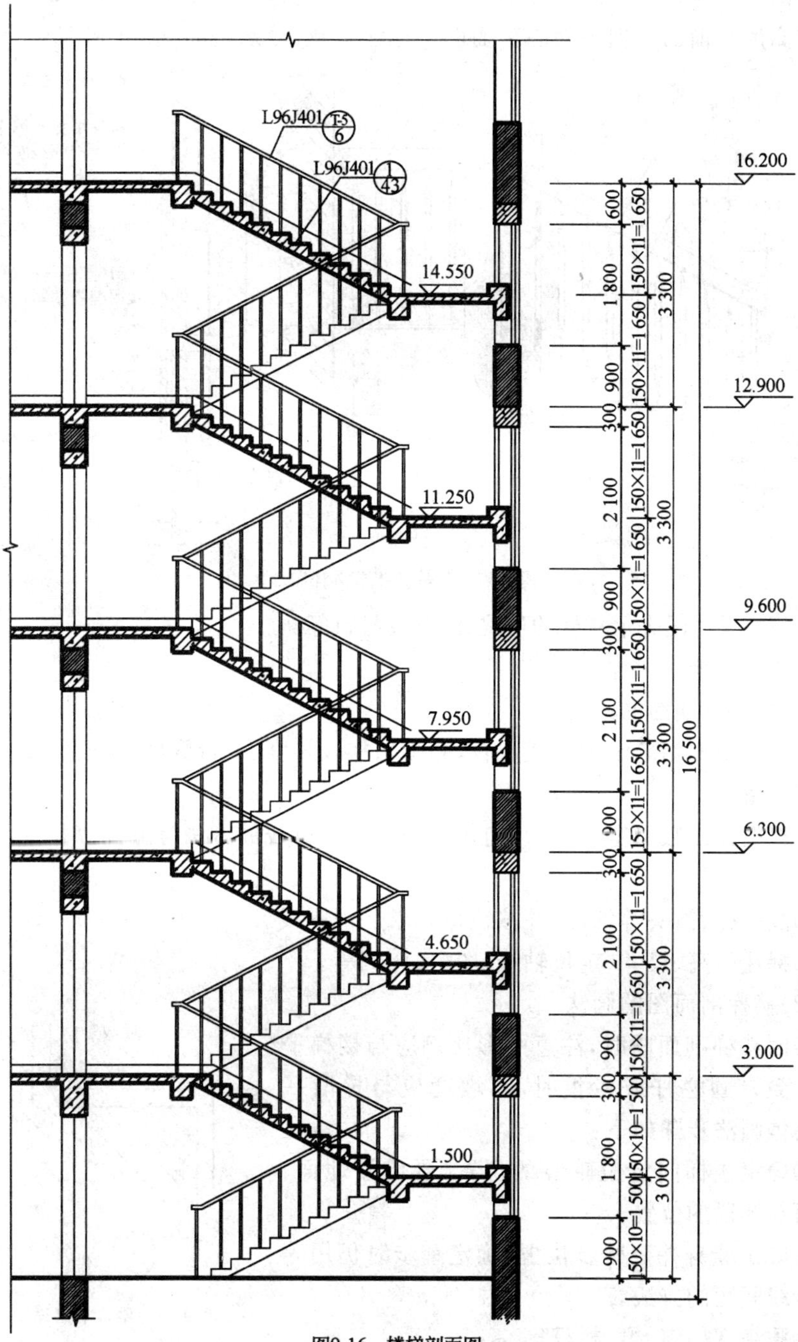
L96J401 T-5/6
L96J401 1/43
16.200
14.550
12.900
11.250
9.600
7.950
6.300
4.650
3.000
1.500
600
1 800
900
300
2 100
150×11=1 650
150×10=1 500
3 300
3 000
16 500

图9-16　楼梯剖面图

如图 9-17 和图 9-18 所示，踏步详图表示面层为水泥砂浆厚 20mm，踏步的宽度和高度与前面楼梯平面图剖面图中标注一致，分别是 300mm 和 150mm。

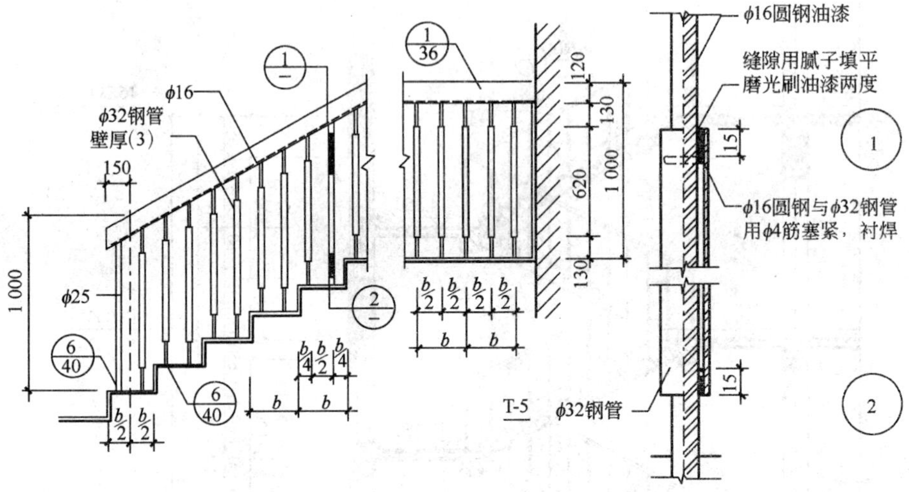

图 9-17　栏杆扶手节点详图

栏杆扶手详图表示栏杆的形式、间距及材料等。

5. 绘图步骤

(1)楼梯平面图的画法

①确定楼梯间的定位轴线位置，并画出梯段长度、平台深度、梯段宽度、梯井宽度等。

②根据踏面数和宽度，用几何作图中等分平行线的方法等分梯段长度，画出踏步。

③画栏杆、箭头等细部，并按线型要求加深图线。

④标注标高、尺寸、定位轴线、图名、比例等。

(2)楼梯剖面图的画法

绘制楼梯剖面图时，注意图形比例应与楼梯平面图一致。画栏杆或栏板时，其坡度应与梯段一致。具体画法步骤如下：

①确定楼梯间定位轴线的位置，画出楼地面、平台面与梯段的位置。

②确定墙身并定踏步位置，确定踏步时仍用等分平行线间距的方法。

③画细部如窗、梁、栏杆等。

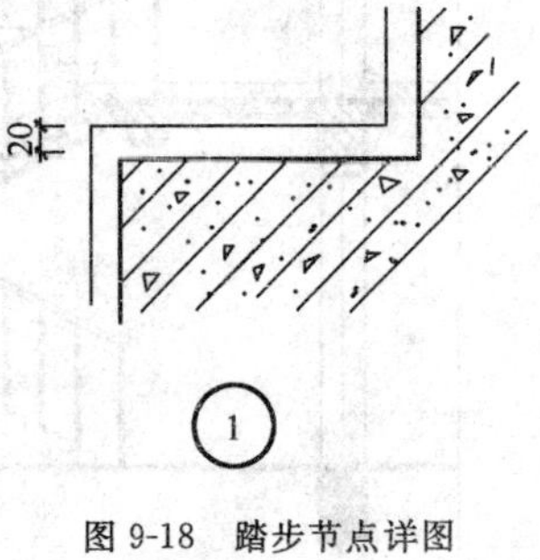

图 9-18　踏步节点详图

④经检查无误后，按线型要求加深图线。

⑤标注定位轴线、尺寸、标高、索引符号、图名、比例等。

第七节　工业厂房建筑施工图

一 概述

工业厂房施工图的图示原理和阅读方法与民用房屋施工图一样，只是由于生产工艺条件不同，对工业厂房的要求也不同，因此，在施工图上所反映的某些内容或图例符号有所不同。现以某地单层工业厂房建筑体系的一个车间为例，如图 9-19 所示，说明厂房的各个组成部分，并将其部分图纸列出，从图 9-20～图 9-28 所示，作为读图练习。

单层工业厂房主要是有基础、柱、吊车梁、基础梁、连系梁、支撑体系、屋盖(屋架和屋面板)、围护结构所组成。图 9-20～图 9-28 为一幢多跨单层厂房建筑施工图的平、立、剖面图和详图示例，识读工业厂房建筑施工图时，通常是先阅读平面图，了解厂房的平面布局，然后对照阅读立面图，看厂房的外貌，再按平面图中的剖切符号，对照阅读剖面图，看懂高度方向的内部结构，最后由索引符号对照阅读详图，看清所索引的细部构造和做法，现简述如下：

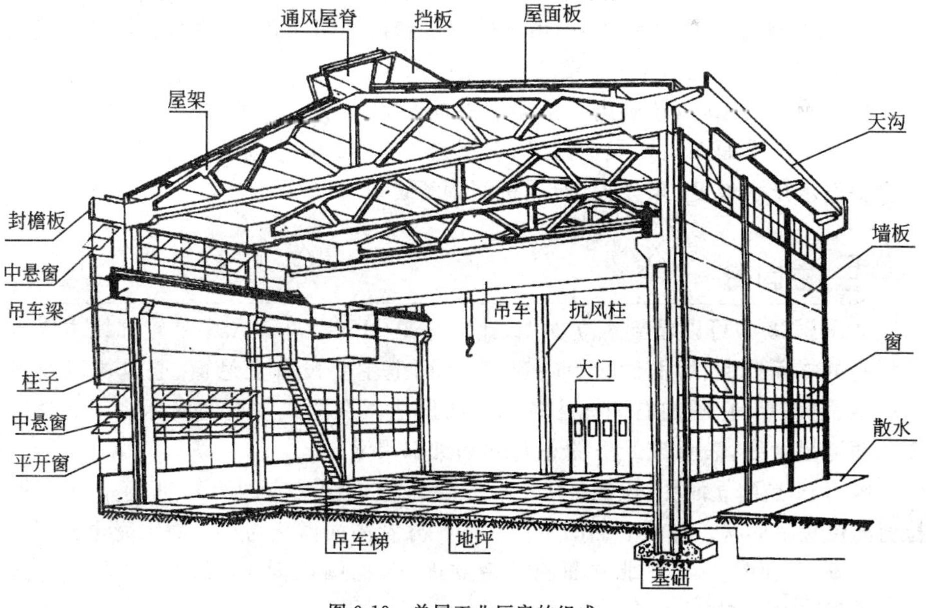

图 9-19　单层工业厂房的组成

二 平面图

如图 9-20 所示的平面图为比例是 1∶150 的某有限公司的模型车间。车间平面为一矩形，其横墙定位轴线为①～㉑，柱子之间的距离为 6 000mm，柱子采用矩形断面的钢筋混凝土柱，除端柱中心线从两端轴线内移 300mm 外，其余柱的中心线均与纵向定位轴线相重合。两端山墙为非承重墙，墙的内缘与纵向定位轴线的端轴线①、㉑相重合；横向定位轴线Ⓐ、Ⓝ通过柱子外缘和纵墙内缘。单层工业厂房一般都是这样布置的，主要是为了能配合屋架的定位和屋面板的铺设，以满足屋盖封闭结构的要求。厂房内设有三台双梁式起重机，起重量是 5t，用虚线所画的图例表示，现场定做；另外还设有两台电动平车，平车轨道尺寸及位置根据设备现场确定。车间西南角还设有男女厕所、拉力机室及维修室，除厕所外，拉力机和维修工作室的墙身定位均用定位轴线来标明。厂房四周的围护墙厚 240mm，两端山墙内缘各有九根抗风柱，柱的中心线分别与定位轴线①、㉑、Ⓑ、Ⓒ、Ⓓ、Ⓕ、Ⓖ、Ⓗ、Ⓚ、Ⓛ、Ⓜ相重合，外缘分别与①、㉑轴线相重合。开设的外门是 M1、M2、M3 及 M4，除 M1 是电动卷帘门外，M2 为双扇平开钢板门，M3 是双扇平开塑钢门，M4 是单扇平开钢板门，外门均设有坡道。内门是两个车间的门 M5，厕所的门是 M6，内门均为单扇平开塑钢门。开设的窗 C1 是塑钢推拉窗。厂房室外四周设有散水，散水宽为1 000mm。在㉑轴线的西南侧山墙外缘还设有铁爬梯，作为消防梯用。在东墙面上标注了轴线尺寸和总尺寸；在其他三面墙外侧各标注了三道尺寸：门窗洞的宽度和窗间墙、轴线间距及总长和总宽尺寸；另外在其他各处也标注了主要的和必要的尺寸。

除车间平面图外，还画出了吊梁层平面图和屋顶平面图，如图 9-21、图 9-22 所示。吊梁层平面图主要表示雨篷、塑钢推拉窗 C2 的位置及尺寸，屋顶平面图中主要表示排水坡度、采光板、通风机间距等。

三 立面图

从图 9-23 中可以看到东立面图，比例是 1∶150。在该图中外轮廓线主要表示厂房的立面造型、墙面做法等内容：东墙面上主要设有上悬窗、通风机以及室外坡道、雨篷等；在图的右侧标注各部分的做法。在图的左右两侧标注了部分标高和两道尺寸线，表示该厂房的总高度和细部尺寸。

图 9-24 是西立面图，比例是 1∶150。在该立面图上有两个外门，还显示了推拉窗的位置及形状。在该立面图中标注的尺寸及墙面做法与东立面图完全相同。

图 9-25 和图 9-26 是北立面图及南立面图，比例均为 1∶150。这两个立面图除外形、门窗位置不同外，墙面做法、尺寸也相同。

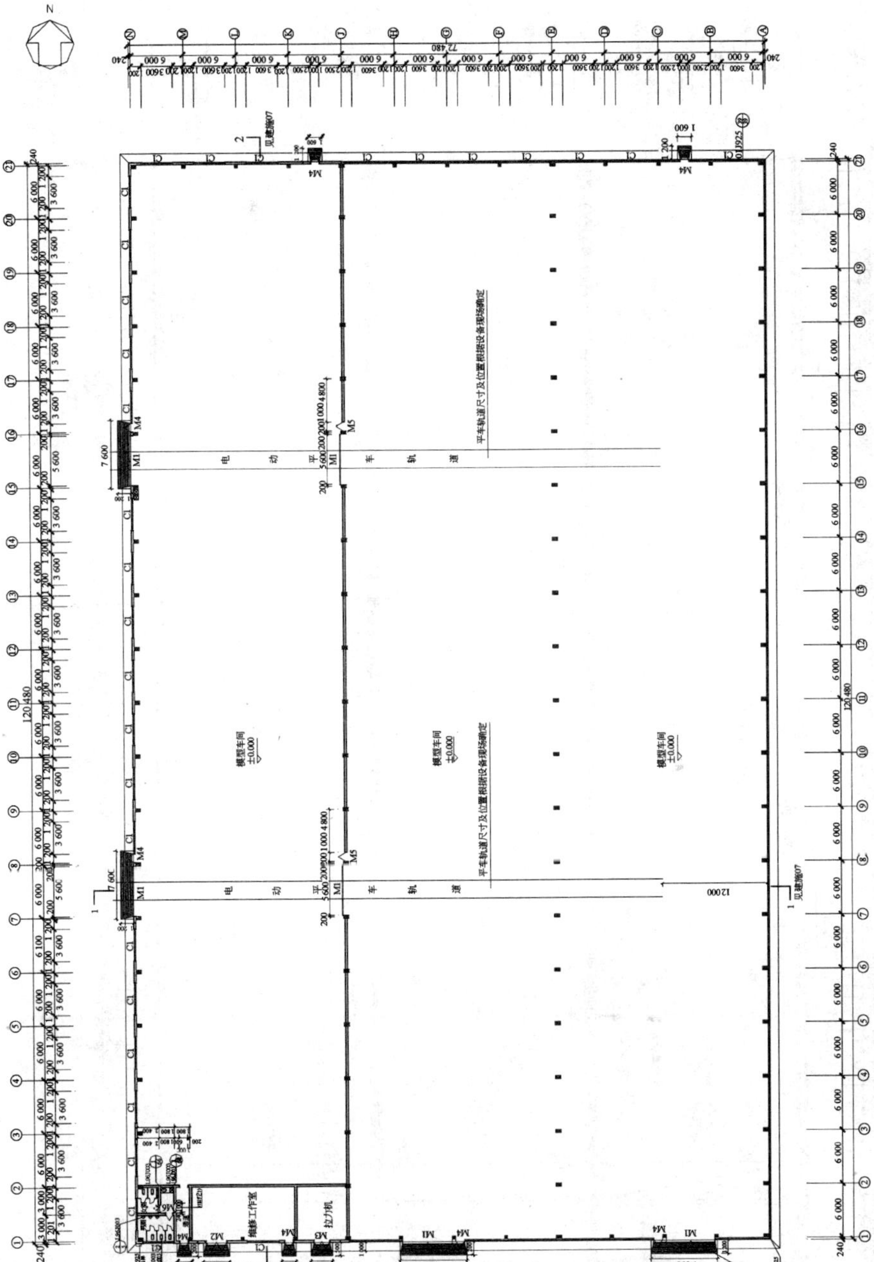
N
模型车间
±0.000
电动平车轨道
平车轨道尺寸及位置根据设备现场确定
维修工作室
拉力机
见建施07
M1
M2
M3
M4
M5
M6
120 480
72 480

图9-20 车间平面图

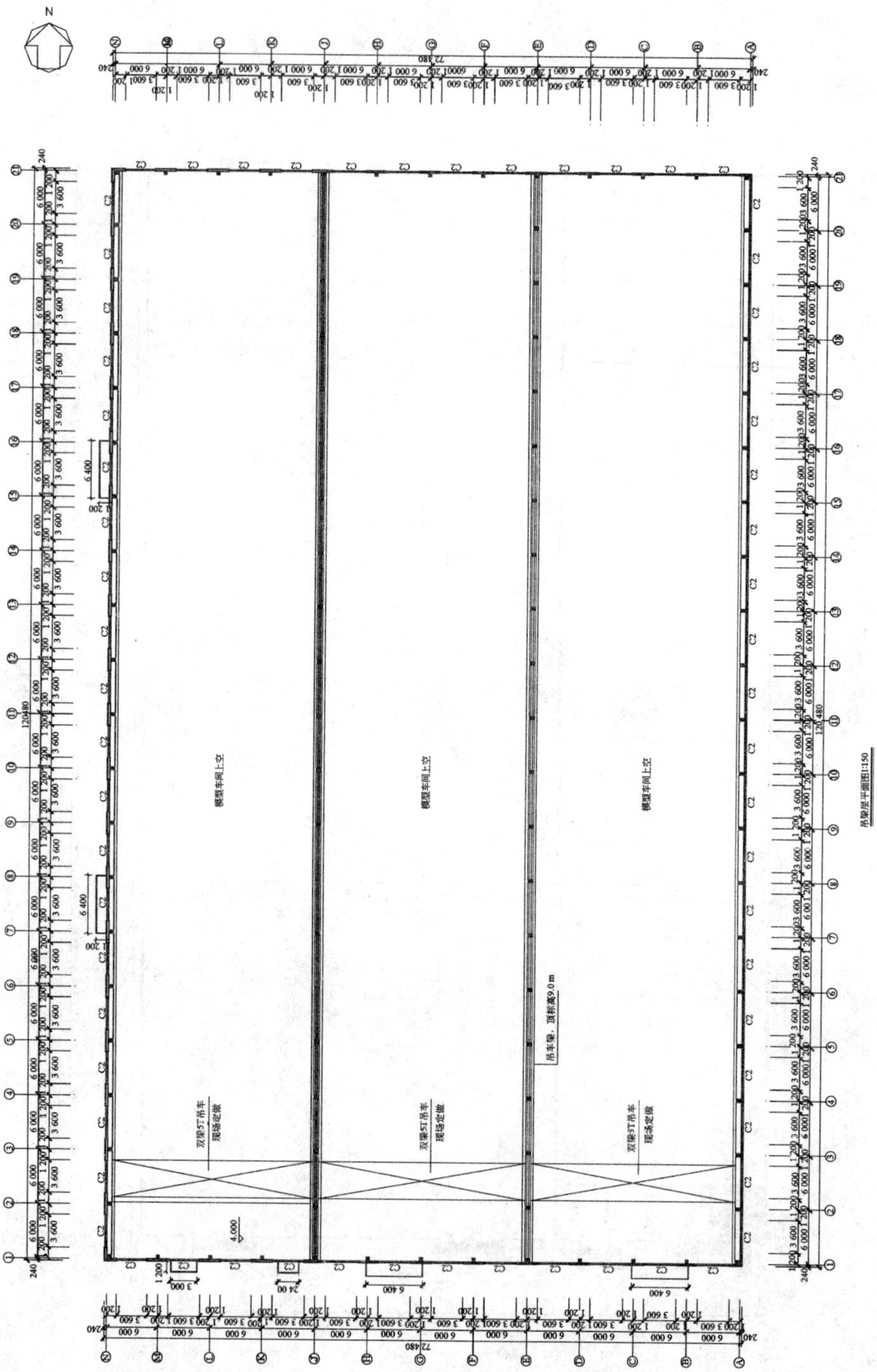
N
模型车间上空
模型车间上空
模型车间上空
双梁5T吊车
现场定做
双梁5T吊车
现场定做
双梁5T吊车
现场定做
吊车梁，顶标高9.0 m
吊梁层平面图1:150

图9-21　吊梁层平面图

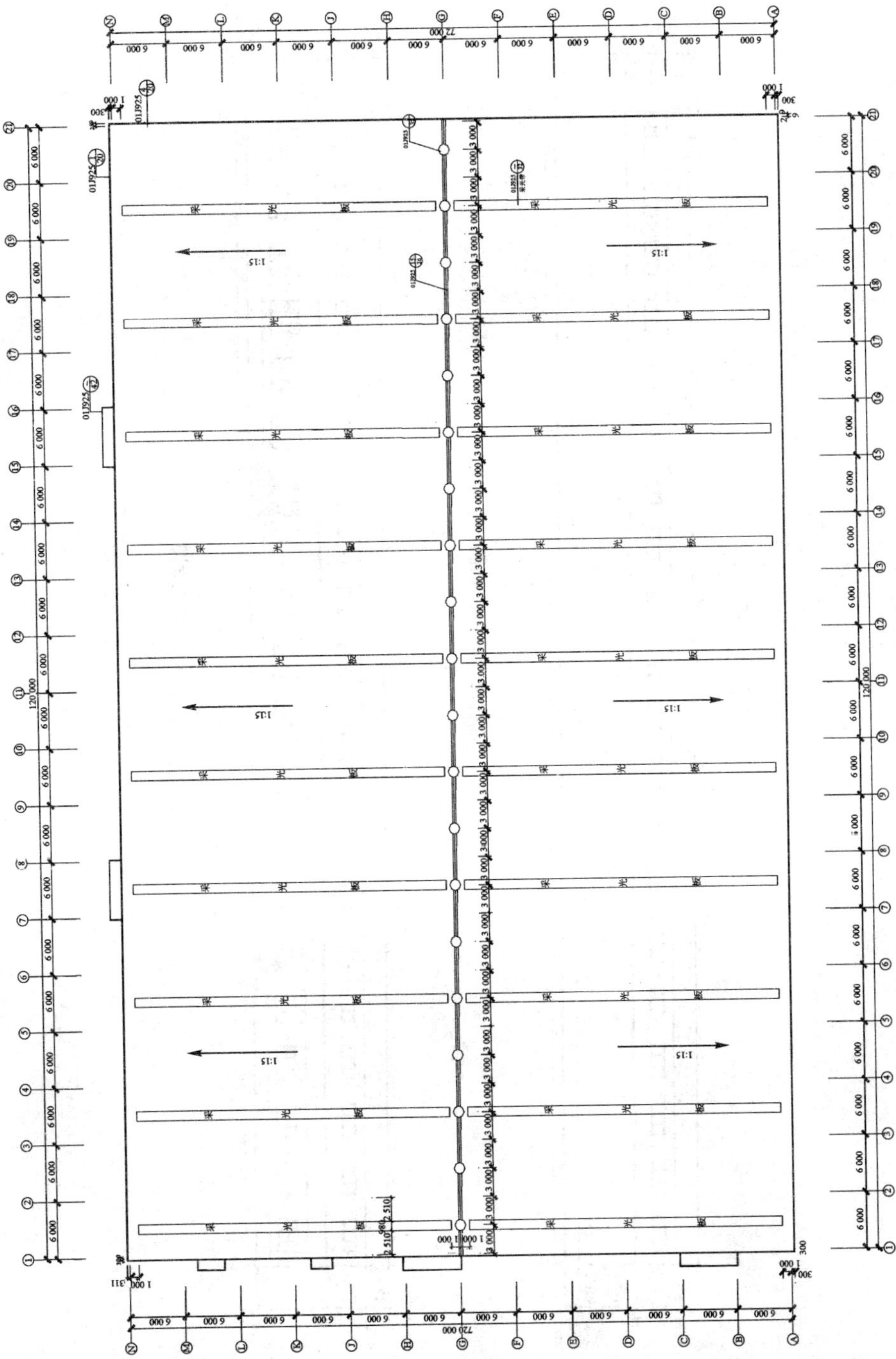

图9-22 屋顶平面图

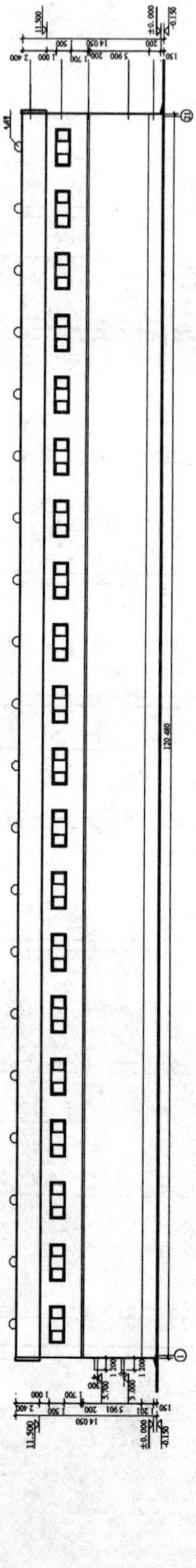

图9-23 东立面图

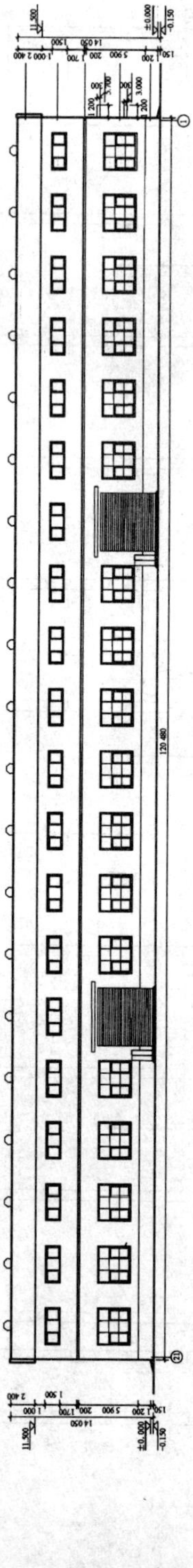

图9-24 西立面图

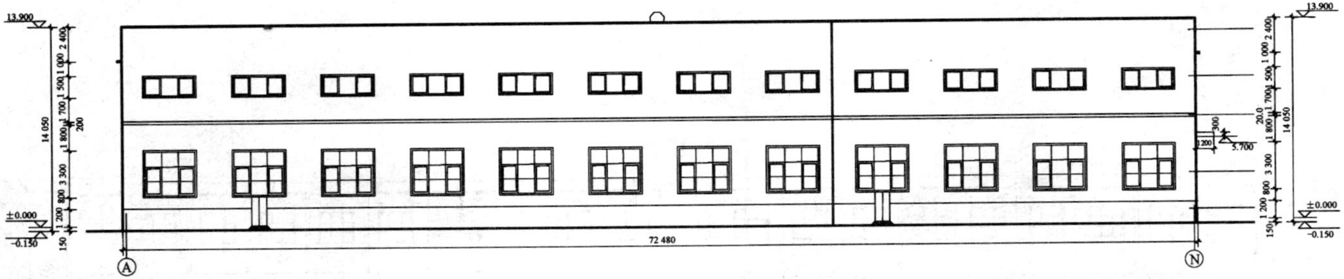

图9-25　北立面图

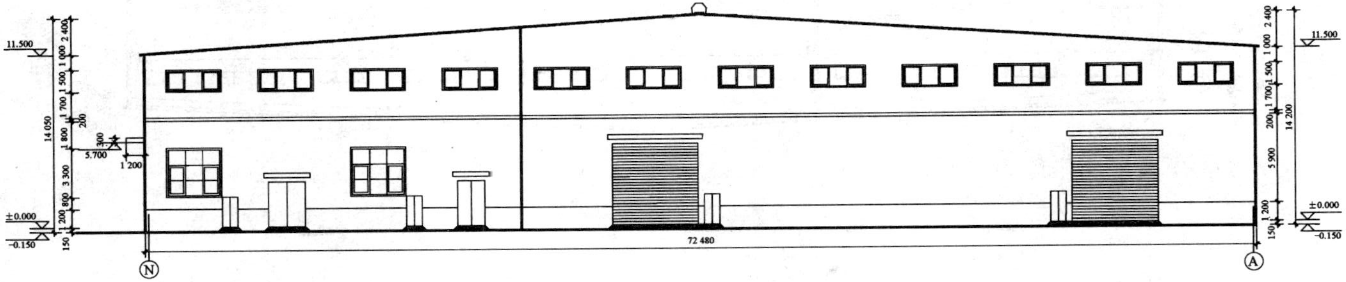

图9-26　南立面图

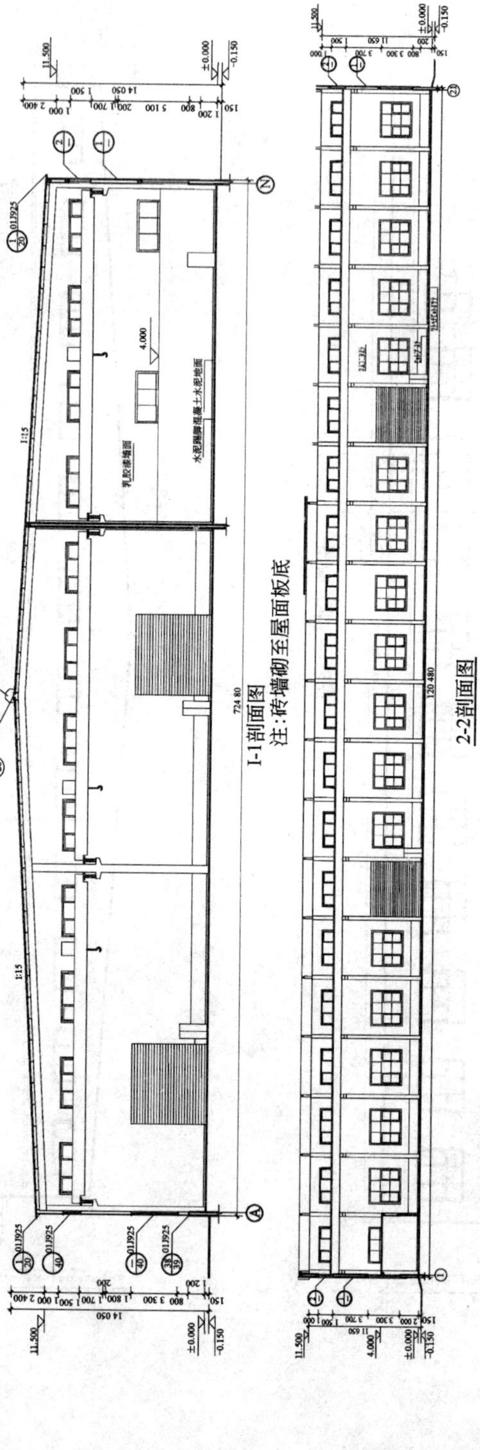

I-1剖面图

注:砖墙砌至屋面板底

2-2剖面图

图9-27 厂房剖面图

四 剖面图

如图 9-27 所示，从平面图中的剖切符号，可以看出剖切位置与剖视方向。按照剖视方向，在 1-1 剖面图中表示出沿东、西墙的两排柱子的定位轴线Ⓐ、Ⓝ以及这两排带牛腿的柱子；T 形吊车梁搁置在柱子的牛腿上，梁式悬挂起重机假设在吊车梁的轨道上；在柱端上方是屋架，屋架上铺设屋面板，屋面构造层次详见图集，排水坡度为 1∶15，与屋顶平面图表示一致。在该图中还表示地面、踢脚、内墙面的做法及有关细部尺寸。2-2 剖面图读法类似，这里不再详述。

五 详图

详图一般包括檐口、屋面节点详图、墙柱节点详图等。从这些详图上可以详尽地看到它们的所在位置及其构造情况。如图 9-28 所示是该厂房墙柱节点详图。工业厂房的建筑详图的识读方法和民用房屋的建筑详图的识读方法相同，不再一一赘述。

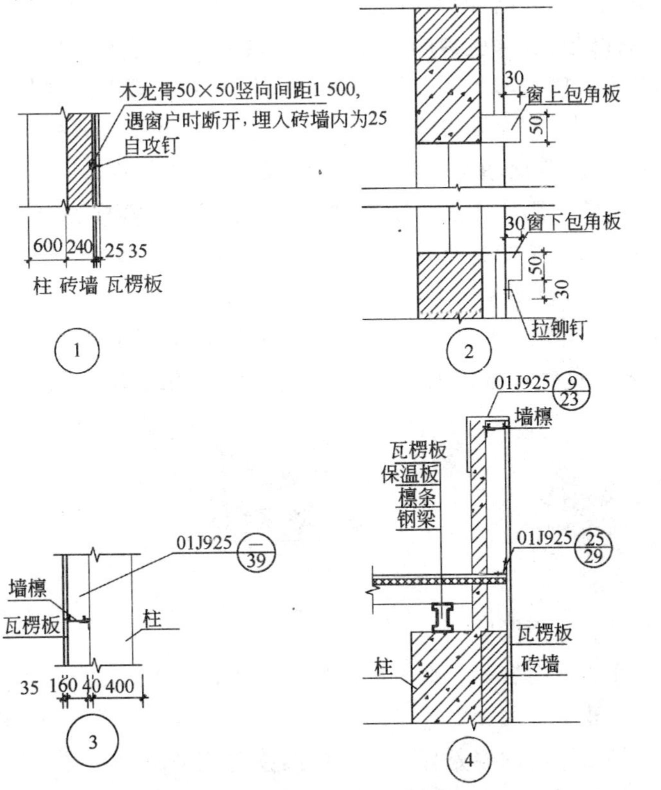

图 9-28 单层厂房节点详图

本章小结

本章讲述了总平面图、建筑平面图、立面图、剖面图以及建筑详图的内容及阅读方法。

(1)总平面图主要用来确定新建房屋的位置及朝向以及新建房屋与原有房屋周围地形、地物的关系等。

(2)建筑平面图、立面图和剖面图,表示房屋外部整体形状、内部房间布置,建筑构造及材料和内外装修等内容。

①根据平面图,可看出每一层房屋的平面形状、大小和房间布置、楼梯走廊位置、墙柱的位置、厚度和材料、门窗的类型和位置等情况。

②根据平面图和剖面图,可看出墙厚和使用的材料,可了解各房间的长、宽、高尺寸及门窗洞口的长宽高尺寸。

③根据立面图和剖面图,可了解房屋立面上建筑装饰的材料和颜色、屋顶的构造形式(有时把楼面、屋顶的构造用指引线表示在剖面图上,还在剖面图上画上屋面的排水坡度)、房屋的分层及高度、屋顶的形式以及室内外地面的高差等。

④根据平、立、剖面图,还可以了解门、窗种类、数量和式样。

(3)在平、立、剖面图中表示不清楚的部位,用较大的比例画出各局部的详细构造图。通常需要画详图表示的部位有:墙身、门窗、楼梯、厕所以及檐口、台阶等。详图是建筑施工图的重要组成部分,它详细地表示出所画部位的构造形状、大小尺寸、使用材料和施工方法。

(4)无论在建筑基本图上还是建筑详图上,都会遇到剖切符号、索引符号和详图符号,熟记这些符号的内容及查对方法,对正确地阅读建筑施工图是十分重要的。

思考题

1. 什么是总平面图?
2. 总平面图的内容是什么?怎样阅读总平面图?
3. 什么是建筑平面图?
4. 建筑平面图的内容是什么?怎样阅读建筑平面图?
5. 底层平面图比中间层平面图多绘制了哪些内容?

6. 什么是建筑剖面图？看剖面图时到什么图上去找该剖面图的剖切平面位置和投影方向？

7. 建筑剖面图的内容是什么？怎样阅读建筑剖面图？

8. 什么是建筑立面图？立面图的名称有几种命名方式？

9. 建筑立面图的内容是什么？怎样阅读建筑立面图？

10. 什么是建筑详图？通常建筑物哪些部位要做详图？

11. 外墙身详图的内容是什么？怎样阅读墙身详图？

12. 楼梯详图是由哪些图样组成？怎样阅读这些图样？

第十章 结构施工图

【本章能力目标、知识目标与学习要求】

通过本章的学习，使学生了解结构施工图的分类、内容和一般规定；了解钢筋混凝土的有关知识，掌握钢筋混凝土构件的图示方法和识读方法；掌握基础图、结构平面图、楼梯结构图的概念、图示方法、有关规定，以及绘制方法和步骤；了解钢筋混凝土构件的平面整体表示法。能识读单层工业厂房结构施工图和钢结构施工图。

在结构施工图的学习中，同样也要尽可能多地阅读与绘制一些实际的施工图，以达到培养自己绘制与阅读结构施工图的基本能力。宜多观察结构模型、多到建筑工地的结构施工现场，进行图物对照识读，加强对结构施工图的理解，提高结构施工图的识读能力。

第一节 概 述

结构施工图是结构设计人员根据建筑功能、建筑结构、建筑荷载、自然环境、地基土质等因素经过结构计算，设计结构构件的形状、大小、材料和连接方式并用正投影的方式表达在图纸上的图样。结构施工图是施工定位、放线、基槽开挖、支模板、绑扎钢筋、设置预埋件、浇筑混凝土、安装梁、板、柱及编制预算和施工进度计划的重要依据。

一 结构施工图的内容

结构施工图一般包括：结构设计说明、结构平面布置图和构件详图。

1. 结构设计说明

主要说明工程概况；结构设计的依据，如：建筑的耐久年限、抗震设防烈度等；对主要材料如钢材、水泥等的要求；采用的标准图、通用图；施工的注意事项；新结构与新工艺及特殊部位的施工顺序、方法及质量验收标准。

2. 结构平面布置图

结构平面布置图主要表达各标高部位结构构件的平面布置及连接情况。一般有：基础结构平面布置图、楼层结构平面布置图和屋顶结构平面布置图。

3. 构件详图

表达结构构件基础、梁、板、柱、楼梯、屋架等的形状、大小、材料及施工要求。

二 结构施工图的一般规定

(1)图线在建筑结构专业制图中，应选用表 10-1 所示的图线。并且每个图样应根据复杂程度与比例大小，先选用适当基本线宽度 b，再确定相应的线宽组。图线宽度 b，应按《房屋建筑制图统一标准》(GB/T 50001—2010)中“图线”的规定选用。

图　线　　表 10-1

名称		线型	线宽	一般用途
实线	粗	————	b	螺栓、钢筋线、结构平面图中的单线结构构件线、钢木支撑及系杆线，图名下横线、剖切线
	中粗	————	$0.7b$	结构平面图及详图中剖到或可见的墙身轮廓线、基础轮廓线、钢、木结构轮廓线、钢筋线
	中	————	$0.5b$	结构平面图及详图中剖到或可见的墙身轮廓线、基础轮廓线、可见的钢筋混凝土构件轮廓线、钢筋线
	细	————	$0.25b$	标注引出线、标高符号线、索引符号线、尺寸线
虚线	粗	- - - - -	b	不可见的钢筋线、螺栓线、结构平面图中的不可见的单线结构构件线及钢、木支撑线
	中粗	- - - - -	$0.7b$	结构平面图中的不可见构件、墙身轮廓线及不可见钢、木结构构件线、不可见的钢筋线
	中	- - - - -	$0.5b$	结构平面图中的不可见构件、墙身轮廓线及不可见钢、木结构构件线、不可见的钢筋线
	细	- - - - -	$0.25b$	基础平面图中的管沟轮廓线、不可见的钢筋混凝土构件轮廓线

续上表

名称		线型	线宽	一般用途
单点长画线	粗		b	柱间支撑、垂直支撑、设备基础轴线图中的中心线
	细		$0.25b$	定位轴线、对称线、中心线、重心线
双点长画线	粗		b	预应力钢筋线
	细		$0.25b$	原有结构轮廓线
折断线			$0.25b$	断开界线
波浪线			$0.25b$	断开界线

(2)在结构平面布置图中，结构构件用不同的图线和结构构件代号表示。结构构件的代号应采用表 10-2 的表示方法，即用汉语拼音的第一个字母表示。

常用结构构件代号 表 10-2

序号	名称	代号	序号	名称	代号	序号	名称	代号
1	板	B	19	圈梁	QL	37	承台	CT
2	屋面板	WB	20	过梁	GL	38	设备基础	SJ
3	空心板	KB	21	联系梁	LL	39	桩	ZH
4	槽形板	CB	22	基础梁	JL	40	挡土墙	DQ
5	折板	ZB	23	楼梯梁	TL	41	地沟	DG
6	密肋板	MB	24	框架梁	KL	42	柱间支撑	ZC
7	楼梯板	TB	25	框支梁	KZL	43	垂直支撑	CC
8	盖板或沟盖板	GB	26	屋面框架梁	WKL	44	水平支撑	SC
9	挡雨板或檐口板	YB	27	檩条	LT	45	梯	T
10	吊车安全走道板	DB	28	屋架	WJ	46	雨篷	YP
11	墙板	QB	29	托架	TJ	47	阳台	YT
12	天沟板	TGB	30	天窗架	CJ	48	梁垫	LD
13	梁	L	31	框架	KJ	49	预埋件	M
14	屋面梁	WL	32	刚架	GJ	50	天窗端壁	TD
15	吊车梁	DL	33	支架	ZJ	51	钢筋网	W
16	单轨吊车梁	DDL	34	柱	Z	52	钢筋骨架	G
17	轨道连接	DGL	35	框架柱	KZ	53	基础	J
18	车挡	CD	36	构造柱	GZ	54	暗柱	AZ

(3)绘图时根据图样的用途以及被绘物体的复杂程度，选用表 10-3 中的常用比例，特殊情况下也可选用可用比例。

比　例　　表 10-3

图　名	常用比例	可用比例
结构平面图 基础平面图	1：50、1：100 1：150	1：60、1：200
圈梁平面图、总图中管沟、地下设施等	1：200、1：500	1：300
详图	1：10、1：20、1：50	1：5、1：25、1：30

(4)当构件的纵横向断面尺寸相差悬殊时，可在同一详图中的纵横向选用不同的比例绘制。轴线尺寸与构件尺寸也可选用不同的比例绘制。

(5)当采用标准图集、通用图集中的构件时，应用该图集中的规定代号或型号注写。

第二节　钢筋混凝土构件图

一　钢筋混凝土简介

目前，大多数建筑在材料选用时，首选材料基本上是钢筋混凝土，钢筋混凝土是在混凝土中加入钢筋构成的一种复合性建筑材料。下面为了方便绘图与识图，简单介绍钢筋混凝土的基本知识。

1. 混凝土

混凝土是用水泥、沙子、石子和水四种材料按一定的配合比搅拌在一起，在模板中浇捣成型，并在适当的温度、湿度条件下，经过一定时间的硬化而成的建筑材料，因其性能和石头相似，也称为人造石。混凝土具有体积大、自重大、导热系数大；耐久性长、耐水、耐火、耐腐蚀；抗压强度大但抗拉强度低；造价低廉、可塑性好等特点。其中，因为可塑性好，可制成不同形状的建筑构件，被大多数建筑所采用。

由于混凝土的抗拉强度低，当用作受弯构件时，如图 10-1a)所示梁的受力示意图，在受拉区会出现裂缝，导致梁断裂，不能使用。因此，混凝土不能作为受拉构件使用，我们可在混凝土构件的受拉区配置钢筋，使钢筋承担拉力，混凝土承担压力，各尽其责，如图 10-1b)所示。根据混凝土的抗压强度，混凝土的强度等级有 C15、C20、C25、C30、C35、C40、C45、C50、C55、C60、C65、C70、C75、C80 十四个。

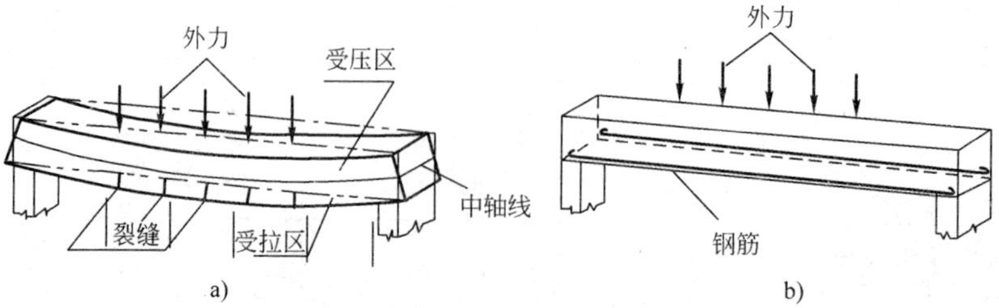

图 10-1　钢筋混凝土梁受力示意图

2. 钢筋

钢筋的作用与分类

①钢筋的作用：钢筋在混凝土构件中的位置不同，其作用也各不相同：

受力筋：在梁、板、柱中主要承担拉、压的钢筋。

架立筋：主要用于固定箍筋的正确位置，与梁底纵向受力钢筋形成钢筋骨架，并承受由于混凝土收缩及温度变化而产生的拉力。架立钢筋一般配置 2 根。

箍筋：在梁、柱中主要是用来承担由剪力和弯矩引起的主拉应力，固定受力筋的位置，并和其他钢筋一同形成钢筋骨架。

分布筋：分布筋在板中布置于受力钢筋的内侧，与受力钢筋垂直，其作用是将荷载均匀地传递给受力钢筋，在施工中固定受力钢筋的位置，同时也可抵抗因混凝土收缩及温度变化而在垂直于受力钢筋方向产生的应力。

其他钢筋：因构造或施工需要而设置在混凝土中的钢筋，如锚固钢筋、腰筋、构造筋、吊钩等，如图 10-2 所示。

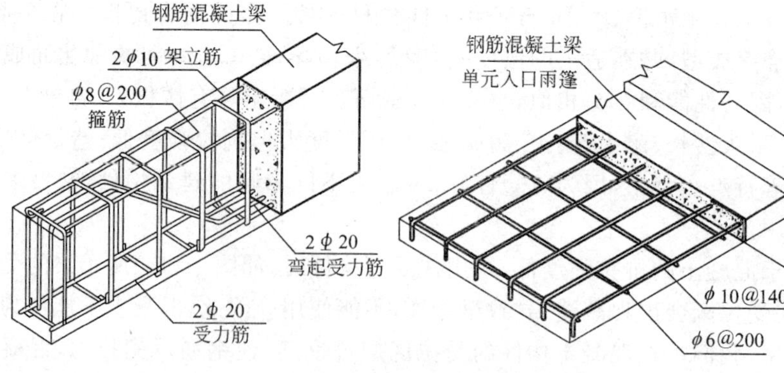

图 10-2　梁、板内钢筋的作用

②钢筋的分类与代号

钢筋的分类与代号如表 10-4 所示。

钢筋分类及代号表 表 10-4

钢 筋 种 类	代 号	钢 筋 种 类	代 号
I 级钢 HPB300	ϕ	冷拉 I 级钢筋	ϕ^{L}
II 级钢 HRB335	Φ	冷拉 II 级钢筋	Φ^{L}
III 级钢 HRB400	Φ	冷拉 III 级钢筋	Φ^{L}
IV 级钢 HRB500	Φ	冷拉 IV 级钢筋	Φ^{L}
		冷拔低碳钢丝	ϕ^{b}

(2)钢筋的弯钩及保护层

①钢筋的弯钩　为了增加钢筋与混凝土的黏结力,绑扎骨架中的钢筋,尤其是一级受力筋,通常在两端做成弯钩,如图 10-3 所示。

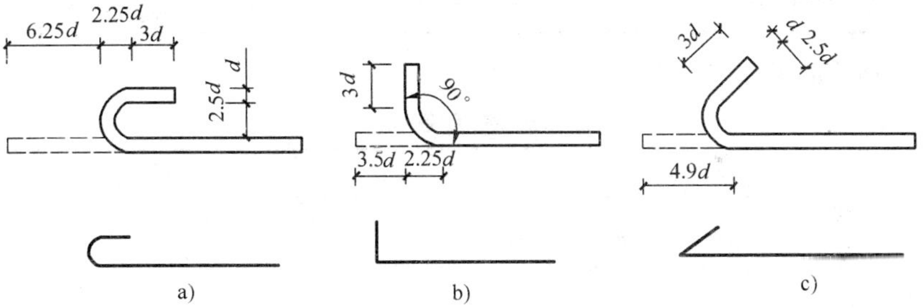

图 10-3　钢筋的弯钩

a)半圆弯钩;b)直弯钩;c)斜弯钩

②钢筋的保护层　为了防止钢筋在空气中锈蚀,并使钢筋有足够的握裹力和防火的需要,钢筋外边缘和混凝土构件外表面应有一定的厚度,这个厚度的混凝土层叫做保护层。保护层的厚度与钢筋的作用及其位置有关,一般在梁、柱构件中,保护层的厚度为 25mm ,在板中,保护层的厚度为 15mm,在基础中保护层的厚度不小于 35mm。

(3)钢筋在施工图中的图示方法和标注方法

①钢筋的图示方法

a. 在结构施工图中,为了突出钢筋的位置、形状和数量,钢筋一般用粗实线绘制,具体表示方法如表 10-5 所示。

一般钢筋的表示法 表 10-5

序 号	名 称	图 例	说 明
1	钢筋横断面		
2	无弯钩的钢筋端部	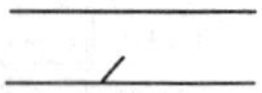	下图表示长、短钢筋投影重叠时,短钢筋的端部用45°斜线表示
3	带半圆形弯钩的钢筋端部		
4	带直钩的钢筋端部		
5	带丝扣的钢筋端部		
6	无弯钩的钢筋搭接		
7	带半圆弯钩的钢筋搭接		
8	带直钩的钢筋搭接		
9	花篮螺丝钢筋接头	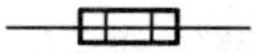	
10	机械连接的钢筋接头		用文字说明机械连接的方式(或冷挤压或锥螺纹等)

b. 钢筋的画法应符合表 10-6 的规定。

钢 筋 的 画 法 表 10-6

序 号	说 明	图 例
1	在平面图上配置双层钢筋时,底层钢筋弯钩应向上或向左,顶层钢筋则向下或向右	
2	配双层钢筋的墙体,在配筋立面图中,远面钢筋的弯钩应向上或向左,而近面钢筋则向下或向右(JM 近面,YM 远面)	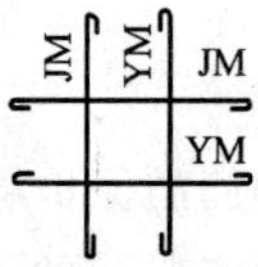
3	如在断面图中不能表示清楚钢筋布置应在断面图外面增加钢筋大样图	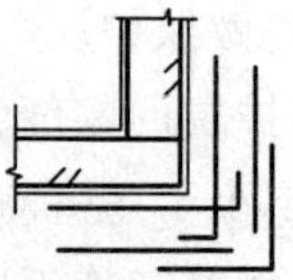
4	图中所表示的钢筋箍筋、环筋,如布置复杂,应加画钢筋大样及说明	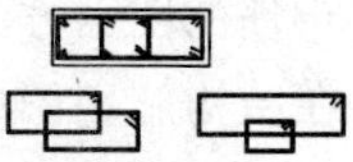

续上表

序　　号	说　　明	图　　例
5	每组相同的钢筋、箍筋或环筋，可以用粗实线画出其中一根来表示，同时用横穿的细实线表示其余的钢筋、箍筋或环筋，横线的两端带斜短画线表示该号钢筋的起止范围	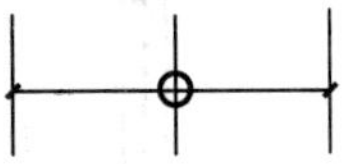

②钢筋的标注方法：

a. 3ϕ16 表示 3 根直径为 16mm 的一级钢筋。

b. ϕ8@200 表示直径为 8mm 的一级钢筋，平行排列，中心距离 200mm。

二 钢筋混凝土构件的图示内容及方法

钢筋混凝土构件详图是钢筋混凝土构件施工的依据，一般包括模板图、配筋图和钢筋表三部分内容。

(1)模板图

主要表示构件的外部形状、大小、预埋件的位置等，是支模板的依据。一般在构件较复杂或有预埋件时才画模板图，模板图用细实线绘制。

(2)配筋图

配筋图包括立面图、断面图两部分，具体表达钢筋在混凝土构件中的形状、位置、规格与数量。在立面图和断面图中，把混凝土构件看成透明体，构件的外轮廓线用细实线表示，钢筋用粗实线表示，如图 10-4 所示梁、柱的配筋图，图 10-5是现浇板的配筋图。配筋图是钢筋下料、绑扎的主要依据。

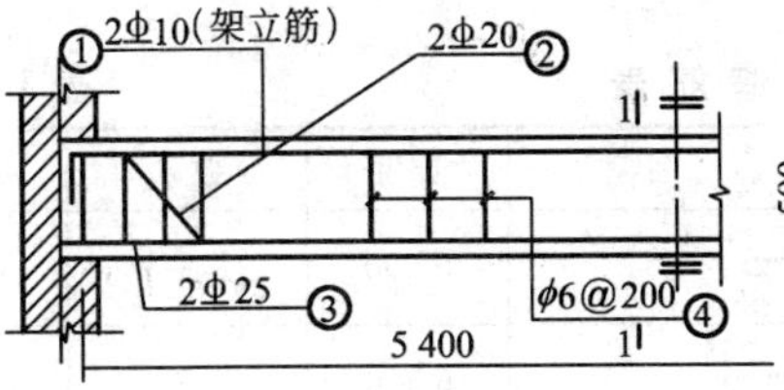

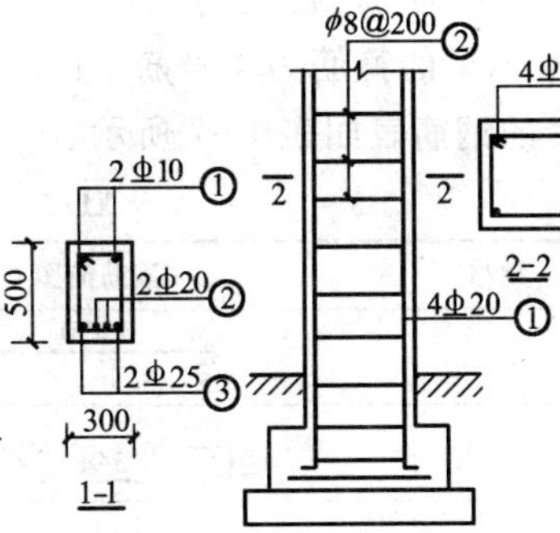

图 10-4　梁、柱配筋详图

a)梁配筋图；b)柱配筋图

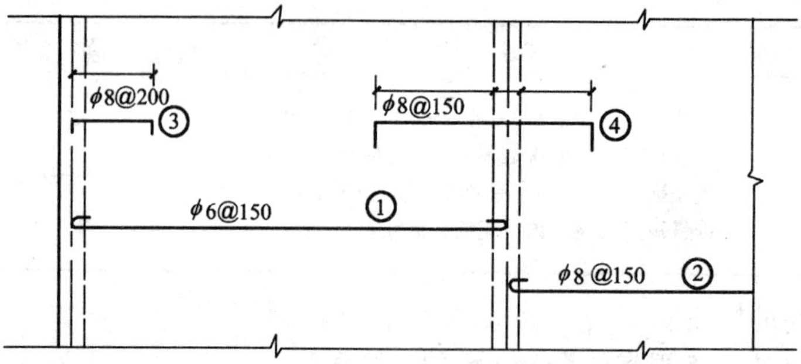

图 10-5　板配筋详图

(3)钢筋表

为了便于钢筋下料、制作和方便预算，通常在每张图纸中都有钢筋表。钢筋表的内容包括：钢筋名称、钢筋简图、钢筋规格、长度、数量和重量等。

三　常用钢筋混凝土构件识图举例

1. 钢筋混凝土梁施工图的识读

如图 10-6 所示，是一现浇钢筋混凝土梁的配筋图，编号为 2，由立面图、断面图和钢筋详图组成，从立面图可知，梁的长度为 5 470，分别搭在Ⓑ轴线墙体的过梁(GL-1)和Ⓒ轴线的墙体的梁垫上(梁垫的尺寸为 200×370×500)，Ⓑ轴线墙体厚 240，Ⓒ轴线墙体厚度为 370。

从 1-1、2-2 断面图上可知，梁的截面高度为 450，宽度为 200，在梁的下部配置 2 根 ϕ20 的一级钢筋放在角部，钢筋编号为 3；2 根直径为 20mm 的一级钢筋，为弯起筋，编号为 2。在梁的上部放置 2 根直径为 10mm 的一级钢筋，为架立筋，编号为 1；梁的箍筋为 4 号筋，直径 8mm，间距 200mm。

XL-2 的钢筋表如表 10-7 所示。

XL-2　箍 筋 表　　　　表 10-7

编号	规格	箍筋简图	长度	数量	质量
①	ϕ10	5 420；65；65	5 550	2	6.84
②	ϕ 20	390；565；3 965；565；265；400	6 550	2	32.30
③	ϕ 20	5 420；200	6 520	2	32.20
④	ϕ8	475；150；225；400	1 250	28	13.81

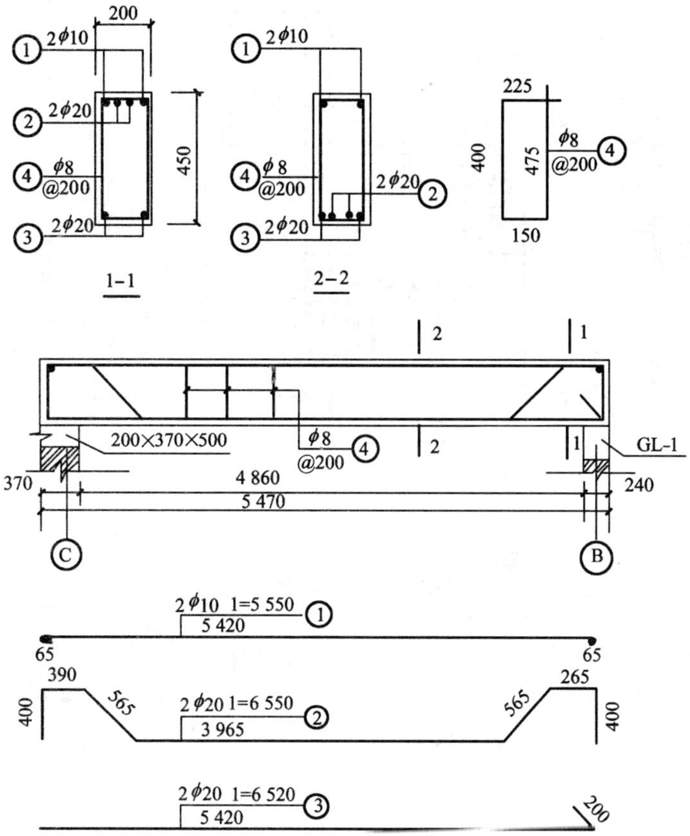

图 10-6　XL-2 配筋图

2. 钢筋混凝土柱施工图的识读

如图 10-7 所示，钢筋混凝土柱的施工图。

从图中可知该柱施工图由模板图、配筋图(立面图和断面图)、预埋件详图、钢筋表和说明组成。

从模板图可知：该柱高 10 550mm，分上柱和下柱两部分，因该柱为预制柱，为了防止安装时受损，在模板图中注明柱子施工时的反身点和吊装点。柱子上设有三个预埋件，分别在柱子顶端、牛腿上面和上柱侧面，具体位置见图中尺寸标注，其代号分别为 M-1、M-2 和 M-3。柱子埋入地面下 1 250mm，牛腿上面标高为 6.000，柱子顶端标高为 9.300m。

从配筋图和 1-1 断面图可知，上柱配有 4 根①号钢筋，结合钢筋表，①号钢

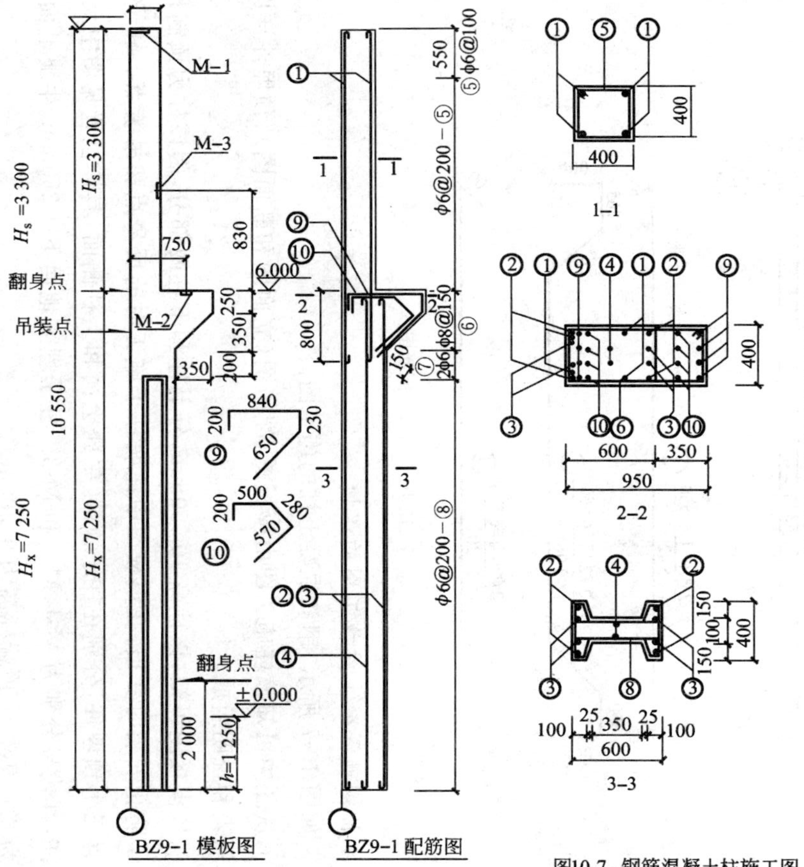

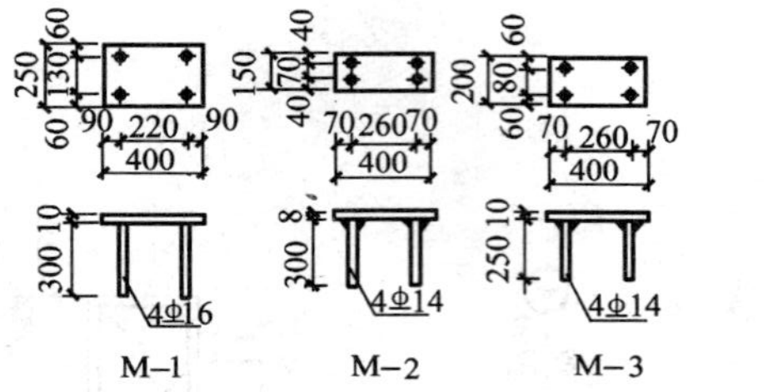

钢筋编号	钢筋规格	简　图	数量	长度(mm)	质量(kg)	混凝土体积(m^3)
①	φ22		4	4 330		
②	φ18		4	7 430		
③	φ16		4	7 400		
④	φ10		2	7 300		
⑤	φ6		14	1 500		
⑥	φ8		5	2 280		
⑦	φ6		2	1 900		
⑧	φ6		33	2 700		
⑨	⌀12		4	1 900		
⑩	⌀12		4	1 600		
共计					29.9	1.60

说　明

1. 预制钢筋混凝土采用C20 混凝土。
2. 钢筋 φ为I级钢，⌀为II级钢。预埋件均采用I级钢板。
3. 焊条用E4303，焊缝取H=8mm。

图10-7　钢筋混凝土柱施工图

筋为 $\phi22$，箍筋为⑤号筋，直径 6mm，间距 200mm，柱顶 550mm 范围内加密，距离 100mm。上柱截面尺寸为 400mm×400mm。下柱为工字形，两端翼缘配置的钢筋分别为 2 根②号筋和 2 根③号筋，其中③号筋在中部，②号筋在端部，直径分别为 18mm 和 16mm。腹板配置 2 根④号筋，直径为 10mm，箍筋为⑧号筋，形状见钢筋表，间距 200mm。下柱截面尺寸为 600mm×400mm，腹板、翼缘厚度都为 100mm。牛腿配置的钢筋为⑨号筋和⑩号筋，形状见钢筋详图，都是 4 根，直径 12mm，II 级钢筋。箍筋为⑦号筋和⑥号筋，⑥号筋间距 150mm。牛腿的截面尺寸为950mm×400mm，高度 800mm。

3 块预埋件详图在右上角，M-1 尺寸为 400mm×250mm×10mm，下部焊有 4 根直径为 16mm 的钢筋，长度 300mm，M-2 尺寸为 400mm×150mm×8mm，下面焊有 4 根直径为 14mm、长度 300mm 的钢筋，M-3 尺寸为 400mm×250mm×10mm，下面焊有 4 根直径为 14mm、长度 300mm 的钢筋。

在说明中主要说明混凝土的强度标号、钢筋的级别和焊缝的要求。

第三节　基础施工图

基础是建筑墙或柱下的扩大部分，其作用是将建筑上部的荷载传给基础下方的地基。由于建筑结构不同、地基土质也各不相同，因此建筑下方的基础类型也不尽相同。通常的基础有：条形基础、独立基础、桩基础、筏板基础和箱形基础等，如图 10-8 所示。虽然基础的类型不同，但表达方法基本相同，基础施工图一般由基础平面图和基础详图组成。

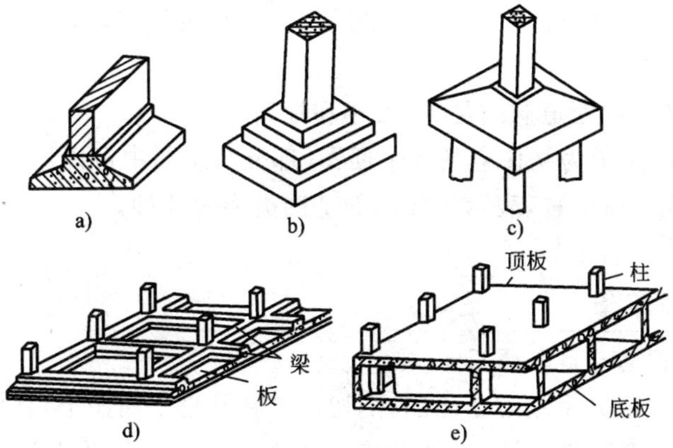

图 10-8　基础的类型

a)条形基础；b)独立基础；c)桩基础；d)筏板式基础；e)箱形基础

一 基础平面图

1. 基础平面图的形成

基础平面图是假想用一个水平剖切平面从建筑±0.000 以下的位置水平剖切建筑，并将基础周围的回填土去掉后所做的水平投影，如图 10-9 所示为条形基础被剖切后的形状。

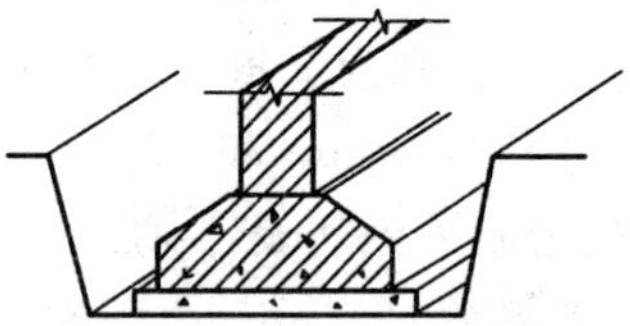

图 10-9 剖切后的条形基础

基础平面图主要表达基础的平面位置，是建筑基础施工的主要依据。

2. 基础平面图的图示内容与图示方法

(1)图名和比例。基础平面图的比例一般和建筑平面图的比例相同。

(2)纵横向定位轴线及其编号，必须和建筑平面图的定位轴线一致。

(3)基础的平面位置及其平面形状。在基础平面图中，因主要表达的是基础的位置，而不是基础的具体形状，因此，在图中只表示基础的轮廓。如条形基础的平面图，只用 4 条线表示，中间两条粗实线表示基础墙被剖切后的投影，旁边的两条细实线则表示基础底部轮廓的投影，中间大放脚细部的投影在基础平面图中不予表示。对于独立基础，主要表示每个独立基础的位置和大小；对于筏板式基础，主要表示筏板式基础的形状、大小，板中梁的位置，并在基础平面图中直接将筏板的钢筋配置表示出来。

(4)基础详图的剖切位置和编号。应将不同做法的基础部位分别画出剖切符号并编号，以便和基础详图对应表达。

(5)基础平面图中的尺寸标注。在基础平面图中主要表示两类尺寸，分别为外部尺寸和内部尺寸，外部尺寸表示轴间尺寸和首尾尺寸，内部尺寸表示不同做法基础的尺寸。

(6)穿越基础的管道洞的位置、大小和标高。

如图 10-10 所示为某住宅基础平面图(部分)，从图中可以看出，该基础为条形基础，剖切编号有 3 种，表示该住宅的基础类型有 3 种。

二 基础详图

1. 基础详图的形成与作用

基础详图大部分是基础断面图，剖切位置在基础平面图上，具体表示基础的形状、大小、材料和构造做法，是基础施工的重要依据。如基础为钢筋混凝土基础，应重点突出钢筋在混凝土基础中的位置、形状、数量和规格。

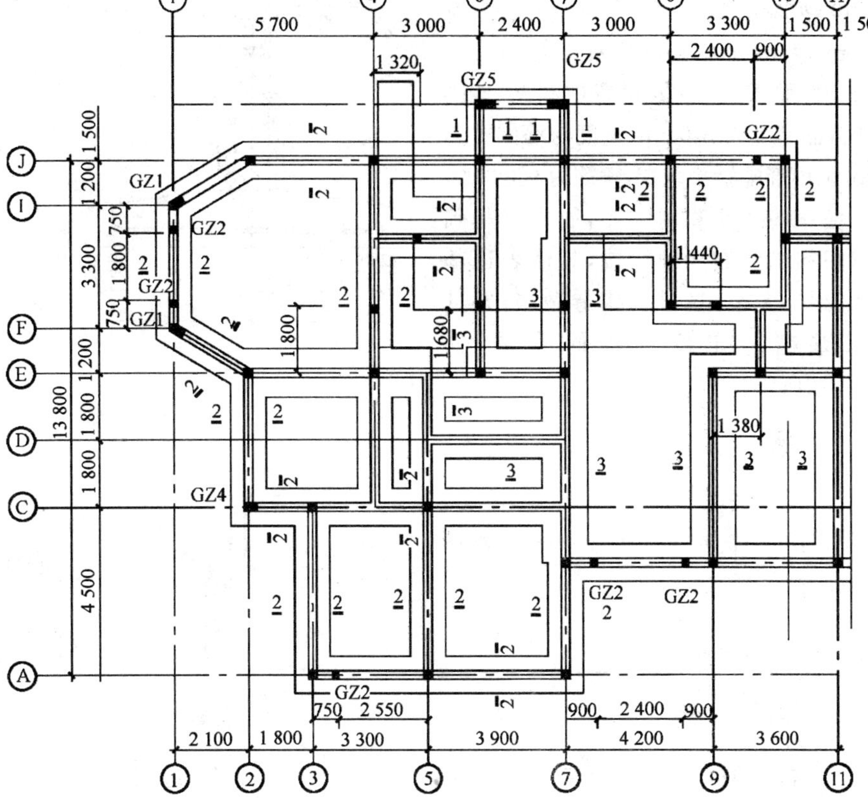

图 10-10　某住宅基础平面图(部分)

2. 基础详图的识读

(1)了解图名与比例,因基础的种类较多,读图时,将基础详图的图名与基础平面图的剖切符号、定位轴线对照,了解该基础在建筑中的位置。

(2)了解基础的形状、大小与材料。

(3)了解基础各部位的标高,计算基础的埋置深度。

(4)了解基础的配筋情况。

(5)了解垫层的厚度与材料。

(6)了解基础梁的配筋情况。

(7)了解管线穿越洞口的详细做法。

如图 10-11 为某住宅的基础详图,从图名可以知道,该详图为 3-3 基础详图,与基础平面图对照可知,该基础位于住宅的⑦轴线和⑨轴线上。基底宽度为 1 600mm,内部配置的受力钢筋为φ12@150，分布钢筋为φ10@200；垫层比基础两侧各宽100mm，厚100mm；基础底部的标高为－4.300；地面下60mm处设置地圈梁，地圈梁的截面高度为240mm，宽度与墙同宽为240mm，内部配置4 Φ 12，箍筋为φ6@200。

独立基础的基础详图，通常由基础平面图和基础剖面图组成，具体表达基础的形状、大小、材料和构造做法，并且表示基础与定位轴线的关系，如图10-12所示。

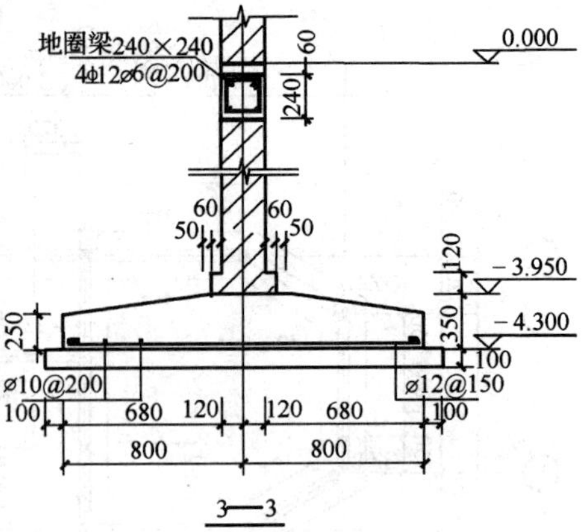

图10-11　某住宅基础详图

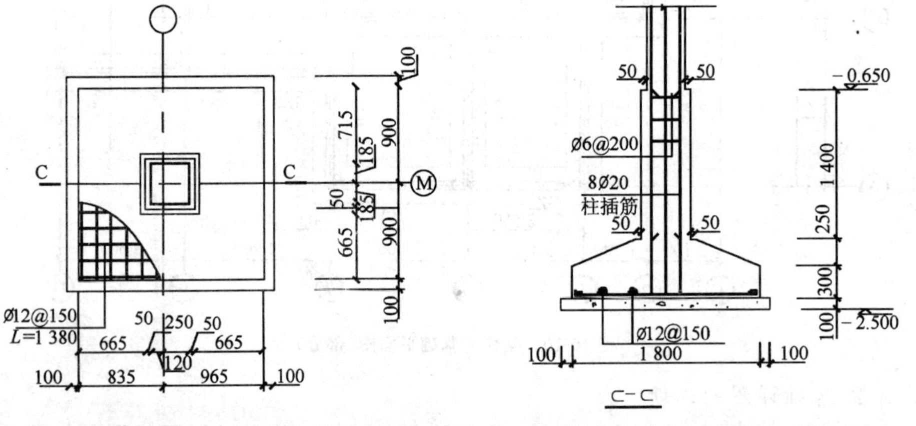

图10-12　独立基础详图

第四节　结构平面布置图

结构平面布置图包括基础平面布置图、楼层结构平面布置图和屋顶结构平面布置图三部分内容，基础平面布置图在基础图中已作了介绍，楼层结构平面布置图与屋顶结构平面布置图的表达方法完全相同，这里以楼层结构平面布置图为例说明楼层结构平面布置图的表达方法与阅读方法。

一 楼层结构平面布置图的形成与用途

用一个假想的水平剖切平面从各层楼板上表皮剖切楼板层,得到的水平剖面图,称为楼层结构平面图。主要表示各楼层结构构件(如墙、梁、板、柱等)在建筑中的平面位置,以及它们之间的构造关系,是建筑结构施工时构件布置、安装的重要依据。

二 楼层结构平面布置图的图示方法

在楼层结构平面图中,外轮廓线用中粗实线表示,被楼板遮挡的墙、柱、梁等,用细虚线表示,其他用细实线表示。图中的结构构件应用结构代号表示。楼层结构平面图的比例应与建筑平面图的比例相同。

由于钢筋混凝土楼板有预制楼板和现浇楼板两种,其表达方式不同。如楼板层是预制楼板,则在结构平面布置图中,主要表示支撑楼板的墙、梁、柱等结构构件的位置,预制楼板直接在结构平面图中进行标注,如图 10-13 所示。

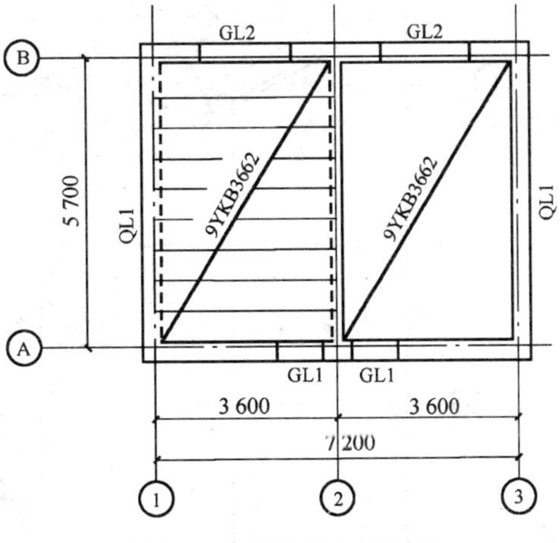

图 10-13 预制楼板的表示方法

图中 9YKB3662 各代号的含义表示如下:

9——表示构件的数量;

Y——表示预应力;

KB——表示空心楼板;

36——表示板的长度为 3600mm;

6——表示板的宽度为 600mm;

2——表示板的荷载等级为2 级。

如果楼板层为现浇钢筋混凝土楼板,则可在构件平面布置图中直接进行配筋,如图 10-15 的板配筋图。

三 楼层结构平面图的识读

下面以图 10-14 某住宅二层结构平面布置图(局部)为例,了解结构平面布置图的识读方法与步骤。

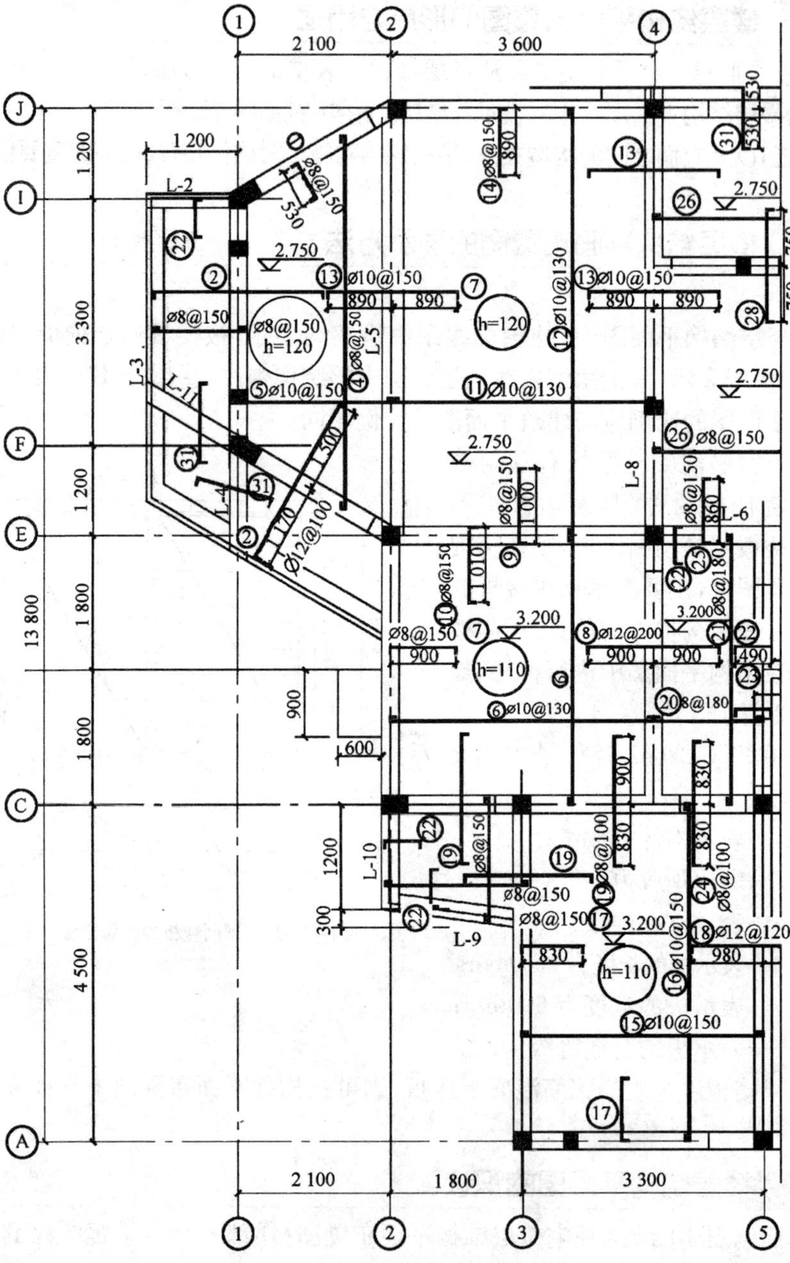

图 10-14　二层结构平面图(局部)

(1)了解图名与比例。楼层结构平面布置图的比例一般与建筑平面图、基础平面布置图的比例一致。

(2)与建筑平面图对照,了解楼层结构平面布置图的定位轴线。在本图中只表示出①～⑤轴线的结构平面布置图。

(3)通过结构构件代号了解该楼层中结构构件的位置与类型。如图中的 L-1、L-2 等,表示梁的编号。

(4)了解现浇板的配筋情况及其板的厚度。在楼层结构图中,将所有的现浇板进行编号,板的形状、大小、配筋相同的楼板,编号相同,只在每种楼板的一块楼板中进行配筋,为了突出钢筋的位置和规格,钢筋用粗实线表示。在Ⓒ～Ⓔ轴线的房间中,采用的是双向板,现浇板的厚度为 110mm,两个方向的钢筋都是ϕ6@130,后面板中钢筋的配置情况为:横向箍筋为⑪号钢筋,ϕ10@130;纵向钢筋为⑫钢筋,同样是 ϕ10@130。

(5)了解各部位的标高情况,并与建筑标高对照,了解装修层的厚度。一般情况下用建筑标高减去本层的结构标高,即为楼板层装修的厚度。本图中,板顶的标高为 2.75m,与建筑施工图比较,可知,将来的装饰面层厚度为 50mm。

(6)如有预制板,了解预制板的规格、数量等级和布置情况。

四 结构平面布置图绘制方法和步骤

结构平面布置图的绘制方法与建筑平面图的绘制方法基本相同,如图 10-15 所示。

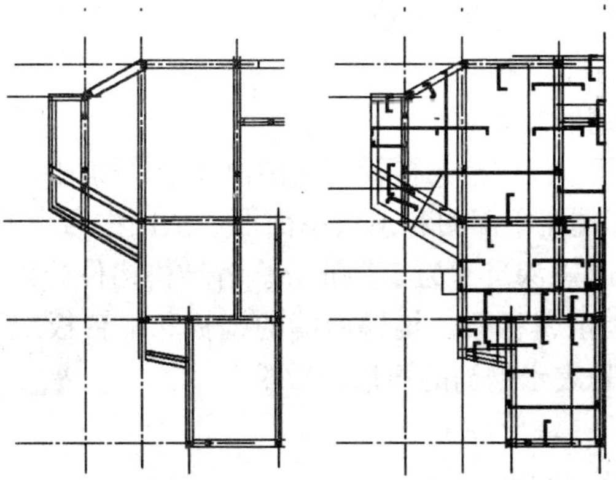

a) b)

图 10-15　结构平面图的绘制

(1)绘制定位轴线。

(2)绘制墙或梁的投影图,如图 10-15a)所示。

(3)按顺序绘制每块板的受力筋和分布筋。

(4)绘制构造钢筋,如图 10-15b)所示。

(5)标注钢筋的尺寸和配置。

(6)标注构件代号和图形外部尺寸。

(7)标注轴线编号、图名和比例。

(8)按照结构平面布置图的图线要求,加深图样,如图 10-14 所示。

第五节　楼梯结构图

楼梯结构图包括楼梯结构平面布置图、楼梯结构构件详图。

一 楼梯结构平面布置图

楼梯平面布置图的形成方法与建筑平面图的剖切位置一样,都是从建筑各层窗台上的位置剖切,向下所做的水平投影。主要表达楼梯间在各层结构构件的平面位置和相互关系,如果条件允许,可在楼梯结构平面图中将现浇板的钢筋表达出来。

楼梯平面图的图示方法和图示内容:

(1)楼梯间的位置、开间、进深和墙体的厚度。

(2)楼梯间各种结构构件的水平投影及其结构代号。

(3)楼梯间各构件的定形、定位尺寸。

(4)楼层标高和平台标高。

(5)平台板的钢筋配置。

如图 10-16 所示,该住宅的楼梯平面图由四个平面图组成,分别是首层平面图、二层平面图、标准层平面图和顶层平面图。从图中可以看到,该楼梯间的开间尺寸为 2 400mm,进深尺寸为 5 700mm。各结构构件分别用代号表示,如 TB 表示楼梯板,TL 表示楼梯梁。楼梯两端的楼板和平台板配置的钢筋分别用粗实线表示,并用符号表示钢筋的规格和数量。

二 楼梯结构详图

楼梯结构构件详图主要是在楼梯结构平面图未能表达清楚的结构构件的形状、大小和配筋时,再用详图的形式表达出来。如在图 10-16 中的 TB、TL 等,在图中只知道其位置,并不知道这些构件的情况,在楼梯结构构件详图中要详细地表示出来。如图 10-17 中楼梯板的配筋和图 10-18 中楼梯梁的配筋。

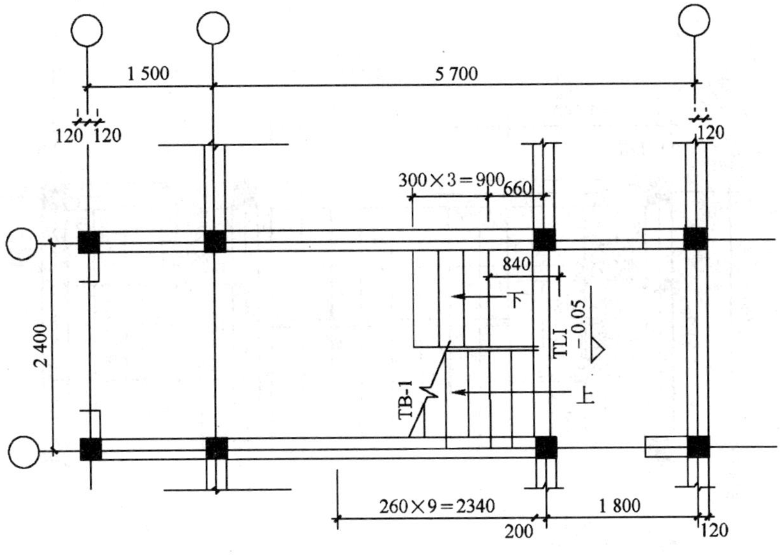

1 500
5 700
120 120
120
300×3=900
660
840
下
TL1
−0.05
2 400
TB-1
上
260×9=2340
1 800
200
120

a)

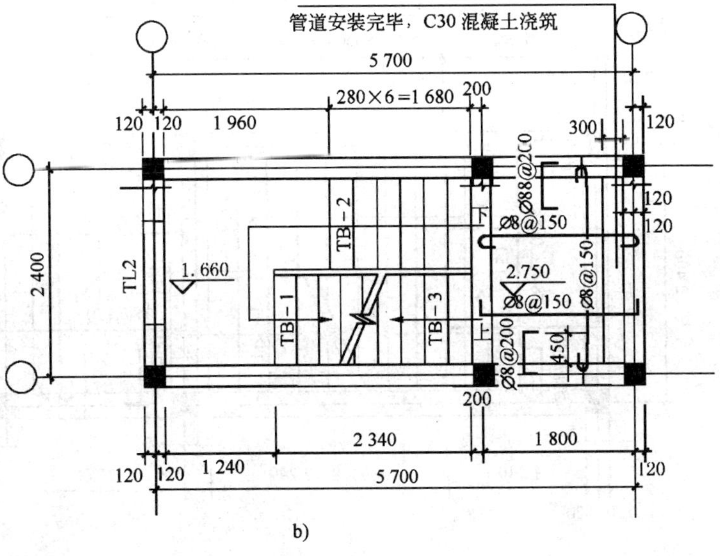

设备井预留，钢筋不截断
管道安装完毕，C30 混凝土浇筑
5 700
280×6=1 680
200
120
120
1 960
300
120
Ø8@200
Ø8@150
120
120
2 400
TB-2
TL2
1.660
2.750
Ø8@150
Ø8@150
TB-1
TB-3
Ø8@200
450
200
2 340
1 800
120
120
1 240
5 700
120

b)

图 10-16

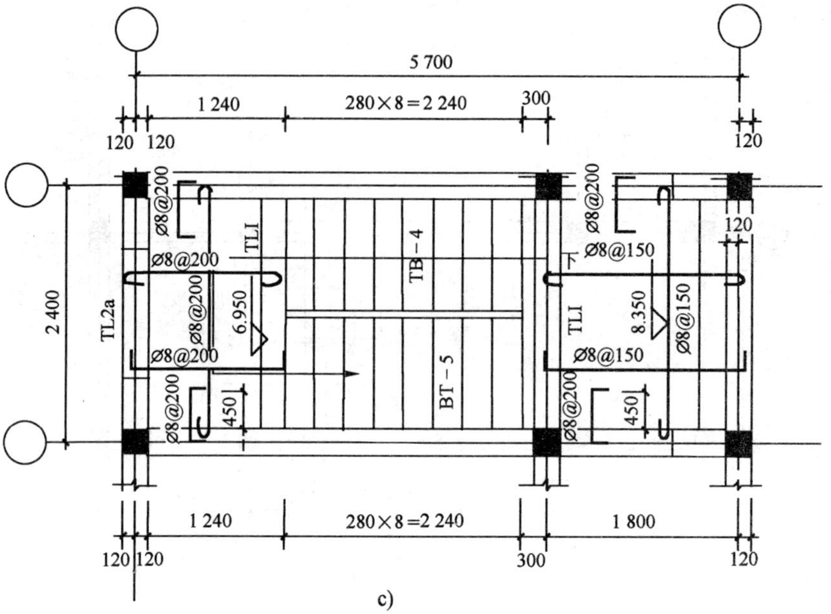

c)

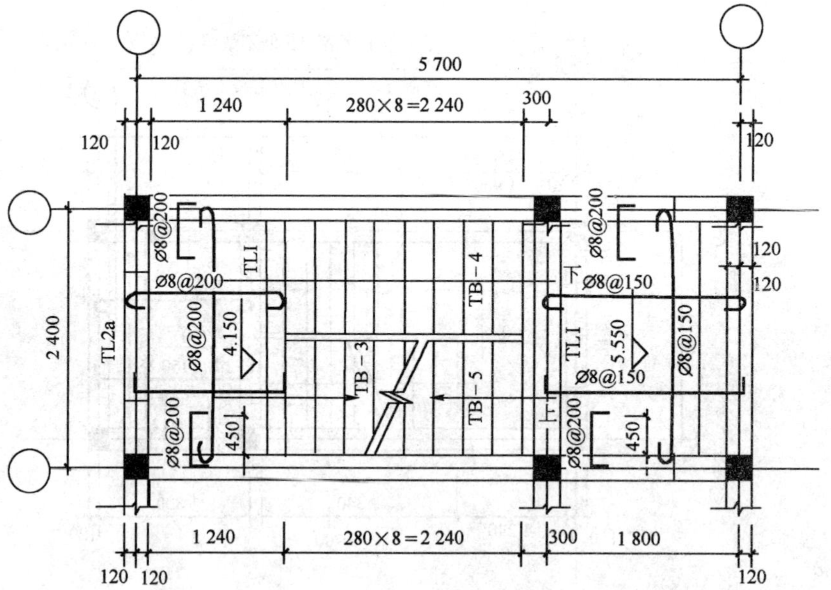

d)

图 10-16　楼梯结构平面图

a)楼梯首层平面图；b)楼梯二层平面图；c)楼梯标准层平面图；d)楼梯顶层平面图

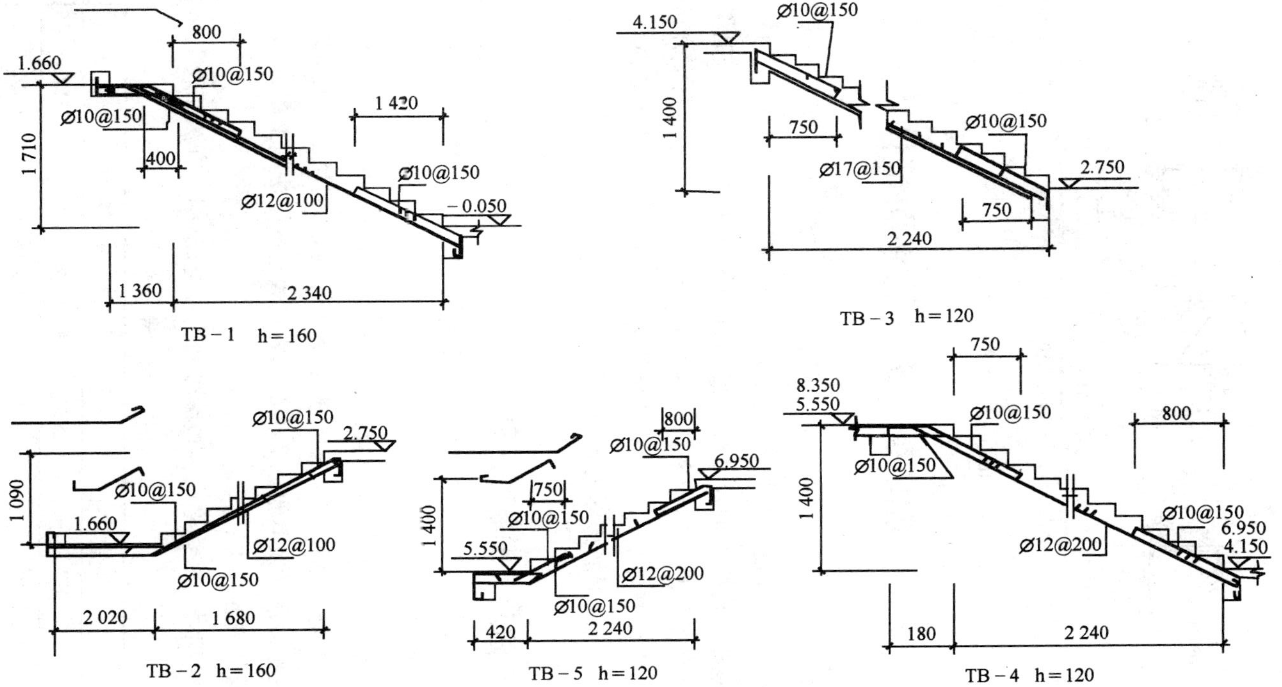

图 10-17　楼梯段配筋图

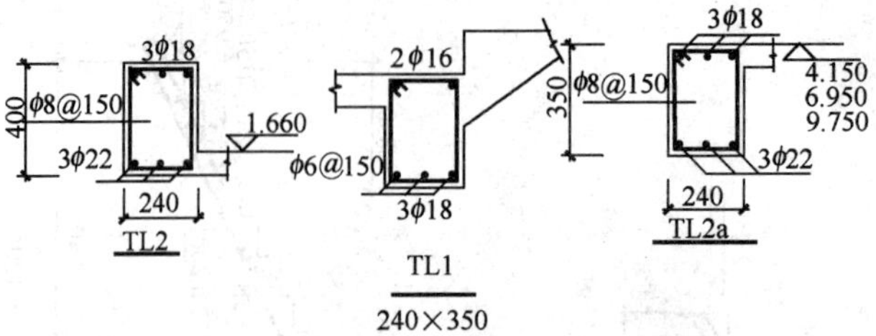

图 10-18 楼梯梁配筋图

第六节 钢筋混凝土构件的平面整体表示法

建筑结构施工图平面整体表示法，是被国家科委列为《"九五"国家科技成果重点推广计划》项目和建设部列为一九九六年科技成果重点推广项目。平面整体表达方式是把结构构件的尺寸和配筋等，按照平面整体表示方法制图规则，整体直接表达在各类构件的结构平面布置图上，再与标准构造详图配合，构成完整的结构设计。平面整体表示法改变了传统的那种将构件从结构平面布置图中索引出来，再逐个绘制配筋详图的繁琐方法。

一 柱平法施工图制图规则

柱平法施工图是在柱平面布置图上采用列表注写方法和截面注写方法表达。

1. *列表注写方式*

列表注写方式是在柱平面布置图上分别在同一编号的柱中选择一个截面标注几何参数代号；在柱表中注写柱号、柱段起止标高、几何尺寸与配筋的具体数值，并配以各种柱截面形状及其箍筋类型图的方式表达柱平法施工图。

柱表注写的内容如下：

(1)注写柱编号。柱编号由类型编号和序号组成，编号方法如表 10-8 所示。

柱 编 号 表 10-8

柱类型	代号	序号	柱类型	代号	序号
框架柱	KZ	××	梁上柱	LZ	××
框支柱	KZZ	××	剪力墙上柱	QZ	××
芯柱	XZ	××			

(2)注写各段柱的起止标高。自柱根部往上以变截面位置或截面未变但配筋

改变处为界分段注写。框架柱和框支柱的根部标高是指基础顶面标高;芯柱的根部标高是指根据结构实际需要而定的起始位置标高;梁上柱的根部标高是指梁顶面标高;剪力墙上柱的根部标高分两种:当柱纵筋锚固在墙顶部时,其根部标高为墙顶面标高;当柱与剪力墙重叠一层时,其根部标高为墙顶面往下一层的结构层楼面标高。

(3)对于矩形柱,注写截面尺寸 $b\times h$ 及轴线关系的几何参数代号 $b1$、$b2$ 和 $h1$、$h2$ 的具体数值,须对应与各段柱分别注写。其中 $b=b1+b2$,$h=h1+h2$,当截面的某一面收缩变化至与轴线重合或偏到轴线另一侧时,$b1$、$b2$、$h1$、$h2$ 中的某项为零或为负数。对于圆柱,表中 $b\times h$ 一栏改为圆柱直径数字前加 d 表示。

(4)注写柱纵筋。当柱纵筋直径相同,各边根数也相同时,将纵筋注写在“全部纵筋”一栏中,除此之外,柱纵筋分角筋、截面 b 边中部筋和 h 边中部筋三项分别注写。

(5)注写箍筋类型号和箍筋肢数,具体工程设计的各种箍筋类型图以及箍筋复合的具体方式,画在表的上部或图中适当位置,并在表中注写与表中相对应的 b、h 和编上类型号。

如图 10-19 所示,是柱平法施工图列表注写方式示例。

从图中可知代号为 KZ1 的柱子,根据配筋和截面的变化情况分为三部分,标高从-0.030 至 19.470 处,柱截面尺寸 750×750,箍筋配筋类型为 1 型(5×4),$b1$、$b2$ 均为 375,$h1$ 为 150,$h2$ 为 550,箍筋为 ϕ10@100/200,24 根直径为 25mm 的Ⅱ级纵筋;在标高为 19.470 至 37.470 处,柱截面尺寸 650×600,箍筋配筋类型为 1 型(4×4),$b1$、$b2$ 均为 325,$h1$ 是 150,$h2$ 为 450,箍筋为 ϕ10@100/200,4 根直径为 22mm 的Ⅱ级角筋,b 边一侧中部筋为 5 根直径为 22mm 的Ⅱ级钢筋,h 边一侧中部筋为 4 根直径为 20mm 的Ⅱ级钢筋;在标高为 37.470 至 59.070 处,柱截面尺寸 550×500,箍筋配筋类型为 1 型(4×4),$b1$、$b2$ 均为 275,$h1$ 是 150,$h2$ 为 350,箍筋为 ϕ8@100/200,纵筋的配置与标高为 19.470 至 37.470 处相同。其他柱配筋的读法与此相同,这里就不再叙述了。

2.截面注写方式

柱平法施工图截面注写方式是在分标准层绘制的柱平面布置图的柱截面上,分别在同一编号的柱中选择一个截面,以直接注写截面尺寸和配筋具体数值的方式表达柱平法施工图。

层号	标高(m)	层高(m)
屋面2	65.675	
塔层2	62.370	3.30
屋面1（塔层1）	59.070	3.30
16	55.470	3.60
15	51.870	3.60
14	48.270	3.60
13	44.670	3.60
12	41.070	3.60
11	37.470	3.60
10	33.870	3.60
9	30.270	3.60
8	26.670	3.60
7	23.070	3.60
6	19.470	3.60
5	15.870	3.60
4	12.270	3.60
3	8.670	3.60
2	4.470	4.20
1	-0.030	4.50
-1	-4.530	4.50
-2	-9.303	4.50

结构层楼面标高
结构层高

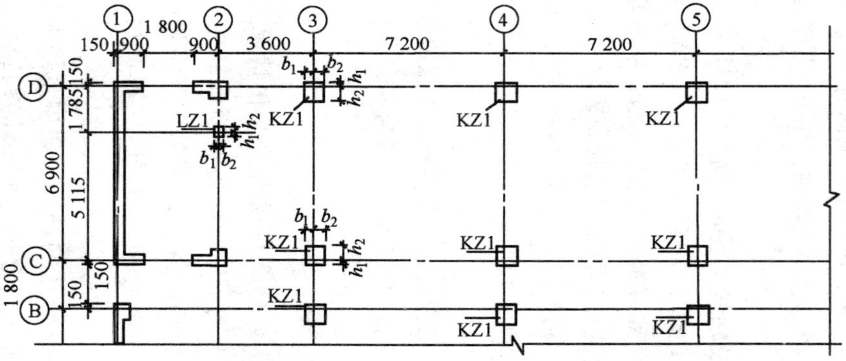

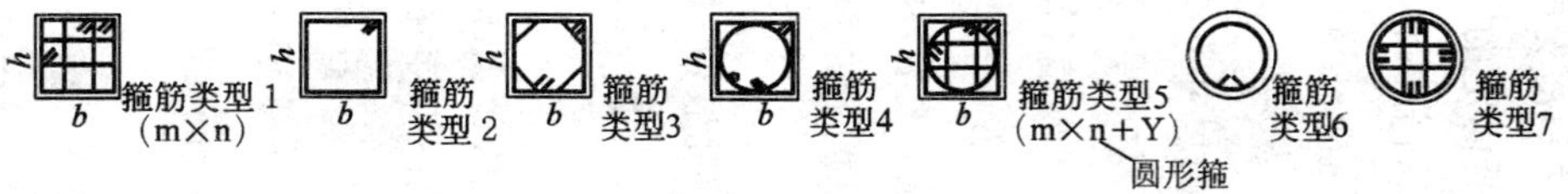

柱　表

柱号	标　　高	$b\times h$（圆柱直径D）	b_1	b_2	h_1	h_2	全部纵筋	角筋	b边一侧中部筋	h边一侧中部筋	箍筋类型号	箍　　筋	备注
KZ1	-0.030—19.470	750×700	375	375	150	550	24Φ25				1(5×4)	φ10@100/200	
	19.470—37.470	650×600	325	325	150	1450		4Φ22	5Φ22	4Φ20	1(4×4)	φ10@100/200	
	37.470—59.070	550×500	275	275	150	350		4Φ22	5Φ22	4Φ20	1(4×4)	φ 8@100/200	

-0.030—59.070 柱平法施工图（局部）

图10-19　柱平法施工图列表注写方式

表达方法是除芯柱之外的所有柱截面从相同编号的柱中选择一个截面，按另一种比例原位放大绘制柱截面配筋图，并在各配筋图上继其编号后再注写截面尺寸 $b\times h$、角筋和全部纵筋、箍筋的具体数值以及在柱截面配筋图上标注柱截面与轴线关系 $b1$、$b2$、$h1$、$h2$ 的具体数值。

如图 10-20 是柱平法施工图截面注写方式示例。

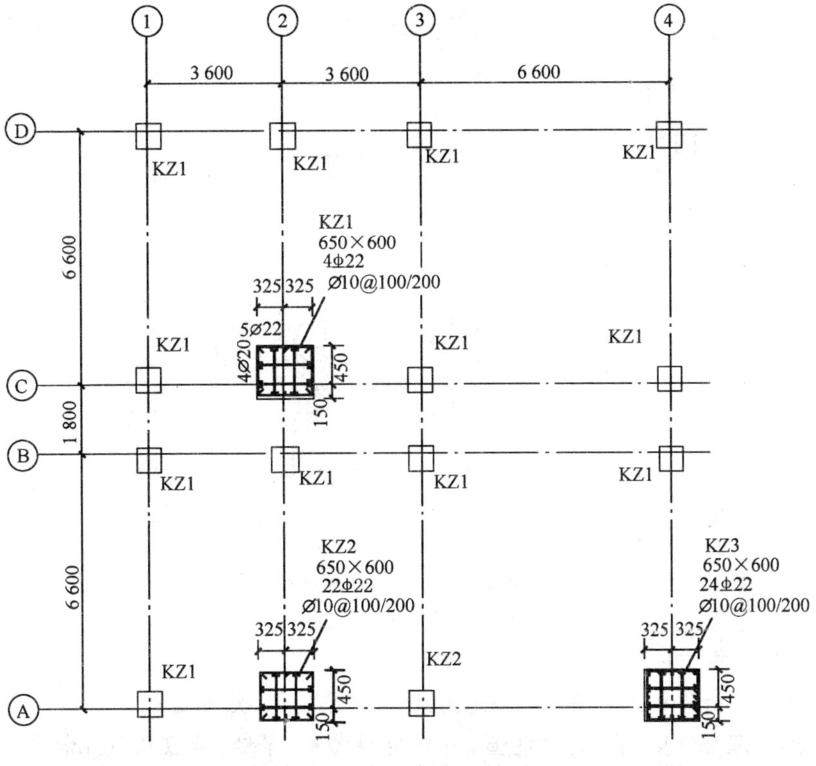

图 10-20　柱平法施工图截面注写方式

在图中每种类型的柱子取一个为代表，将截面按比例放大，直接在上面注写其截面尺寸，配筋数值，如 KZ2，截面尺寸为 650×600，纵筋为 22 根直径 22mm 的二级钢筋，箍筋 ϕ10 @100/200，其他柱的读法相同。

二 梁平法施工图制图规则

梁平法施工图是在梁平面布置图上采用平面注写方式或截面注写方式表达。

1. 平面注写方式

平面注写方式是在梁平面布置图上，分别在不同编号的梁中各选一根梁，在其上注写截面尺寸和配筋具体数值的方式表达梁平法施工图。

平面注写包括集中标注和原位标注，集中标注表达梁的通用数值，原位标注表达梁的特殊数值。当集中标注中某项数值不适用于梁的某部位时，则将该数值原位标注，施工时，原位标注取值优先，如图 10-21 所示。

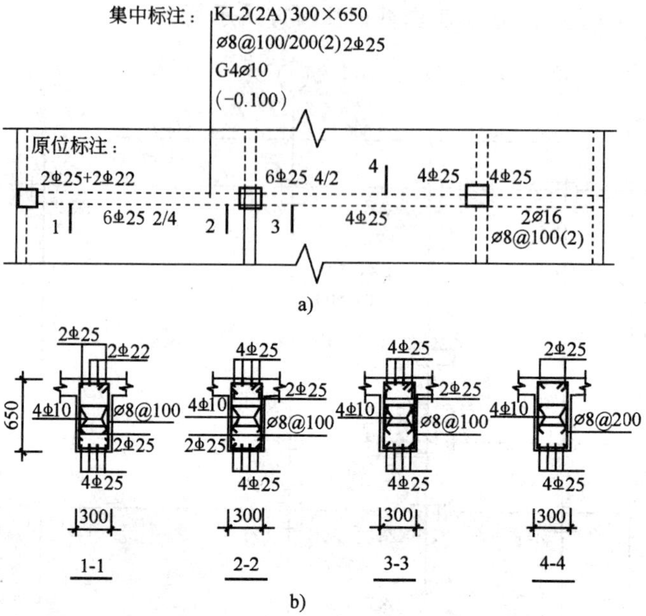

图 10-21　梁平面注写示例

a)梁平面注写；b)梁的断面图

(1)梁集中标注的内容

梁集中标注的内容为五项必注值和一项选注值，分别是：

①梁编号。梁编号为必注值，由梁类型代号、序号、跨数及有无悬挑代号几项组成，编号方法如表 10-9 所示。

梁　编　号　　　　表 10-9

梁　类　型	代　　号	序　　号	跨数及是否带有悬挑
楼层框架梁	KL	××	(XX)、(XXA)或(XXB)
屋面框架梁	WKL	××	(XX)、(XXA)或(XXB)
框支梁	KZL	××	(XX)、(XXA)或(XXB)
非框架梁	L	××	(XX)、(XXA)或(XXB)
悬挑梁	XL	××	
井子梁	JZL	××	(XX)、(XXA)或(XXB)

注：表中(XXA)为一端悬挑，(XXB)为两端有悬挑，悬挑不计人跨数。

②梁截面尺寸。该项为必注值，当为等截面梁时，用 $b\times h$ 表示，当为加腋梁时，用 $b\times h$ YC1×C2 表示，如图 10-22 所示；当为悬挑梁，且根部和端部的高度不相同时，用 $b\times h_1/h_2$ 表示，如图 10-23 所示。

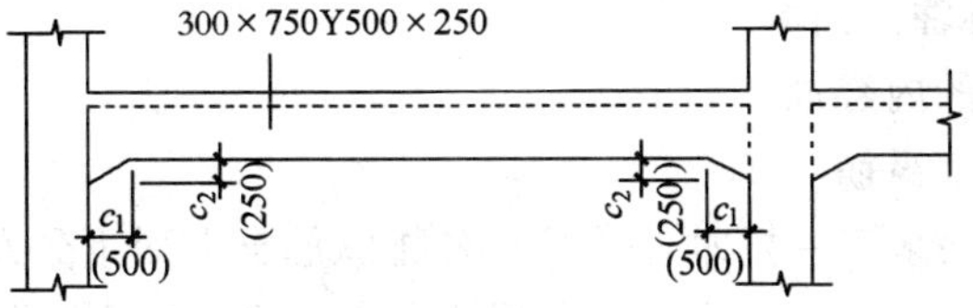

图 10-22 加腋梁截面尺寸注写示意

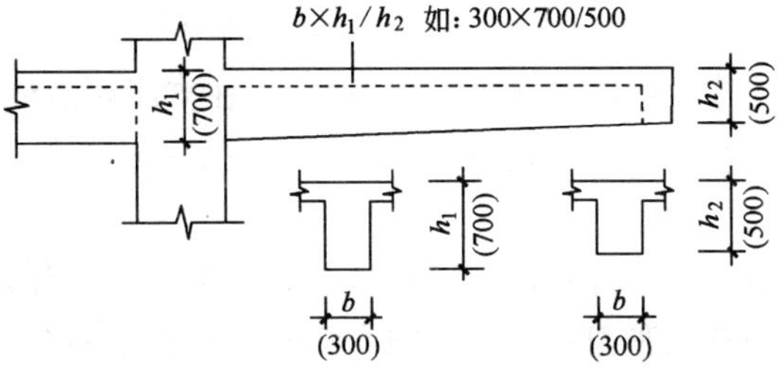

图 10-23 悬挑梁不等高截面尺寸注写示意

③梁箍筋。包括箍筋级别、直径、加密区与非加密区间距及肢数。箍筋加密区与非加密区的不同间距及肢数需用“/”分隔，箍筋支数应写在括号内。

④梁上部通长筋或架立筋配置也为必注值。当同排纵筋中既有通长筋又有架立筋时，应用“+”将通长筋和架立筋相连。注写时须将角部纵筋写在加号的前面，架立筋写在加号后面的括号内，以表示不同直径及与通长筋的区别，当全部采用架立筋时，则将其写入括号内。如 2 $\underline{\Phi}$ 22+(4 $\underline{\Phi}$ 12)表示梁中有 2 $\underline{\Phi}$ 22 的通长筋，4 $\underline{\Phi}$ 12 的架立筋。当梁的上部纵筋和下部纵筋均为全跨相同，且多数跨配筋相同时，此项可加注下部纵筋的配筋值，用“;”将上部与下部的配筋值分隔开，如“3 $\underline{\Phi}$ 22;3 $\underline{\Phi}$ 20”表示梁上部配置 3 $\underline{\Phi}$ 22 的通长筋，下部配置 3 $\underline{\Phi}$ 20 的通长筋。

⑤梁侧面纵向构造钢筋或受扭筋配置，为必注值。当梁腹板高度 $h_w\geqslant$ 450mm 时，需配置纵向构造钢筋，以大写字母 G 打头，当梁侧面需配置受扭纵向钢筋时，用大写字母“N”打头。

⑥梁顶面标高高差为选注值，梁顶面标高高差，是指相对于结构层楼面标高的高差值，有高差时，将高差写入括号内，无高差时不注。当梁的顶面高于所在结构层的楼面标高时，其标高高差为正值，反之为负值。

如图 10-21a)中的集中标注值 KL2(2A)300×600 表示 2 号框架梁，有两跨，一端悬挑、梁截面尺寸为 300×600；G4ϕ10 表示梁的两个侧面共配有 4 根直径为 10mm 的一级构造筋；φ8@100/200(2)2 Φ 25 表示梁箍筋为直径 8mm，间距 200mm，加密区间距 100mm，在梁上部贯通筋 2 根，直径为 25mm 的二级钢筋。(-0.100)表示梁顶相对于楼层标高低 0.100m。

(2)梁原位标注的内容

梁原位标注的内容规定如下：

①梁支座上部纵筋

a. 当上部纵筋多于一排时，用“/”将各排纵筋自上而下分开；例如，梁支座上部纵筋注写为 6 Φ 25 4/2，表示上一排纵筋为 4 Φ 25，下排纵筋为 2 Φ 25。

b. 当同排纵筋有两种直径时，用“＋”将两种直径的纵筋相连，注写时将角部纵筋写在前面。

c. 当梁中间支座两边的上部纵筋不同时，需在支座两边分别标注；当梁中间支座两边的上部纵筋相同时，可仅在支座的一边标注配筋值。

②梁下部纵筋

a. 当下部纵筋多于一排时，用“/”将各排纵筋自上而下分开。

b. 当同排纵筋有两种直径时，用“＋”将两种直径的纵筋相连，注写时角筋写在前面。

c. 当梁下部纵筋不全部伸入支座时，将梁支座下部纵筋减少的数量写在括号内。例如梁下部纵筋注写为 6 Φ 25 2(-2)/4，则表示上排纵筋为 2 Φ 25，且不伸入支座；下一排纵筋为 4 Φ 25，全部伸入支座。当梁的下部纵筋注写为 2 Φ 25＋3 Φ 22(-3)/5 Φ 25，表示上排纵筋为 2 Φ 25 和 3 Φ 22，其中 3 Φ 22 不伸入支座；下一排纵筋为 5 Φ 25，全部伸入支座。

③附加箍筋和吊筋，将直接画在平面图中的主梁上，用线引注纵配筋值，附加箍筋的肢数注写在括号内，如图 10-24 所示。

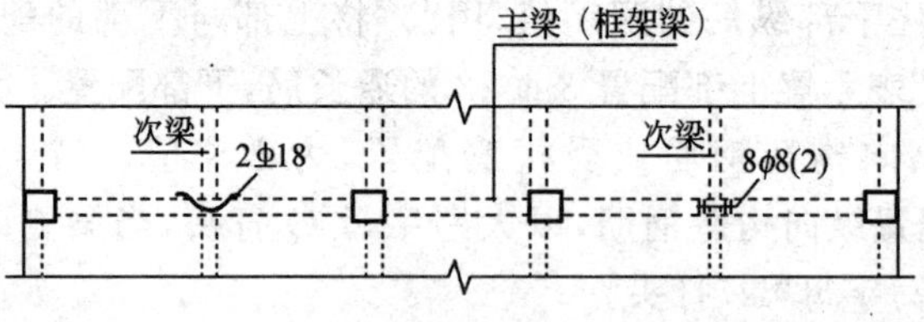

图 10-24　附加箍筋和吊筋的画法示意

如图 10-21 所示第一跨梁上部 2 Φ 25＋2 Φ 22，表示梁支座上部有 2 Φ 25 角筋和 2 Φ 22 纵筋，梁下部标注 6 Φ 25 2/4 表示梁下部有两排纵筋，上排为 2 Φ 25，下排为 4 Φ 25。在第二跨中两端支座的上部配筋不同，左面 6 Φ 25 4/2 表示梁上部有六根纵筋，两排，上排为 4 Φ 25，下排为 2 Φ 25，而右侧上部配筋为 4 Φ 25，梁下部纵筋为 4 Φ 25。右侧为悬挑部分,梁上部配筋 4 Φ 25,下部配筋 2φ16,箍筋为 φ8@100。

2. *截面注写方式*

截面注写方式是在分标准层绘制的梁平面布置图上,分别在不同编号的梁中各选择一根梁用剖面号引出配筋图,并在其上注写截面尺寸和配筋具体数值的方式表达梁平法施工图。如图 10-25 所示。

在截面配筋图上注写截面尺寸 $b \times h$、上部筋、下部筋、侧面构造筋和受扭筋,以及箍筋的具体数值时,其表达方式与平面注写方法相同。

从图 10-25 中可知 L3 的配筋用截面表示在平面图的左面,1-1 截面表示梁下部配双排筋,下面是 4 Φ 22,上面是 2 Φ 22,在梁上面配 4 Φ 16,梁两侧配有 2 根二级受扭钢筋,直径为 16mm。2-2 截面与 1-1 截面相比较,上部少了 2 根箍筋,3-3 截面为 L4 的配筋情况,只在梁的下部配了 3 Φ 18,上部配了 2 Φ 14 的箍筋,整个梁的箍筋配置相同,全部为 φ8@200。

三 剪力墙平法施工图制图规则

剪力墙平法施工图是在剪力墙平面布置图上采用列表注写方法和截面注写方法表示。

1. *列表注写方式*

列表注写方式是在剪力墙柱表、剪力墙身表和剪力墙梁表中,对应于剪力墙平面布置图上的编号,用绘制截面配筋图并注写几何尺寸与配筋具体数值的方式,表达剪力墙平法施工图。

(1)各类构件的编号

①墙柱编号　由墙柱类型代号和序号组成,如表 10-10 所示。

墙 柱 编 号　　表 10-10

柱 类 型	代 号	序 号
约束边缘暗柱	YAZ	××
约束边缘端柱	YDZ	××
约束边缘翼墙(柱)	YYZ	××
约束边缘转角墙(柱)	YJZ	××
构造边缘端柱	GDZ	××
构造边缘暗柱	GAZ	××
构造边缘翼墙(柱)	GYZ	××
构造边缘转角墙(柱)	GJZ	××
非边缘暗柱	AZ	××
扶壁柱	FBZ	××

层号	标高（m）	层高（m）
层面2	65.670	
层面2	62.370	3.30
层面1（多层1）	59.070	3.30
16	55.470	3.60
15	51.870	3.60
14	48.270	3.60
13	44.670	3.60
12	41.070	3.60
11	37.470	3.60
10	33.870	3.60
9	30.270	3.50
8	26.670	3.60
7	23.070	3.60
6	19.470	3.60
5	15.870	3.60
4	12.270	3.60
3	8.670	3.60
2	4.470	420
1	−0.030	4.50
−1	−4.530	4.50
−2	−9.030	4.50

结构层楼面标高
结 构 层 高

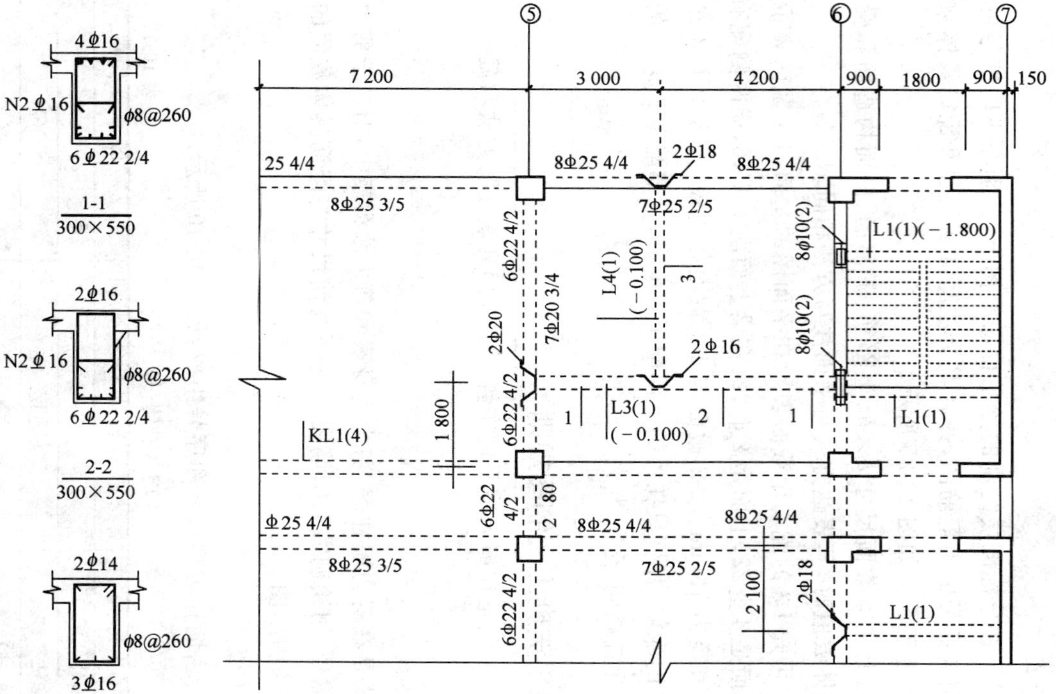

15.870-26.670 梁平法施工图(局部)

图10-25 梁平法施工图截面注写方式

②墙身编号　由墙身代号、序号以及墙身所配置的水平与竖向分布钢筋的排数组成，其中，排数注写在括号内。如 QXX(X 排)。

③墙梁编号　由墙梁类型代号和序号组成，如表 10-11 所示。

墙梁编号　　表 10-11

墙梁类型	代号	序号
连梁(无交叉暗撑及无交叉钢筋)	LL	××
连梁(有交叉暗撑)	LL(JC)	××
连梁(有交叉钢筋)	LL(JG)	××
暗梁	AL	××
边框柱	BKL	××

(2)列表注写方式中的内容

①在剪力墙柱表中表达的内容

a. 墙柱编号和截面配筋图。

b. 各段墙柱的起止标高，自墙柱根部往上以变截面位置或截面未变但配筋改变处为界分段注写。墙柱根部标高是指基础顶面标高(如为框支剪力墙结构则为框支梁顶面标高)。

c. 各段墙柱的纵向钢筋和箍筋。

②在剪力墙身表中表达的内容

a. 墙身编号(含水平与竖向分布钢筋的排数)。

b. 各段墙身起止标高，自墙身根部往上以变截面位置或截面未变但配筋改变处为界分段注写。墙身根部标高是指基础顶面标高(框支剪力墙结构则为框支梁顶面标高)。

c. 水平分布钢筋、竖向分布钢筋和拉筋的具体数值。

③剪力墙梁表中表达的内容

a. 墙梁编号。

b. 墙梁所在楼层号。

c. 墙梁顶面标高高差，是指相对于墙梁所在结构层楼面标高的高差值，高于者为正值，低于者为负值，无高差时不注。

d. 墙梁截面尺寸、上部纵筋、下部纵筋和箍筋的具体数值。

e. 当连梁设有斜向交叉暗撑时，注写一根暗撑的全部纵筋，以及箍筋的具体数值。

f. 当连梁设有斜向交叉钢筋时，注写一道斜向钢筋的配筋值。

如图 10-26 所示，为剪力墙列表注写方式示例，其部分剪力墙梁表、剪力墙身表和剪力墙柱表如表 10-12、表 10-13 和表 10-14 所示。在图 10-26 中，YD 为剪力墙圆形洞口，序号为 1，洞口直径 D 为 200mm；洞口中心相对于第 2 结构层楼面标高为－0.800m，第三结构层楼面标高为－0.700m，其他结构层楼面标高为－0.500m；洞口上下水平设置的每边补强纵筋为 2 Φ 16，箍筋为 ϕ10@100(2)。

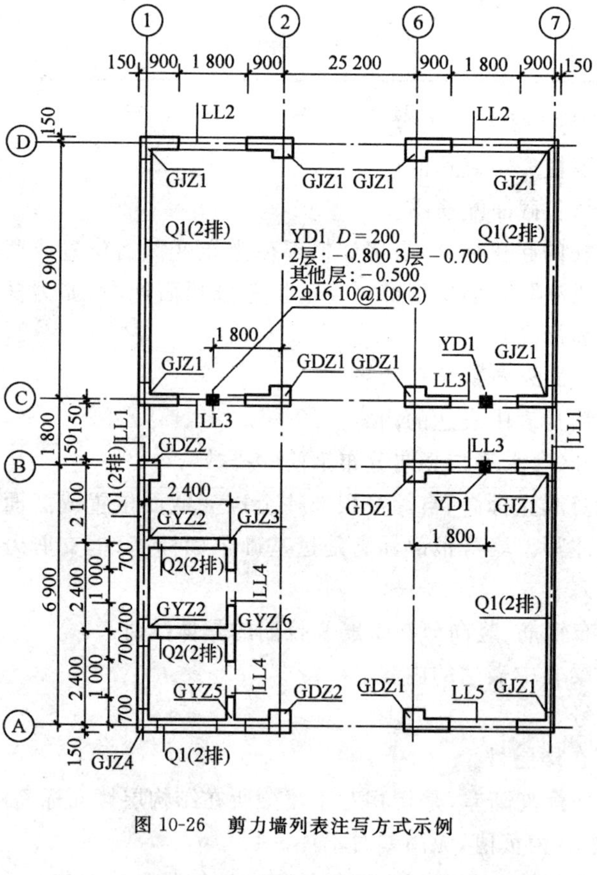

图 10-26　剪力墙列表注写方式示例

剪 力 墙 梁 表 表 10-12

编号	所在楼层号	梁顶相对标高高差	承截面 b×h	上部纵筋	下部纵筋	侧面纵筋	箍筋
LL1	2-9	0.800	300×2 000	4Φ22	4Φ22	同 Q1 水平分布筋	φ10@100(2)
	10-16	0.800	250×2 000	4Φ20	4Φ20		φ10@100(2)
	屋面		250×1 200	4Φ20	4Φ20		φ10@100(2)
LL2	3	−1.200	300×2 520	4Φ22	4Φ22	同 Q1 水平分布筋	φ10@150(2)
	4	−0.900	300×2 070	4Φ22	4Φ22		φ10@150(2)
	5-9	−0.900	300×1 770	4Φ22	4Φ22		φ10@150(2)
	10-屋面 1	−0.900	250×1 770	3Φ22	3Φ22		φ10@150(2)
LL3	2		300×2 070	4Φ22	4Φ22	同 Q1 水平分布筋	φ10@100(2)
	3		300×1 770	4Φ22	4Φ22		φ10@100(2)
	4-9		300×1 170	4Φ22	4Φ22		φ10@100(2)
	10-屋面 1		250×1 170	3Φ22	3Φ22		φ10@100(2)
LL4	2		250×2 070	3Φ20	3Φ20	同 Q2 水平分布筋	φ10@120(2)
	3		250×1 770	3Φ20	3Φ20		φ10@120(2)
	4 屋面 1		250×1 170	3Φ20	3Φ20		φ10@120(2)

剪 力 墙 身 表 表 10-13

编 号	标 高	墙厚	水平分布筋	垂直分布筋	拉筋
$Q1_{(1)}$2 排$_{(1)}$	−0.030—30.270	300	φ12@250	φ12@250	φ6@500
	30.270—59.070	250	φ12@250	φ10@250	φ6@500
$Q2_{(1)}$2 排$_{(2)}$	−0.030—30.270	250	φ10@250	φ10@250	φ6@500
	30.270—59.070	200	φ10@250	φ10@250	φ6@500

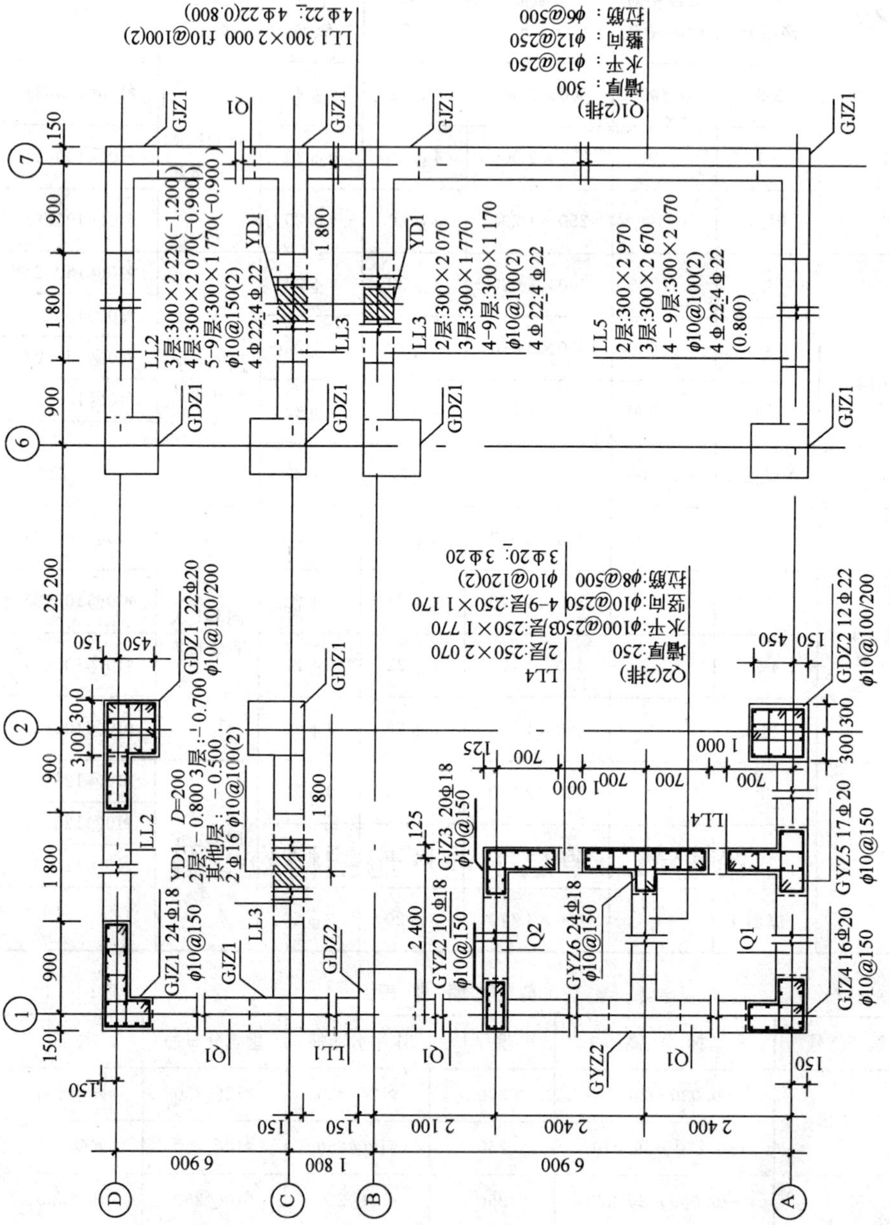

图10-27　剪力墙截面注写方式示例

剪力墙柱表　　　　表10-14

截面	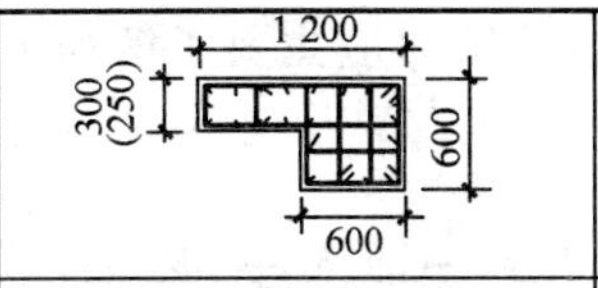	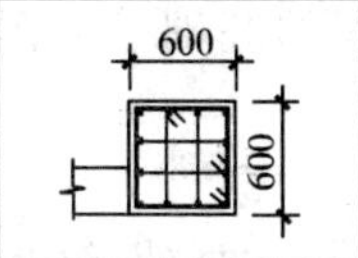	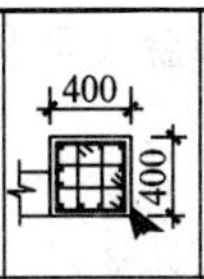	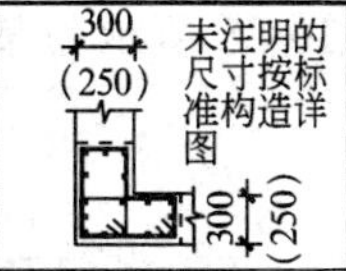	
编号	GDZ1	GDZ2		GJZ4	
标高	−0.030 −8.670 8.670 − 30.270 (30.270 − 59.070)	− 0.030 − 8.670 8.670 − 59.070	59.070 − 65.670	− 0.030 − 8.670 8.670 − 30.270 (30.270-59.070)	59.070 − 65.670
纵筋	22Φ22 22Φ20 (22Φ18)	12Φ25 12Φ22	12Φ20	16Φ22 16Φ20 (16Φ18)	12Φ18
箍筋	φ10@100 φ10@100/200 (φ10@100/200)	φ10@100 φ10@100/200	φ10@100/200	φ10@150 φ10@150 (φ10@200)	φ8@100

截面	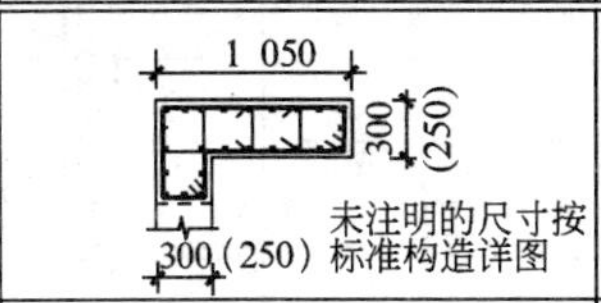	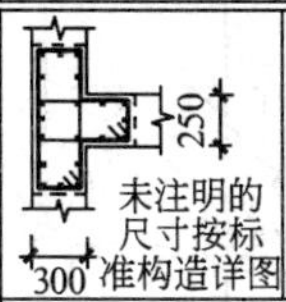	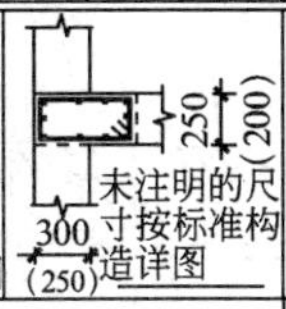	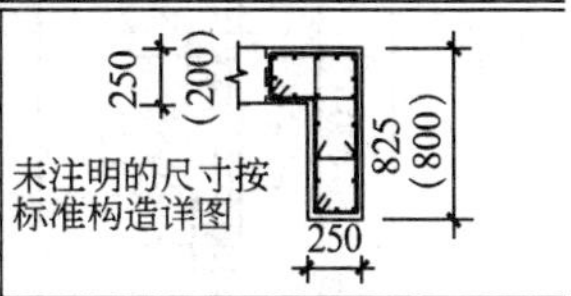
编号	GJZ1	GYZ2		GJZ3
标高	− 0.030 − 8.670 8.670 − 30.270 (30.270-59.070)	− 0.030 − 8.670	8.670 − 30.270 (30.270 − 59.070)	− 0.030 − 8.670 8.670 − 30.270 (30.270 − 59.070)
纵筋	24Φ20 24Φ18 (24Φ16)	20Φ20	10Φ18 (10Φ18)	20Φ20 20Φ18 (20Φ18)
箍筋	φ10@100 φ10@150 (φ10@150)	φ10@100	φ10@150 (φ10@150)	φ10@100 φ10@150 (φ10@150)

2. 截面注写方式

剪力墙截面注写方式是在分标准层绘制的剪力墙平面布置图上，以直接在墙柱、墙身、墙梁上注写截面尺寸和配筋具体数值，它采用的是原位注写方式，如图 10-27 所示。

第七节　单层工业厂房结构施工图

单层工业厂房结构施工图与民用建筑结构施工图的表示方法基本相同，但因工业厂房与民用建筑在构造上有很大区别，因此在读图时应注意。一般单层混合结构的工业厂房结构施工图也是由基础图、结构平面布置图、屋顶结构布置图和构件详图组成。

一 基础图

单层工业厂房基础图主要表明厂房室内地面以下的基础及基础梁等结构构件的位置、尺寸、编号和构造情况。也由基础平面图和基础详图组成，其表达方法与民用建筑的基础图表达方法一样。

1.基础平面图

如图 10-28 所示为某金工车间的基础平面图,读图时应主要了解如下几方面内容。

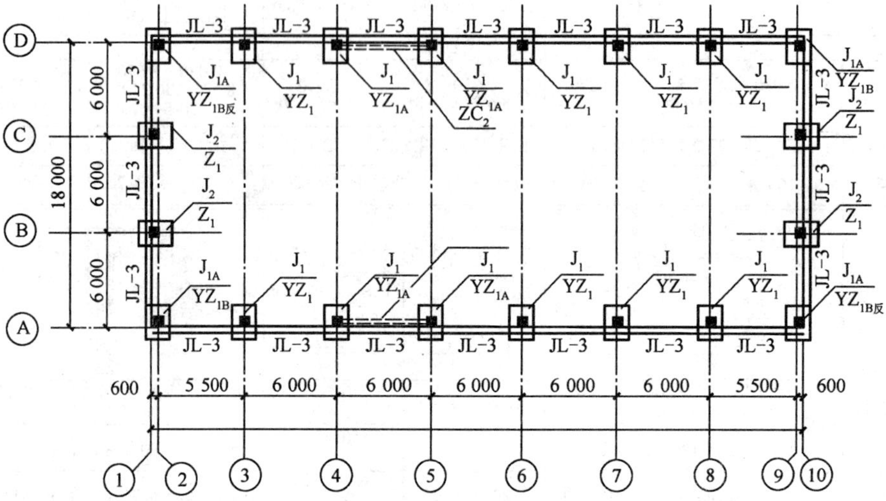

图 10-28 某厂房基础平面图

(1)了解基础及定位轴线的平面布置,相互关系。图中的黑色方框表示预制钢筋混凝土柱,代号为 YZ,代号右下角的序列号不同时,表示柱子的构造有差别。柱子外围的矩形表示柱子的基础,代号为 J。

(2)了解基础梁的位置及其与柱子的相互关系,图中的基础梁的代号为 JL,序列号为 3。

(3)了解厂房柱间支撑的位置和代号,图中柱间支撑的代号为 ZC_2,在④、⑤轴线之间。

2.基础详图

工业厂房基础详图与民用建筑的基础详图表达方式一样,都是用水平投影图和剖面图、断面图的形式反映基础的形状、大小、构造和配筋做法,如图 10-29 所示。

二 工业厂房屋面结构布置图

单层工业厂房结构平面图主要表示厂房中柱、吊车梁、屋架、柱间支撑、屋面板、天沟板等结构构件的平面位置和相互关系。

由于厂房的结构平面图比较简单,一般将结构平面图和屋顶结构平面图合

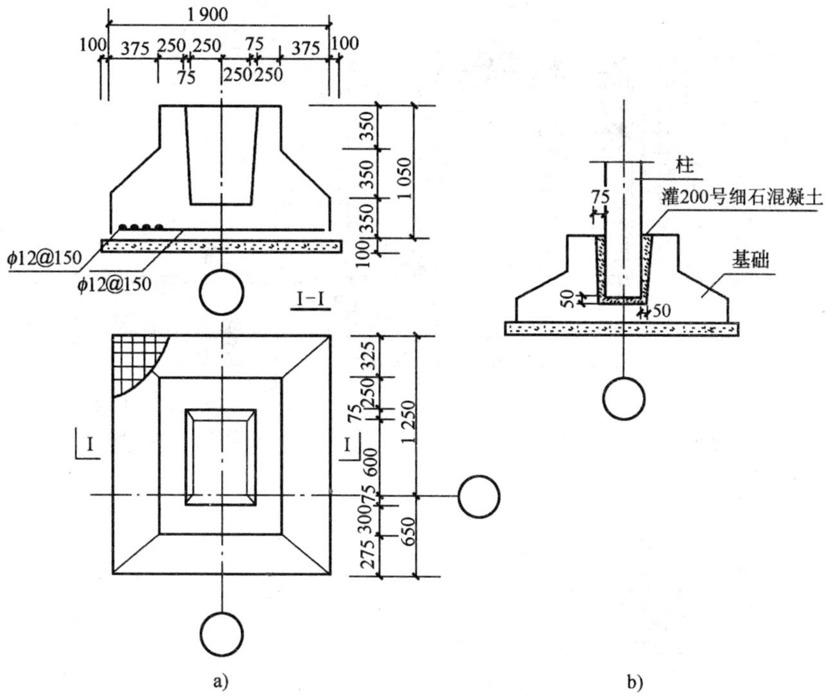

图 10-29　厂房基础详图

a)基础平、剖面图;b)基础和柱的连接

在一起表示,在图的左半部分表示结构平面布置图,在右半部分表示屋面结构平面布置图,如图 10-30 所示的金工车间结构平面布置图。

从上图中可以了解到:

(1)①～⑥轴线为结构平面布置图,吊车梁在柱子的内侧,代号为 DL2Z 和 DL2B,在纵向柱列上有屋面大梁,代号为 YWL18-2(预应力屋面大梁,跨度为 18M,荷载等级为 2)。

(2)柱间支撑分为上柱柱间支撑(ZC1)和下柱柱间支撑(ZC2)。

(3)在屋面大梁上放置有屋面板,代号为 12YWB2(12 块预应力屋面板,荷载等级为 2),在檐口部分放置天沟板(TGB1)。

三 结构构件详图

结构构件详图主要表示厂房中结构构件如:屋架、吊车梁、基础梁、柱子等结构构件的形状、大小和构造做法。

如图 10-31 为厂房的基础梁详图。

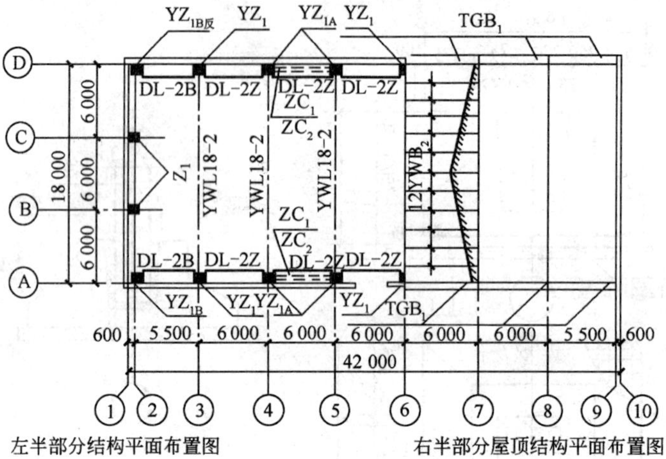

图 10-30　厂房结构平面布置图

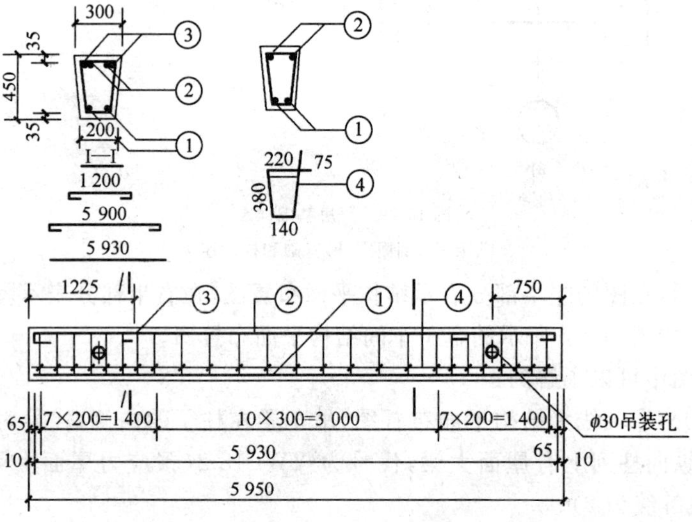

图 10-31　基础梁详图

第八节　钢结构图

钢结构是用各种型钢拼装而成的一种结构形式，由于钢材强度大，自重轻、耐高温、抗振动，因此在民用建筑的超高层和大空间结构的建筑中常采用。而在工业建筑中，当厂房跨度较大、或厂房内有较大的起重设备时，也常采用钢结构形式。

一 型钢及其连接

型钢主要有角钢、工字钢、槽钢、圆钢等，常用的型钢及其标注方法如表 10-15 所示。

常用型钢的标注方法 表10-15

序号	名 称	截 面	标 注	说 明
1	等边角钢		$b \times t$	b为肢宽；t为肢厚
2	不等边角钢	B	$B \times b \times t$	B为长肢宽；b为短肢宽；t为肢厚
3	工字钢		N　　Q N	轻型工字钢加注Q字；N工字钢的型号
4	槽钢		N　　Q N	轻型槽钢加注Q字；N槽钢的型号
5	方钢	b	b	
6	扁钢	b	— $b \times t$	
7	钢板		$\frac{-b \times t}{l}$	$\frac{宽 \times 厚}{板长}$
8	圆钢		ϕ d	
9	钢管		$DN \times \times$ $d \times t$	内径 外径×壁厚
10	薄壁方钢管		B $b \times t$	
11	薄壁等肢角钢		B $b \times t$	
12	薄壁等肢卷边角钢	a	B $b \times a \times t$	
13	薄壁槽钢	h	B $h \times b \times t$	薄壁型钢加注B字，t为壁厚
14	薄壁卷边槽钢	a	B $h \times b \times a \times t$	
15	薄壁卷边Z型钢	h a	B $h \times b \times a \times t$	

续上表

序号	名　称	截　面	标　注	说　明
16	T 型钢		TW×× TM×× TN××	TW 为宽翼缘 T 型钢 TM 为中翼缘 T 型钢 TN 为窄翼缘 T 型钢
17	H 型钢		HW×× HM×× HN××	HW为宽翼缘H型钢 HM为中翼缘H型钢 HN为窄翼缘 H型钢
18	起重机钢轨		QU××	详细说明产品规格型号
19	轻轨及钢轨		××kg/m钢轨	

型钢的连接方式有三种，焊接、螺栓连接和铆接。

1. 焊接连接

焊接是目前钢结构应用最广泛的连接方法，其优点是构造简单、节约钢材、操作方便、不削弱截面、易于采用自动化操作等。其缺点是焊缝附近热影响区的材质变脆，对裂纹敏感，在加热和冷却过程中产生的焊接残余应力和残余变形对结构有不利影响。

(1)焊缝代号

在钢结构施工图中，由于设计时对连接有不同的要求，产生不同的焊缝形式，在钢结构图上，必须把焊缝的位置、形式和尺寸标注清楚，施工图中一般用焊缝代号表示，焊缝代号由带箭头的引出线、图形符号、焊缝尺寸、和辅助符号组成，如图 10-32 所示。

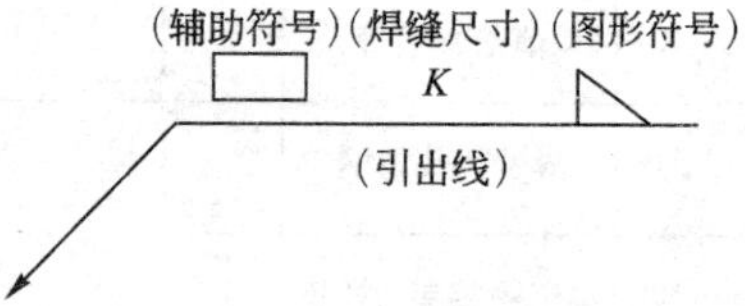

图 10-32　焊缝符号

(2)焊缝的标注

焊缝的标注方法见表 10-16，当焊缝不规则时，在标注焊缝代号的同时，宜在焊缝处加粗线(表示可见焊缝)或栅线(表示不看见焊缝)，如图 10-33 所示。

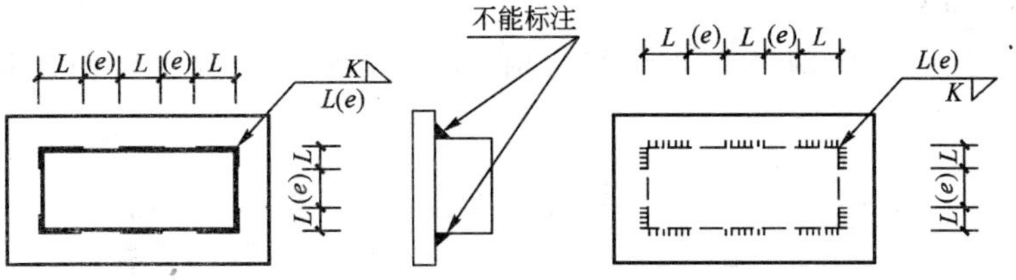

图 10-33　不规则焊缝的表示方法

焊缝的表示方法(部分)　　　　表10-16

	I 形 坡 口	单 面 焊 缝			
焊缝形式	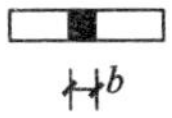	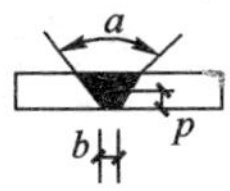	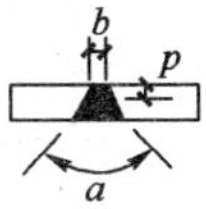	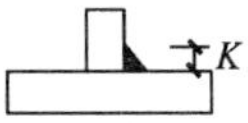	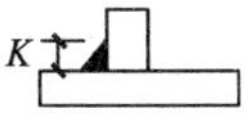
表示方法	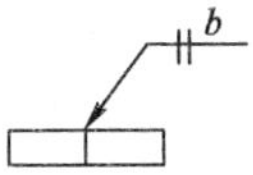	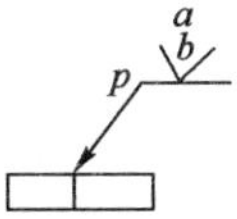	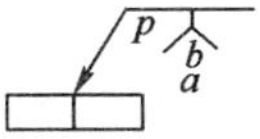	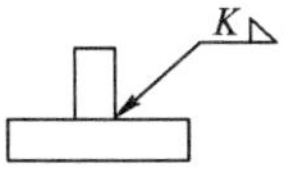	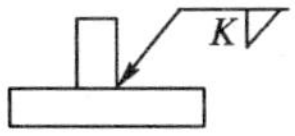

	双 面 焊 缝			三个和三个以上焊件
焊缝形式	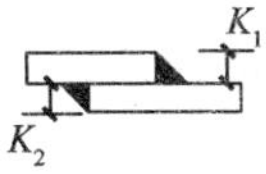		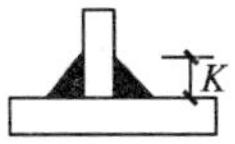	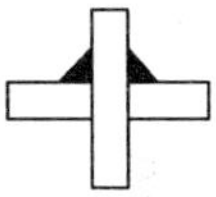
表示方法	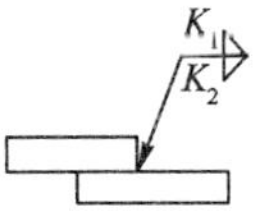	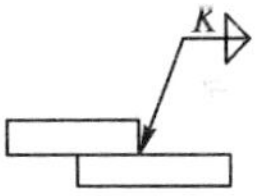	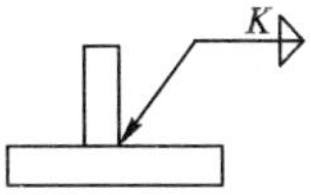	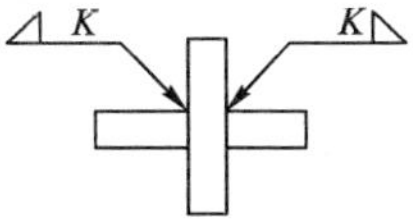

	三面围焊	周围焊缝	现场焊缝符号	相同焊缝符号
焊缝形式	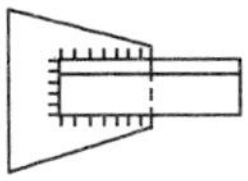	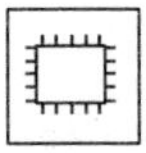		
表示方法	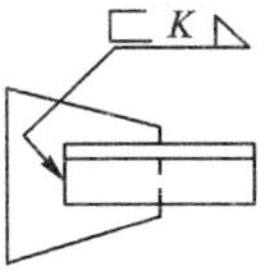	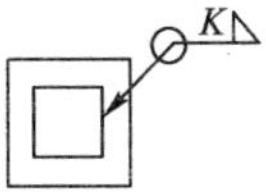	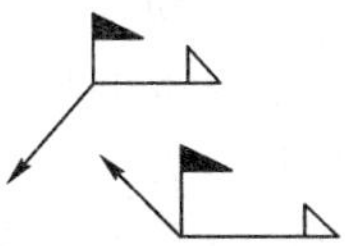	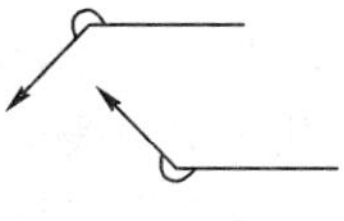

(3)尺寸标注

①当两构件的两条重心线很近时,应在交汇处将其各自向外错开,如图 10-34所示。

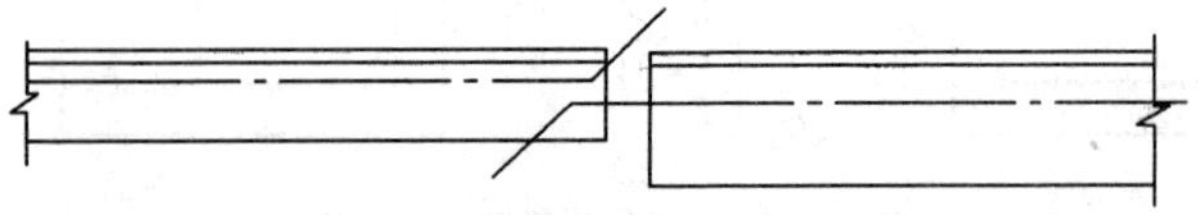

图 10-34 两构件重心线不重合的表示方法

②弯曲构件的尺寸应沿其弧度的曲线标注弧的轴线长度,如图 10-35 所示。

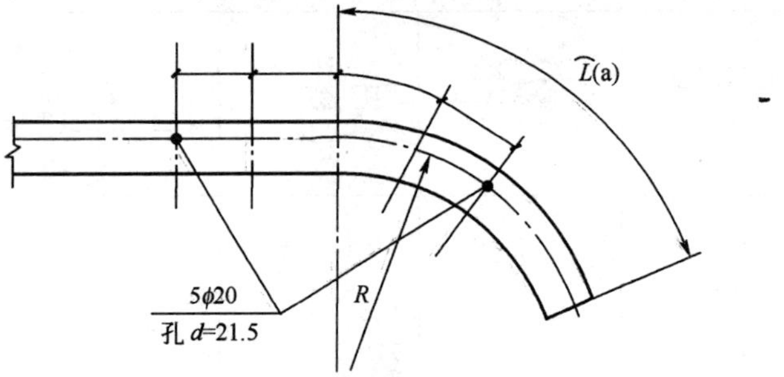

图 10-35 弯曲构件尺寸标注方法

③切割的板材,应标注各线段的长度及位置,如图 10-36 所示。

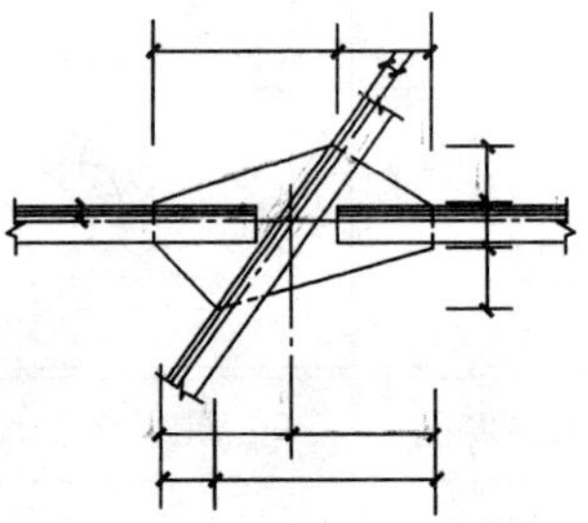

a) b)

图 10-36 切割板材的尺寸标注方法

④不等边角钢的构件,必须标注出角钢一肢的长度,如图 10-37 所示。

⑤节点尺寸,应注明节点板的尺寸和杆件螺栓孔中心或中心距,以及杆件端部至几何中心线交点的距离,如图 10-37 和图 10-38 所示。

⑥双型钢组合截面的构件,应注明缀板的数量及尺寸,如图 10-39 所示,引出横线上方标注缀板的数量、宽度、厚度,引出线下方标注缀板的长度尺寸。

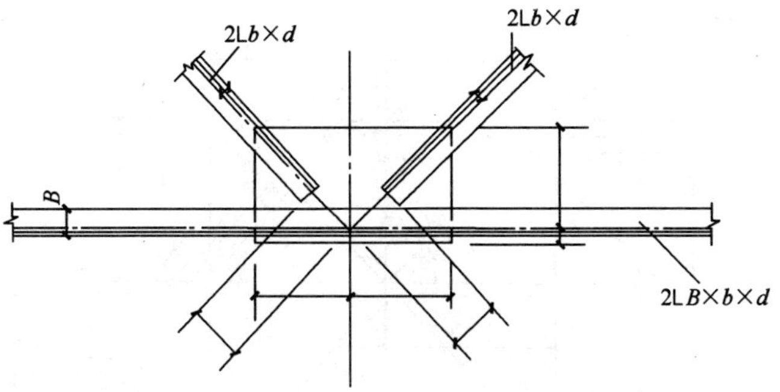

图 10-37 节点尺寸不等边角钢的标注方法

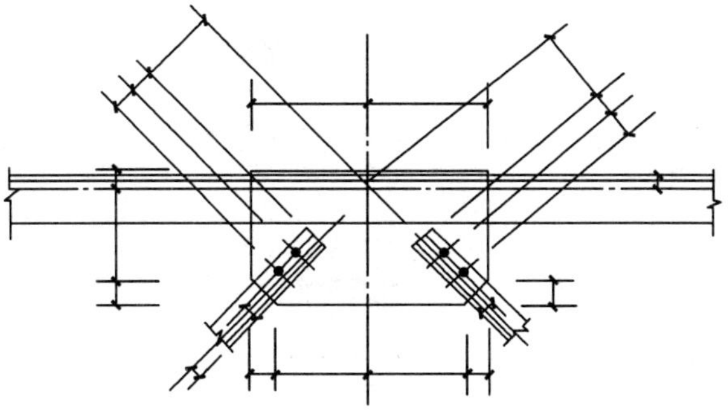

图 10-38 节点尺寸的标注方法

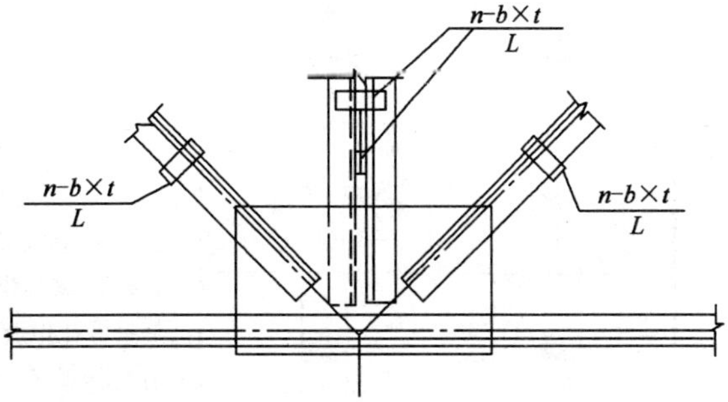

图 10-39 缀板的尺寸标注方法

⑦非焊接的节点板，应注明节点板的尺寸和螺栓孔中心与几何中心线交点的距离，如图 10-40 所示。

2. 螺栓、孔、电焊铆钉连接的表示方法

螺栓、孔、电焊铆钉连接的表示方法应符合表 10-17 中的规定。

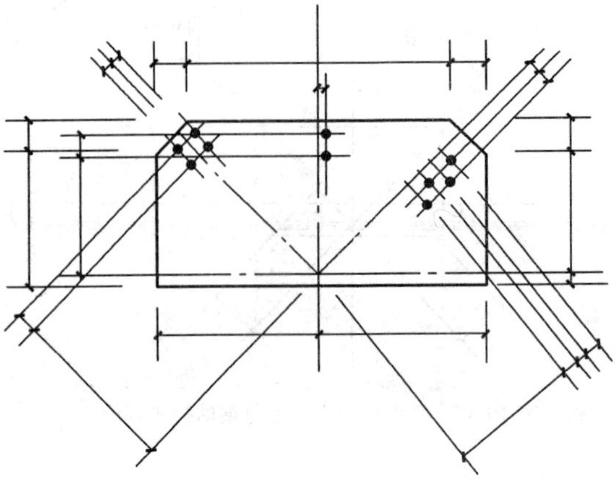

图 10-40　非焊接节点板尺寸的标注方法

螺栓、孔、电焊铆钉的表示方法　　表 10-17

序号	名　称	图　例	说　明
1	永久螺栓	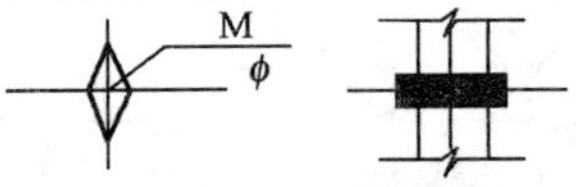	1. 细“+”线表示定位线。 2. M 表示螺栓型号。 3. φ 表示螺栓孔直径。 4. d 表示膨胀螺栓、电焊铆钉直径。 5. 采用引出线标注螺栓时，横线上标注螺栓规格，横线下标注螺栓孔直径
2	高强螺栓	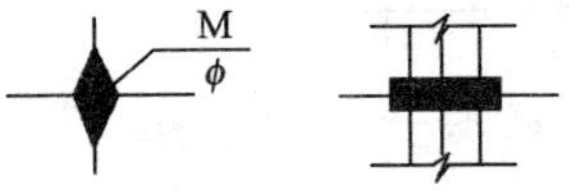	
3	安装螺栓	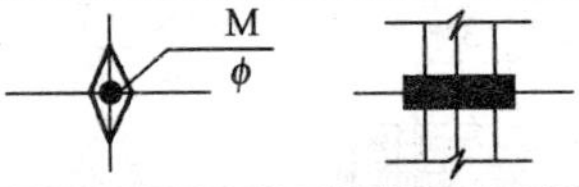	
4	胀锚螺栓	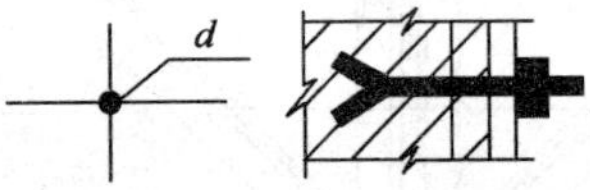	
5	圆形螺栓孔	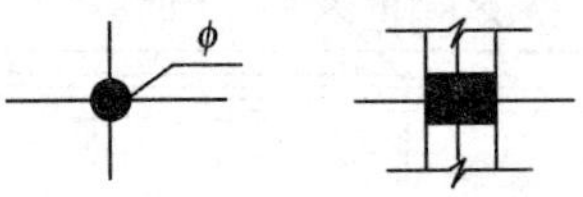	
6	长圆形螺栓孔	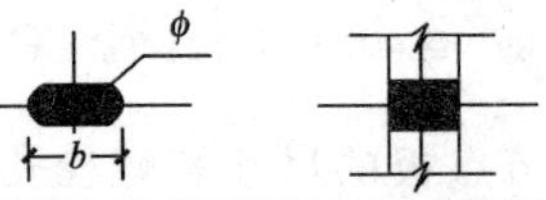	
7	电焊铆钉	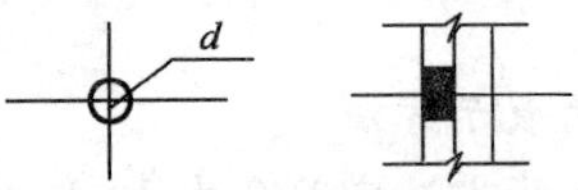	

二 钢屋架结构详图

钢屋架是用型钢通过节点板以焊接或铆接的方法将各个杆件汇集在一起而制成的，表示屋架的形式、大小、型钢的规格、杆件的组合和连接情况，主要有屋架简图、屋架详图、连接板详图、预埋件详图以及钢材用料表等。现以某厂房钢屋架详图为例说明钢屋架图的表示方法和阅读方法。

1. 屋架简图

屋架简图又称屋架示意图，用以表达屋架的结构形式、各杆件的计算长度，作为施工预算、备料和放样的依据。

2. 屋架立面图

用较大比例画出屋架的立面图，如图 10-41 所示的屋架详图，由于该屋架左右对称，所以只画半个屋架，在该图中，详细画出各杆件的组合、各节点的构造和连接情况，以及每个杆件的型号、长度和数量等，对构造复杂的上弦杆，还补充画出上弦杆斜面实形的辅助投影图。从图中可知檩条⑱和两安装屋架支撑所用的螺栓孔(ϕ13)的位置。对支座节点另做出 1-1 剖面图和 2-2 剖面图。这个屋架支撑在钢筋混凝土柱上，屋架与柱子之间用锚固螺栓㉓连接，为了安装方便，在支座垫板 20 处开两个长圆孔(在图的右下角处)。

在屋架详图中，屋架轴线长度等内容采用较小的比例；而节点、杆件和剖面图采用较大的比例。

3. 屋架节点图

如图 10-42 所示，是上图的节点 2 详图，该节点是下弦杆和三根腹杆的连接点。整个下弦共分三段，这个节点在左段的中间连接处，下弦杆左段②和中段③都有两个不等边角钢∟75×50×6 组成，接口相隔 10mm 以便焊接. 竖杆⑤由两个等边角钢∟50×6 组成；斜杆⑥是两根等边角钢∟50×6；斜杆④是两根等边角钢∟56×6；这些杆件的组合形式都是背向背，并且同时夹在一块节点板⑨上，焊接起来。节点板有矩形的，如⑨号，也有多边形的，如上弦节点⑩号，它的形状和大小是根据每个节点杆件的放置以及焊缝的长度而定的，无论矩形或多边形的节点板都按板厚，宽，长的顺序标注尺寸，其注法如图中⑨号节点板所示。由于下弦杆是拼装的，除焊接在连接板外，下弦杆两侧面还要分别加上一块拼接角钢⑰，把下弦杆左段和中段夹紧，并且焊接。

由两角钢组成的杆件，每隔一定距离还要夹上一块填板如⑬，以保证两角钢连成整体，增加刚度。

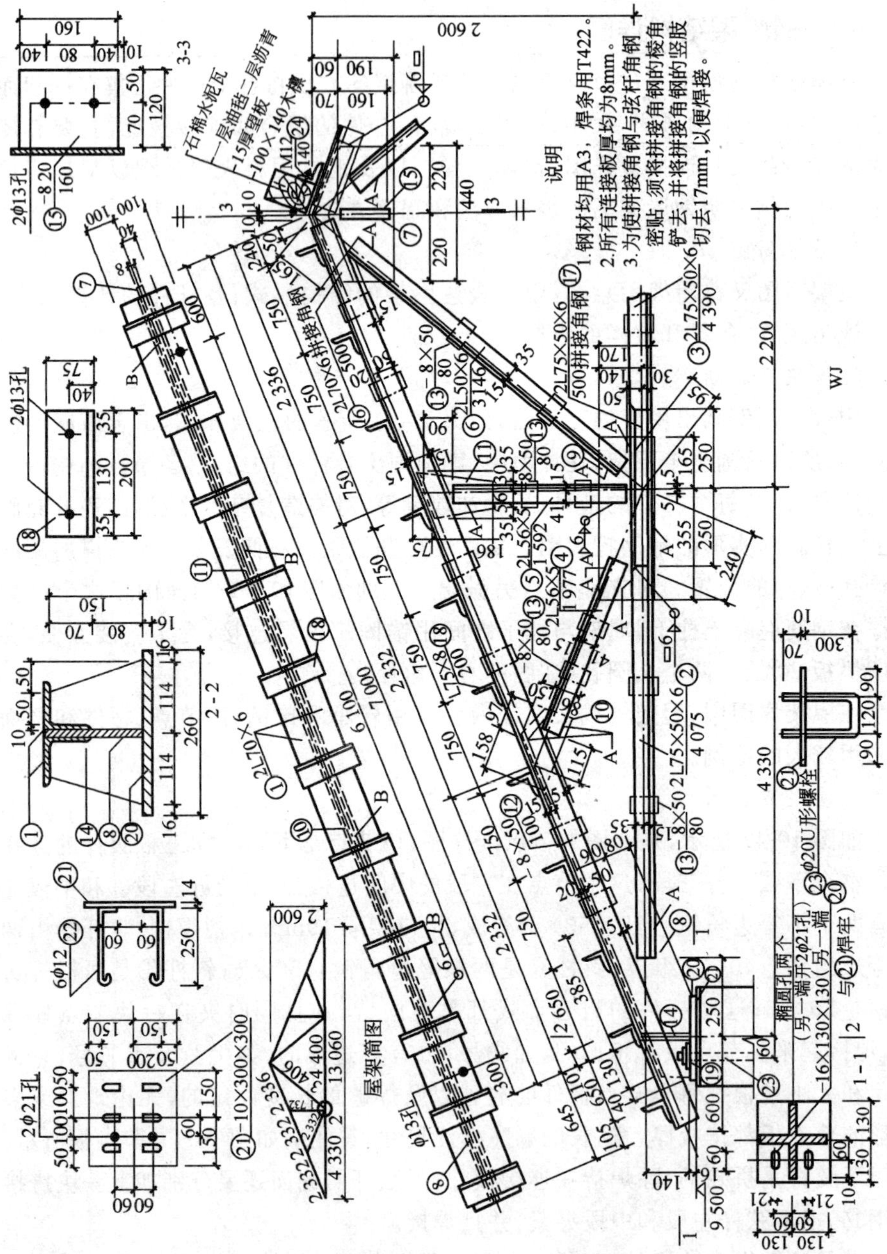
说明
1.钢材均用A3，焊条用T422。
2.所有连接板厚均为8mm。
3.为使拼接角钢与弦杆角钢密贴，须将拼接角钢的棱角铲去，并将拼接角钢的竖肢切去17mm，以便焊接。
屋架简图
WJ
石棉水泥瓦
一层油毡二层沥青
15厚望板
100×140木檩
500拼接角钢
2L70×6拼接角钢
φ20U形螺栓
椭圆孔两个
(另一端开2φ21孔)
与21焊牢
1-1
2-2
3-3

图10-41 钢屋架详图

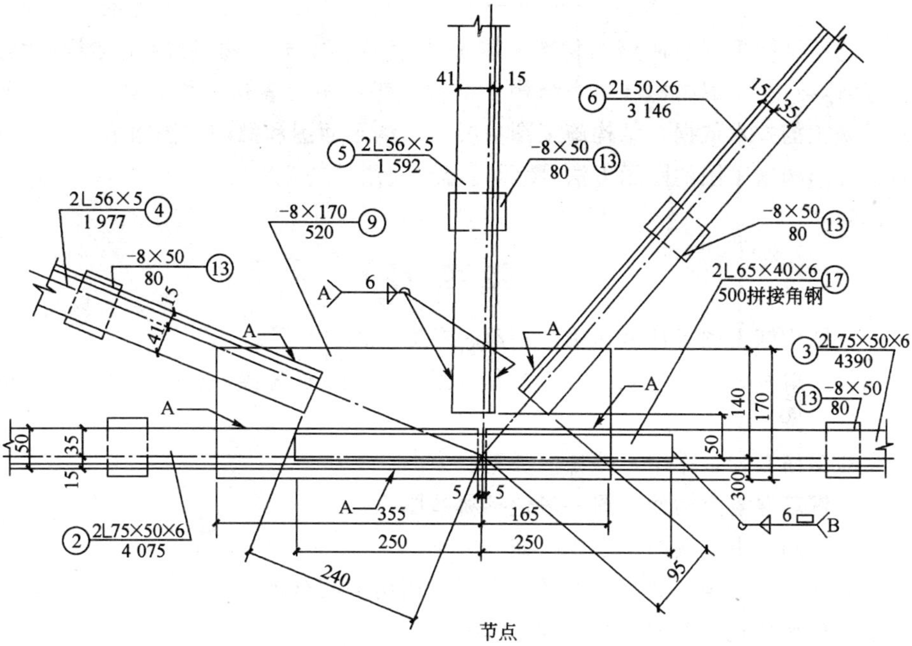

图 10-42　节点详图

图中详细地标注了焊缝代号，连接板②竖杆⑤中画出如图 10-43 所示的符号，表示指引线所指的地方，即竖杆和连接板相连的地方，焊双面贴角焊缝，焊缝高度为 6mm，焊缝代号尾部的字母 A 是焊缝分类编号，在同一张图样上，可将其中有共同焊缝形式、剖面尺寸和辅助要求的焊缝分别归类，编号 A、B、C。每类只标注一个焊缝代号，其他与图 10-43 所示的符号相同的焊缝，则只需画出指引线，并注写 A 字，如图 10-44 中所示。

此外，还要详细标注杆件的编号、规格和大小，如图 10-44 所示，以及节点中心至杆件端面的距离，如图 10-42 所示中的 240、95 和 50 等。

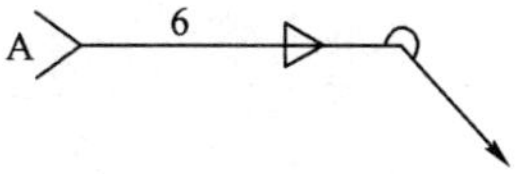

图 10-43 焊缝标注

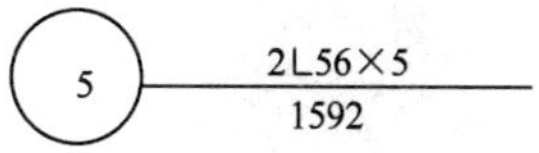

图 10-44　杆件标注

本章小结

建筑结构根据所使用的材料不同分为钢筋混凝土结构、混凝土结构、木结构、砌体结构、金属结构和组合结构。结构施工图主要表达结构设计的内容，是房屋施工的技术依据。结构施工图主要由结构平面图和结构详图组成。本章着重介绍结构施工图的图示方法、图示内容和读图技巧。

思考题

1.结构施工图有什么作用？一般包括哪些图样？

2.写出板、构造柱、圈梁、过梁、基础梁、楼梯梁、框架梁、雨篷、阳台等构件的代号。

3.钢筋有什么作用？分哪些类型？

4.钢筋混凝土构件详图一般包括哪些图样？

5.基础图由哪些图样组成？如何阅读？

6.什么是结构平面图？怎样识读楼层结构平面布置图？

7.柱平法施工图的图示规则有哪些？

8.梁平法施工图的图示规则有哪些？

9.剪力墙平法施工图的图示规则有哪些？

第十一章 给水排水工程图

【本章能力目标、知识目标与学习要求】

本章主要介绍建筑给水施工图和建筑排水施工图的绘制和识图等内容。通过本章的学习，要求学生了解建筑给水排水工程的主要组成部分和给水排水主要方式，认识给排水平面图和系统图的绘制要求。重点要学会识读常见的建筑给水施工图和排水施工图，应使学生具备识读建筑给排水施工图和根据图纸内容和要求指导施工的能力。

房屋建筑为了满足生产、生活的需求，提供卫生舒适的生活和工作环境，要求在建筑物内设置给水、排水、供暖、通风、空调、电气照明、消防报警、电话通信、有线电视等设备系统，设备施工图就是表达这些设备系统的组成、安装等内容的图纸。本章重点介绍建筑给水排水、供暖和通风以及建筑电气施工图的内容和特点，并分别讲述给排水、暖通、电气、综合布线等设备施工图的识读和绘制。

第一节 概 述

一 建筑给水排水工程简介

建筑给排水是建筑物的有机组成部分，它的完善程度是建筑标准等级的重要标志。按目前的情况看，建筑给排水工程包括建筑内部给水排水、建筑消防给水、建筑室外给水排水、建筑水处理、特殊建筑给水排水等五个部分。建筑室内给水排水分为室内给水工程和室内排水工程两部分，它是建筑给水排水的主体与基础。给水一般是以建筑物的给水引入管的阀门为界，排水则是以排出建筑物的第一个排水检查井为界。对于有一定防火要求的建筑物，可能还要设置室内消防给水系统。比较简单的消防给水系统一般与室内给水系统连接在一起，复杂的消防给水系统要单独设置。建筑室外给排水系统用来连接室内给排水系统和城市给排水管网，也是建筑给排水工程的一部分。

二 给水排水施工图的组成

给水排水施工图按内容大致可分为：室内给水排水施工图；室外给水排水施工图；水处理设备构筑物工艺图。下面将分别阐述。

1. 室内给水、排水施工图的组成

(1)室内给排水平面图。在建筑平面图的基础上，进一步表明给水、排水管道和给水、排水设备平面布置情况的图纸。为了清楚表明室内给水、排水系统的情况，给排水平面图应分层绘制，如果几个楼层的布置情况相同，则可用一张标准平面图来代替。

(2)室内给排水系统图(轴测图)。表明室内给水、排水管道和设备的空间联系以及管道、设备与房屋建筑的相对位置、尺寸等情况的图纸。

(3)节点详图。给排水施工详图是详细表明给排水工程中，某部分的管道节点或设备、器材施工安装用的大样图。常用的卫生设备安装详图，是套用《给水排水标准图集》中的图样，不必另行绘制，只要在施工说明中写明所套用的图集名称及其中的详图图号即可。对不能套用的，则需另行绘制。

2. 室外给水排水施工图

表示建筑物以外的给、排水管道的平面布置和相互连接的工程图样。由室外给水排水平面图、管道纵断面图及附属设备(如泵站、检察井、闸门)等施工图组成。

3. 水处理设备构筑物工艺图

主要表示水厂、污水处理厂等各种水处理设备构筑物(如澄清池、过滤池、蓄水池等)的全套施工图。其是由平面布置图、流程图、工艺设计图和详图等组成。

三 给水排水施工图的特点

给排水系统是通过一系列管道和设备对水进行输送和处理的过程。因此，其施工图就是表示这些管道、设备的相互联系、位置和规格的工程图样。给排水施工图除了按正投影的原理绘出外，由于自身的特殊性，又存在以下几个特点：

1. 图形的网络性

给水与排水工程均是通过管道连接，这些管道相互重叠、交错，形成了一系列的管道网络。

2. 图形的直观性

给水、排水管道在平面图上很难表明它们的空间走向，故在给排水施工图中，用轴测图画出管道系统，直观地表明管道走向，称为系统图。阅读图纸时，应将系统图和平面图对照识读。

3. 不同系统的独立性

给水、排水的各种管道、配件虽然交织在一起，但它们相互独立，自成系统。为了使图面清晰，应把生活给水系统、消防系统、污水系统等单独画出。

四 给水排水施工图中的常用图例

由于给水排水中所使用的管道、附件、管道连接、阀门、卫生器具及水池、设备和仪表等大多是市场现购的定型产品，所以在施工图中采用图例表示。给水排水专业制图应遵守《房屋建筑制图统一标准》(GB/T 50001—2010)、《建筑给水排水制图标准》(GB/T 50106—2010)以及国家现行的有关标准、规范的规定。

表 11-1～表 11-4 中摘录了《建筑给水排水制图标准》(GB/T 50106—2010)中规定的一部分图例，应用时可查阅该标准。在该标准中未列入的，可自设图例，且应在图纸上画出自设的图例，并加以说明。

给排水管道及其连接配件图例 表 11-1

名称	图例	备注	名称	图例	备注
管道			法兰连接	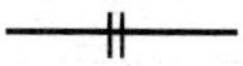	
流向			承插连接	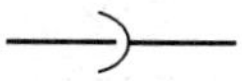	
坡向			螺纹连接	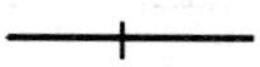	
软管	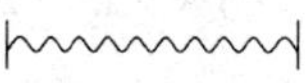		活接头	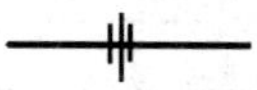	

续上表

名 称	图 例	备 注	名 称	图 例	备 注
保温管			管堵		
多孔管			法兰堵盖		
检查口			弯折管		
清扫口			三通连接		
通气帽			四通连接		
圆形地漏		左图用于平面图，右图用于系统图	盲板		
雨水斗			管道交叉		
防护套管			存水弯		
套管伸缩器			乙字弯		
方形伸缩器	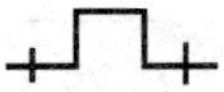		弯管		
波形套管	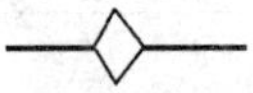		正三通	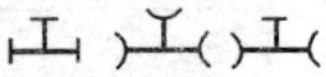	
排水明沟			斜三通	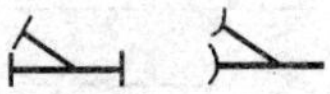	
排水暗沟	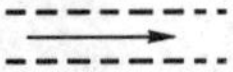		正四通	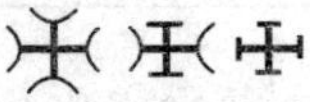	

阀门及水龙头图例 表 11-2

名 称	图 例	备 注	名 称	图 例	备 注
阀门		用于一张图纸仅一种阀门	三通阀		
闸阀			压力调节阀		
截止阀	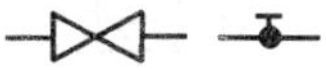		浮球阀	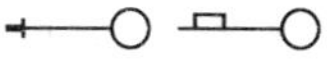	左图用于平面图，右图用于系统图
球阀			延时自闭冲洗阀		
蝶阀			放水龙头	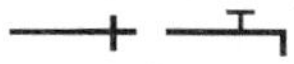	
旋塞阀			肘式开关		
减压阀	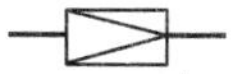		脚踏龙头	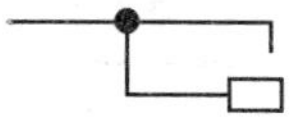	
止回阀			混合水龙头	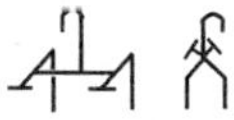	
角阀			旋转水龙头		

常用水泵和计量仪器图例 表 11-3

名 称	图 例	备 注	名 称	图 例	备 注
泵		用于一张图纸仅一种泵	流量计	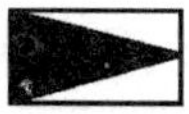	
离心水泵			减压孔板		

续上表

名　称	图　　例	备　注	名　称	图　　例	备　注
真空泵	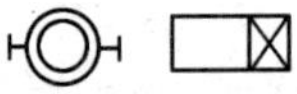		浮球液位器	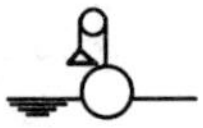	
管道泵			压力表		
开水器			过滤器		

常用卫生器具图例　　表 11-4

名　称	图　　例	备　注	名　称	图　　例	备　注
水盆或水池		用于一张图仅有一种水盆或水池	立式小便器	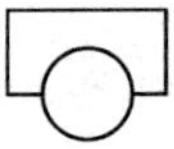	
洗脸盆			挂式小便器		
浴盆	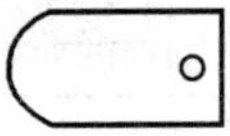		小便槽	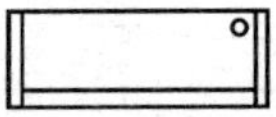	
化验盆、洗涤盆	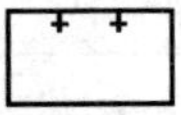		蹲式大便器	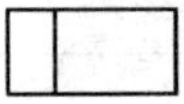	
淋浴喷头		左图用于平面图，右图用于系统图	坐式大便器	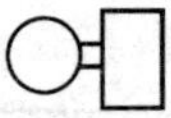	
盥洗槽	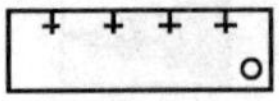		矩形化粪池	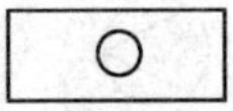 HC	HC 为化粪池代号
污水盆			阀门井、检查井	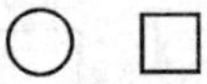	

第二节　室内给水排水施工图

室内给水排水施工图包括给水或排水平面布置图、给水或排水系统轴测图、设备及构件详图、施工图说明等。

一 室内给水施工图

1. 室内给水系统概述

室内给排水系统实际上由室内给水系统和室内排水系统两部分组成。自建筑物的给水引入管至室内各配水点段，称为室内给水系统，见图11-1。其任务是将水自室外给水管引入室内，并在满足用户对水质、水量、水压要求的前提下将水送至各个配水点（如配水龙头、消防用水设备等）。

(1)室内给水系统的基本组成

一般情况下，室内给水系统由以下几个基本部分组成：

①引入管：穿越建筑物承重墙和基础，自室外给水管将水引入室内给水管网的水平管段。引入管一般采用埋地暗敷方式引入。

②水表节点：在引入管上安装的水表、阀门、放水口等计量及控制附件，构成水表节点，其作用是对整支管道的用水进行总计量或总控制。水表节点一般设置在易于观察的室内或室外水表井内。

③给水管网：由水平干管、立管和支管等组成的管道系统。

④用水和配水设备：建筑物中的供水终点。水通过给水系统送到用水和配水设备后，供人使用或提供给用水设备，完成供水过程。

⑤给水附件：给水管路上的各种闸门、止回阀和水龙头等。

⑥其他设备：其他设备包括用于增加管网水压的增压设备（例如泵站）、用于储存水或增加水压的贮水设备（例如水池、水塔）等。

(2)室内给水系统的给水方式

综合考虑室外给水系统的供应情况以及室内给水系统对水压和水量的要求。常用的给水方式有：

①直接给水方式：室内给水系统与外部给水管网直接连接，利用外部管网水压供水。

②设有水箱的给水方式：室内给水系统与外部给水管网直接连接或通过屋

顶水箱连接。通常利用外部管网水压供水，当外部管网不能满足供水要求时，利用屋顶水箱间接供水。

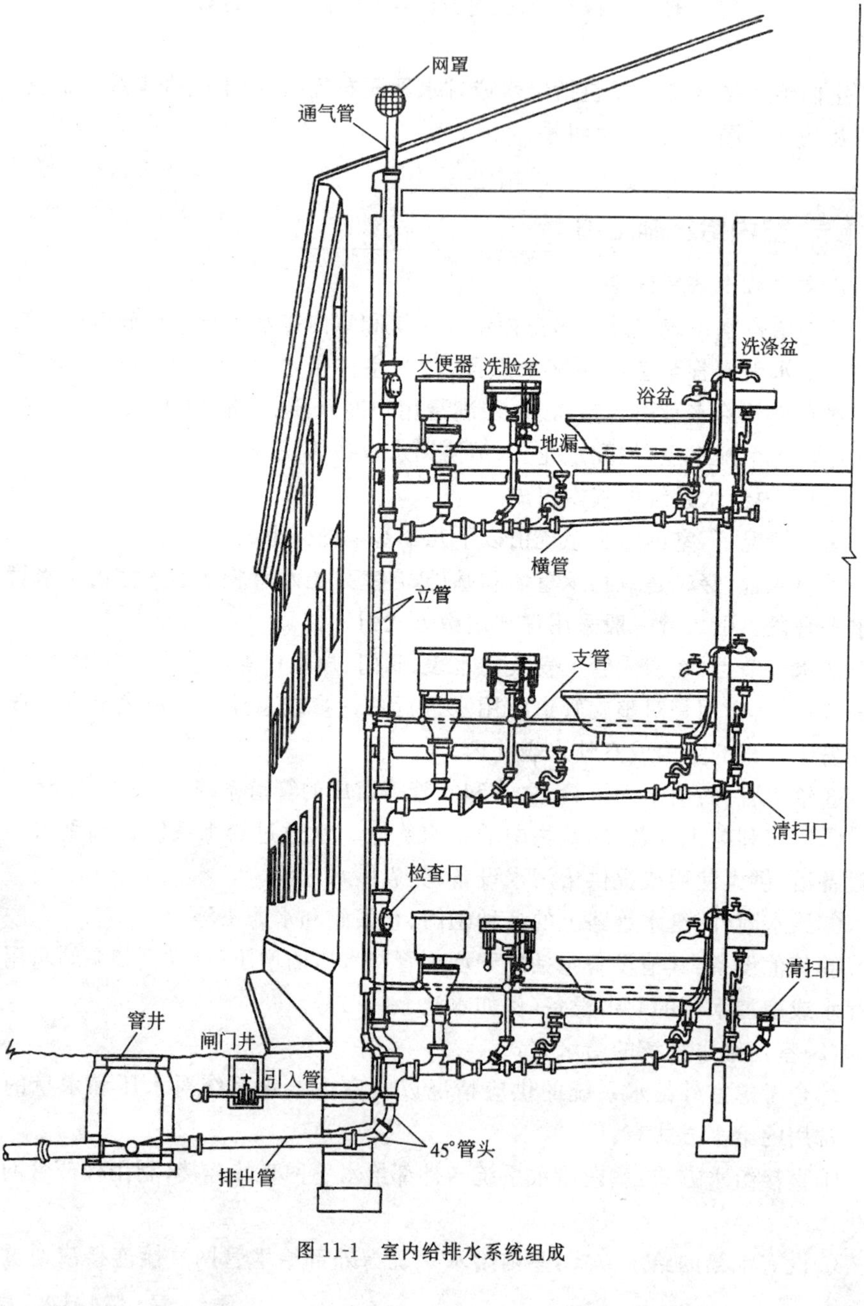

图 11-1　室内给排水系统组成

③设有水泵的给水方式：当室外管网压力经常低于室内给水所需压力，且室内用水量大并且均匀时，在外部管网和室内给水系统之间接入水泵进行供水。

④设有水箱、水泵的给水方式：当室外管网水压经常或间断不足时，在室外管网和室内给水系统之间连接水泵和水箱供水。

⑤高层建筑的分区给水方式：在高层建筑中，将室内给水系统分为上下两个独立的给水系统，下部由室外管网直接供水，上部由高位水箱供水。

⑥设有水池、水泵和水箱的给水方式：在室外管网和室内给水系统之间既有水池又有水泵和水箱的一种给水方式。

⑦气压给水方式：在室外管网和室内给水系统之间，接入气压水罐进行供水的一种给水方式。

当室外给水系统的水压和水量在任何时候都能满足室内的用水要求时采用直接给水方式。只有当室外给水系统的水压和水量不能满足室内的用水要求时采用具有增压和调节流量装置的后几种给水方式。

(3)室内给水系统的布置方式

按照水平干管在室内给水系统中敷设的位置分为：

①下行上给式：干管铺设在地下室或底层地面下，通过水压直接向立管供水的一种方式，适用于管网水压能满足使用要求的建筑，如住宅、公共建筑等。

②上行下给式：将水通过引水管先引入顶层蓄水箱，然后再由水箱向各立管分流供水的一种布置形式，适用于多层民用建筑、公共建筑（澡堂、洗衣房）或生产流程不允许在底层以下敷设管道以及地下水位高，敷设管道有困难的地方。在水压不稳定、有短时停水时，也可采用这种方式。

此外，还有环状给水布置方式和枝状给水布置方式。

图 11-2 和图 11-3 为常见的两种典型的给水方式。

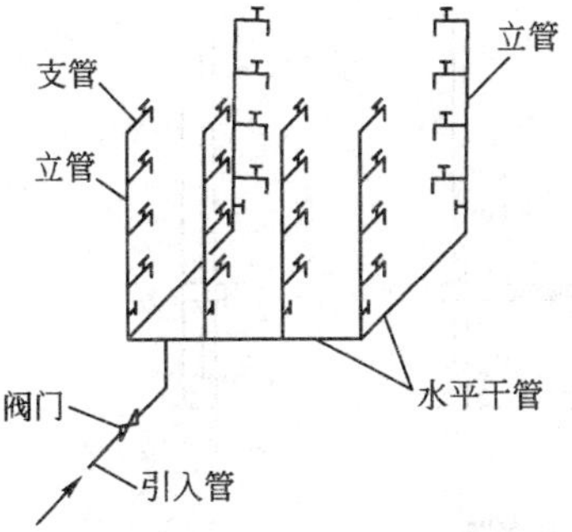

图 11-2　下行上给式给水方式

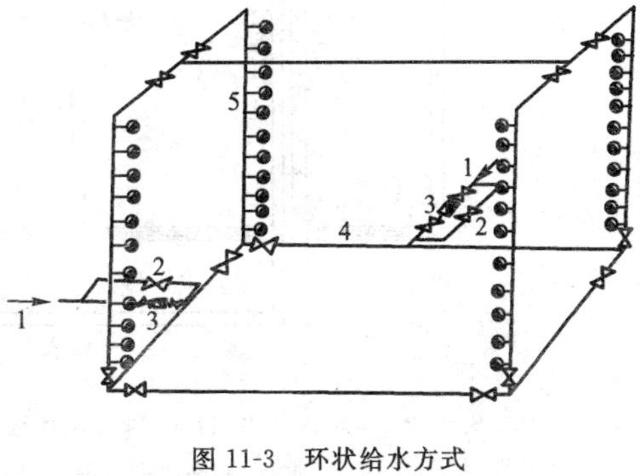

图 11-3　环状给水方式

1-引入管；2-阀；3-水表节点；4-水平干管；5-消防立管

2. 室内给水平面图

(1)室内给水管网平面布置图画法

①比例:采用 1∶50 或 1∶25 的比例将用水房间局部放大表达。对于用水房间分散且需要全面表达时,可采用与建筑平面图相同的比例表达。

②线型:用中实线或细实线绘制局部或全部建筑平面图。

③画出卫生设备或用水设备的平面位置:卫生设备或用水设备是配合管网表达的内容,并且常配有详图或标准详图,在管网平面布置图中,用中实线或细实线按照图例绘制其轮廓。如图 11-4 中的大便器、小便器、盥洗池等,只按比例画出卫生设备的主要轮廓以表达其位置。

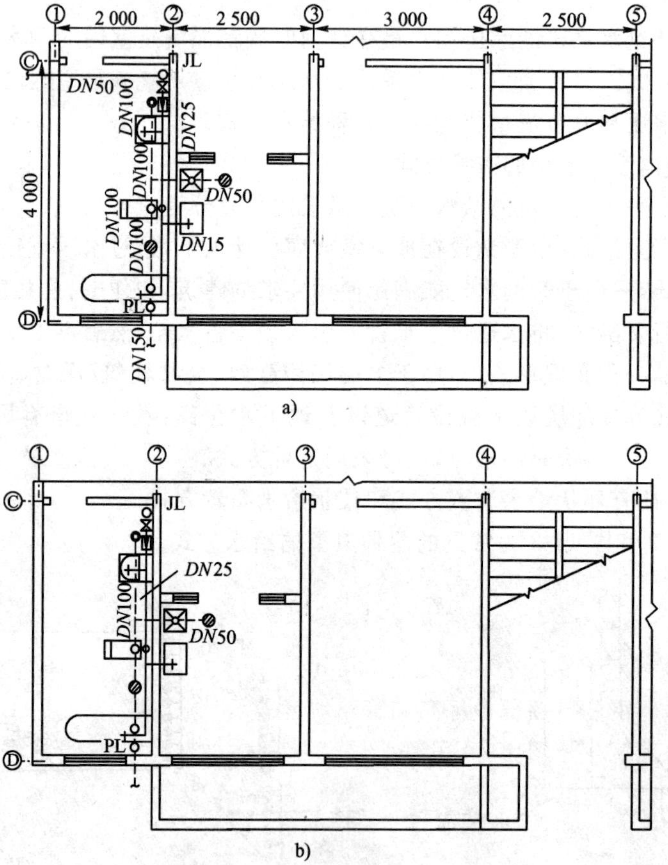

图 11-4　某住宅楼给水排水平面图

a)底层平面图;b)2～6 层平面图

④画管道：在给水管道的平面布置图中，管道是室内管网平面布置的主要内容，采用单条中粗实线（0.75b）中间加管道类别符号（用汉语拼音字母）表示水平管，并且按其中心位置绘制。垂直管用中粗线圆圈表示；水龙头、球阀等按标准图例符号表示，参见图11-4。底层平面布置图应画出引入管。

⑤标注管网的编号：管道编号包括立管编号、进水管编号、立管和水平管的管径，水平管的标高等。

立管的编号：由立管的轮廓引出指引线（0.25b的细实线），在水平线上面标注立管编号，例如JL-3。在水平线下面标注管径，如图11-7所示。

进水管编号：如果给水系统的进水管多于1个，应对进水管进行编号。标注方法是由进水管端引出指引线，在另一端绘制直径12mm的细实线圆，在圆内绘制水平线。水平线上面标注管道类型，给水管J表示（净水）。在水平线下面标注进水管编号，如图11-7所示。水平管的管径：直接标注在表示该水平管的轮廓线上，例如在图11-7中的水平干管旁标注DN32。

当管道为暗装时，采用中粗虚线（0.75b）表示，若安装在墙内，则应画在墙体截面内。无论是明装还是暗装，管道线仅表示其安装位置，并不表示其与墙面的具体平面位置尺寸。其与墙面的距离尺寸一般按施工规范做。

（2）室内给水管网系统轴测图

为了清楚地表示给水管网的空间布置情况，室内给水管网需要配以立体图，通常画成正面斜轴测图（正面斜等测），称为给水系统轴测图。如图11-8，室内给水管网系统轴测图的表示内容：

①给水管网与附件的表示方法

室内给水系统图中干管、立管和支管等管路采用中粗线表示，管网中的阀门、水箱、水龙头等给水设备和附件采用表中的图例来表示。

②给水管网管道的管径表示

对于给水管网系统图中的干管、立管和支管的管径，标注在各管路的一侧。例如DN20表示管路的公称直径为20mm。

③给水管网的有关部位标高和管路坡度表示

在给水管网系统图中，一般需标注建筑物各层的地面或楼面标高，给水干管、给水横支管和立管与横支管连接部位等的标高。有特殊要求时，管路的坡度可在给水管网系统图中标注出来，一般可不标注。

④给水管网系统图中交叉管路的表示

在给水系统轴测图中交叉重叠的管线应区分可见性，不可见的管线被遮挡的部分应断开，以强调其不相交。

二 室内排水施工图

1. 室内排水系统的组成与分类

一般情况下，室内排水系统由以下几个基本部分组成：

(1)卫生器具与生产设备受水器

室内排水系统的起点，接纳各种污水后排入管网系统，一般都带有器具排水管并且大部分设有水封(如P式或S式存水弯)。

(2)横支管

连接器具排水管和排水立管之间的水平管段，将由各卫生器具等流来的污水排至排水立管，起承上启下的作用。横支管应有一定的坡度，坡向排水立管。

(3)排水立管

主要排水管道，接受各横支管流来的污水，再排至建筑物底层的排出管。

(4)排水干管

连接两根或两根以上的排水立管的总横支管。一般埋地敷设。

(5)排出管

将立管或干管流来的污水排至室外的检查井、化粪池的水平管段。通常为埋地敷设并有一定坡度，坡向室外。

(6)通气管

与排水立管相连，上口一般伸出屋面或室外并开敞，作用是排放排水管网中的有害气体和平衡管道内气压。

(7)清通设备

用于排水管道的清理疏通，如检查口、清扫口、检查井等。

(8)特殊设备

如气水混合器、气水分离器、旋流连接配件、旋流排水弯头等。

(9)其他设备

包括污水抽升设备、局部污水处理设备等。

室内排水系统根据所排出的污水性质可以分为生产污水管道、生活污水管道和雨水管道三类。根据排水制度可以分为分流制和合流制两类。所谓分流制是指生产污水、生活污水和雨水分别通过不同的管道排放，合流制就是指以上三种污水全部或者部分合流从同一管道排出。

2. 室内排水管网平面图

室内排水管网平面图与室内给水管网平面图的表示方法基本相同。往往将两种平面图画在一张图纸上，但图中的给水管网和排水管网要采用不同的线型来表示。如给水管网管路用中粗实线表示，排水管路用中粗虚线表示。当给排水系统比较复杂时，也可分开绘制。

3. 室内排水管网系统图

室内排水管网系统轴测图绘图参数及表达方法同给水管网，常采用正面斜等轴测图。图中的管网采用粗实线表示，其他构配件采用图例符号表示，图中应注明立管和排出管的编号。

三 室内给排水施工图识图

1. 室内给水排水平面图的识读

某住宅楼给水排水平面图，如图 11-4a)、b)所示。从图上可以看出，该住宅楼共有 6 层，各层卫生器具的布置均相同；各层管道的布置，除底层设有一条引入管和一条排出管外，其余各层的管道布置也都相同。

(1)卫生器具的布置

在①至②轴线之间的卫生间内，沿②轴线设有叶轮式水表、洗脸盆，蹲式大便器、地漏和浴盆等。在②至③轴线间的厨房内，沿②轴线设有污水池、贮水池和地漏等。

(2)给水管道的布置

在底层，沿Ⓒ轴线设有一条给水引入管，管径为 $DN50$，由室外引入室内至墙角处的给水立管(JL)止；然后由该立管接出给水干管。沿②轴线经内螺纹截止阀、叶轮式水表，向洗脸盆、蹲式大便器、贮水池和浴盆供水。管径由 $DN25$ 变为 $DN15$。

(3)排水管道的布置

在底层卫生间的东南角，设有 1 根 $DN150$ 的排水立管(PL)。沿②轴线设有 $DN100$ 的排水干管和 1 条 $DN150$ 的排出管。卫生间内洗脸盆、蹲式大便器、浴盆和地坪的污水，经排水干管、排水立管和排出管排至室外(检查井)。厨房内污水池和地坪的污水，经排水支管、排水干管、排水立管和排出管排至室外(检查井)。

2. 室内给水系统图的识读

某住宅楼给水系统图，如图 11-5 所示。从图中可以看出，$DN50$ 的引入管标高为−1.200m，由西向东至立管(JL)下端的 90°弯头止；然后 $DN50$ 的立管(JL)垂直向上，穿出底层地坪±0.000，在标高 0.500m 处安装 $DN50$ 的内螺纹截止阀 1 个；继续垂直向上至标高为 16.000m 的 90°弯头止。

在立管(JL)上共接出 6 条水平干管，每条水平干管始端的管径为 *DN*25，末端的管径为 *DN*15。第 1 条水平干管位于底层楼，标高为 1.000。位于第 2 至 6 层楼，各条水平干管的标高分别为 4.000m、7.000m、10.000m、13.000m和 16.000m。

每条水平干管上，由北向南依次接有：*DN*25 的内螺纹截止阀 1 个；*DN*25 的叶轮式水表 1 组；*DN*25×25×15 异径三通 1 个及 *DN*15 水龙头 1 个；*DN*25×25×25 等径三通 1 个及 *DN*25 专用冲洗阀 1 个；*DN*25×15×15 异径三通 1 个及 *DN*15 的水龙头 1 个；*DN*15 的弯头 1 个，*DN*15 的水龙头 1 个。

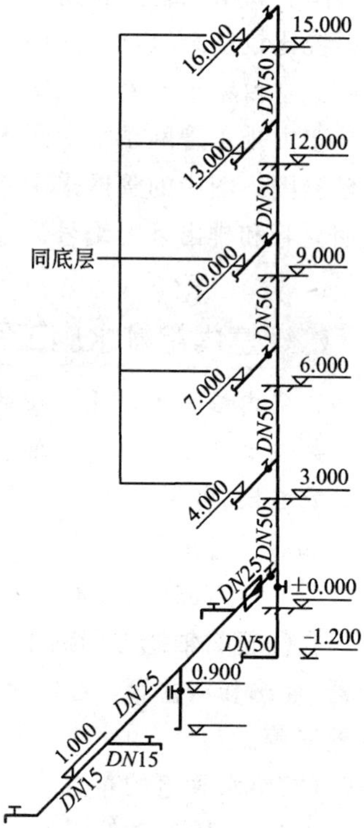

图 11-5 某住宅楼给水系统图

3. 室内排水系统图的识读

某住宅楼排水系统图，如图 11-6 所示。从图中可以看出，*DN*150 的排出管，标高为 −1.600m，坡度 $i=1\%$，由室内排水立管(PL)底至室外(检查井)止；*DN*150 的排水立管(PL)，由标高 −1.600m 至标高为 14.600m 的 *DN*150×150×100 异径斜三通止；*DN*150 的通气管，由标高 14.600m 至屋面以上镀锌铁丝球止。同时还可以看出，在排水立管(PL)上设有 6 个立管检查口(每层 1 个)；并有 6 条排水横支管与排水立管(PL)相接；每条排水横支管的管径为 *DN*100，坡度 $i=2\%$。第 1 条排水横支管，位于底层楼地坪以下，标高为 −0.400。第 2 至 6 层楼的排水横支管分别位于各自楼板下，标高分别为 2.600m、5.600m、8.600m、11.600m、14.600m。

每条排水干管上由北向南依次接有：*DN*100 的清扫口 1 个；*DN*100 的 45°弯头 2 个(2 至 6 层无)；*DN*100×100×50 异径斜三通 1 个及 *DN*50 S 形存水弯 1 个；*DN*100×100×50 异径斜三通 1 个及排水支管上 *DN*50×50×50 等径斜三通 1 个，*DN*50 的 S 形、P 形存水弯各 1 个；*DN*100×100×100 等径斜三通 1 个及 *DN*100 的 P 形存水弯 1 个；*DN*100×100×50 异径斜三通 1 个及 *DN*50 的 P 形存水弯 1 个；*DN*100×100×50 异径斜三通 1 个及 *DN*50 的 S 形存水弯 1 个；*DN*150×150×100 异径斜三通 1 个。

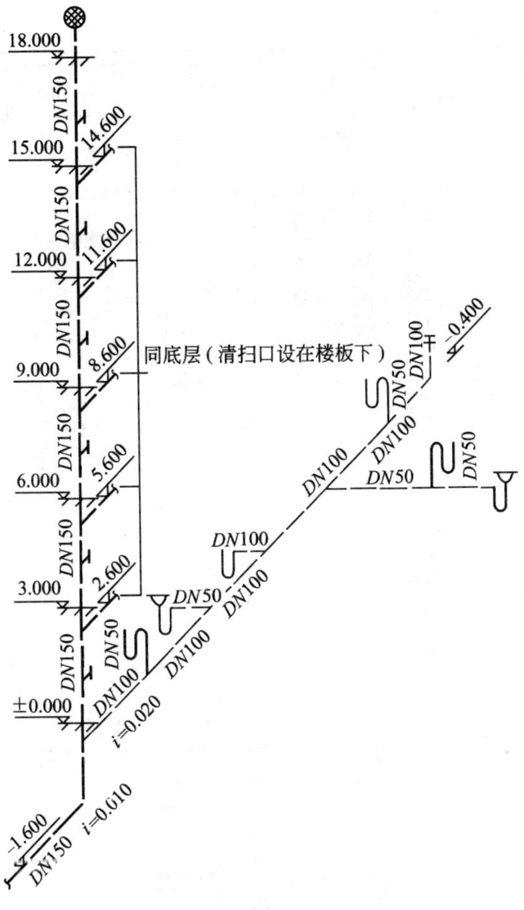

图 11-6　某住宅楼排水系统图

4. 室内给排水施工图平面图和系统图综合识图

图 11-7、图 11-8、图 11-9 是某 3 层集体宿舍内给排水工程施工图的平面图、给水系统图、排水系统图，识读方法如下。

首先看平面图，由一层给水排水平面图可知，该楼只有一根给水引入管⊕，经水表井平行于Ⓐ轴，且距Ⓐ轴线 4 250mm，自西向东进入该楼；该楼有两条排水排出管(P/1)和(P/2)，两管均平行于①轴线，并分别离①轴和②轴线偏东各 300mm，自北向南离开该楼。底层用水房间有盥洗室、男厕所及男浴室；盥洗室内有一个污水池、清扫口以及配有 2 个水龙头的盥洗槽，男厕所内设有 4 套蹲式大便器，无水箱、自闭式冲洗。在大便器对面有小便槽、污水池和地漏各 1 个，男浴室内有 4 个淋浴器、2 个水龙头的盥洗槽及一个地漏；另外在②轴与Ⓑ轴相交转角墙

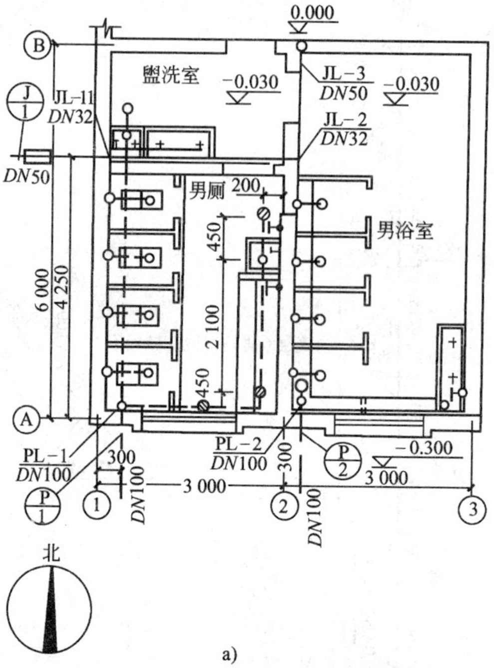

a)

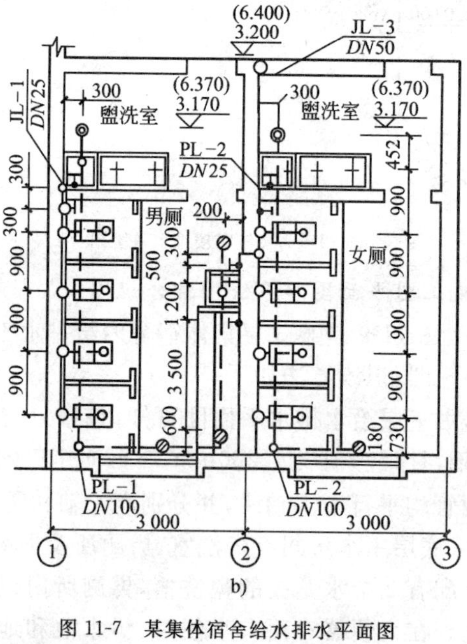

b)

图 11-7 某集体宿舍给水排水平面图

a)底层给水排水平面图；b)二、三层给水排水平面图

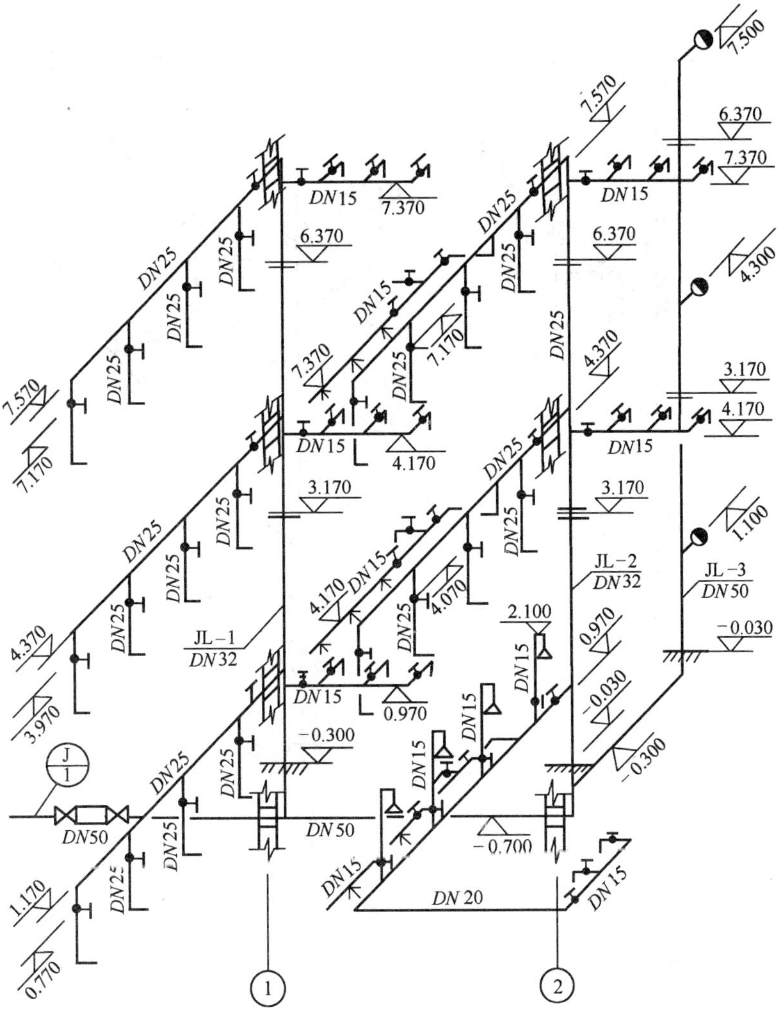

图 11-8　某集体宿舍给水系统图

处设 1 套消火栓。盥洗室和男厕所的地面标高均为－0.03m，浴室地面标高为－0.03m。二、三层用水房间的平面布置与底层有所不同，请读者自看。

下面对照平面图分别看给水系统图和排水系统图。

给水系统图，对照底层给水排水平面图，找到编号为$\frac{J}{1}$的 DN50 的给水引入管，其上有一水表井，标高－0.700m，平行于Ⓐ轴，穿过①轴墙后进入盥洗室，再过②轴墙后进入男浴室，并且在盥洗室和男厕之间分别与①、②轴相交的墙角

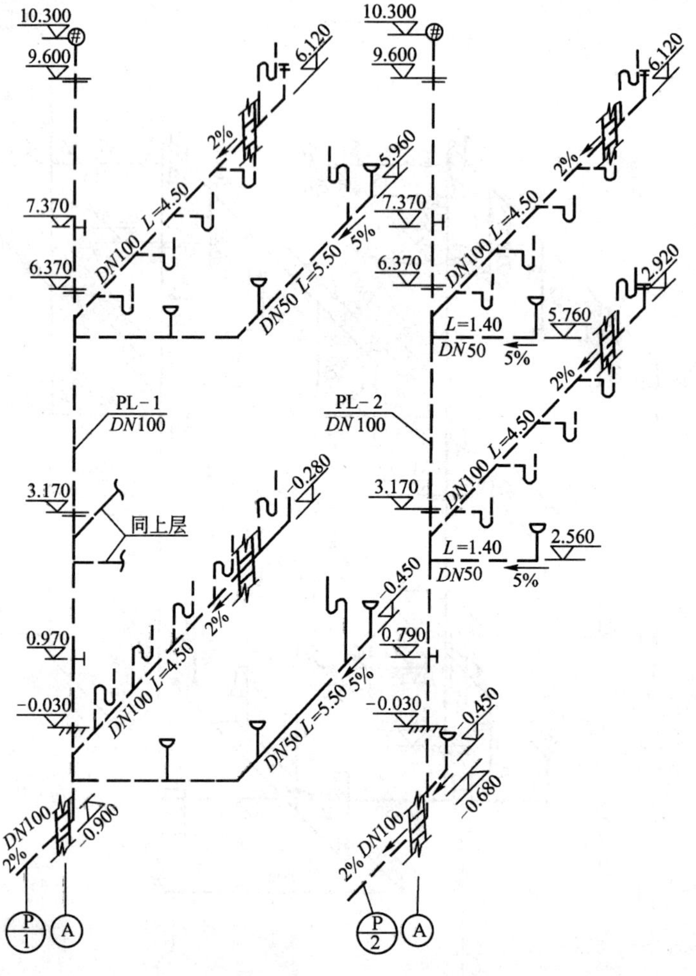

图 11-9　某集体宿舍排水系统图

a)盥洗室、厕所污水管道系统图；b)浴室、厕所、盥洗室污水管道系统图

附近引出 JL-1、*DN*32 和 JL-2、*DN*32 两立管，然后于 JL-2 上标高为－0.03m 处，顺②轴墙面引水平干管至Ⓑ与②轴相交的墙角处引出 JL-3、*DN*50 立管。立管 JL-1 主要给盥洗室和男厕中的大便器供水。在 JL-1 上每层高出地(楼)面 1.000m 都有沿墙角 *DN*15 的水平支管，其上装有 1 个 *DN*15 的截止阀和 3 个 *DN*15 的给水龙头(其中污水池上方 1 个，盥洗槽上方 2 个)，并且在高出每层地(楼)面 1.200m 处引出沿①轴内墙面 *DN*25 的水平支管，穿隔墙进入男厕所。

在该支管上装上截止阀，并在与各大便器相应位置接 4 根 *DN*25 冲洗水管，每根冲洗管上离地(楼)面 0.800m 处各装一个延时自闭冲洗阀。立管 JL-2 主要供男浴室或女厕所和男厕所中小便槽、污水池的用水。底层距地面 1.000m 处沿②轴东侧墙面有 *DN*25 的水平支管，其上装有 1 个截止阀、4 个淋浴器，并在与隔壁污水池对应位置的附近接平行于Ⓐ轴的短管，穿②轴墙至男厕所。然后沿②轴西侧墙面引支管，该支管上装一个 *DN*15 截止阀、污水池的 1 个水龙头及小便槽上的多孔管(包括多孔管前的截止阀)。与底层相比，二、三层无浴室，改设女厕所，所以立管 JL-2 在 2、3 层上的管道布置与底层有所不同，请读者对照阅读。再看立管 JL-3，供消防用水，在每层高出内走道地(楼)面 1.100m 处接 1 个室内消火栓，内走道地面标高为±0.000m，楼板面标高分别为 3.200m 和 6.400m。

排水系统图，在底层给水排水平面图上找出(P/1)和(P/2)的排水排出管，再在排水轴测图上找到相同编号，然后分别阅读排水系统的(P/1)和(P/2)组。先读(P/1)组，由平面图可知，与①～②轴间 3 个楼层的平面布置相同，均设有布局完全相同的盥洗室和男厕所，对照平面图和排水系统图可知(P/1)在①轴与Ⓐ轴相交的墙角处连接排水立管 PL-1。每层与 PL-1 连接的有 2 根横支管，它们均居地(楼)面之下。盥洗室内，污水经 *DN*50 的一个地上 S 形存水弯排入端部设有一个清扫口且沿①轴内墙面的水平支管内，此横支管穿越隔墙进男厕所内，接纳由 4 个 *DN*100 的地(楼)面下 S(P)形存水弯排来的大便器冲洗水。底层的横支管起点标高 −0.280m、坡度 2%、*DN*100；与 PL-1 相接的另一横支管始于男厕所内，该横支管平行于②轴线，依次接纳地(楼)面上方的 S 形存水弯和小便槽内的圆形地漏排来的地面污水后，与 PL-1 相接。立管 PL-1(*DN*100)的上端穿出楼顶层面，顶端标高为 10.300m，装甲型通气帽。在 PL-1 中间标高分别为 0.970m 和 7.370m处各设一个检查口。立管 PL-1 下端连排水管(P/1)。(P/1)的起点标高为 −0.900m，*DN*100，坡度 2%，此管中心离①轴内侧 300mm，平行于①轴并穿过Ⓐ轴到室外。对于(P/2)，请读者按上述方法，自行识读。

四 室内给排水施工详图

室内给排水系统图除了平面图、系统图以外，有些细部构造和安装尺寸，需要局部放大详细具体地进行表示，这种放大比例的图样称作详图。这些详图通常可以引用有关的标准图集上的详图，如有特殊要求，由设计人员在图纸上自行绘制。

详图通常主要包括各类卫生器具的安装详图和管道的连接、穿墙和保温防腐等的详图。卫生器具安装详图通常需绘制正面图、侧面图和平面图、图例、安装说明、主要材料表以及一些局部的详图等，图中需清楚地表达其安装位置、管道连接方式、固定方法等，如图 11-10 为一低位水箱坐式大便器的安装详图。

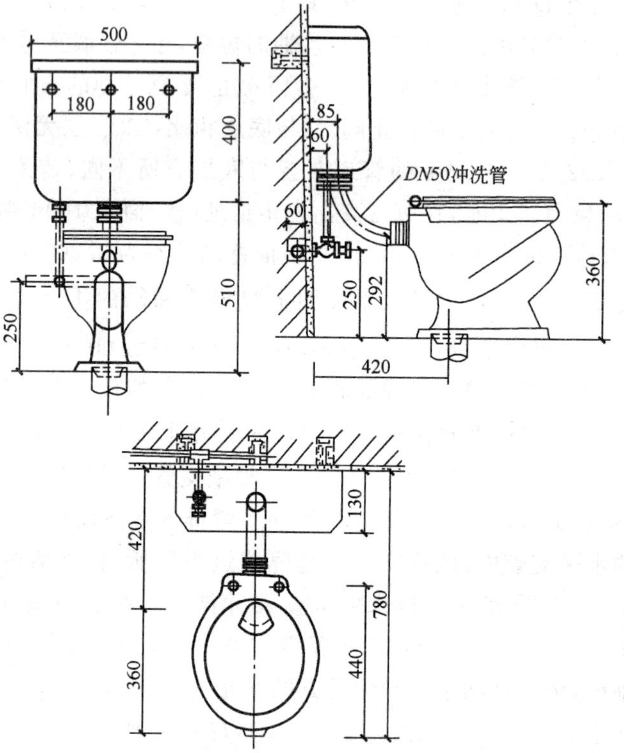

图 11-10　低位水箱坐式大便器的安装详图

第三节　室外给水排水施工图

室外给排水系统通常有广义和狭义两种含义：一种是指整个城市的给水排水管网系统，它属于市政工程。一般包括取水系统、净水系统、输配水系统、泵站、排水管网系统、污水处理系统等部分。一种是指庭院(小区)给水排水系统，它的任务是将室外给水系统提供的水送至室内给水系统中，并将室内排水系统产生的污水排泄到城市排水系统中。庭院(小区)给水系统主要包括室外供水管道、计量控制设备(如水表、阀门)、贮水和加压设备(如水塔、水池)等几部分。另外，根据消防供水要求，还要设置消防水泵结合器、室外消火栓等。庭院(小区)

排水系统主要包括排水管网、排水口、检查井、污水提升设备等。本节内容主要介绍与房屋建筑关系最密切的庭院(小区)给排水系统。

室外给水排水施工图,主要是表明新建的房屋建筑室外给、排水管道的布置,与室内管道的引入管、排出管之间的连接以及管道敷设的坡度、埋深和交接等情况。室外给水排水施工图一般包括:室外给水排水管道总平面图、管道纵断图和附属设备的施工图等。

一 室外给排水系统平面图

建筑物室外管道平面图也分为给水管道平面布置图和排水管道平面布置图。一般应分别画出,如果图面简单,也可画在一张图纸上。如图 11-11 所示的某区域给水排水平面布置图。

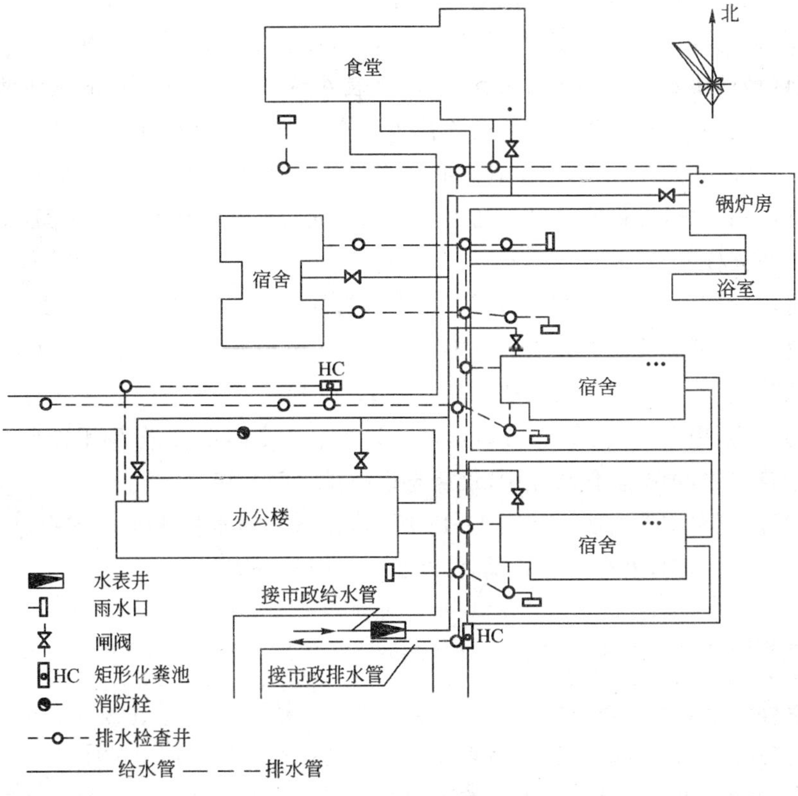

图 11-11 某区域给水排水平面布置图

室外给水排水平面图的图示内容和表达方法

(1)比例。通常采用与建筑总平面图相同的比例，常用1∶200、1∶500等；对于范围较大的厂区或小区，可用1∶1000、1∶2000。

(2)建筑物周围的建筑群、道路交通等设施。室外给水排水平面图是以建筑总平面图的主要内容为基础，重点突出与房屋建筑有关的室外给水排水管道和设施。因此在平面图中，房屋、道路等附属设施，均按建筑总平面图的图例绘制，用细实线画出轮廓线，新建建筑物则用中实线画出其轮廓线。

(3)管道及附属设施。在室外给水排水平面图中，建筑物的给水管、排水管、排水出口、雨水管、水表、检查井、化粪池等的位置、规格、数量、坡度、流向等，都应画出。给水管用粗实线表示，雨水管用粗虚线表示，污水管用粗单点长画线表示。给水管一般采用铸铁管，以公称直径 DN 表示；雨水管、污水管一般采用混凝土管，以内径 d 表示。给水管道是压力管，往往沿地面敷设。如图11-11所示，某区域的供水管接市政给水管，接一水表井后，向北给该区域的东西两侧建筑物供水，在每一房屋引入管处还连接了一个闸阀。一个居住区还必须有消火栓，在该区域里的办公楼，给水管除有两根支管接入大楼外，还有一根支管连接办公楼的消火栓，以供应该区域的消防用水。同时在锅炉房和食堂之间，也设置了一个消火栓。

排水管道由于要经常疏通，所以在排水管的起点、两管的相交点、交叉点、转折点、变坡点处均要设置检查井，在图上用2～3mm的小圆圈表示。两检查井之间应是直线，不能是折线或曲线。如图11-11所示，该区域的排水管包括雨水管和污水管，用粗虚线表示。在该区域还设置了六个雨水口，分别用排水管将其排至检查井中，再排至化粪池中，最后与市政排水管连接。

(4)图例和施工说明。如图11-11所示，在室外给水排水平面图中，应画出指北针，标明图例，书写必要的说明，以便于读图和按图施工。

二 室外给水排水管道纵断面图

室外给水排水管道纵断面图，主要表明室外给排水管道在纵向(即长度方向)自然地面的高低起伏、管道与管井等设施的连接和埋深情况的图纸。管道纵断面图一般仅用于复杂的和大型的工程。如图11-12所示的某一街道给水排水平面图和污水管道纵断面图。

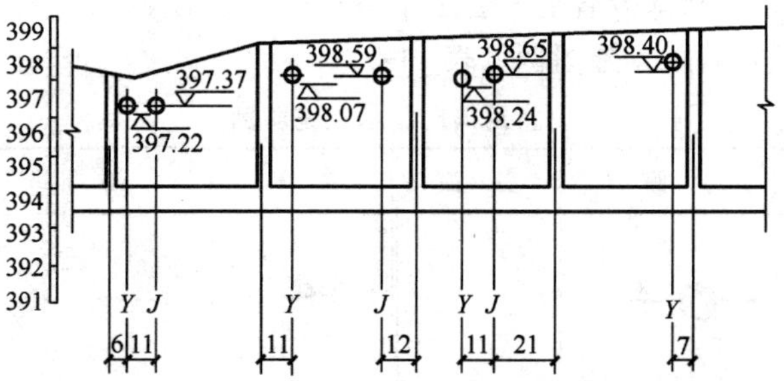

设计地面标高	398.37	399.27	399.44	399.55	399.66
设计管内底标高	394.3957	394.618	394.541	394.464	394.387
管径	d800				
水平距离	55	55	50	50	
编号	W7	W8	W9	W10	W11
管道基础	混凝土带形基础				

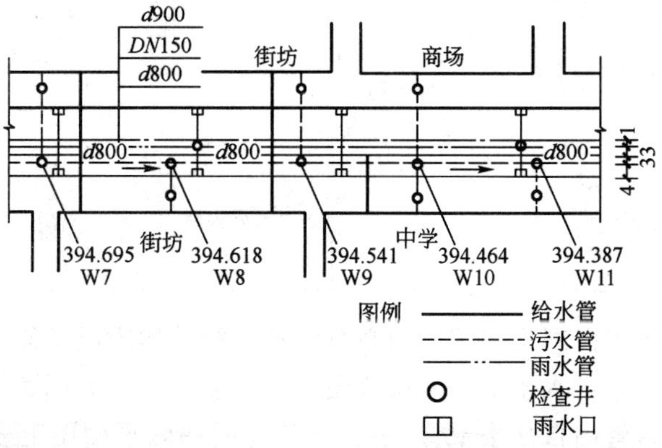

图 11-12　某街道给水排水平面图、污水管道纵断面图

第四节　消防给水系统

根据房屋消防规范的规定，在有防火要求的房屋建筑中，需要配备消防给水系统。消防给水系统可分为室内消防给水系统和室外消防给水系统。室内消防给水系统用于在室内利用消防设备扑灭室内火灾；室外消防给水系统用于扑灭室外火灾或从室外扑灭室内火灾以及向室内供应消防用水。

消防给水系统除部分管道和管道附件(或设施)图例另有规定外,其他与给水系统基本相同,消防设施图例见表 11-5。

常用消防给水系统图例　　表 11-5

名　称	图　例	备　注	名　称	图　例	备　注
室外消火栓			水泵结合器	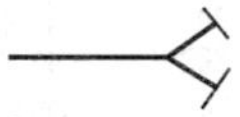	
室内消火栓(单口)		白色为开启面,左图用于平面图,右图用于系统图	干式报警阀	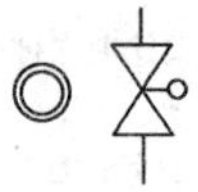	左图用于平面图,右图用于系统图
室内消火栓(双口)			湿式报警阀	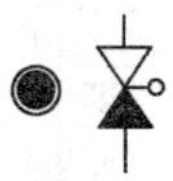	
自动喷洒头(开式)	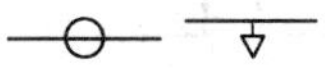	左图用于平面图,右图用于系统图	水枪	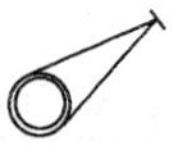	
自动喷洒头(闭式)	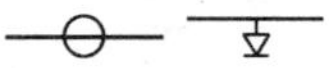		手提式灭火器		

消防设施施工图同样采用平面布置图和系统轴侧图以及详图来表达。平面布置图可以放在给排水系统平面布置图中一起表达。例如图 11-7 中,消防系统与给水系统引入管出自一条干管,适合于放在同一张平面图上表达。而系统轴侧图可以单独绘制,如图 11-3 为一单独的消防给水系统图。

本章小结

在房屋建筑中,一般都需要配备建筑给排水设备,所以实际工程中,给排水系统的施工往往是十分重要的,从而我们必须掌握建筑给排水施工图的绘制和识读。

建筑给排水工程属建筑设备的范畴,因而其施工图的特点与建筑施工图和结构施工图相比,有其自己的特点,在学习中要加以区别。

在读识给排水施工图时，要将平面图和系统图相互配合，按照读图顺序，分步识读，最后再结合详图，认识施工图的局部施工方法。

思考题

1. 建筑给排水施工图主要由哪些部分组成？

2. 建筑给排水施工图的特点是什么？

3. 建筑给水施工图有哪些编号要求？其管径如何表示？

4. 室外给排水施工图包括哪些内容？

5. 根据习题集中所示的平面图、系统图和室内详图，读识建筑给排水施工图。

第十二章 暖通空调施工图

【本章能力目标、知识目标与学习要求】

本章主要介绍建筑供暖工程施工图和通风工程施工图的绘制和识图等内容。通过本章的学习，要求学生了解建筑供暖工程的主要组成部分以及供暖、通风工程的主要布置方式，认识建筑供暖工程和通风工程平面图和系统图的绘制要求。重点要学会识读常见的建筑供暖工程施工图和通风工程施工图，使学生具备识读建筑供暖及通风施工图以及根据图纸内容与要求指导施工的能力。

采暖与空调系统是为了改善建筑物内人们的生活和工作条件以及满足某些生产工艺、科学试验的环境要求而设置的。采暖与空调系统实际上包括采暖、通风和空气调节三个方面的内容，这三种系统的组成和工作原理各不相同，但是对于施工图的识读来说，各个系统是类似的。

第一节 概 述

建筑采暖与空调系统包括采暖、通风、空气调节三个方面。采暖就是由于冬季室外温度低于室内温度，室内的热量不断散发到室外，为了保持室内所需的温度，而向室内供给热量。通风就是将室内被污染的空气直接或经过净化后排出，同时将新鲜空气补充进来，从而保持室内空气环境能够满足一定生活条件和生产工艺的要求。空气调节，简称空调，就是用人工方法调节室内空气的温度、相对湿度、洁净度和气流速度等指标，从而满足人类一定生活、生产要求。

一 采暖系统

1. 采暖系统的分类

采暖系统又叫供暖系统，是由热源、输热管网、散热设备组成。目前采暖系统的分类方法很多，常见的有以下几种分类方法。

(1)按供暖范围来分，可分为局部供暖系统、集中供暖系统、区域供暖系统三种。热源、输热管网和散热设备连成整体，供暖分散在各个房间的供暖方式，称为局部供暖系统；由热源通过管网向一个或多个热用户供应热能的系统称为集中供暖系统；以集中供热的热网作为热源，通过热网向一个建筑群或一个区域供应热能的供暖系统，称区域供暖系统。

(2)按供暖热媒来分，供暖系统所用的热媒有热水、蒸汽、热空气、烟气等，因而供暖系统按热媒的不同，可分为热水供暖系统、蒸汽供暖系统、热风供暖系统、烟气供暖系统四种。

2. 供暖系统的基本图式

机械循环热水供暖系统应用最广，因此以下仅以热水供暖系统的基本图式为例作简单介绍。

(1)上供下回式

热水供暖系统一般由锅炉、供水总管、供水干管、供水立管、散热器支管、散热器、回水立管、回水干管、回水总管、水泵及膨胀水箱等组成。

所谓上供下回式，是指供水干管敷设于最高层散热器上部，与供水立管顶端相接，而回水干管敷设于最低层散热器下部与回水立管底端相连。其形式有上供下回双管系统和上供下回单管垂直串联系统、上供下回单管垂直跨越式、上供下回同程式系统。双管系统仅适用于三层及三层以下的建筑，单管系统广泛用于住宅和公共建筑之中。图 12-1 为一种上供下回式采暖系统。

(2)下供上回式

与上供下回式相反，又称倒流式。常用于高温水供暖系统。

(3)下供下回式

顶层天棚下难以布置管路而不能采用上供式时常用此式。图 12-2 为一种下供下回式采暖系统。

(4)中供式

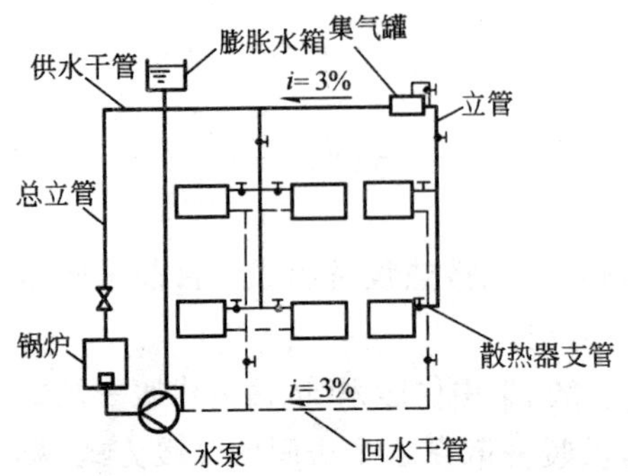

图 12-1　上供下回式双管热水供暖系统

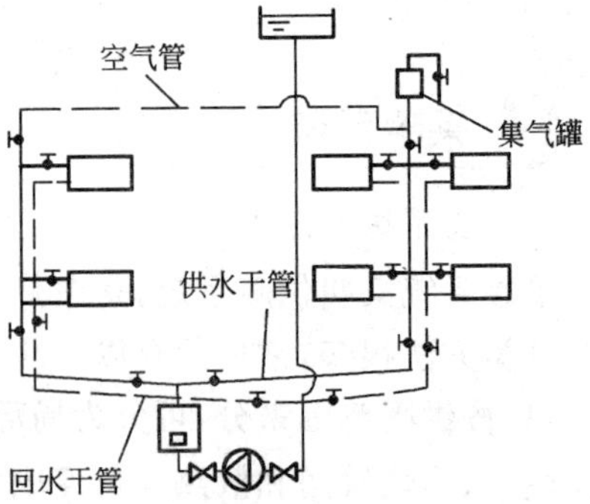

图 12-2　下供下回式双管热水供暖系统

当建筑顶层大梁底标高过低，以致采用上供下回式有困难时采用此式。

(5)水平式

水平式有水平串联式和水平跨越式两种。一般在住宅和公共建筑中采用。

(6)分区(层)式

在高层建筑中，常采用上下分区设置独立的供暖系统，下层常与室外热网直接连接，上层系统则通过热交换器进行供热。

3. 散热器

(1)铸铁散热器

铸铁散热器包括柱形散热器和翼形散热器。柱形散热器由铸铁制成，有四柱、五柱及二柱三种形式。这种柱形散热器金属热强度高、传热系数大、易于清灰并组成所需的散热面积，应用较广泛，在施工图中只注其片数。翼形散热器分圆翼形和长翼形两种。圆翼形散热器在施工图中注明其根数与排数，即根数×排数(如 3×2,3 表示每排根数,2 表示排数)；长翼形散热器，在施工图标注时只注其片数。

(2)钢制散热器

钢制散热器主要有闭式钢串片对流散热器、板式散热器、扁管散热器、钢柱形散热器四种。钢制散热器耐压强度高、金属耗量少、外形美观、便于布置，但易被腐蚀，寿命短。散热器为钢串片式时，应注其长度与排数，如 1.0×3，其中前面数字“1.0”表示钢串片散热器长度，后面数字“3”表示钢串片散热器的排数。

二 通风系统

通风是把空气作为介质，使之在室内的空气环境中流通，用来消除环境中危害气体的一种措施。主要指送风、排风、除尘、排毒方面工程。通风按其作用范围可分为局部通风和全面通风两种。局部通风是对房间某一局部地点进行通风换气；而全面通风是对整个房间进行通风换气。按工作动力可分为自然通风和机械通风两种。自然通风又分有组织自然通风、管道式自然通风和渗透通风。机械通风又分为局部机械通风(包括局部送风和局部排风)和全面机械通风(包括全面送风和全面排风)。

对于机械通风系统主要的设备和构件有室内送风口或室内排风口、通风管道、风机、室外进风口或室外排风口以及空气的净化处理装置等。

三 空调系统

空调系统按空气处理设备的集中程度可分为集中式系统，半集中式系统和局部式系统。按处理房间冷、热负荷所用的介质不同，可分为全空气式系统、全水式系统和空—水式系统及制冷剂式系统。

集中式空调系统是由空调房间、空气处理设备、空气输送设备、空气分配设备四个基本部分组成；半集中式空调系统，除有集中的空调机房外，尚有分散在各空调房间内的二次处理设备(或称末端装置)，其中多半设有冷、热交换器；局部式空调系统又称分散式空调系统，是利用空调机直接在空调房间内或其临近地点就地处理空气的一种局部空调的方式。空调机组是将冷源、热源、空气处理和自动控制等设备组装在一个或两个箱体内的定型设备。

四 供暖系统施工图及图例

供暖系统施工图分室内和室外两部分。室外部分，表示一个区域的供暖管网，包括供暖平面图，管沟剖面图及详图。室内部分，表示一栋建筑的供暖系统，包括供暖平面图，系统轴测图和详图。此外均有设计施工说明。图中常采用单线表示管路，用符号(称为图例)表示散热器及其他设备。所用线型和常用图例见表 12-1。

暖通系统常用图例 表 12-1

序号	名称	图例	说明	序号	名称	图例	说明
1	管道	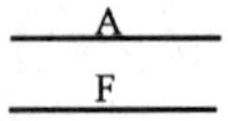	用汉语拼音字头表示管道类别	14	闸阀		
2	采暖 供水(汽)管 回(凝结)水管	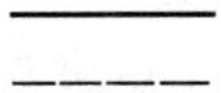	用图例表示管道类别	15	止回阀	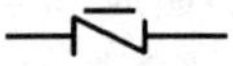	
3	保温管			16	安全阀		
4	软管			17	减压阀		左侧:低压 右侧:高压
5	方形伸缩器			18	散热放风门	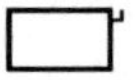	
6	套管伸缩器	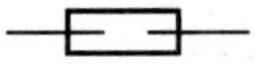		19	手动排气阀		
7	波形伸缩器	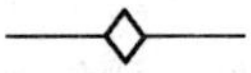					
8	球形伸缩器	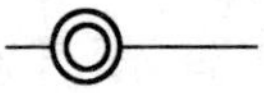		20	自动排气阀	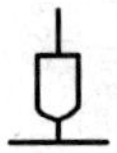	
9	流向			21	疏水器	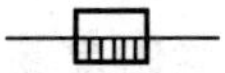	
10	丝堵			22	散热器三通阀		
11	滑动支架			23	散热器	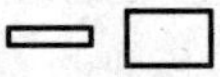	左图:平面 右图:立面
12	回定支架	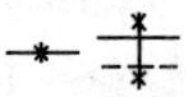	左图:单管 右图:多管	24	集气罐		
13	截止阀	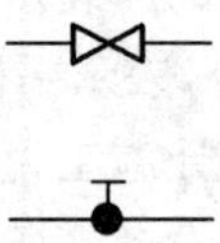		25	除污器	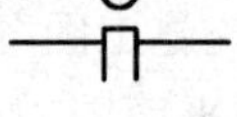	上图:平面 下图:立面
				26	暖风机		

第二节　室内供暖施工图

一　室内采暖平面图

1. 室内采暖平面图的内容

室内采暖平面图视水平主管敷设位置的不同分为各层平面图和地沟平面图。平面图主要表明建筑物各层供暖管道和设备的平面布置情况。主要内容有：

(1)散热器平面位置、规格、数量及安装方式(明装或暗装)。

(2)采暖管道系统的干管、立管、支管的平面位置、走向、立管编号和管道安装方式(明装或暗装)。

(3)采暖干管上的阀门、固定支架、补偿器等的平面位置。

(4)与采暖系统有关的设备,如膨胀水箱、集气罐(热水采暖)、疏水器的平面位置、规格、型号以及设备连接管的平面布置。

(5)热媒入口及入口地沟情况,热媒来源、流向及与室外热网的连接。

(6)管道及设备安装所需的留洞、预埋件、管沟等方面与土建施工的关系和要求。

2. 室内采暖平面图的绘制和识读

(1)平面图的数量。多层房屋的管道平面图原则上应分层绘制,管道系统布置相同的楼层平面可绘制一个平面图。

(2)本专业所需要的建筑部分,仅需抄绘房屋的墙身、柱、门窗洞、楼梯、台阶等主要构配件,至于房屋细部和门窗代号等均可略去。同时,房屋平面图的图线也一律简化为用细线(0.25b)绘制。底层平面图要画全轴线,楼层平面图可只画边界轴线。

(3)散热器等主要设备及部件均为工业产品,不必详细画出,可按所列图例表示,采用中(0.5b)、细线(0.25b)绘制。

散热器的规格及数量标注如下：

①柱式散热器只注数量。

②圆翼形散热器应注根数、排数,如：

3×2

每排根数　　排数

③光管散热器应注管径、长度、排数，如：

D108×3 000×4 ——排数

管径（mm） 管长（mm）

④串片式散热器应注长度、排数。如：

1.0×3

长度 (m) 排数

⑤散热器的规格、数量标注在本组散热器所靠外墙的外侧，远离外墙布置的散热器直接标注在散热器的上侧（横向放置）或右侧（竖向放置）。

(4)管道系统的平面图是在管道系统之上水平剖切后的水平投影。按管道类型以规定线型和图例绘制。管道系统一律用单线绘制。

(5)尺寸标注：房屋的平面尺寸一般只需在底层平面图中注出轴线间尺寸，另外要标注室外地面的整平标高和各层地面标高。管道及设备一般都是沿墙设置的，不必标注定位尺寸。必要时，以墙面和柱面为基准标出。采暖入口定位尺寸应由管中心至所邻墙面或轴线的距离。管道的管径、坡度和标高都标注在管道系统图中，平面图中不必标注。管道的长度在安装时以实测尺寸为依据，故图中不予标注。

对室内采暖系统平面图识读时，主要应注意下列几个方面：

(1)热媒入口在建筑平面上的位置、管道直径、热媒来源、流向、参数、设备仪表布置及其做法等。

(2)建筑物内散热设备（散热器、辐射板、暖风机）的平面布置、种类、数量（片数）以及散热器的安装方式（即明装、半暗装、暗装）。

(3)供水干管的布置方式、干管上阀件附件的布置位置及型号以及干管的直径。补偿器与固定支架的平面位置及其种类形式。

(4)按立管编号，立管的平面位置及其数量。

(5)对蒸汽供暖系统，应在平面图上查出疏水装置的平面位置及其规格尺寸。

(6)对热水供暖系统，应在平面图上查明膨胀水箱、集气罐等设备的平面位置、规格尺寸。

二 室内采暖系统图

1. 室内采暖系统图的内容

室内采暖系统图是根据各层采暖平面中管道及设备的平面位置和竖向标

高，用正面斜轴测或正等测投影法以单线绘制而成的。它表明以采暖入口至出口的室内采暖管网系统、散热设备、主要附件的空间位置和相互关系。该图注有管径、标高、坡度、立管编号、系统编号以及各种设备、部件在管道系统中的位置。把系统图与平面图对照阅读，可以了解整个室内采暖系统的全貌。

2. 室内采暖系统图的绘制与识读

室内采暖系统图的绘制要求：

采暖系统图宜用正面斜轴测或正等轴测投影法绘制。

系统图一般采用与相对应的平面图相同的比例绘制。当管道系统复杂时，亦可放大比例。

采暖系统图中管道系统的编号应与底层采暖平面图中的系统索引符号的编号一致。采暖系统宜按管道系统分别绘制，这样可避免过多的管道重叠和交叉。采暖管道用粗实线，回水管道用粗虚线，设备及部件均用图例表示，以中、细线绘制。具有坡度的水平横管无需按比例画出其坡度，而仍以水平线画出，但应注出其坡度或另加说明。

对尺寸标注的要求：管道系统中所有管段均需标注管径，当连续几段的管径都相同时，可仅注其两端管段的管径。凡横管均需注出（或说明）其坡度。系统图中的标高是以底层室内地面±0.000m 为基准的相对标高。除注明管道及设备的标高外，尚需标明室内、外地面，各层楼面的标高。散热器规格、数量的标注，柱式、圆翼形散热器的数量，注在散热器内；光管式、串片式散热器的规格、数量，应注在散热器的上方。

室内采暖系统图识读时，主要应注意下列几个方面：

按热媒的流向确认采暖管道系统的形式及其连接情况，各管段的管径、坡度、坡向，水平管道和设备的标高以及立管编号等。

了解散热器的规格及数量。当采用柱形或翼形散热器时，要弄清散热器的规格与片数（以及带脚片数）。当为光滑管散热器时，要弄清其型号、管径、排数及长度。当采用其他采暖设备时，应弄清设备的构造和标高（底部或顶部）。

注意查清其他附件与设备在管道系统中的位置、规格及尺寸，并与平面图和材料表等加以核对。

查明采暖入口的设备、附件、仪表之间的关系，热媒来源、流向、坡向、标高、管径等。如有节点详图，则要查明详图编号，以便查阅。

三 室内采暖系统详图

对供暖施工图，一般只绘平面图、系统图和通用标准图中所缺的局部节点图。平面图和系统图对局部位置只能示意性地给出。如供水干管与立管的连接，实际是通过乙字弯或弯头连接的。散热器与支管的连接也是通过乙字弯或两个90°弯头来连接的。要知道这些局部构造尺寸，必须查阅详图，如图12-3、图12-4所示。

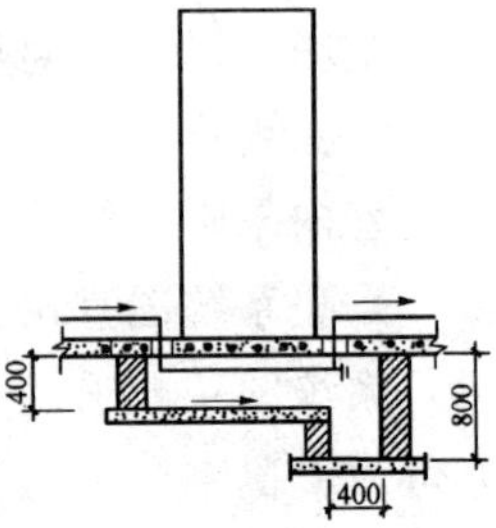

图12-3　回水管跨门做法

四 室内采暖系统实例

如图12-5、图12-6、图12-7、图12-8为某科研所办公楼采暖工程施工图，它包括平面图(首层、二层和三层)和系统图。该工程的热媒为热水(95～70℃)，由锅炉房通过室外架空管道集中供热。管道系统的布置方式采用上行下给单管同程式系统。供热干管敷设在顶层顶棚下，回水干管敷设在底层地面之上(跨门部分敷设在地下管沟内)。散热器采用四柱813型，均明装在窗台之下。供热干管从办公楼东南角标高3.000m处架空进入室内，然后向北通过控制阀门沿墙布

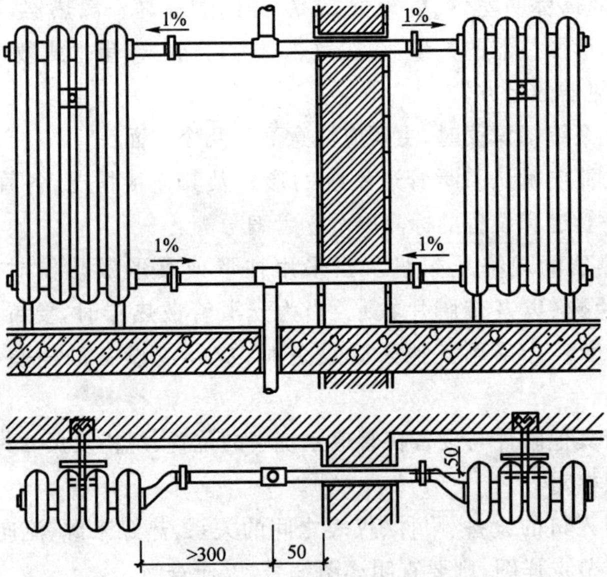

图12-4　散热器安装详图

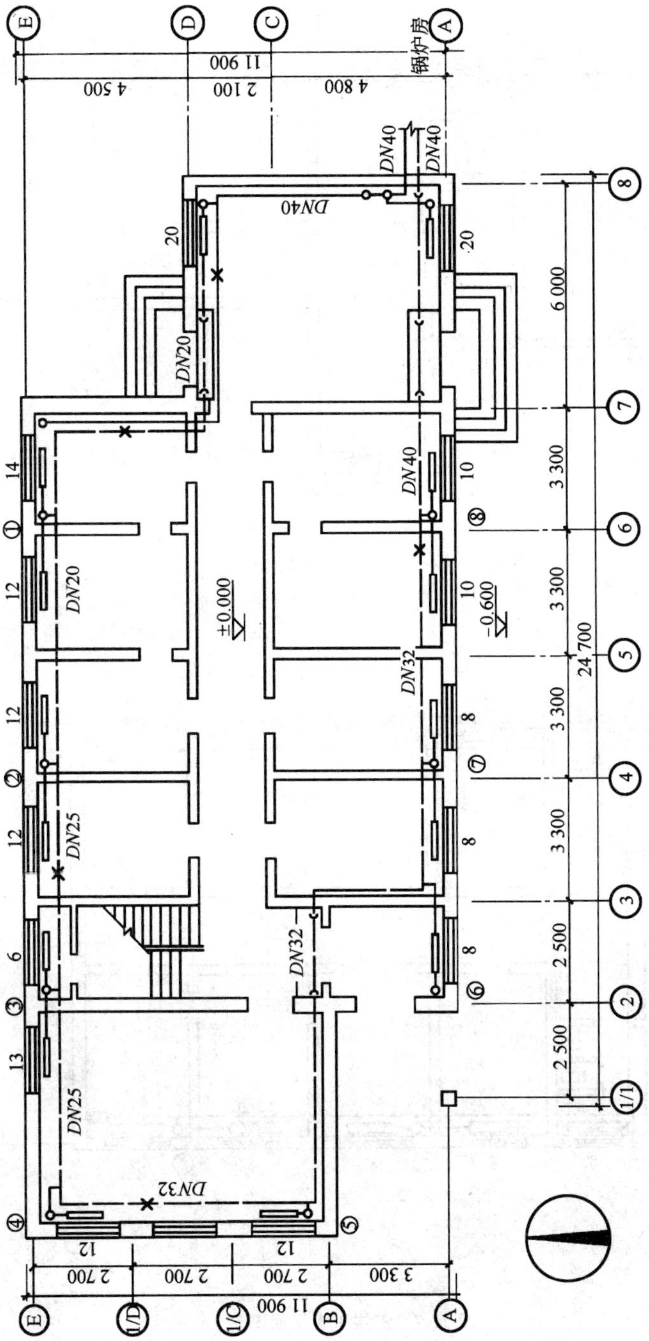

图12－5 底层采暖平面图

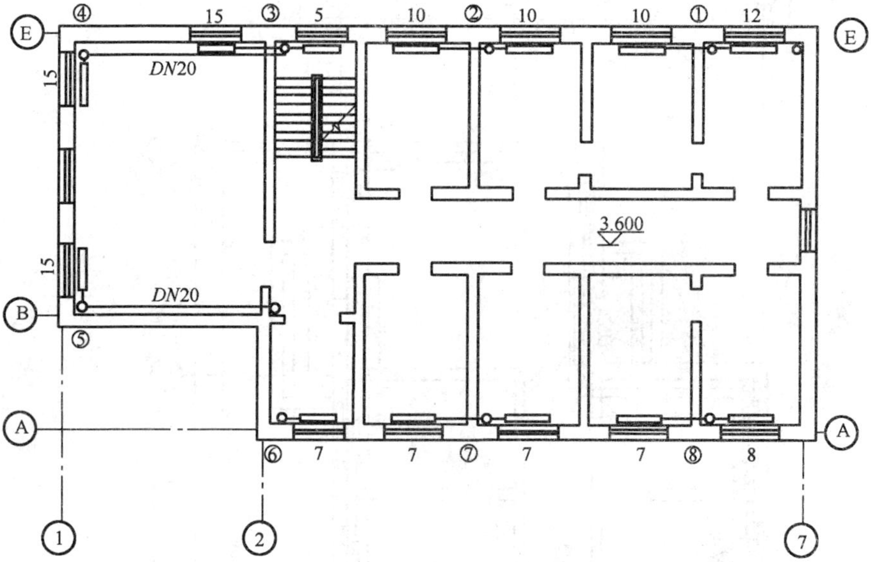

图 12-6　二层采暖平面图

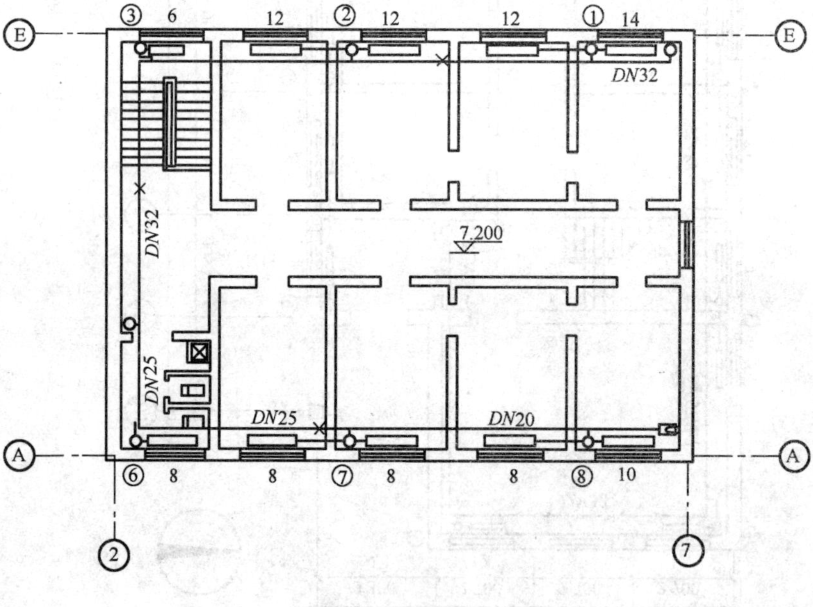

图 12-7　三层采暖平面图

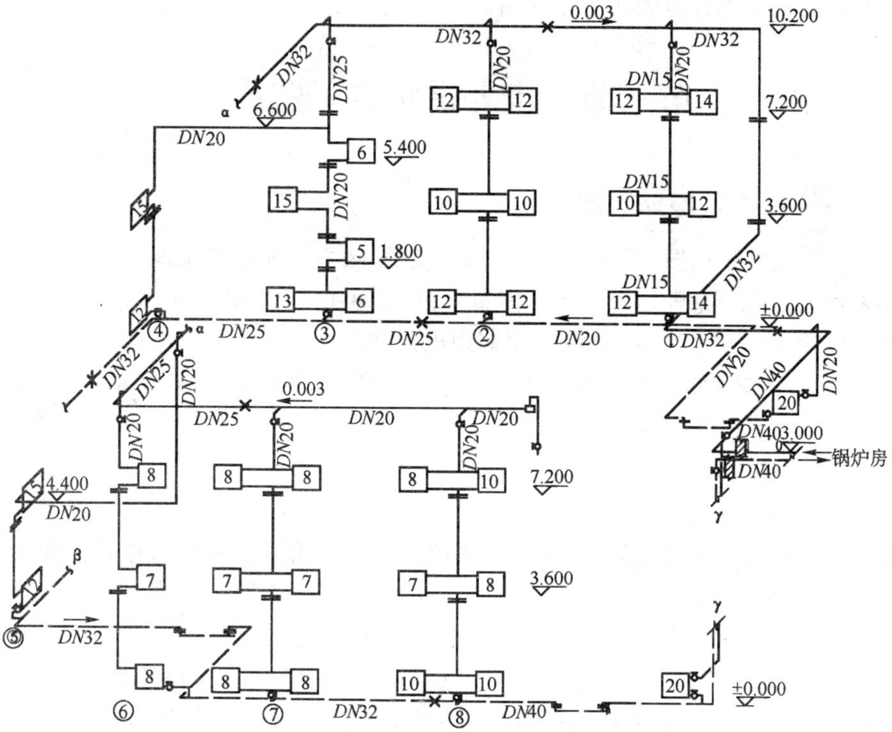

图 12-8　采暖系统轴测图

置至轴线⑦和Ⓔ的墙角处抬头，穿越楼层直通顶层顶棚下标高 10.20m 处，由竖直而折向水平，向西环绕外墙内侧布置，后折向南再折向东形成上行水平干管，然后通过各立管将热水供给各层房间的散热器。所有立管均设在各房间的外墙角处，通过支管与散热器相连通，经散热器散热后的回水，由敷设在地面之上沿外墙布置的回水干管自办公楼底层东南角处排出室外，通过室外架空管道送回锅炉房。采暖平面图表达了首层、二层和三层散热器的布置状况及各组散热器的片数。三层平面图表示出供热干管与各立管的连接关系；二层平面图只画出立管、散热器以及它们之间的连接支管，说明并无干管通过；底层平面图表示了供热干管及回水干管的进出口位置、回水干管的布置及其与各立管的连接。从采暖系统图可清晰地看到整个采暖系统的形式和管道连接的全貌，而且表达了管道系统各管段的直径，每段立管两端均设有控制阀门，立管与散热器为双侧连接，散热器连接支管一律采用 *DN*15（图中未注）管子。供热干管和回水干管在进出口处各设有总控制阀门，供热干管末端设有集气罐，集气罐的排气管下端设一阀门，供热干管采用 0.003 的坡度抬头走，回水干管采用 0.003 坡度低头走，跨门部分的沟内管道做法另见详图。

第三节　室外供暖施工图简介

一 室外供暖平面图

室外供暖平面图，是表明一个区域供暖管网的平面布置情况。其表达方法和表达的内容与室外给水排水平面布置图（或总平面图）相类似。室外供暖平面图一般用1∶500或1∶1 000的比例画出。其内容包括：

（1）该区域的建筑平面坐标方格网。方格网的坐标值以m为单位，一般每50m或100m划分一个方格。

（2）各建筑物的平面轮廓以及道路、围墙等。

（3）自锅炉房至各供暖建筑的供暖和回水管路。在管路图中，用图例符号画出阀门、伸缩器、固定支架，标明检查井位置并进行编号。各段管路还需要标明管径大小，如 *DN*100。

（4）图中只标注一些主要尺寸，长度以m为单位。

室外供暖平面图中，为突出表明供暖和回水管网，供暖管路用粗实线画出，建筑物的平面轮廓用中粗实线画出，坐标方格网、道路、围墙等用细实线画出。

二 管沟剖面图

管沟剖面图是沿管沟所作的纵向剖面图，主要表明管沟的高度、坡度、地形的高低起伏变化以及检查井的位置、标高及伸缩器的位置等。管沟剖面图与给排水管道纵剖面图类似，如图11-12所示。图中上部绘出的是管沟剖面，中部绘出的是管沟平面图，下部为资料表，标出各段管沟长度、坡度、地面标高、沟底标高、沟底净深等。由于管沟的深度与长度相差很多，为了清楚地表达管沟剖面情况，剖面图中高度和长度用不同比例画出，一般选用的比例相差10倍，即管沟高度所采用的比例比管沟长度所采用的比例大10倍。

第四节　通风空调施工图

一些工厂、商场、写字楼等公共场所需要保持室内空气的温度、湿度和洁净度，通常在建筑物中设置通风和空调系统。表达整个空气调节系统的图样称为通风空调施工图。通风空调施工图包括：通风系统平面图、剖面图、系统轴测图、详图及文字说明等。

一 通风空调施工图的组成

平面图包括各层各系统平面图、空调机房平面图、制冷机房平面图等，这里主要介绍前两者。

1. 通风空调系统的平面图

(1)通风空调系统平面图

系统平面图主要表明通风空调设备和系统风道的平面布置。一般包括下列内容：

①以双线绘出的风道、异径管、弯头、静压箱、检查口、测定孔、调节阀、防火阀、送排风口等位置。

②空气处理设备(室)的外形尺寸、各种设备定位尺寸、设备基础主要尺寸。

③注明系统编号，送、回风口的空气流动方向。

④注明风道及风口尺寸(圆管注管径、矩形管注宽×高)。

⑤注明各设备、部件的名称、规格、型号等。

⑥注明弯头的曲率半径 R 值，注明通用图，标准图索引符号等。

⑦对恒温恒湿的空调房间，应注明各房间的基准温湿度和精度要求。

(2)空调机房平面图

空调机房平面图一般包括下列内容：

①表明按标准图或产品样本要求所采用的空调器组合段代号，左、右式，喷雾级别和排数，喷嘴孔径，加热器，表冷器的类别、型号、台数，并注出这些设备的定位尺寸。

②以双线表明一、二次回风管道、新风管及这些管道的定位尺寸。

③以单线表明冷热媒管道以及它们的定位尺寸。

④注明消声设备、柔性短管等位置尺寸。

⑤注明各部分管径、管长尺寸。

⑥当采用中心型空调机组时，空调机房可以与冷冻机房合并绘出。

2. 空调和空调机房剖面图

(1)空调系统剖面图

空调系统剖面图一般包括下列内容：

①用双线表示的对应于平面图的风道、设备、零部件(其编号应与平面图一

致)的位置尺寸和有关工艺设备的位置尺寸。

②注明风道直径(或截面尺寸);风管标高(圆管标中心,矩形管标管底边);送、排风口的形式、尺寸、标高和空气流向;设备中心标高;风管穿出屋面的高度,风帽标高;穿出屋面超过1.5m时,立风管的拉索固定高度尺寸。

(2)空调机房剖面图

空调机房剖面图一般包括以下内容:

①表明对应于平面图的通风机、电动机、过滤器、加热器、表冷器或喷水室、消声器、百叶窗、回风口及各种阀门部件的竖向位置尺寸。

②注明设备中心标高、基础表面标高。

③注明风管、冷热媒管道的标高。

3.通风空调系统的系统图

主要表明风道在空间的曲折和交叉以及管件的相对位置和走向,其内容一般包括(不包括空调制冷冷热媒管道系统图):

(1)注明主要设备、部件的编号(编号应与平面图一致)。

(2)注明风管管径(或截面尺寸)、标高、坡度、坡向等。

(3)标注出风口、调节阀、检查口、测量孔、风帽及各异形部件的位置尺寸。

(4)标注各设备的名称及型号规格。

(5)标注风帽的型号与标高。

4.通风空调系统的原理图

通风空调原理图是表明整个系统的原理与流程。其主要内容包括空调房间的设计参数、冷(热)源、空气处理、输送方式、控制系统之间的相互关系以及设备、管道、仪表、部件等。

5.通风空调系统的详图

通风空调工程的详图较多,如空调器、过滤器、除尘器、通风机等设备的安装详图;各种阀门、测定孔、检查门、消声器等设备部件的加工制作详图;风管与设备保温详图等。各种详图大多有标准图供选用。

二 通风空调施工图的识读

通风空调施工图的读图顺序一般按照空气的流向进行。

通风空调施工图一般有平面图、剖面图、系统图、详图。看剖面图与系统图时,应与平面图对照进行。看平面图以了解设备、管道的平面布置位置及定位尺寸;看剖面图以了解设备、管道在高度方向上的位置情况、标高尺寸及管道在高度方向上的走向；看系统图以了解整个系统在空间上的概貌；看详图以了解设备、部件的具体构造、制作安装尺寸与要求等。识读时应注意以下内容和事项：

1.平面图

(1)查明系统的编号与数量。

为清楚起见，通风空调系统一般均用汉语拼音字头加阿拉伯数字进行编号。如图中标注有 S-1、S-2；P-1、P-2；PC-1；K-1、K-2，则分别表明送风系统 1、2；排风系统 1、2；排尘系统 1；空调系统 1、2。通过系统编号，可知该图中表示有几个系统（有时平面图中，系统编号未注全，而在剖面图、系统图上标注了）。

(2)查明末端装置的种类、型号规格与平面布置位置。

末端装置包括风机盘管机组、诱导器、变风量装置及各类送、回(排)风口、局部通风系统的各类风罩等。如图中反映有吸气罩、吸尘罩，则说明该通风系统分别为局部排风系统、局部排尘系统；若图中反映有旋转吹风口，则说明该通风系统为局部送风系统；若图中反映有房间风机盘管空调器，则说明该房间空调系统为以水承担空调房间热湿负荷的无新风（或有新风）的风机盘管系统；如图中反映风管进入空调房间后仅有送风口（如散流器），则说明该空调系统为全空气集中式系统。

风口形式有多种，通风系统中，常用圆形风管插板式送风口、旋转式吹风口、单面或双面送吸风口、矩形空气分布器、塑料插板式侧面送风口等；空调系统中常用百叶送风口（单、双、三层等）、圆形或方形直片散流器、直片形送吸式散流器、流线型散流器、送风孔板及网式回风口等。送风口的形式和布置是根据空调房间高度、长度、面积大小以及房间气流组织方式确定。识图时应认真领会查清。

(3)查明水系统水管、风系统风管等的平面布置以及与建筑物墙面的距离。

水管一般沿墙、柱敷设，风管一般沿天棚内敷设。一般为明装，有美观要求时为暗装，并且必须弄清敷设位置与方式。

(4)查明风管的材料、形状及规格尺寸。

风管材料有多种，应结合图纸说明及主要设备材料表，弄清该系统所选用的风管材料。一般情况下，风管材料选用普通钢板或镀锌钢板；有美观要求的风管，可选用铝及铝合金板；输送腐蚀性介质的风管，可选用不锈钢板或硬聚氯乙烯塑料板（如在蓄电池、贮酸室的排风系统中、常用此种塑料风管）；输送潮湿气体的风管、有防火要求的风管、在纺织印染行业中排除有腐蚀性气体的风管，常采用玻璃钢材料。

风管有圆形和矩形两种。通风系统一般采用圆形风管；空调系统一般采用矩形风管，因为矩形风管易于布置，弯头、三通尺寸均比圆形风管小，可明装或暗装于吊顶内。

图中所注风管尺寸，一般为标准风管尺寸。圆形风管标注管外径，矩形风管标注该风管视图投影面的尺寸×该风管在平行视图投射线一侧的尺寸。圆形风管和矩形风管的标准规格尺寸请参考其他有关资料。

(5)查明空调器、通风机、消声器等设备的平面布置及型号规格。

(6)查明冷水或空气－水的半集中空调系统中膨胀水箱、集气罐的位置、型号及其配管平面布置尺寸。

2. 剖面图

根据平面图给定的剖切线编号与位置，查阅相应的剖面图。剖切线位置一般选在需要将管道系统表达较清楚的部位。

(1)查明水系统水平水管、风系统水平风管、设备、部件在垂直方向的布置尺寸与标高、管道的坡度与坡向以及该建筑房屋地面和楼面的标高，设备、管道距该层楼地面的尺寸。

(2)查明设备的型号规格及其与水管、风管之间在高度方向上的连接情况。

(3)查明水管、风管及末端装置的型号规格，核对与平面图表示是否有矛盾。

3. 系统图

识读系统图注意：平、剖面图中的风管是用双线表示的，而系统图中的风管一般是按单线绘制的。识读时应查明系统编号、各设备型号规格及相对位置，查明各管段标高及规格尺寸、坡度、坡向。

三 通风系统施工图的识读实例

图 12-9、图 12-10 和图 12-11 是某车间的通风平面图、剖面图和轴测图，试进行识读。

从图中可以看出，该车间有一个通风系统。平面图表明风管、风口、机械设备等在平面中的位置和尺寸；剖面图表示风管设备等在垂直方向的布置和标高；系统轴测图中可清楚地看出管道的空间曲折变化。

该系统由设在车间外墙上端的进风口吸入室外空气，经新风管从上方送入空气处理室，依要求的温度、湿度和洁净度进行处理，经处理后的空气从处理室箱体后部由通风机送出。送风管经两次转弯后进入车间，在顶棚下沿车间长度方向暗装于隔断墙内，其上均匀分布五个送风口(500mm×250mm)，装设在隔断墙上露出墙面，由此向车间送出处理过的达到室内要求的空气。送风管高度

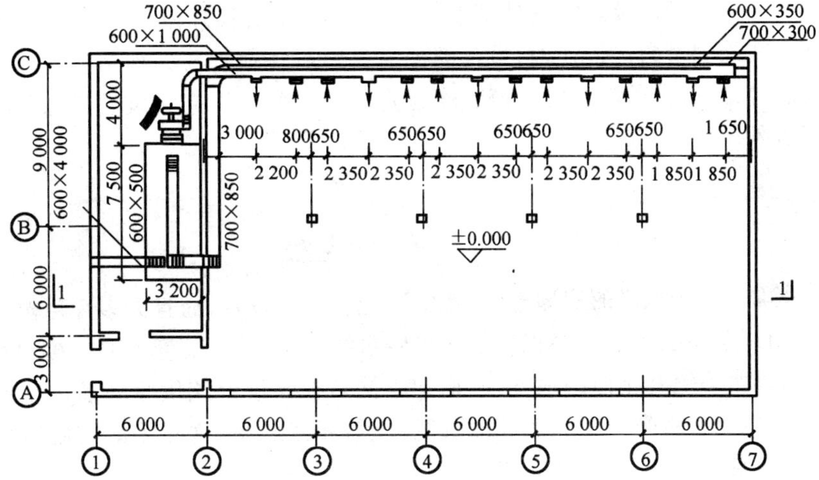

图 12-9 通风平面图

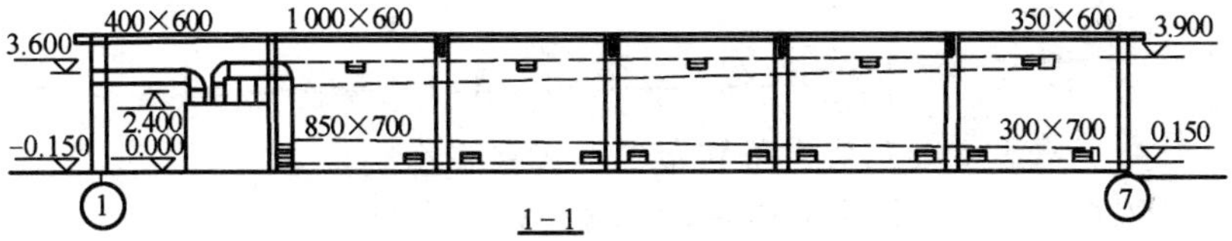

图 12-10 1-1 剖面图

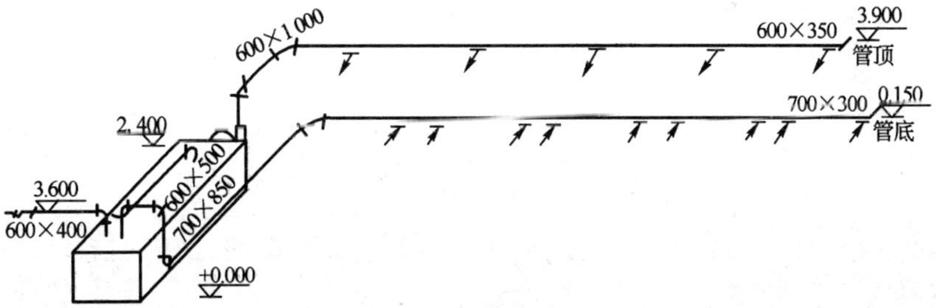

图 12-11 通风系统轴测图

是变化的，从处理室接出时是 600mm×1 000mm，在末端逐步减小到 600mm×350mm，管顶上表面保持水平，安装在标高 3.900m 处，管底下表面倾斜，送风口与风管顶部取齐。回风管在平行车间长度方向暗装于隔断墙内的地面之上 0.15m处。其上均匀分布着九个回风口(500mm×200mm)露出于隔断墙面，由此将车间的污浊空气汇集于回风管，经三次转弯，由上部进入空调机房，然后转弯向下进入空气处理室。回风管截面高度尺寸是变化的，从始端的 700mm×300mm 逐步增加为 700mm×850mm，管底保持水平，顶部倾斜，回风口与风管底部取齐。当回风进入空气处理室时，回风分两部分循环使用，一部分与室外新风混合在处理室内进行处理；另一部分通过跨越连通管与处理室后部喷水后的空气混合，然后再送入室内。跨越连通管的设置便于根据回风质量和新风质量调节送风参数。

本章小结

我国大部分地区的房屋建筑，都需要配备供暖设备，而且大多采用热水供暖系统，所以学生要重点学会识读热水供暖系统的施工图，其管道的连接和敷设往往和给排水系统有相似的地方，图例却不同。在识读建筑供暖和通风工程施工图时，注意也要将平面图和系统图对照读识，相互联系，这样才能彻底明白工程设备的布置、敷设等各方面的内容。

思考题

1. 建筑供暖工程的主要设备和布置方式有哪些？
2. 室内采暖工程平面图有哪些内容和绘制要求？
3. 室内采暖工程系统图有哪些内容和绘制要求？
4. 通风空调系统图的主要内容有哪些？

第十三章 电气施工图

【本章能力目标、知识目标与学习要求】

本章主要介绍建筑电气工程施工图的绘制方法和识图等内容。通过本章的学习,要求学生了解建筑电气施工图的主要组成,认识建筑电气工程中,室内动力及照明工程平面图和系统图的绘制要求。重点要学会识读常见的建筑室内照明系统施工图,使学生具备识读建筑室内照明施工图和根据图纸内容和要求进行现场施工的能力。

现代房屋建设中,均要安装许多电气设施,如照明灯具、电源插座、电视、电话、消防、控制装置、各种工业与民用的动力装置,控制设备及避雷装置等。每一项电气工程或设施,都需要经过专门的设计表达在图纸上,这些有关的图纸就是电气施工图。电气施工图按"电施"编号。本章将重点学习照明电气施工图。

第一节 概 述

一 电气施工图的分类

电气施工图是一类应用十分广泛的电气图,用它来阐述电气工程的构成和功能,描述电气装置的工作原理,提供装接和维护使用信息。一项电气工程的规模不同,反映该项工程的电气图的种类和数量也是不同的。一般而言,一项工程的电气图通常由以下几部分组成。

(1)目录和前言

图纸目录包括序号、图纸名称、编号和张数等;前言包括设计说明、图例、设备材料明细表，工程经费概算等。

(2)电气系统图和框图

电气系统图主要表示整个工程或其中某一项目的供电方式和电能输送的关系，亦可表示某一装置各主要组成部分的关系。

(3)电路图

电路图主要表示一系统或装置的电气工作原理。

(4)接线图

接线图主要用于表示电气装置内部各元件之间及其与外部其他装置之间的连接关系，又可具体分为单元接线图、互连接线图、端子接线图、电线电缆配置图等。

(5)电气平面图

电气平面图主要表示某一电气工程中电气设备、装置和线路的平面布置，它一般是在建筑平面图的基础上绘制出来的，常规电气工程平面图有线路平面图、变电所平面图、动力平面图、照明平面图、弱电系统平面图、防雷与接地平面图等。

(6)设备布置图

设备布置图主要表示各种电气设备和装置的布置形式，安装方式和相互间的尺寸关系，通常由平面图、立面图、断面图、剖面图等组成。

(7)大样图

大样图主要表示电气工程某一部件、构件的结构，用于指导加工与安装，其中一部分大样图为国家标准图。

(8)产品使用说明书用电气图

电气工程中选用的设备和装置，其生产厂家往往将产品使用说明书附在电气图上，这些图也是电气工程图的组成部分。

(9)设备元件和材料表

设备元件和材料表是指将某一电气工程所需要主要设备、元件、材料和有关的数据列成表格，表示其名称、符号、型号、规格、数量，这种表格也是电气图的重要组成部分。

(10)其他电气图

二 动力及照明电气施工图

动力及照明电气工程是现代建筑工程中最基本的用电装置。动力工程主要是指以电动机为动力的设备、装置、起动器、控制箱和电气线路等的安装和敷设；照明工程包括灯具、开关、插座等电气设备和配电线路的安装与敷设。

动力及照明工程图是建筑电气工程图中最基本最常用的图纸之一，它是表示工矿企业及建筑物内外的各种动力、照明装置及其他用电设备以及为这些设备供电的配电线路、开关等设备的平面布置、安装和接线的图纸，是动力及照明工程施工中不可缺少的图纸。一般包括动力及照明系统图、平面布置图、配电箱的安装接线图及电路原理图等，下面我们要着重介绍其中的照明平面布置图和系统图。

第二节　室内电气照明施工图的一般规定

一　绘图比例

一般的，各种电气的平面布置图，使用与相应建筑平面图相同的比例。在这种情况下，如需确定电气安装的位置及导线的长度时，可在图上用比例尺直接量取。

二　图线的使用

电气施工图的图线，其线宽应遵守建筑工程制图标准的统一规定，其线型与统一规定基本相同。各种图线的使用如下：

粗实线表示电路中的主回路线；虚线表示事故照明线，直流配电线路，钢索或屏蔽等；单点长划线表示控制及信号线；双点长划线表示 50V 及以下电力照明线路；中粗线表示交流配电线路；细实线表示建筑物的轮廓线。

三　电气符号

建筑电气施工图中，包含大量的电气符号。电气符号包括图形符号、电工设备文字符号和电工系统图的回路标号三种。建筑电气平面图上的各种设备、元件和线路常用图形符号和文字标注两种方法表示。

1. 常用建筑电气图的图形符号和文字符号

在建筑电气施工图中，各种电气设备、元件和线路都是用统一的图形符号和文字符号表示的。应该尽量按照国家标准规定的符号绘制，如《电气简图用图形符号》(GB/T 4728)、《电气技术中的文字符号指定通则》(GB 7159)等，一般不允许随意进行修改，否则会造成混乱，影响图样的通用性。对于标准中没有的符号可以在标准的基础上派生出新的符号，但要在图中明确加注说明。图形符号的大小一般不影响符号的含义，根据图面布置的需要也允许将符号按90°的倍数旋转或成镜像放置，但文字和指向不能倒置。表13-1是一些室内电气照明系统中常用的图形符号。表13-2是一些室内电气照明系统中常用的文字符号及其含义。

室内电气照明施工图中常用的图形符号 表13-1

名称	线型	名称	线型
	单相插座		单极开关
	单相插座（暗装）		单极开关暗装
	带接地插孔单相插座		双极开关
	带接地插孔单相插座（暗座）		双极开关（暗装）
	带接地插孔三相插座		三极开关
	带接地插孔三相插座（暗装）		三极开关（暗装）
	具有单极开关的插座		单极拉线开关
	带防溅盒的单相插座		延时开关
	配电箱	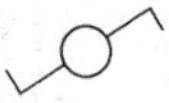	单极双控开关
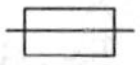	熔断器的一般符号	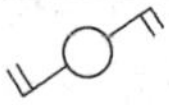	双极双控开关
	灯的一般符号		带防溅盒的单极开关
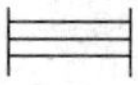	荧光灯（图示为三管）		风扇的一般符号
	天棚灯		向上配线
	壁灯	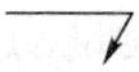	向下配线

室内电气照明施工图中常用的文字符号 表13-2

文字符号	含义	文字符号	含义	文字符号	含义
		电光源种类			
IN	白炽灯	FL	荧光灯	Na	钠气灯
I	碘钨灯	Xe	氙灯	Hg	汞灯

续上表

文字符号	含　　义	文字符号	含义	文字符号	含义
线路敷设方式					
E	明敷	C	暗敷	CT	用电缆桥架敷设
SC	穿焊接钢管敷设	MT	穿电线管敷设	M	用钢索配线敷设
PC	用硬塑料管敷设	MR	金属线槽敷设	CP	穿金属软管敷设
线路敷设部位					
B	梁	W	墙	C	柱
P	地面(版)	SC	吊顶	CE	沿天棚或顶板面敷设
导线型号					
BX(BLX)	铜(铝)芯橡胶绝缘电线	RFS	铜芯丁腈聚氯乙烯复合物绝缘软线	BV(BLV)	铜(铝)芯聚氯乙烯绝缘电线
BXR	铜芯橡胶绝缘软线	BVR	铜芯聚氯乙烯绝缘软线	RVS	铜芯聚氯乙烯绝缘胶型软线
设备型号					
XRM	嵌入式照明配电箱	KA	瞬时接触继电器	QF	断路器
XXM	悬挂式照明配电箱	FU	熔断器	QS	隔离开关
其他辅助文字符号					
E	接地	PE	保护线	AC	交流
PEN	保护线与中性线的共用线	N	中性线	DC	直流

2. 文字标注

在室内电气照明施工图中，设备、元件和线路除采用图形符号绘制外，还必须在图形符号旁加文字标注，用以说明其功能和特点，如型号、规格、数量、安装方式、安装位置等。不同的设备和线路有不同的标注方式。

(1)照明配电箱文字标注

照明配电箱是照明工程中的主要设备之一，是由各种开关电器、仪表、保护电器、引入引出线等按照一定方式组合而成的成套电器装置，用于电能的分配和控制。

配电箱的文字标注格式一般为 a/b/c 或 a-b-c。当需要标注引入线的规格时，则应标注为：

$$a\frac{b-c}{d(e\times f)-g}$$

式中：a——设备编号；

b——设备型号；

c——设备容量，kW；

d——导线型号；

e——导线根数；

f——导线截面，mm^2；

g——导线敷设方式及部位。

例如：配电箱旁标注 $2\ \frac{\text{XMR201-08-12}}{\text{BV}-4\times16+\text{E16}-\text{SC40}-\text{WC}}$，表示 2 号照明配电箱，型号为 XMR201-08，容量为 12kW，配电箱进线采用 4 根截面为 $16mm^2$ 的塑料铜芯线，穿线管管径为 40mm 的钢管，另有一根截面为 $16mm^2$ 的保护接地线，沿墙暗设。

(2)常用照明灯具的文字标注

照明灯具的文字标注格式一般为：

$$a-b\frac{c\times d\times l}{e}f$$

灯具吸顶安装时为：

$$a-b\frac{c\times d\times l}{-}f$$

式中：a——同类照明灯具的个数；

b——灯具的型号或编号；

c——照明灯具的灯泡数；

d——灯泡或灯管的功率，W；

e——灯具的安装高度，m；

f——灯具安装方式；

l——电光源的种类(一般不标注)。

例如：$6-S\frac{1\times60\times B}{2.5}$表示有6盏搪瓷伞罩灯，每个灯内装有1个60W的白炽灯，链吊式安装，高度为2.5m。

(3)开关、熔断器及配电设备的文字标注方式

一般为：$a\frac{b}{c/i}$或$a-b-c/i$；当需要标注引入线时，文字标注方式为：$a\frac{b-c/i}{d(e\times f)-g-h}$其中$a$为设备编号；$b$为设备型号；$c$为额定电流(A)或设备功率(kW)，对于开关，熔断器标注额定电流，对于配电设备标注功率；i为整定电流(A)，配电设备不需要标注；e为导线根数；f为导线截面(mm^2)；g为配线方式和穿线管径(mm)；h为导线敷设方式及部位。

例如：$2\frac{HH_3-100/3-100/80}{BX(3\times3.5)-SC40-FC}$，表示2号设备是型号为$HH_3$—100/3的三极铁壳开关，额定电流为100A，开关内熔断器的额定电流为80A，开关的进线是3根截面为$3.5mm^2$铜芯橡胶绝缘导线(BX)，穿40mm的钢管(SC40)，埋地(F)暗敷(C)。

(4)线路的文字标注格式

在平面图上用图线表示动力及照明线路时在图线旁还应标一定的文字符号，以说明线路的编号、导线型号、规格、根数、线路敷设方式及部位等，其标注的一般格式为：

$$a-b-(e\times f)-g-h$$

式中：a——线路编号或线路功能的符号；

b——导线型号；

e——导线根数；

f——导线截面积，mm^2(不同的截面积应分别表示)；

g——导线敷设方式或穿管管径；

h——导线敷设部位。

例如：2LFG—BLX—3×6—SC20—WC表示2号动力分干线，导线型号为铝芯橡皮绝缘线，由3根截面积各为$6mm^2$的导线，穿管径为20mm的钢管沿墙暗敷。

第三节　室内电气照明施工图

一　室内电气照明施工图的内容

室内电气照明施工图表达的对象是房屋内的照明设备和配电线路，由室内电气照明平面图和配电系统图来表达。具体内容如下：

(1)电源进线和电源配电箱及分配电箱的形式、安装位置以及电源配电箱内的电气系统。

(2)照明线路中导线的根数、型号、规格、线路走向、敷设方式及位置等。

(3)照明灯具的类型、灯泡灯管功率，灯具的安装方式、位置等。

(4)照明开关的类型、安装位置及接线等。

(5)插座及其他日用电器的类型、容量、安装位置及接线等。

二　室内电气照明平面图的绘制

室内电气照明平面图应以建筑平面图为基础，表达配电箱、线路、开关、插座等电气的布置与连接关系。如图 13-1 为某住宅的室内电气照明施工平面图，其绘图步骤如下：

(1)绘制建筑轮廓。绘制轴线、墙线、门窗等轮廓。

(2)标注轴线。标注轴线编号和轴线间距。

(3)绘制灯具、开关、插座、配电箱等。按照规定图形符号在其位置上绘制灯具、开关、插座和配电箱等。

(4)绘制线路。用粗实线绘制线路，连接灯具、开关、插座、配电箱等(本例采用单线表示法)。

(5)标注符号。标注必要的文字符号说明。例如图中的线数。

三　室内电气照明系统图的绘制

室内电气照明系统图是以线框的形式表示室内照明系统的线路图。图中的线型根据表达的含义按照规定绘制。用文字符号说明线路和电气器件的类型、型号和安装要求。图中使用的一些图形符号见表 13-1 和表 13-2。

图 13-2 为某住宅室内电气照明系统图，它表达了以上电气照明系统的电气器件的类型与型号及安装要求、线路与配线要求等。该内容涉及到电工课程的内容，在此仅了解图线的绘制要求与符号的注写方式。

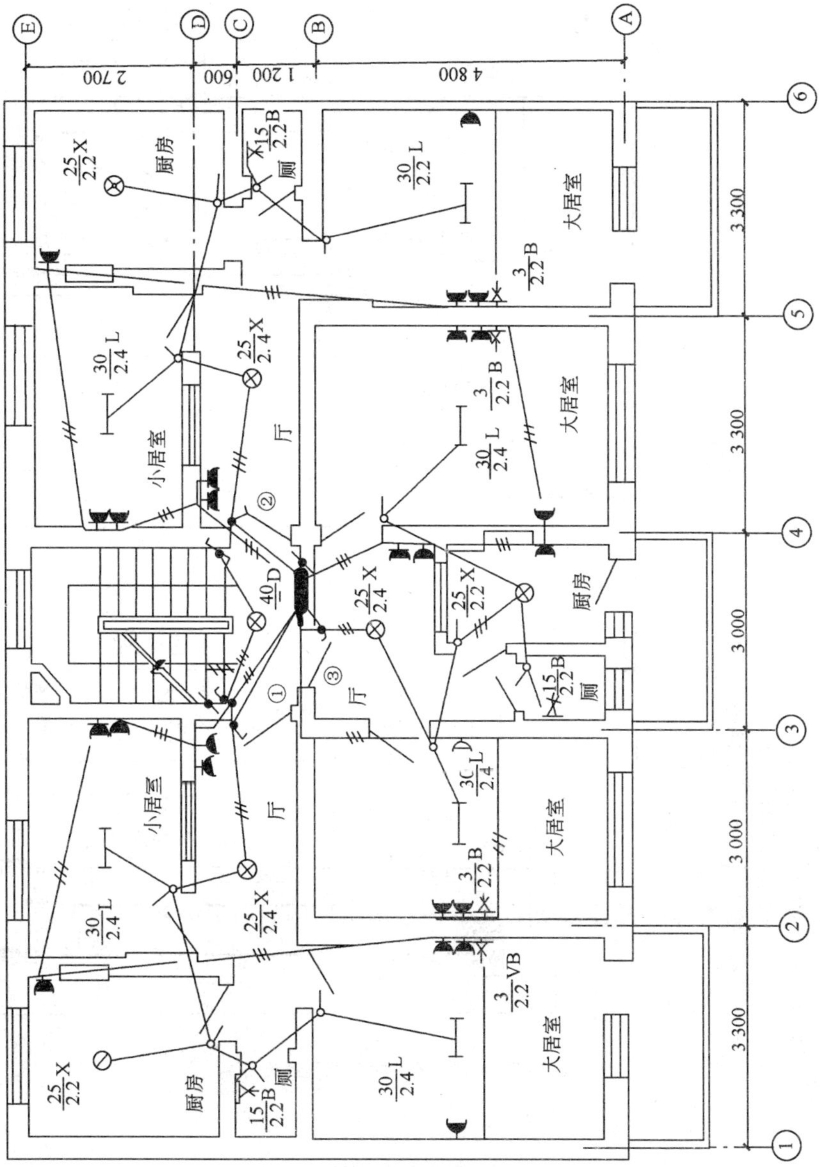

图 13-1 标准层单元电气平面图

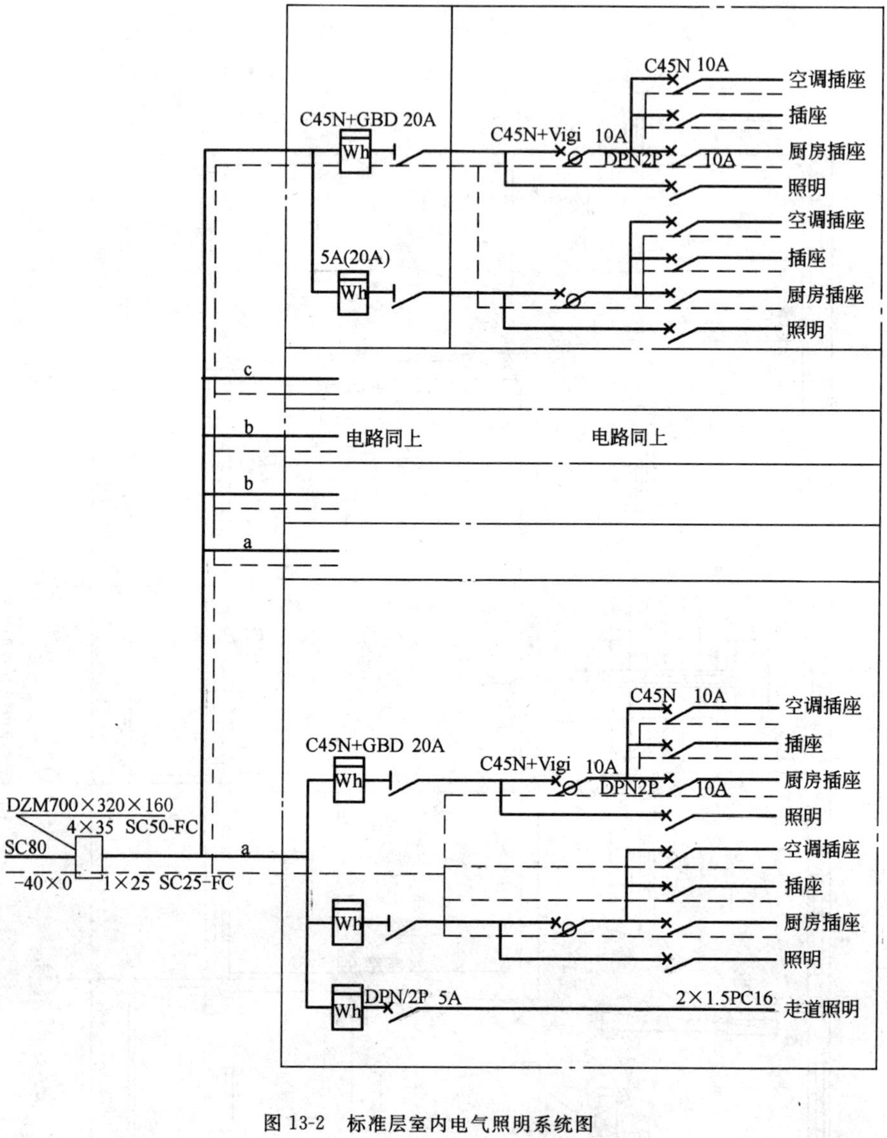

图 13-2 标准层室内电气照明系统图

本章小结

建筑电气施工图是建筑工程施工图纸的重要部分，对建筑电气施工图的绘制、识读和建筑施工图有着重要的联系。现在一般建筑电气线路部分的施工都需要在墙体和楼板内进行预埋穿线管方法，所以建筑基础和主体施工时要通过建筑电气施工图搞清线路的布置情况，其他电气设备往往在工程的后期进行安装。对建筑电气施工图的学习，要具备一定电工学的基础知识，同时对建筑电气产品的性能和使用也要有所了解。

思考题

1. 建筑电气工程图一般由哪几部分组成？

2. 简述建筑室内照明配电箱、灯具和线路的文字表示方法。

3. 简述建筑室内照明施工图的主要内容。

4. 根据习题集中所示某住宅楼建筑电气照明施工图实例，试分别从平面图和照明系统图对其电气照明系统进行识读。

第十四章 路桥工程施工图

【本章能力目标、知识目标与学习要求】

本章介绍了公路、桥梁、涵洞工程图的图示方法和图示内容，着重培养学生对路桥工程施工图的识读能力。本章内容可按各专业的需要和本课程的教学基本要求选学。

道路是一种供车辆行驶及行人步行的带状工程构筑物，其基本组成包括路基、路面、桥梁、涵洞、隧道、防护工程和排水设施等。根据组成和功能特点的不同，道路可分为公路和城市道路。位于城市郊区和城市以外的道路称为公路；位于城市范围以内的道路称为城市道路。桥梁和涵洞是修建道路时，保证车辆通过江河、山谷、低洼地带和宣泄流水的建筑物，桥梁通过江河时，还要考虑通过的船只。桥梁和涵洞的区别在于桥梁是跨越江河、峡谷等障碍的，而涵洞是埋在路基内横穿路基用以宣泄小量流水的构筑物，设计时根据跨径的大小：凡单孔径小于 5m，多孔跨径小于 8m 时修建涵洞，否则修建桥梁。为减少土石方量，保证车辆平衡行驶和缩短里程，在山岭地区修筑道路时，可考虑修筑公路隧道。

第一节　路线工程图

道路是建筑在地面上的一个有曲直、起伏的带状工程构筑物。道路沿长度方向上的行车道中心线称为道路路线。道路工程具有组成复杂；长、宽、高三向尺寸相差大；形状受地形影响大和涉及学科广等特点，因此与一般建筑工程图的图示方法不同，道路路线工程图的平面图以地形图表示，以纵向展开断面图为立面图，以横断面图为侧立面图。道路路线设计的最后结构以平面图、纵断面图和横断面这三种工程图来表达道路的空间位置、线型和尺寸。

路线工程图分为公路路线工程图和城市道路工程图。但无论是公路还是城市道路，其图示方法类似。本章以公路为例介绍道路路线工程图。

一 路线平面图

路线平面图的作用是表达路线的方向、平面线型（直线和左、右弯道）以及沿线两侧一定范围内的地形、地物情况。

1. 路线平面图的形成

通过查阅资料，了解路线通过地区的水文地质情况，再通过勘测，用等高线表示地貌，用规定的图例表示地物，从而形成地形图，再在地形图上绘出路线的平面线型，就形成了路线平面图。

2. 图示方法

路线平面图是从上向下投影所得到的水平投影图，也就是用标高投影法所绘制的道路沿线周围区域的地形图。由于路线平面图通常采用的比例比较小，所设计的路线宽度一般按实际尺寸无法画出，所以通常在地形图上沿设计路线中心线画一条加粗的粗实线（1.4～2.0*b*）来表示设计路线的中心线，以此表示路线的水平曲直、走向状况、里程及平曲线要素的内容，但不表示路线的宽度；与设计路线方案进行比较的比较线则用加粗虚线来表示。

3. 基本内容

路线平面图主要是表示路线的走向和平面线型状况以及沿线两侧一定范围内的地形、地物等情况，其内容包括：地形地物、路线和资料部分。

现以图 14-1 所示某公路从 K54＋400 到 K56＋800 的路线平面图说明其表达的基本内容。

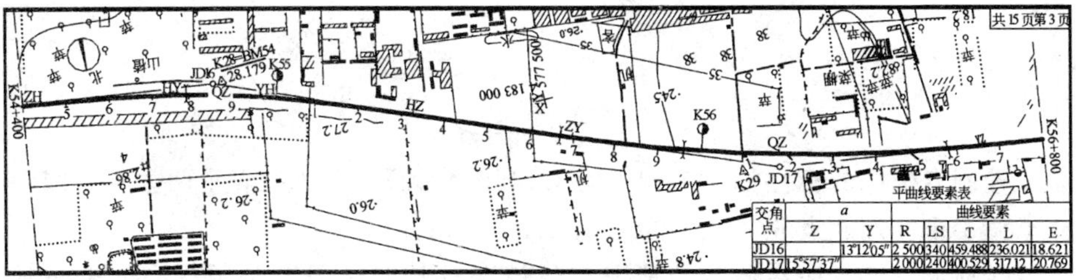

交角点	a		曲线要素				
	Z	Y	R	LS	T	L	E
JD16		13°12′05″	2 500	340	459.488	236.021	18.621
JD17	15°57′37″		2 000	240	400.529	317.12	20.769

图 14-1　路线平面图

（1）地形、地物

路线平面图中的地形部分是路线布线设计的客观依据。它必须反映下述几点内容：

①比例。绘图的比例为图形线性尺寸与实物实际尺寸之比。为了清晰地表示图样，根据地形起伏情况的不同，可采用不同的比例绘制地形图。一般在城镇区为 1∶500 或 1∶1 000，山岭区采用 1∶2 000，丘陵和平原区为 1∶5 000 或 1∶10 000，本图采用 1∶5 000。比例应注在视图图名的右侧或下方。当竖直方向和水平方向的比例不同时，可分别用 V、H 表示竖直方向和水平方向的比例。常用比例样式见图 14-2。

图 14-2 常用比例样式

②方向。在路线平面图上应绘制指北针或坐标网表示地区的方位和路线的走向，并作为拼接图纸的主要依据。指北针宜用细实线绘制，指针尖端要指向正北方向，且在指针的尖端处注写“北”字，字头应朝向指针指示的方向。若不画指北标志时，则必须画出坐标网。坐标网要用沿东西及南北方向的间距相等的两组平行细实线画成相互垂直的方网格，也可只画方格网节点处的十字线，并在靠近节点处平行网线标注纵横坐标数值，数值单位是 m（若在图中需标注某些工程点的坐标数值时应精确到小数点后第三位），在坐标数值前还应分别标注南北方向和东西方向的坐标轴线代号“X”、“Y”；若只有坐标数值而无坐标轴线代号时，图上还应绘制指北标志，如图 14-3 所示。

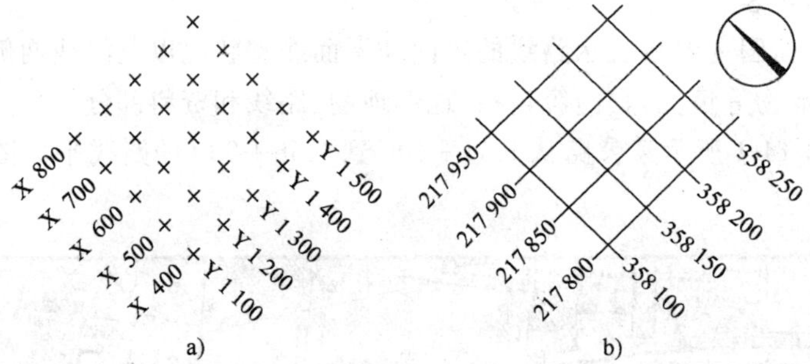

图 14-3 坐标网

控制点坐标的标注如图 14-4 所示，X460.405、Y310.750 表示两垂直直线的交点位于坐标网原点北 460.405m、东 310.750m。

③地形。路线所在地带的地形起伏情况及其变化程度是用等高线来表示的。等高线密集，表示地形陡峻；等高线稀疏，表示地势平缓。相邻两条等高线之间的高差为 2m，每隔四条较细的等高线就应有一条较粗的等高线，并标注高程数值，其字头朝向上坡。根据图中各个高程点的标高可以看出，该地区除 K56

号桩处西南方向的地势稍微高外，其余地区地势平坦。

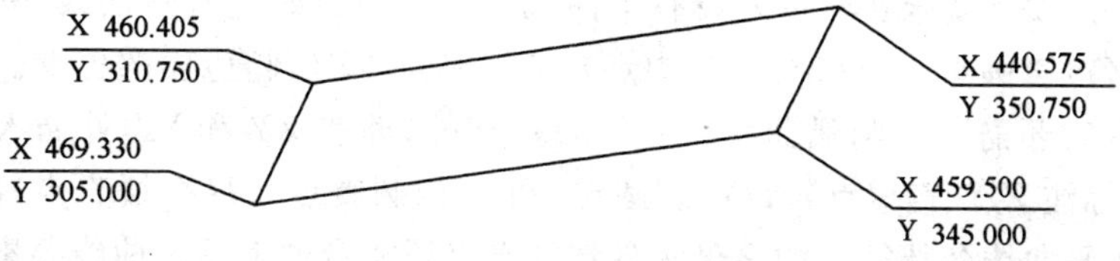

图 14-4 控制点坐标

④地貌地物。在平面图中地形面上的地貌地物如河流、农田、房屋、桥梁、铁路等都是用统一的图例来表示的。常用的图例如表 14-1 所示。对照图例可知，路线经过地区主要为果园。

道路工程常用图例 表 14-1

名称	符号	名称	符号	名称	符号	名称	符号
路线中心线		房屋		涵洞		水稻田	
水准点	BM 编号/高程	大车路		桥梁		草地	
导线点	编号/高程	小路		菜地		经济林	
转角点	JD 编号	堤坝		旱田		用材林	松
通讯线		河流		沙滩		人工开挖	

(2)路线

①里程桩号。由于路线平面图中所采用的绘图比例较小，道路的宽度无法按实际尺寸画出，因此路线平面图中以加粗实线来表示道路的中心线(设计线)。为了清楚地看出路线的总长和各段的长度，一般在路线上的起终点间按照从小到大、从左到右的顺序排列，沿前进方向的左侧每隔 1km 以“♀”符号垂直路线设一公里桩，在符号的上边注写公里数值，公里数值朝向公里符号的法线方向，如 K4 表示此桩位距路线起点 4km；沿前进方向的右侧在公里桩中间，每隔 100m 以垂直路线的细短线设百米桩，百米数字 1 至 9 注写在细短线的端部且字头朝向上方；也可在路线的同一侧，均采用垂直于路线的短线表示公里桩和百米桩。

②平面线型。路线的平面线型有直线型和曲线型，而曲线型又包含圆曲线和缓和曲线。在路线转弯处，平面图形中是用交角点编号及曲线要素表来表示的。交角点编号即路线转折的顺序编号，如图 14-1 所示，JD16 表示 16 号交角

点，α 为偏角（α_z 为左偏角，α_y 为右偏角），它表示路线前进方向，向左或向右偏转的角度。按设计要求在转弯处设有平曲线。平曲线有时是圆弧曲线，需标注曲线起点 ZY（直圆点）、中点 QZ（曲中点）、曲线终点 YZ（圆直点）的位置。根据设计要求有时还需要在圆弧曲线和直线段连接处，即在 ZY 和 YZ 处插入缓和曲线，并需标注 ZH（直缓点）、HY（缓圆点）和 YH（圆缓点）、HZ（缓直点）的位置。以上表示平曲线各特征点的字母是各特征点汉语拼音的缩写。曲线要素包括圆曲线的设计半径 R、切线长 T、外矢距 E、曲线长 L 和设有曲线段路线的缓和曲线长（LS），这些都可在路线平面图的曲线表中查得。从图中还可以看出，道路沿路线前进方向，在 JD16 处右拐弯，在 JD17 处左拐弯。

③三角点和控制点。路线平面图中还必须标出导线点（三角点）和水准点等图例的编号和位置。图中$\triangle\dfrac{\mathrm{K28=BM54}}{28.179}$表示 K 系列第 28 号三角点的位置和控制标高 BM54 水准点的位置相同，其高程是 28.179m。

由于道路具有狭长、曲折的特点，使用同一张图纸不可能将一整条路线表示清楚，往往需要分段画在若干张图上，使用时将图拼接起来。如图 14-5 所示。路线分段应在直线部分取整数桩号断开，断开的两端均应画出垂直于路线方向的拼图线（点划线）表示。接图时应将相邻两图纸的路线中心线对准，并使接图线重合在一起。

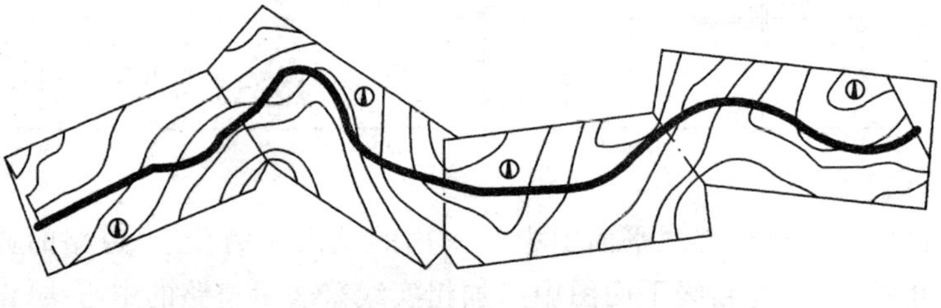

图 14-5 路线平面图的拼接

（3）资料表

在每张路线平面图的适当位置，还需列出曲线要素表。

4.路线平面图的画法及注意事项

（1）先画地形图（先粗后细徒手画出，光滑），再画路线中心线（用尺规按先曲线后直线顺序画出，为了使路线中心线与等高线有明显的区别，一般以两倍于等高线的宽度画出）。

（2）路线平面图应沿前进方向从左向右绘制，以便和纵断面图对应。桩号为左小右大。

(3)平面图的植物图例、水准点符号，应朝上或向北绘制。每张图纸的右上角应有角标，注明图纸序号及总张数以及路段起止桩号，在每张图的下方或最后一张图的右下角绘出标题栏。图中路线经过的村镇名称也应标出。

(4)路线的分段，应在直线段上整百米桩处分段。每张图纸上只允许画一段路段的平面图，并在该路段两端用细实线画出垂直于路线的接线图。

(5)平面图中的字体的方向，应根据图标的位置来确定。

5.读图的顺序

(1)读路线平面图中的控制点，坐标网(或指北针方向)以及画图所采用的比例。

(2)读地形图，了解路线所处区域的地形、地物分布情况。

(3)读路线设计线，了解路线在平面的走向。

(4)了解平曲线的设置情况及平曲线要素。

(5)注意路线与公路、铁路、河流交叉的位置。

(6)将前后路线平面图拼接，了解路线在平面图中的总体布置情况。

二 路线纵断面图

路线纵断面图是表达路线中心线处的地面起伏状况、地质情况、路线纵向设计坡度、竖曲线以及沿线桥涵等构筑物概况的工程图。把它与平面图结合起来，就能反映出路线在空间的位置。

1.路线纵断面图的形成

路线纵断面图是通过道路中心线用假想的铅垂面进行剖切展平后获得的。由于道路中心线是由直线和曲线组成的空间曲线，因此剖切的铅垂面既有平面又有柱面，为了清晰地表示路线纵断面情况，特采用展开的方法将断面展平成一平面，然后进行投影，再附上必要的内容，便形成了路线纵断面图，如图14-6所示。

2.图示特点

由于路线纵断面图是用展开剖切方法获得的断面图，因此它的长度就表示了路线的长度。水平方向表示长度，垂直方向表示高程，且纵向比例较横向比例放大10倍，清晰地显示出地面线和设计线的纵向起伏变化情况。

3.路线纵断面图的内容

路线纵断面图包括图样和资料表两部分。如图所示的某公路K25＋700.00至K26＋200.000段的路线纵断面图，长为400m。路线纵断面图是将地形地物与各桩处的填挖高度、地质条件和坡度，以及平曲线和竖曲线，对应结合起来的图形。

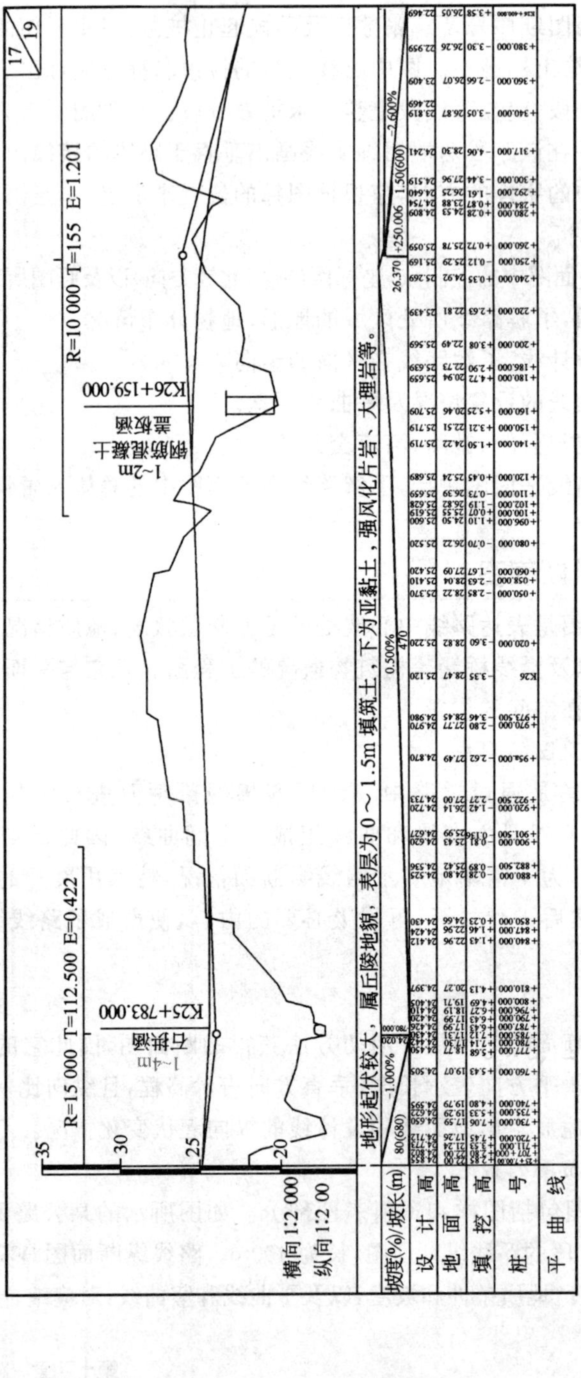

17/19
R=15 000 T=112.500 E=0.422
R=10 000 T=155 E=1.201
1~4m
石拱涵
K25+783.000
1~2m
钢筋混凝土
盖板涵
K26+159.000
地形起伏较大，属丘陵地貌，表层为0～1.5m填筑土，下为亚黏土，强风化片岩、大理岩等。
横向1:2 000
纵向1:2 00
坡度(%)/坡长(m)
设计高
地面高
填挖高
桩号
平曲线
-1.000%
0.500%
-2.600%

图14-6 路线纵面图

(1)图样

①比例。路线纵断面图的纵向表示地面及设计路基边沿的标高，横向表示路线的长度。一般在山岭地区，纵向采用 1∶200，横向采用 1∶2 000，在丘陵和平原因地形变化小，纵向采用 1∶500，横向采用 1∶5 000。一条大量纵断面图有若干张，应在第一张的适当位置(在图纸右下角图标内或左侧竖向标尺处)注明纵向、横向所用比例。本例纵向采用 1∶200，横向采用 1∶2 000。

②地面线。图中不规则的细折线表示设计中心线的纵向地面线。它是根据一系列中心桩的地面高程连接而成的。具体画法是将水准测量测得的各桩高程，按纵向 1∶200 的比例将各点绘在相应的里程桩上，然后依次把各点用细实线连接起来，就是地面线。

③设计线。图中比较规则的直线与曲线相间的粗实线称为设计坡度线，简称设计线，它表示路基边缘的设计高程。它是根据地形、技术标准等设计出来的，并经过技术、经济以及美学上的比较而选定出来的，用粗实线画出。比较地面线与设计线的相对位置，可决定填、挖地段和填、挖高度。

④竖曲线。在设计线纵坡变更处，需设置竖曲线，以利于汽车平稳行驶。竖曲线分为凸形和凹形两种，分别用“┌┬┐”和“└┴┘”符号表示，该符号用细实线绘制在设计线上方，并将竖曲线的半径 R、切线长 E(从变坡点至竖曲线的起点或终点的距离)和外矢距 E(从变坡点至竖曲线的垂直距离)等要素标注于其上，符号两端的垂直细短线表示竖曲线的起点和终点的位置。如在纵坡变更处不设置竖曲线，则在图上该处注明不设。

⑤沿线桥涵构造物。当路线上有桥梁、涵洞、立体交叉和通道等人工构造物时，应在其相应的坐标处表明结构物的名称、种类、大小以及中心里程桩号。当路线上有桥涵时，应在地面线上边和设计线下边，并对正桥涵的中心桩号，用符号“┬┬”和“□”分别表示桥梁和涵洞。同时，应在设计线上方或下方的空白处对准桥涵的中心位置，用细实线画竖直引出线和水平标注线。在引出线的左侧标注桥涵的中心桩号，在水平线的上方标注桥涵的规格及名称。在新建的大、中桥梁处，还应标出水位标高，标高以 m 为单位。例图中表示在里程桩 25＋783 和 26＋159 处分别设有一座单孔跨度为 4m 的石拱涵和单孔跨度为 2m 的钢筋混凝土盖板涵，它们的构造及尺寸，另绘图纸设计。

⑥水准点。沿线设置的水准点，都应按其所在位置，在设计线上方或下方的适当位置用细竖直引出线进行标注。在竖线左侧标注水准点的桩号，在水平线

的上方标注水准点的编号和高程，在水平线的下方标注水准点与路线的相对位置关系。

(2)资料表

路线纵断面图的资料表是与图样上下竖直对正布置，包括地质概况说明、坡度和坡长，设计标高、地面标高、挖高、填高、桩号以及路线对应的平面线型等，其内容可根据不同设计阶段和不同道路等级的要求而增减。

①地质概况。该栏为沿线的地质情况，为设计施工提供简要的地质资料。

②坡度/距离。其是指设计线的纵向坡度及其长度。该栏中每一分格表示一种坡度，对角线表示坡向，先低后高为上坡，反之为下坡。对角线上边的数值为坡度数值，正值为上坡，负值为下坡；对角线下边的数值为该坡度路段的长度(即距离)，单位是 m。若为平坡时，应在该分格中间画一条水平线，线上标注的坡度数值为 0，线下标注该平坡路段的长度。该栏中各分格竖线应与各变坡点的桩号对齐。

③挖深。在该栏中对正各挖方路段的桩号，将其地面高程与设计高程之差数值标出，单位是 m。

④填高。在该栏中对正各填方路段的桩号，将其设计高程与地面高程之差值标出，单位是 m。

⑤设计高程。在该栏中对正各桩号将其高程标出，单位是 m。

⑥地面高程。在该栏中对正各地面中心桩号将其高程标出，单位是 m。

⑦桩号。按测量所得的数据，一一将各点的桩号数值填入该栏中，单位是 m。桩号是各桩点在路线上的里程数值，各个桩点没有顺序编号，各个桩的里程就是各个桩的桩号。对于平、竖曲线的各特征点、水准点、桥涵中心点以及地形突变点等，还需增设桩号。

⑧平曲线。该栏是路线平面图的示意图。路线直线段用画在该栏中间的水平细实线表示，向左或向右转弯的曲线段分别用下凹或上凸的细实线折线表示。其中两竖线间的距离为平曲线的长度。

4.画路线纵断面图应注意事项

(1)纵横比例一般在第一张图中注释说明。

(2)通常将纵断面图画在透明方格纸上，宜画在方格纸的反面，便于检查和修改。

(3)画路线纵断面图与画路线平面图一样，从左到右按里程顺序画出。

(4)当路线坡度发生变化时，变坡点应用直径 2mm 的中粗线画圆圈表示，切线应采用细虚线表示，设计线应采用粗实线表示。

(5)路线纵断面图的标题栏绘在最后一张图纸或每张图纸的右下角。每张图右上角应该有角标,用来注明图纸的序号和总张数。

5.读图的顺序

(1)读清水平、垂直向采用的比例与水准位置。

(2)读地面线,了解沿路线纵向的地势起伏情况及土质分布。

(3)读路线设计线,了解路线的填挖情况。

(4)比较设计线与地面线,了解路线的填挖情况。

(5)了解沿路线纵向其他工程构造物的分布情况及其主要内容。

(6)了解平曲线与竖曲线的配合关系。

在读图的过程中,应紧密结合测设数据表与图样部分,把纵断面图中体现出来的内容一一读懂、读透。

三 路基横断面图

路基横断面图是根据测量资料和设计要求在路线中心桩处做的垂直于路线中心线的断面图。其作用是表达路线沿线各中心桩处的横向地面起伏状况和路基横断面形状、路基宽度、填挖高度、填挖面积等。工程上主要用来计算路基土石方量和作为路基施工时的依据。

1.路基横断面图的形成

通过路线中心桩假设用一垂直于路线中心线的铅垂剖切面对路线进行横向剖切,画出该剖切面与地面的交线及其与设计路基的交线,即形成路基横断面图。路基横断面图由地面线和路基设计线围成,路基设计线由路基宽度线、边坡线(或边沟线)组成,如图 14-7 所示。

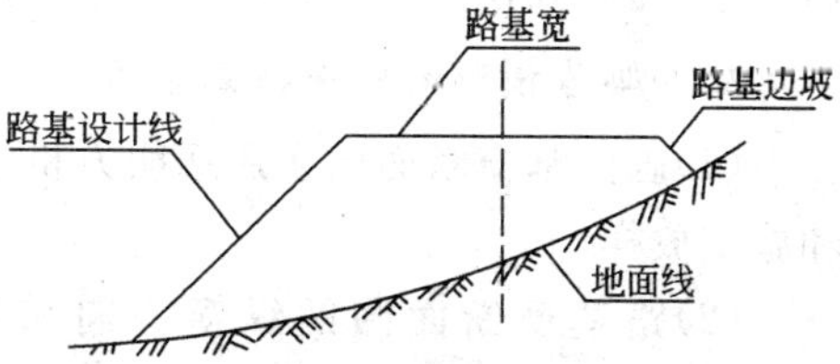

图 14-7 路基横断面图

2.路基横断面的形式

如图 14-8 所示,视设计线与地面线相对位置的不同,路基横断面图有以下三种基本形式:

(1)填方路基。又称路堤,设计线全部在地面线以上。在图的下边注有该断面的里程桩号、中心线处的填方高度 HT(m)及该断面的填方面积 AT(m^2),另外还标注路基中心标高和路基边坡坡度。

(2)挖方路基。也称路堑,设计线全部在地面线以下。图中标注有该断面的里程桩号、中心挖高 HW(m)、挖方面积 AW(m^2)、路基中心标高及边坡坡度。

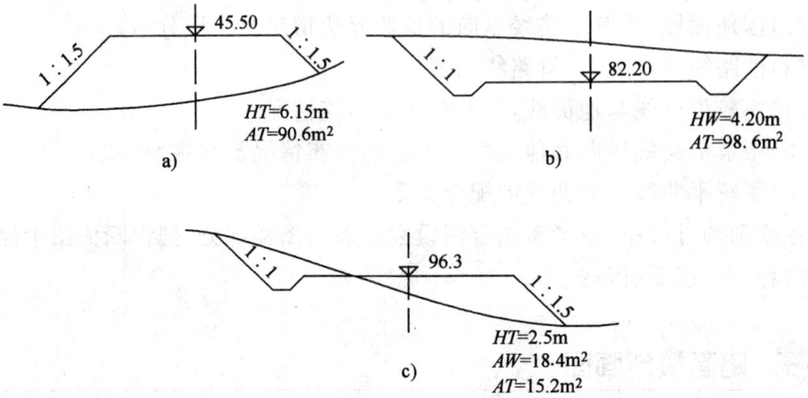

图 14-8　路基横断面的基本形式

a)填方路基;b)挖方路基;c)半填方半挖方路基

(3)半填方半挖方路基。这种路基是前两种的综合,设计线一部分在地面线以上,另一部分在地面线以下。图中注有该断面的里程桩号、中心处填高或挖高、填方面积和挖方面积以及路基中心标高和边坡坡度。

3. 画路基横断面图应注意事项

(1)画路基横断面图多用透明方格纸,画在反面,这样便于计算填挖方面积和施工放样。

(2)路基横断面图的纵横方向采用同一比例。一般用 1∶200,也可用 1∶100和 1∶50。按横断面的桩号顺序自下而上、从左至右依次画出。地面线画细实线,设计线画粗实线。

(3)在每张图纸的右上角绘制角标,在最后一张图纸的右下角绘制图标。

4. 读图的顺序

(1)读水平、垂直方向采用的比例。

(2)读横断面图的桩号和路基中心标高及边坡坡度,了解此横断面在平面图中的位置及地势情况。

(3)比较地面线和路线设计线,了解该断面的填挖情况及填挖方面积。

图 14-9 所示为某公路的路基横断面图。

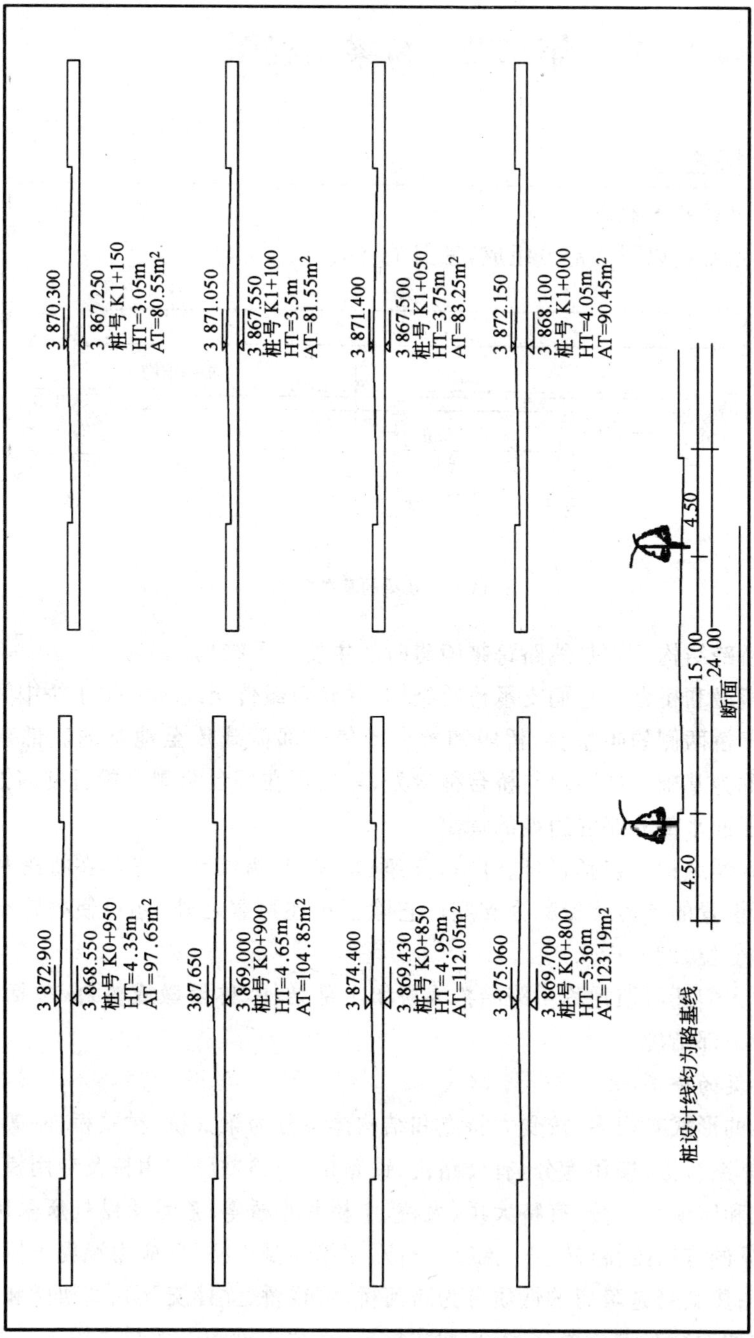

图 14-9 路基横断面示例

第二节　桥梁工程图

一 概述

1. 桥梁的基本组成

桥梁通常由以下三部分组成，见图 14-10：

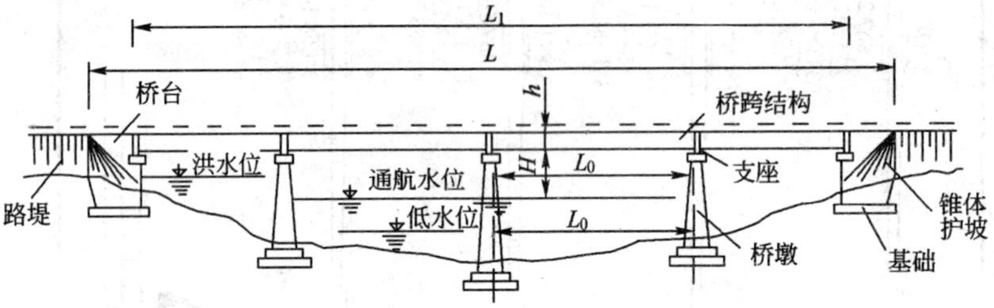

图 14-10　桥梁的基本组成

(1)桥跨结构　它是线路跨越障碍时的主要承重结构。

(2)桥墩和桥台　它们支承桥跨结构，并将荷载传至地基。位于桥中间的叫桥墩，位于桥两侧的叫桥台，桥墩和桥台中使全部荷载传至地基的底部奠基部分，通常称为基础。在路堤与桥台衔接处，一般还在桥台两侧设置石砌的锥形护坡，以保证迎水部分路堤边坡的稳定。

(3)附属结构　包括栏杆、灯柱、支座、护岸、导流结构物等。在桥跨和墩台相接处所设置的传力装置称为支座。它除了传递荷载之外，还可使桥跨结构产生一定的变位。

通常人们还习惯地称桥跨结构为桥梁上部结构，称桥墩或桥台(包括基础)为桥梁的下部结构。

2. 桥梁的分类

桥梁的形式有很多，按受力特点和结构体系分为梁式桥、拱式桥、刚架桥、吊桥、组合体系桥等；按用途分，有公路桥、铁路桥、公路铁路两用桥及专用桥等；按桥梁全长和跨度大小分，有特大桥、大桥、中桥和小桥等；按承重结构所采用的材料分，常见的有圬工桥(砖、石、混凝土桥)、钢筋混凝土桥、预应力混凝土桥、钢桥和木桥等；按其跨越障碍的性质分为跨河桥、跨线桥(立体交叉)、高架桥和栈桥；按上部结构的行车道位置分，上承载式桥，下承载式桥和中承载式桥。

根据受力特点和结构体系分类是目前桥梁工程中比较常见的分类方法，该分类方法有利于了解桥梁的结构，方便桥梁的设计，有助于桥梁的施工安排。

梁式桥是一种在竖向荷载作用下无水平反力的结构。目前应用最广的是预制装配式的钢筋混凝土简支梁桥，这种梁桥结构简单，施工方便，对地基承载能力的要求也不高，一般跨径在25m以下，跨度较大时，可修建悬臂式或连续式的梁桥，目前也往往修建高强度材料的预应力混凝土梁桥。

二 桥梁工程图

桥梁的建筑不但要满足使用上的要求，还要满足经济、美观、施工等方面的要求。修建前，首先要进行桥位附近的地形、地质、水文、建材来源等方面的调查，绘制出地形图和地质断面图，供设计和施工使用。虽然各种桥梁的结构形式和建筑材料不同，但图示方法基本上是相同的。

1.桥梁工程图的图示特点及基本内容

桥梁工程图是利用正投影的理论和方法并结合专业图的图示特点来绘制的。建造一座桥梁需要的图纸很多，但其主要的工程图样包括桥位平面图、桥位地质断面图、桥梁总体布置图、上下部结构构造图、构件结构图和大样图几种。

(1)桥位平面图

桥位平面图主要表明的是桥梁在路线中的平面位置以及通过地形测量出桥位处的道路、河流、水准点及其两岸附近的地形、地物的图样，它是设计桥梁、施工定位的依据。其画法与路线平面图相同，只是所用的比例较大，绘制桥位平面图常采用的比例有1∶500,1∶1 000和1∶2 000等。有时，也可用一段路线平面图来代替桥位平面图，但在路线平面图上需标注出桥的名称、桥位中心桩号、桥的孔数和跨度等。

(2)桥位地质断面图

桥位地质断面图是根据水文调查和地质钻探所得的资料绘制的河床地质断面图，表示桥梁所在位置的地质水文情况，它是设计桥梁、桥墩、桥台和计算土石方工程量的依据，其主要内容包括：河床断面线(用粗实线绘制)，最高水位线、常水位线、最低水位线、钻孔的位置、间距、孔口标高和钻孔深度，土壤的分层(用细实线绘制)、标高和各土层的物理力学性质等。有时为了突出显示地质和河床深度变化情况，特意将纵向比例比横向比例放大数倍画出。为了准确表明桥位处地质变化情况，地质断面图还应附路线里程桩号及地面高程表。

(3)桥梁总体布置图

桥梁总体布置图和构件图是指导桥梁施工的最主要图样。桥梁总体布置图一般由立面图、平面图和横剖面图三部分组成，它主要表明桥梁的形式、跨度、孔数、总体尺寸、桥道标高、桥面宽度、各部位标高，各主要构件的相互位置关系、桥面和桥头引道的坡度、桥宽、桥跨横截面布置、桥梁形式及其与公路的衔接、桥梁与河流或与桥下路线的相交状况、材料量以及技术说明等。它作为施工时确定墩台位置、构件安装和标高控制的依据。

(4)构件图

组成桥梁的各个构件，在桥梁总体布置图中是无法详细表达清楚的，因此，单凭总体布置图是无法进行制作和施工的，为此还必须采用较大的比例画出各个构件的形状、大小以及钢筋布置情况，这种图称为构件结构图。画构件图常用的比例为1∶10～1∶50，而且在不表明单位时以cm为单位。

当构件的某一局部在构件结构图中无法清晰完整地表达时，还应采用更大的比例，如1∶3～1∶10，画出局部的大样图(或详图)。

2.桥梁图的识读

(1)读图方法

①读图的基本方法是形体分析方法，桥梁显然是庞大而又复杂的建筑物，但它总是由许多构件所组成。了解了每一个构件的形状和大小，再通过总体布置图把它们联系起来，弄清楚彼此之间的关系，就不难了解整个桥梁的形状和大小。

②读图时，先看总体布置图，了解桥梁概况；再读构件图，了解构件的形状和大小；最后结合总体布置图，搞清桥梁的形状和大小。即由整体到局部，再由局部到整体的反复过程。

③正确运用投影规律，互相对照，弄清整体。要注意把相关的图形结合起来一起看，先看主要的部分，再看次要的部分；要注意把图形与文字(说明、附注尺寸和附表等)结合来读图。

(2)读图步骤

①读图纸右下角的标题栏及附注说明，从而了解桥梁的名称、种类、主要技术指标、施工措施及注意事项、比例、尺寸单位等。

②读桥位平面图及地质纵断面图，了解所建桥梁的位置及水文、地质情况。

③读总体布置图，弄清各投影的关系，读图时，先读立面图(包括纵剖面图)，了解桥型、孔数、跨径大小、墩台数目及埋置深度、桥长、桥高、河床断面以及水文、地质情况等，再对照平面、侧面及横剖面等投影图，了解桥的宽度、人行道尺寸、桥道纵坡和主梁的断面形式及墩台梁的一般构造等。这样就对桥梁的全貌及其基本构造有了一个初步的了解。

④分别阅读构件图和大样图，搞清构件的详细构造。

⑤了解桥梁各部分所采用的建筑材料，并阅读工程量表、钢筋明细表及说明等。

⑥各构件图读懂之后，再回头来阅读总体布置图，了解各构件的相互配置及装配尺寸，查看有无矛盾或不对应之处存在，直到完全读懂为止。

⑦最后对各构件图及总体布置图的所有尺寸进行复核，检查有无错误或遗漏。

3.桥梁图的读图示例

《道路工程制图标准》(GB 50162—92)规定尺寸起止符宜采用单边箭头表示，也可采用斜短线表示，本示例中两种尺寸标注方法均有采用。

(1)桥梁总体布置图

图 14-11 为某桥总体布置图，绘制比例采用 1：100。

①立面图。未采用半立面和半纵剖面图的形式，而是全部采用了立面图的形式来表达桥的特征和桥型，如桥型、孔数、跨度、桥长、桥两端和桥中心的桩号以及墩台的埋置深度等内容。

从图中可以看出：该桥为三孔钢筋混凝土简支桥，两边边孔跨径各为 18m，中间孔跨径为 22m，桥总长度为 58.08m。上部结构为预制钢筋混凝土空心板梁，下部结构两端为重力式混凝土桥台，桥中设有两个柱式桥墩，桥台和桥墩均采用混凝土桩基础，桩直径均为 1.2m，因地质条件不好，两端桩深 37m，其余桩深 42m，桩均深入到此处承载力相对较高的粉质黏土层中，由于桩打入到地下较深的位置，不必全部画出，为了节省图幅，采用了断开图画法。在立面图的左侧绘有标尺(单位是 m)，在绘制各构件的标高位置时都统一使用这个标尺。

本例还借用桥位地质工程钻孔柱状图的形式，采用移出画法将桥位的地质情况画在桥两端外侧，因为此处地质条件变化较小，所以并未标明钻孔编号和钻孔位置桩号，但图中标明了各层土的名称、分界线标高。这样做的效果是采用较小的比例尺，将所要显示的重叠内容清晰的显示出来。图中还标注了桥梁各重要部位如桥底、桥墩、桥台、桩尖等处的高程以及设计水位。

在立面图的上下方还标注了桥梁起点、中心、终点及结构下部桩的里程桩号，以便施工放样时使用。在各墩台的下边，从左至右顺序标出了墩台的编号。

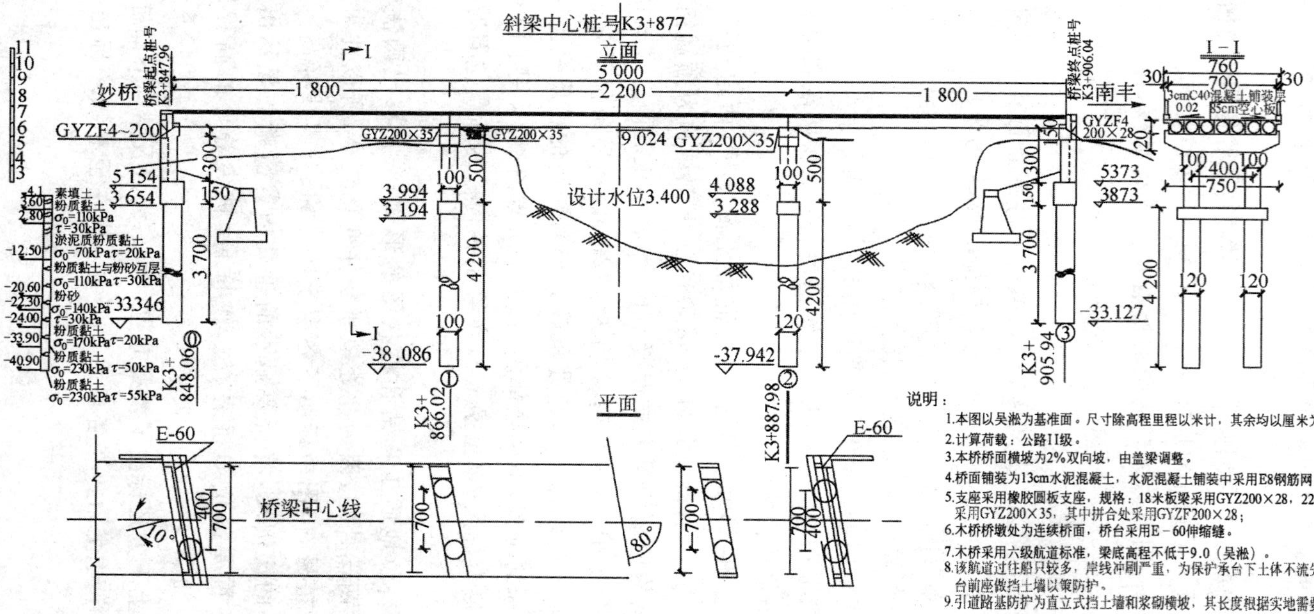

说明：

1.本图以吴淞为基准面。尺寸除高程里程以米计，其余均以厘米为单位；
2.计算荷载：公路II级。
3.本桥桥面横坡为2%双向坡，由盖梁调整。
4.桥面铺装为13cm水泥混凝土，水泥混凝土铺装中采用E8钢筋网。
5.支座采用橡胶圆板支座，规格：18米板梁采用GYZ200×28，22米板梁采用GYZ200×35，其中拼合处采用GYZF200×28；
6.木桥桥墩处为连续桥面，桥台采用E－60伸缩缝。
7.木桥采用六级航道标准，梁底高程不低于9.0（吴淞）。
8.该航道过往船只较多，岸线冲刷严重，为保护承台下土体不流失，建议台前座做挡土墙以策防护。
9.引道路基防护为直立式挡土墙和浆砌横坡，其长度根据实地需要增减。

图 14-11　桥梁总体布置图

②平面图。平面图一般有桥面平面图和墩台平面图组成，其中桥面平面图主要表达桥与路的关系、桥台锥形护坡、桥面净宽、人行道宽以及栏杆立柱的布置尺寸等内容。从图中可以清晰地看出桥为三跨斜交简支梁板桥，斜交角为10°，桥面净宽为7m。墩台平面图主要表达了墩台下桩基础桩心距，以及伸缩缝的具体位置。

③横剖面图。显示桥面净宽、护栏宽、总宽、横向坡度及桩基础、墩台的规格尺寸等。从I-I剖面图对照立面图编号为I的剖切平面的剖切位置可以看出：桥梁的上部结构由六片85cm厚的空心板梁组成，板上为13cm厚的C40水泥混凝土桥面铺装，桥面的横向排水坡度为2%，栏杆的宽度为30cm。

(2)构件图

①钢筋混凝土空心板图。钢筋混凝土空心板是该桥梁上部结构中最主要的受力构件，它两端搁置在桥墩和桥台上，中跨为22m，边跨为18m，如图14-12所示。中跨为22m空心板构造图，由半平面图、半立面图和断面图组成，主要表达空心板的形状、构造和尺寸。整个桥宽由中板和边板拼成。其中中板宽99cm，边板宽129.5cm，纵向是对称的，所以立面图和平面图只绘制了一半。中板和边板分别绘制了跨中断面图，可以看出它们不同的断面形状和详细尺寸。

每种钢筋混凝土板都必须绘制钢筋布置图，现以中板为例介绍，图14-13为22m板中板的配筋图。立面图是用II-II纵剖面表示的。布置图绘制了跨中横断面I-I，可以看出11号钢筋布置在空心板的底部且两端都有弯钩。为了更清楚的表达钢筋的布置位置，还画出了板的底层和顶层钢筋平面图，即图IV-IV和图III-III。板中共有17种钢筋，每种钢筋都绘出了钢筋详图。这样几种图相互配合，对照阅读，再结合设计图中专门的钢筋明细表，就可以清楚地了解该板中所有钢筋的位置、形状、尺寸、规格、直径、数量等内容以及几种弯筋、斜筋与整个钢筋骨架的焊接位置和长度。

②桥台图。桥台属于桥梁的下部结构，主要是支承上部梁板，并承受路堤填土的水平推力。

如图14-14所示的桥台构造图为桥梁总体布置图的3号桥台，这种桥台是公路桥梁工程中常用的钻孔灌注桩式轻型桥台，由台帽、柱身和承台的基桩三部分组成。这种桥台的一般构造常用立面图、平面图和侧面图来表达。I-I、II-II、III-III分别为侧面图、平面图和立面图。

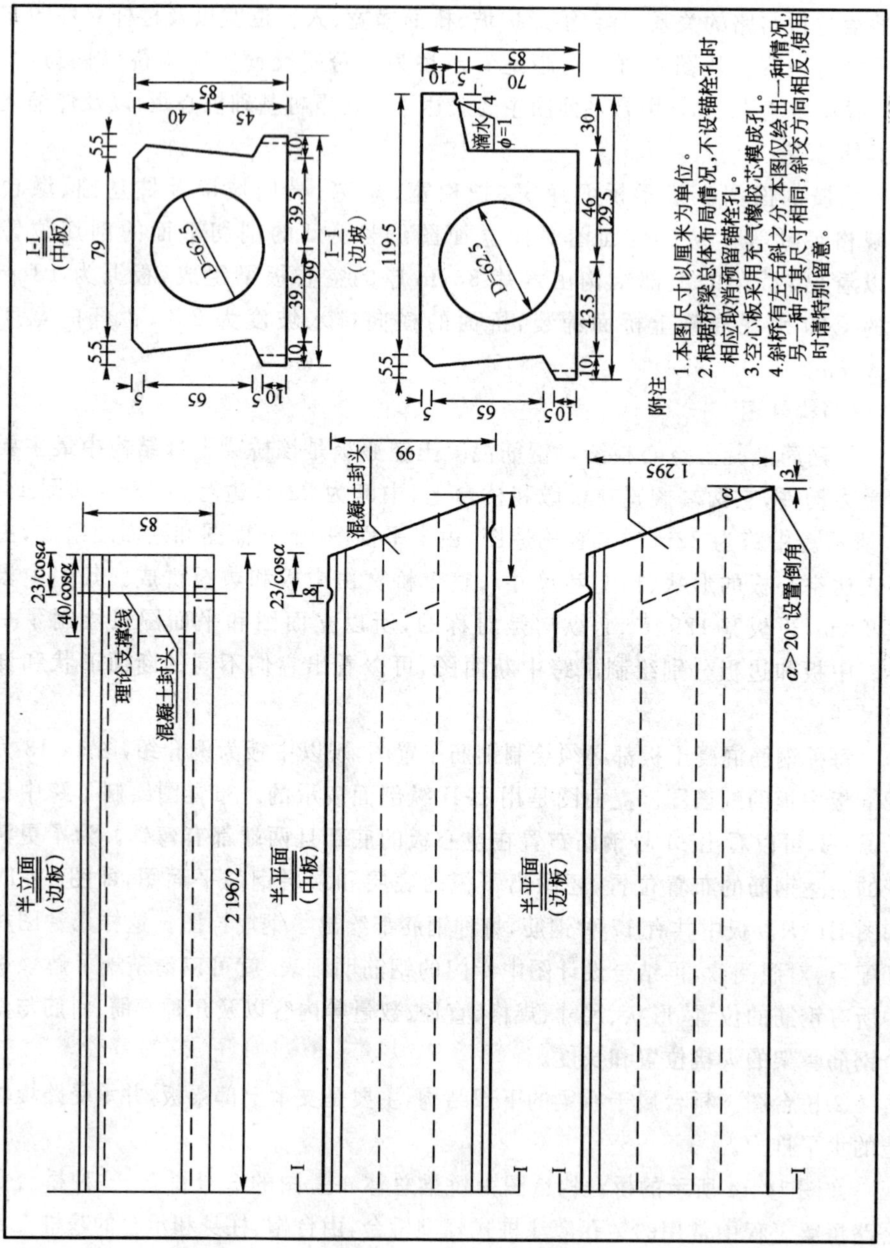

图14-12 中跨22m预制板一般构造图

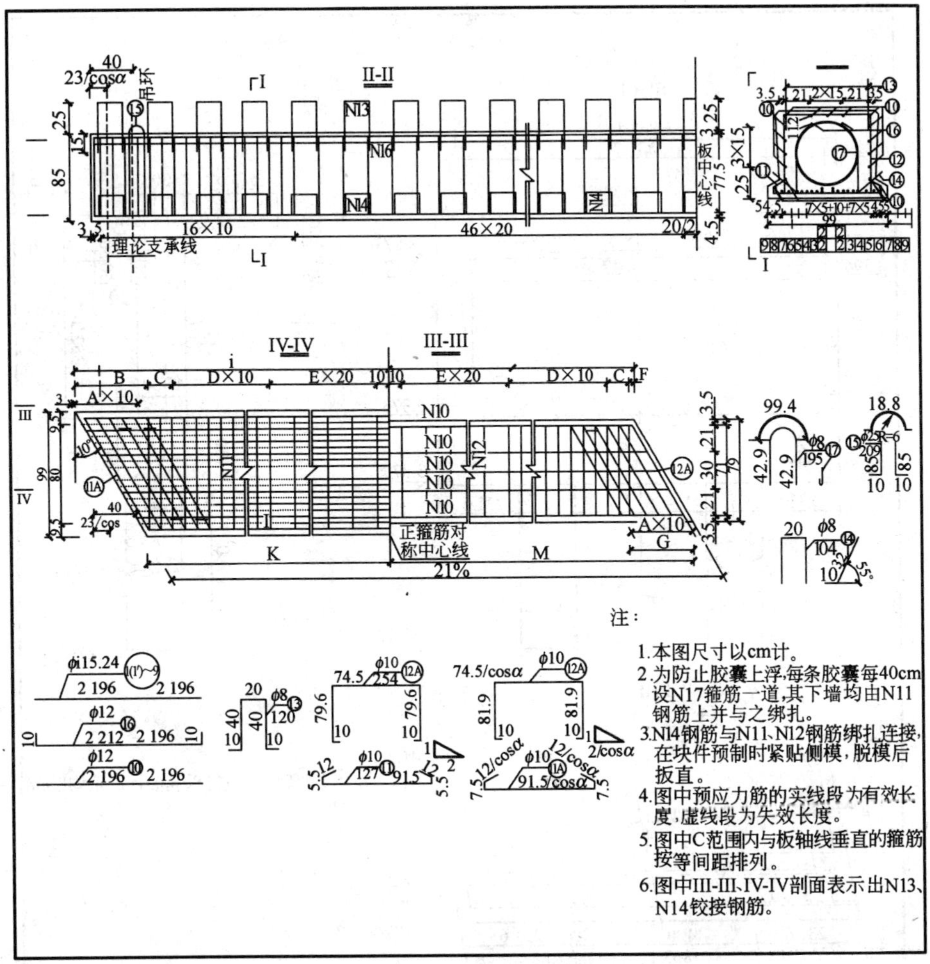

图 14-13　22m 中板配筋图

a. 立面图。显示出台帽的纵横形状、尺寸、横向坡度、桩的直径及相对位置。

b. 平面图。用来表示台帽的平面形状和尺寸。

c. 侧面图。主要用来表示台帽上的背墙、耳墙、防震挡块的相对位置、形状及尺寸。

③桥墩图。

除桥台以外，其他支承桥跨结构的工程构筑物称为桥墩。桥墩用来支

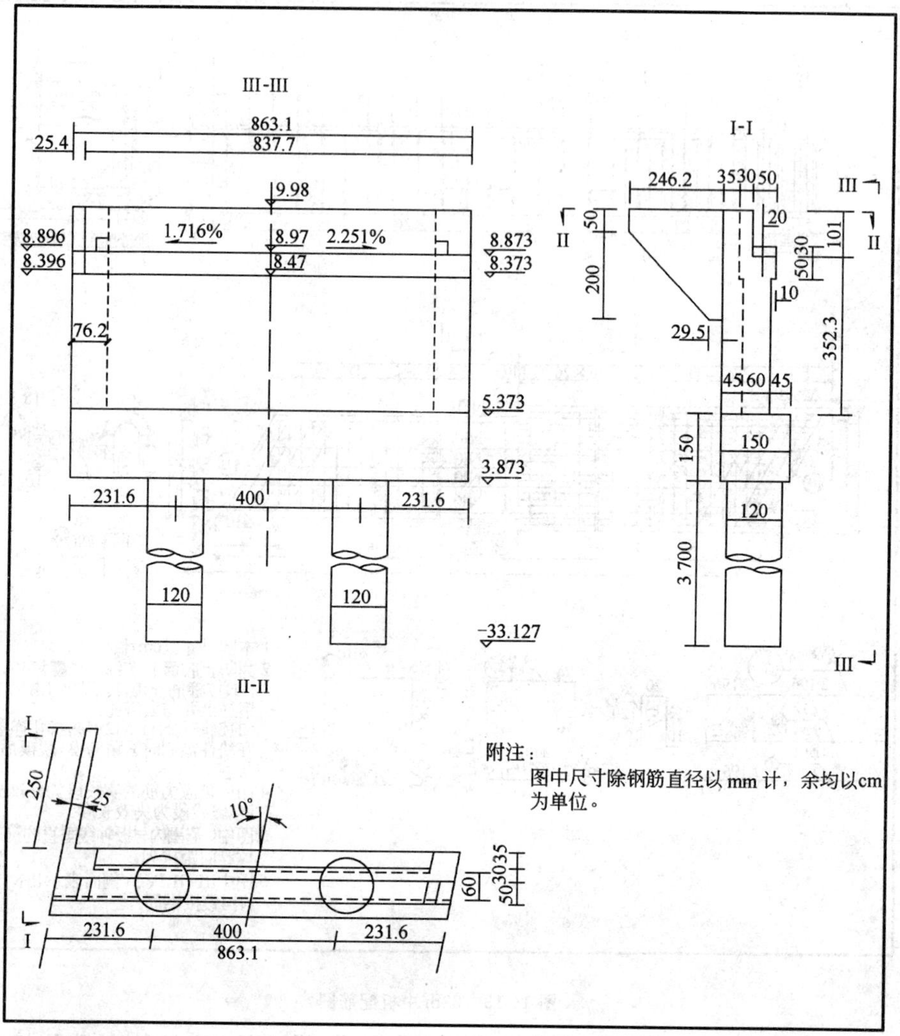

图 14-14　桥台一般构造图

承桥跨结构，并将荷载传至地基。桥墩构造图主要表达桥墩各部分的形状和尺寸。

图 14-15 所示为图 14-11 中 2 号桥墩的构造示意图。这里绘制了桥墩的立面图、I-I 和 II-II 剖面图。该桥墩由墩帽、立柱、承台和基桩组成。根据所标注的剖切位置可以看出，I-I 剖面实质上为承台平面图，承台为平行四边形。承台

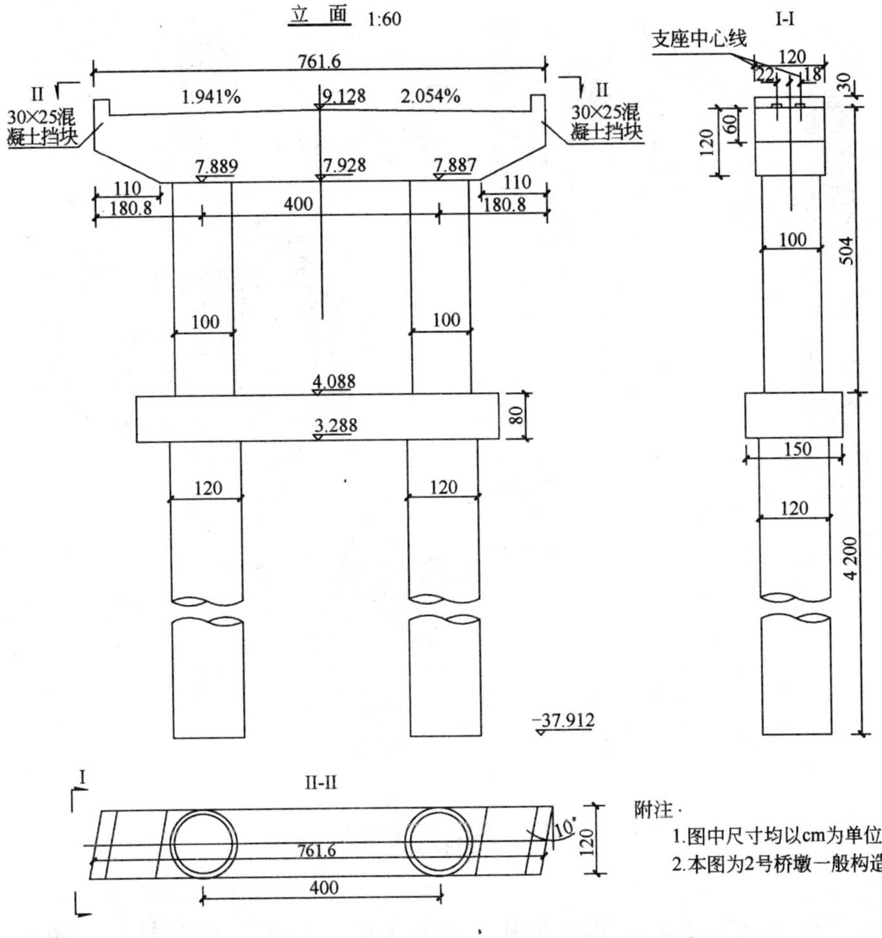

附注：
1.图中尺寸均以cm为单位。
2.本图为2号桥墩一般构造图。

图 14-15 桥墩一般构造图

上下各有两根立柱和桩基。立柱和桩基均为圆形，直径分别为 100cm 和 120cm。立柱上面是墩帽，墩帽的全长为 761.6cm，宽为 120cm，高度在中部为 120cm，在两端有防止空心板移动的 30cm×25cm 的混凝土防震挡块，墩帽从中心到两端有便于桥面形成横坡而设的坡度。

④钢筋混凝土桩配筋图

图 14-16 所示为图 14-11 中桥墩的桩柱钢筋构造图。桥墩桩柱的钢筋布置图中①、⑤分别为柱、桩的主筋，④、⑧分别为柱、桩的螺旋分布筋。该图用一个立面图和 I-I、II-II、III-III 三个断面即已表达清楚。

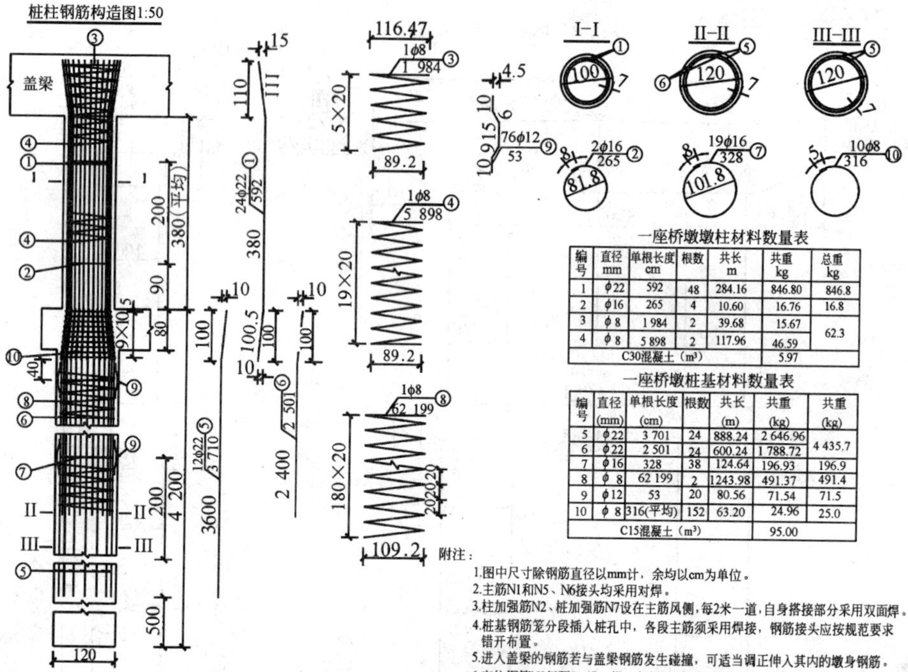

一座桥墩墩柱材料数量表

编号	直径 mm	单根长度 cm	根数	共长 m	共重 kg	总重 kg
1	φ22	592	48	284.16	846.80	846.8
2	φ16	265	4	10.60	16.76	16.8
3	φ8	1 984	2	39.68	15.67	62.3
4	φ8	5 898	2	117.96	46.59	
C30混凝土（m³）					5.97	

一座桥墩桩基材料数量表

编号	直径 (mm)	单根长度 (cm)	根数	共长 (m)	共重 (kg)	共重 (kg)
5	φ22	3 701	24	888.24	2 646.96	4 435.7
6	φ22	2 501	24	600.24	1 788.72	
7	φ16	328	38	124.64	196.93	196.9
8	φ8	62 199	2	1243.98	491.37	491.4
9	φ12	53	20	80.56	71.54	71.5
10	φ8	316(平均)	152	63.20	24.96	25.0
C15混凝土（m³）					95.00	

附注：

1.图中尺寸除钢筋直径以mm计，余均以cm为单位。
2.主筋N1和N5、N6接头均采用对焊。
3.柱加强筋N2、桩加强筋N7设在主筋风侧，每2米一道，自身搭接部分采用双面焊。
4.桩基钢筋笼分段插入桩孔中，各段主筋须采用焊接，钢筋接头应按规范要求错开布置。
5.进入盖梁的钢筋若与盖梁钢筋发生碰撞，可适当调正伸入其内的墩身钢筋。
6.定位钢筋N9每隔2m设一组，每组4根匀设于桩基加强筋N7四周。
7.施工时，若实际地质情况与本设计采用的质料不符，应变更基桩设计。
8.本图适用于1号、2号桥墩。

图 14-16　桥墩桩柱钢筋构造图

第三节　涵洞工程图

涵洞是埋设在路基内用来宣泄小量流水的长条形工程构筑物。涵洞顶上一般都有较厚的填土以保持路面的连续性和减少汽车荷载对涵洞的冲击力。

一　涵洞的分类及构成

涵洞的种类很多，按构造形式可分为圆管涵、盖板涵、拱涵、箱涵等；按孔数可分为单孔、双孔和多孔涵洞；按洞顶有无覆盖填土可分为明涵和暗涵；按建筑材料可分为砖涵、石涵、木涵、混凝土涵、钢筋混凝土涵等；按洞身断面形状可分为圆形、卵形、拱形、梯形和矩形涵洞等。

涵洞由洞口、洞身和基础三部分构成。洞身是涵洞的主要部分，其主要作用是承受荷载压力和土压力等并将其传递给地基，并保证设计流量通过的必要孔径；洞口由端墙、翼墙或护坡、截水墙、洞口铺砌和缘石等构成，它是保证涵洞基础和两侧路基免受冲刷，使水流通畅的构造；基础是将涵洞结构所承受的各种作用传递到地基上的结构组成部分。

涵洞的关键部位是洞口，常见的洞口形式有端墙式、翼墙式和八字式等，进水口和出水口通常都采用同一种形式。

二 涵洞工程图

1. 涵洞的图示特点及表达内容

尽管涵洞的种类很多，但图示方法和表达内容基本相同。在图中一般以流水方向为纵向，以纵剖面图代替立面图。平面图中一般不考虑涵洞上方的覆土，或假想土层是透明的。有时平面图可按需要画成半平面图和半水平剖面图；侧面图有时也可按需要画成半侧面图和半横剖面图，水平剖面图一般沿基础顶面剖切，横剖面图由垂直于纵向中心线的剖切。洞口正面布置在侧视图位置作为侧面视图，当进出水口形状一致时，只画一个侧面图；形状不一致时，进出水口的侧面图都应画出。涵洞除了纵剖面图、平面图和侧面图三种投影图外，还应画出钢筋构造图、翼墙断面图等必要的构造详图。

现以常用的圆管涵、盖板涵、石拱涵和箱涵为例，说明涵洞工程图的表示方法。

2. 圆管涵

图 14-17 所示为钢筋混凝土圆管涵洞，比例为 1∶50，洞口为端墙式，端墙前洞口两侧有 20cm 厚干砌片石铺面的锥形护坡，涵管内径为 100cm，因洞身断面形式不变、进出水洞口一样，左右对称，所以只画出半纵剖面图、半平面图和侧面图（即洞口正面图）就足以表示涵洞各部分相对位置、构造特征和形状尺寸。

①半纵剖面图。从图中可以看出：管壁厚 10cm，洞身铺砌 30cm，设计流水坡度 1%以及基础、截水墙的断面形式等，锥形护坡顺流水方向与路基边坡一致，均为 1∶1.5，因此图为某填土高度范围内的通用型号，故在此未示出洞身部分。

②半平面图。图中显示了管径尺寸与管壁厚度以及洞口基础、端墙、缘石和护坡的平面形状，涵顶覆土作透明处理，并以坡线表示路基边坡。

③侧面图。主要表示管涵孔径和壁厚、洞口缘石和端墙的侧面形状及锥形

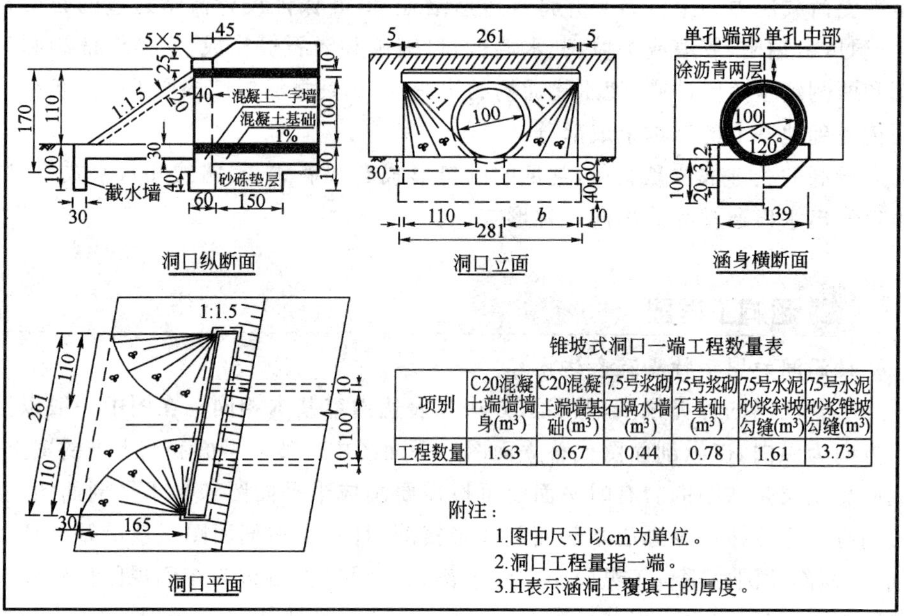

锥坡式洞口一端工程数量表

项别	C20混凝土端墙墙身(m^3)	C20混凝土端墙基础(m^3)	7.5号浆砌石隔水墙(m^3)	7.5号浆砌石基础(m^3)	7.5号水泥砂浆斜坡勾缝(m^3)	7.5号水泥砂浆锥坡勾缝(m^3)
工程数量	1.63	0.67	0.44	0.78	1.61	3.73

附注：

1.图中尺寸以cm为单位。

2.洞口工程量指一端。

3.H表示涵洞上覆填土的厚度。

图 14-17　单孔端墙式圆管涵构造图

护坡的坡度等。此图也习惯称为洞口正面图或立面图。

④工程数量表及文字注释。以列表的方式将涵洞的各项工程数量全部列出。图中未能表示的技术要求，以文字附注形式给予说明。

为了清晰地说明涵身的构造及具体尺寸，经常还会在图中绘制涵身断面图。

3.钢筋混凝土盖板涵

图 4-18 所示为单孔混凝土盖板涵构造图，比例为 1∶50，洞口两侧为锥形护坡，洞高 350cm，宽 400cm，总长为 3 960cm。虽然其结构对称，为便于比较，本盖板涵采用纵剖面图、平面图及侧面图来表达。

(1)纵剖面图　本图把带有 1∶1.5 坡度的锥形护坡和洞身的连接关系以及洞高、洞宽、洞底铺砌厚度 40cm、基础纵断面的形状、设计流水坡度 1%等表示出来。盖板涵基础、锥形护坡等所用材料及沉降缝位置未标出。

(2)平面图　可把涵洞的墙身宽度、涵身长度、锥形护坡的位置等表达的更清楚。为便于施工，有时还要绘制出翼墙的半剖面图，以便于能更清楚的表述出墙身和基础的详细尺寸、墙背坡度以及材料情况等。

(3)侧面图　本图反映出洞高、洞宽及缘石、盖板、护坡、基础等的相对位置和它们的形状，此图也习惯称为洞口立面图。

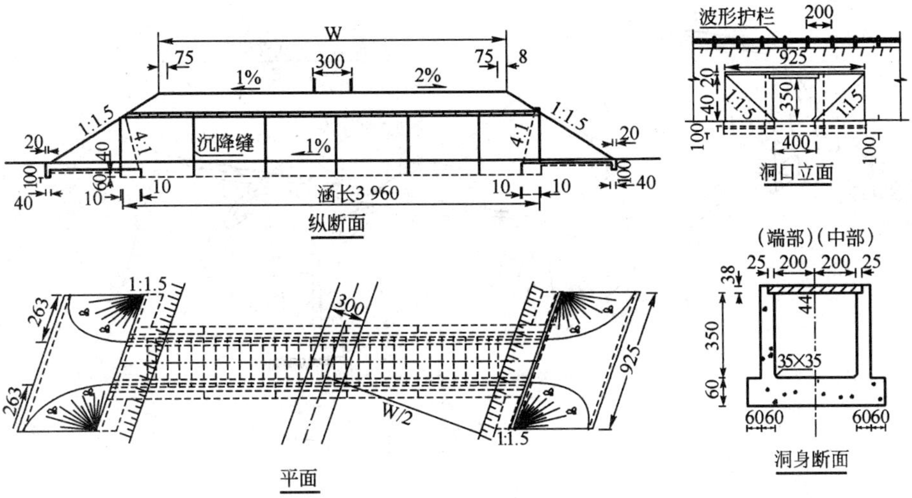

附注:1.图中尺寸除标高以m计外,其余均以cm为单位。
2.沉降缝6～10m设置一道，其设置须保证斜洞口结构长度要求。
3.当地基应力足够时,基础可直接筑在土基上,否则应对地基进行处理。

图 14-18　单孔混凝土盖板涵构造图

4. *石拱涵*

如图 14-19 所示为石拱涵透视图。图 14-20 为石拱涵构造图，比例为 1∶50，洞口两侧为锥形护坡，结构不对称，为便于比较，本盖板涵采用纵剖面图、平面图及立面图来表达。

(1)纵剖面图　因进出水洞口的构造和形式不同，所以本图不采用对称的方法绘制涵洞。由于这里是通用图，路基宽度 B 和填土厚度等很多尺寸在图中没有注出具体数值，可根据实际情况确定。锥形护坡的坡度和路基的边坡相同，均为 1∶1.5。整个洞身较长，考虑到地基的不均匀沉降的影响，在洞身每隔 4～6m 设置宽 2cm 的沉降缝。

(2)平面图　除了平面图，图 14-20 还有一半平面图，它是涵洞的外形投影图，是移去了洞顶填土等以及护拱等画出的。为了能把涵台的位置表示的更清楚，在两个位置进行了剖切，并画出了 II-II、III-III 断面图，从两个断面图中可以看出涵台和基础的构造、材料、尺寸和斜面坡度等内容。

(3)侧面图　为洞口部分的外形投影，主要反映进出水洞口的正面形状和缘石、锥形护坡、基础等的相对位置和它们的形状。

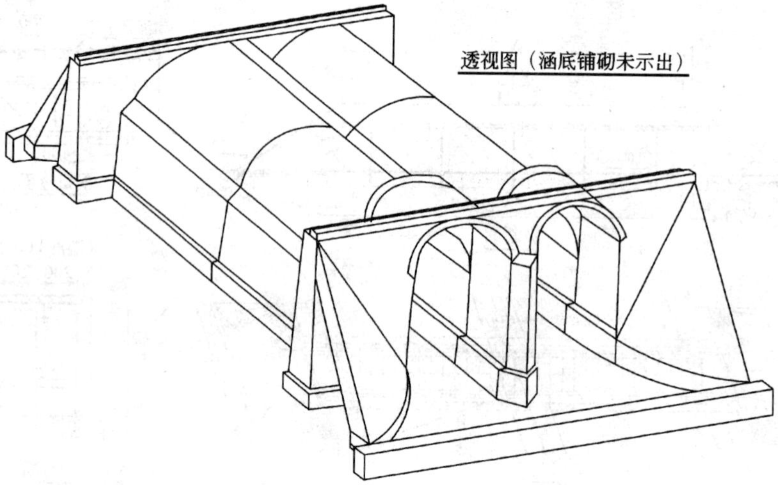

图 14-19　石拱涵透视图

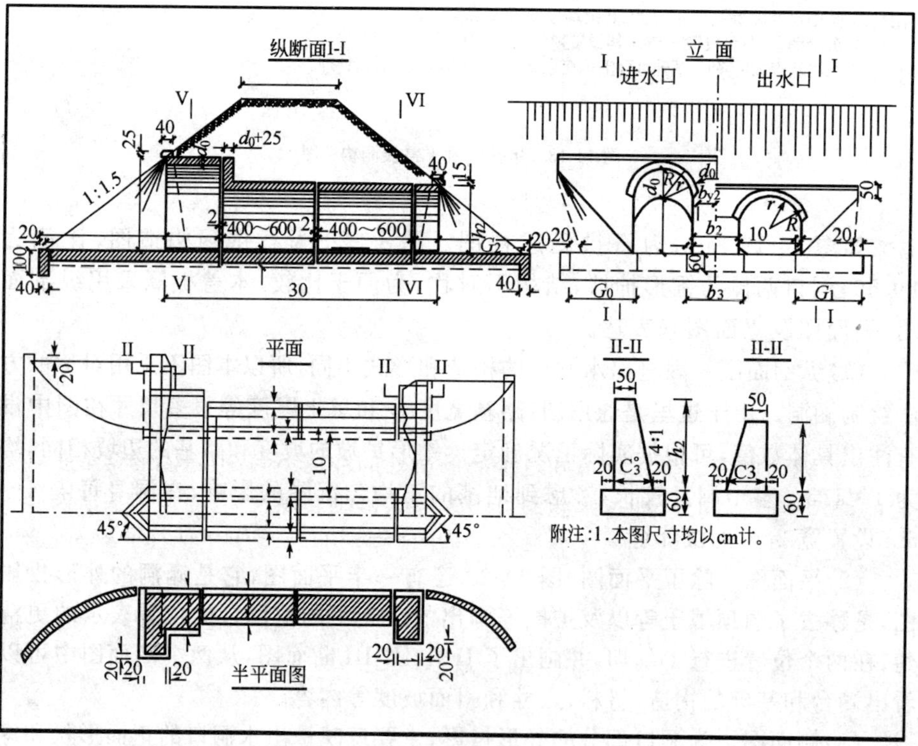

图 14-20　端墙式石拱涵构造图

4. 钢筋混凝土箱涵

图 14-21 所示为单孔钢筋混凝土箱涵一般布置图，比例为 1∶50。因过道箱涵和过水箱涵稍有不同，在此一并给出以便于比较。该图为标准图，可适用于汽车-20、挂车-120 荷载，涵顶填土 0.05～3.5m 高，其净空最大为 4.0m×3.0m 的各等级公路正交与斜交的过道或过水涵洞的布置。

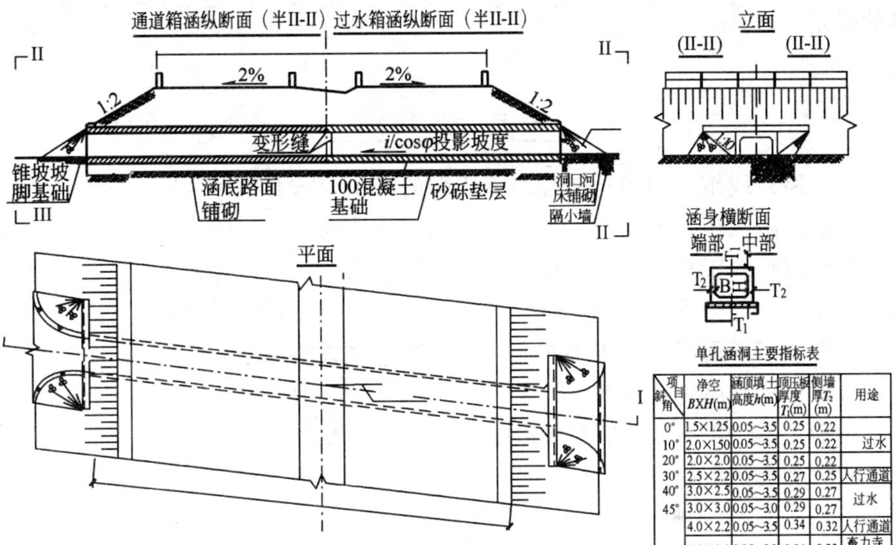

单孔涵洞主要指标表

斜角＼项目	净空 $B×H$(m)	涵顶填土高度 h(m)	顶压板厚度 T_1(m)	侧墙厚 T_2(m)	用途
0°	1.5×1.25	0.05～3.5	0.25	0.22	
10°	2.0×1.50	0.05～3.5	0.25	0.22	过水
20°	2.0×2.0	0.05～3.5	0.25	0.22	
30°	2.5×2.2	0.05～3.5	0.27	0.25	人行通道
40°	3.0×2.5	0.05～3.5	0.29	0.27	过水
45°	3.0×3.0	0.05～3.0	0.29	0.27	
	4.0×2.2	0.05～3.5	0.34	0.32	人行通道
	4.0×3.0	0.05～3.0	0.34	0.32	畜力寺通道

附注：1. 涵洞长度 $L=w/\cos\varphi+2h/(\cos\varphi+2i)+2(h+wi/\cos\varphi)/(\cos\varphi+2i)$
式中第2.3项分别为上，下游边坡部分的涵长坡土高坡 h，指涵洞上游一边的路基边缘外的涵顶填土高，i 为涵洞的实际坡度。

2. 通道船涵与过水箱涵的构造形式相同，其区别是通道箱涵洞口可不设河床铺砌和隔水墙，而需根据所跨道路标准铺设路面，锥坡坡脚需做基础，并加墙洞口与涵身连接处的基础。

图 14-21　单孔钢筋混凝土箱涵一般布置图

（1）纵剖面图　尽管过道和过水涵洞所处的环境不同，但除涵洞锥形护坡基底的处理稍有不同外，即过水涵洞可不设河床铺砌和隔水墙，而需根据所跨道路标准铺设路面，锥坡坡脚需要做基础，并加墙洞口与涵身连接处的基础外，其他构造部分两种涵台大同小异。

（2）平面图　平面图揭掉覆土，表示洞口部分与箱涵身的水平投影。

（3）侧面图　侧面图采用 III-III 剖面图表示洞口的立面投影，另外还画了洞身的横断面图，以便于施工和制作。

以上分别介绍了表达涵洞工程的各个图样，实际上它们是紧密相关的，应该相互对照联系起来读图，才能将涵洞工程的各部分位置、构造、形状、尺寸搞清楚。

本章小结

本章重点介绍路线工程图、桥梁工程图和涵洞工程图的形成、内容、图示方法及特点，重在培养学生阅读和绘制道路桥梁和涵洞工程图的基本能力。绘制道路工程图时，应遵循《道路工程制图标准》(GB 5016—92)及国家有关现行标准的规定。

思考题

1. 道路路线施工图与房屋建筑施工图的图示方法有何异同?
2. 道路路线施工图与房屋建筑施工图中表达地理方位的方法有哪些?
3. 道路路线工程图包括哪些图样？图样表达的内容是什么?
4. 里程桩分为哪两种，是如何表示的？K6＋300 指的是什么?
5. 路基横断面图的基本形式是由哪几部分组成的?
6. 桥梁工程图包括哪些?
7. 如图 14-18 所示的涵洞构造图采用了哪些表达方法？什么样的结构适合用这些方法表达?

参考文献

[1] 王强，张小平. 建筑工程制图与识图，含配套的习题集. 北京：机械工业出版社，2006.

[2] 毛家华，莫章金. 建筑工程制图与识图. 北京：高等教育出版社，2004.

[3] 丁宇明，白泓韧. 土建工程制图. 北京：高等教育出版社，2004.

[4] 梁玉成. 建筑识图. 北京：中国环境科学出版社，2002.

[5] 单国骏，马静，张岩. 画法几何与土建工程制图. 济南：山东科学技术出版社，2001.

[6] 卢传贤. 土木工程制图，含配套的习题集. 北京：中国建筑工业出版社，2002.

[7] 王成刚，张佑林，赵奇平. 工程图学简明教程，含配套的习题集. 武汉：武汉理工大学出版社，2002.

[8] 唐人卫. 画法几何土木工程制图. 南京：东南大学出版社，1999.

[9] 何铭新，郎宝敏，陈星铭. 建筑工程制图，含配套的习题集. 北京：高等教育出版社，2004.

[10] 候爱民. 建筑工程制图及计算机绘图. 北京：国防工业出版社，2001.

[11] 刘志麟. 建筑制图，含配套的习题集. 北京：机械工业出版社，2001.

[12] 顾世权. 建筑装饰制图，含配套的习题集. 北京：中国建筑工业出版社，2000.

[13] 朱福熙，何斌. 建筑制图(第三版). 北京：高等教育出版社，1992.

[14] 大连理工大学工程画教研室编. 画法几何(第五版)，含配套的习题集. 北京：高等教育出版社，1992.

[15] 高竞. 怎样阅读建筑工程图. 北京：中国建筑工业出版社，1998.

[16] 王子茹，黄红武. 房屋建筑结构识图. 北京：中国建材工业出版社，2001.

[17] 陆文华. 建筑电气识图教程. 上海：上海科学技术出版社，1997.

[18] 乐嘉龙. 学看暖通空调施工图. 北京：中国电力出版社，2002.

[19] 关俊良，孙世青. 土建工程制图与 AutoCAD(含习题集). 北京：科学出版社，2004.

[20] 寇方洲，罗琳，陈扶云，周浩. 建筑制图与识图. 北京；化工出版社，2007.

[21] 符明娟. 道路工程制图与 CAD. 北京：科学出版社，2004.